本书由国家自然科学基金项目(61304120,6
博士后科学基金(2016M592966)、陕西省自然科学基础研究计划(2019JQ-711)以及空军工程大学校长基金(XZJK2018004)共同资助出版

# 多操纵面飞机控制分配与容错控制

# Control Allocation and Fault Tolerant Control for Multi-effectors Aircraft

陈　勇　支健辉　李洪波　刘棕成　王发威　著

国防工业出版社

·北京·

# 内容简介

本书针对多操纵面飞机的配置特点，围绕多操纵面飞机飞行控制系统设计过程中所面临的热点问题，从多操纵面飞机及其常见故障建模与分析、控制系统结构与设计、控制分配策略与方法、执行器故障诊断、容错控制五个方面进行了深入而系统的研究与仿真验证，旨在为致力于我国战斗机、大飞机、运输机、预警机、加油机等军民用飞机研发、生产和制造行业的广大学者和工程技术人员提供一定理论借鉴和技术支撑。

本书适合从事多操纵面飞行控制、控制分配、非线性控制、容错控制等研究领域的研究生以及科研人员阅读。

**图书在版编目（CIP）数据**

多操纵面飞机控制分配与容错控制/陈勇等著. —北京：国防工业出版社，2019.9
ISBN 978-7-118-11954-1

Ⅰ.①多… Ⅱ.①陈… Ⅲ.①飞机-操纵面-设计 Ⅳ.①V225

中国版本图书馆 CIP 数据核字（2019）第 216839 号

※

国防工业出版社出版发行
（北京市海淀区紫竹院南路 23 号 邮政编码 100048）
天津嘉恒印务有限公司印刷
新华书店经售

*

**开本** 710×1000 1/16 **插页** 4 **印张** 16¼ **字数** 280 千字
2019 年 9 月第 1 版第 1 次印刷 **印数** 1—1500 册 **定价** 88.00 元



国防书店：（010）88540777 发行邮购：（010）88540776
发行传真：（010）88540755 发行业务：（010）88540717

# 前言

随着现代战机高可靠、强安全、大隐身需求的不断提升，多操纵面飞机应运而生。可控操纵面个数的增多，不仅减少甚至消除了飞机操纵面的关键系数，而且提高了飞机的飞行控制能力和故障重构能力，保证了飞机控制系统拥有足够的控制功能冗余来维持系统的稳定性和操纵性。这使得该配置方式成为当前飞机设计和飞行控制律设计的前沿热点之一。

自飞机诞生的一个多世纪以来，绝大多数飞机都是采用常规操纵面布局，即升降舵、垂尾置于飞机尾部，副翼置于两侧机翼后缘。为在不断拓展的飞行包线内适应各种条件下的飞行，伴随主动控制技术的逐步成熟，飞机出现了鸭式布局、三翼面布局、变掠翼布局和无尾布局等多种非常规布局形式，相应地设计了多种新型操纵面以满足飞机不同的控制需求。除了配置副翼、方向舵和升降舵等常规舵面外，多操纵面飞机还配置了全动翼尖、嵌入式舵面、前缘襟翼、升降副翼、翼稍小翼、V 形垂尾、开裂式方向舵、后缘襟副翼、扰流板和海狸尾俯仰操纵面等操纵面，以改善常规布局飞机所存在的不足。

控制分配技术是在多操纵面飞行控制系统的设计中提出来的，经历了从简单到复杂、从静态到动态、从单目标优化到多目标优化的发展过程，目前已推广应用至导弹、航天器、舰船、汽车、机器人等多个控制领域。控制分配的最大优点在于充分利用了冗余驱动资源且能与其他控制器设计方法优势互补，在执行器故障情形下无须调整外环控制器仍能实现系统控制指令的良好跟踪。

本书针对多操纵面飞机的配置特点，围绕多操纵面飞机飞行控制系统设计过程中所面临的热点问题，从多操纵面飞机及其常见故障建模与分析、多操纵面飞机控制系统结构与设计、控制分配策略与方法、多操纵面飞机故障诊断、多操纵面飞机容错控制五个方面进行了深入而系统地研究。

全书共分 12 章。第 1 章简要总结了多操纵面飞机及其控制系统设计的国内外研究现状；第 2 章介绍了多操纵面飞机动力学和常见故障类型建模的基础内容；

第3章阐述了多操纵面飞机级联控制结构以及控制分配的相关概念;第4~6章分别介绍了直接控制分配、变权值控制分配以及动态控制分配的理论和控制器设计方法;第7章研究了含执行器未知输入非线性的自适应神经网络控制分配方法;第8~9章分别研究了基于自适应补偿观测器和并行学习故障估计器的操纵面故障诊断问题;第10~12章分别研究了多操纵面飞机的自适应控制、鲁棒D稳定容错控制和自适应有限时间容错控制问题。

本书各章节内容主要由陈勇主笔第2~6章、支健辉主笔第9章和第11、12章、李洪波主笔第1章、刘棕成主笔第7章、王发威主笔第8章和第10章。本书的完成承蒙空军工程大学航空工程学院飞控与电气工程教研室董新民教授和飞行器与动力工程教研室徐浩军教授的悉心指导,受到了空军工程大学各级领导的极大鼓励和支持,得到了课题组各位老师、研究生的鼎力帮助和协作,在此表示衷心感谢。

由于作者水平和资料有限,本书难免存在内容体系不够全面完整、论述不够精练,甚至存在一些问题,欢迎专家、读者批评指正。

编著者

2019.8

# 目录

第 1 章　绪论 …… 001

1.1　引言 …… 001
1.2　多操纵面布局概述 …… 003
　1.2.1　操纵面的发展及分类 …… 003
　1.2.2　多操纵面的协调控制 …… 007
1.3　控制分配技术研究现状 …… 008
　1.3.1　理论研究现状 …… 008
　1.3.2　应用研究现状 …… 013
1.4　容错控制分配研究现状 …… 016
　1.4.1　故障诊断研究现状 …… 016
　1.4.2　容错控制研究现状 …… 020
1.5　本书内容安排 …… 024
参考文献 …… 025

第 2 章　多操纵面飞机与执行机构数字模型 …… 039

2.1　常用坐标系及飞机运动参数 …… 039
　2.1.1　常用坐标系的定义 …… 039
　2.1.2　飞机运动参数的定义 …… 040
2.2　多操纵面飞机动力学模型 …… 044
　2.2.1　转动运动模型 …… 044
　2.2.2　质心运动模型 …… 045
2.3　多操纵面执行机构模型 …… 046
　2.3.1　执行器一阶模型 …… 047
　2.3.2　执行器二阶模型 …… 047
　2.3.3　冗余执行器系统模型 …… 048
　2.3.4　推力矢量模型 …… 049
2.4　多操纵面执行机构与传感器故障模型 …… 052

2.4.1 舵面执行机构故障模型 …… 052
2.4.2 传感器故障模型 …… 053
2.5 小结 …… 055
参考文献 …… 055

## 第3章 多操纵面飞机级联飞行控制架构 …… 056

3.1 引言 …… 056
3.2 级联飞控系统总体框架 …… 056
3.3 多操纵面控制分配模型 …… 058
3.3.1 非线性控制分配模型 …… 059
3.3.2 线性控制分配模型 …… 060
3.4 级联飞行控制系统分析 …… 061
3.4.1 级联控制系统的动态模型 …… 061
3.4.2 过驱动系统的相关定义 …… 062
3.4.3 控制分配的基本要素 …… 063
3.5 小结 …… 065
参考文献 …… 066

## 第4章 多操纵面直接控制分配方法 …… 067

4.1 引言 …… 067
4.2 虚拟指令的可达集空间 …… 068
4.2.1 可达集的相关性质 …… 068
4.2.2 可达集的构建方法 …… 070
4.2.3 可达集体积的计算 …… 072
4.2.4 仿真及分析 …… 073
4.3 基于线性规划的直接分配算法设计 …… 076
4.3.1 直接分配的线性规划模型 …… 077
4.3.2 原始—对偶路径跟踪算法 …… 079
4.3.3 仿真及分析 …… 081
4.4 改进的直接分配优化算法设计 …… 086
4.4.1 优化方案设计 …… 086
4.4.2 具体方案实现 …… 088
4.4.3 仿真及分析 …… 089
4.5 小结 …… 092
参考文献 …… 092

## 第5章　变权值控制分配权值优化设计方法 …… 094

5.1　引言 …… 094
5.2　两类赋权控制分配法的数学模型 …… 095
　5.2.1　加权伪逆法模型 …… 095
　5.2.2　混合优化法模型 …… 096
　5.2.3　可达集的统一构建 …… 097
5.3　赋权控制分配策略的权值多目标优化设计 …… 098
　5.3.1　多目标优化模型的建立 …… 098
　5.3.2　非劣排序遗传多目标优化算法 …… 100
　5.3.3　仿真及分析 …… 103
5.4　多操纵面飞机变参数动态控制分配策略 …… 108
　5.4.1　固定权值控制分配模型转化 …… 108
　5.4.2　变参数混合优化控制分配器设计 …… 109
　5.4.3　变参数混合优化动态控制分配器设计 …… 111
　5.4.4　控制分配的参数灵敏度分析 …… 112
　5.4.5　仿真及分析 …… 112
5.5　小结 …… 115
参考文献 …… 116

## 第6章　多操纵面飞机动态控制分配方法 …… 118

6.1　引言 …… 118
6.2　执行器模型精确已知的动态控制分配 …… 119
　6.2.1　问题描述 …… 119
　6.2.2　执行器的动态补偿控制器设计 …… 120
　6.2.3　基于有效集的控制分配器设计 …… 123
　6.2.4　仿真及分析 …… 124
6.3　执行器不确定鲁棒预测动态控制分配 …… 127
　6.3.1　问题描述 …… 128
　6.3.2　主环最优二次型飞行控制律设计 …… 131
　6.3.3　伺服环鲁棒预测动态控制分配器设计 …… 132
　6.3.4　仿真及分析 …… 140
6.4　交叉耦合非线性动态控制分配 …… 144
　6.4.1　执行器动态建模 …… 145
　6.4.2　控制分配器设计 …… 147

6.4.3 仿真及分析 …… 149
6.5 小结 …… 152
参考文献 …… 153

第7章 含未知输入的多操纵面飞机自适应神经网络控制分配 …… 155

7.1 引言 …… 155
7.2 执行器带死区或齿隙非线性的控制分配建模 …… 156
7.2.1 控制分配问题建模 …… 156
7.2.2 执行器非线性建模 …… 157
7.2.3 含执行器死区或齿隙非线性的控制分配方程 …… 158
7.3 多操纵面飞机虚拟控制指令设计与稳定性分析 …… 159
7.3.1 自适应神经网络虚拟控制指令设计 …… 159
7.3.2 闭环稳定性分析 …… 161
7.4 仿真及分析 …… 164
7.4.1 执行器含死区非线性的控制性能分析 …… 164
7.4.2 含死区或齿隙的多操纵面飞机自适应跟踪控制仿真 …… 165
7.5 小结 …… 167
参考文献 …… 168

第8章 基于自适应补偿观测器的多操纵面损伤故障诊断 …… 170

8.1 引言 …… 170
8.2 问题描述 …… 171
8.2.1 舵面损伤快速诊断问题 …… 171
8.2.2 故障检测阈值选择问题 …… 172
8.2.3 突变参数的辨识问题 …… 173
8.2.4 问题的解决方案 …… 173
8.3 自适应补偿观测器设计 …… 174
8.3.1 增广观测器 …… 174
8.3.2 自适应动态补偿 …… 175
8.4 自适应阈值故障检测 …… 177
8.4.1 自适应阈值设计 …… 177
8.4.2 自适应阈值性能分析 …… 178
8.5 限定记忆最小二乘故障隔离 …… 179
8.5.1 舵面突发故障特性 …… 179
8.5.2 突变参数的快速辨识 …… 179

8.6 仿真及分析 ………………………………………………………… 180
8.7 小结 ………………………………………………………………… 185
参考文献………………………………………………………………… 185

第9章 执行机构效能降低故障的鲁棒自适应故障估计 ………… 187

9.1 引言 ………………………………………………………………… 187
9.2 问题描述 …………………………………………………………… 187
9.3 并行学习故障估计器 ……………………………………………… 188
9.3.1 估计器设计 ……………………………………………………… 188
9.3.2 稳定性分析 ……………………………………………………… 190
9.3.3 鲁棒性分析 ……………………………………………………… 192
9.4 仿真及分析 ………………………………………………………… 194
9.5 小结 ………………………………………………………………… 201
参考文献………………………………………………………………… 201

第10章 含物理约束和故障重构不匹配的自适应控制分配 ……… 203

10.1 概述……………………………………………………………… 203
10.2 问题描述………………………………………………………… 204
10.2.1 舵面物理约束问题…………………………………………… 204
10.2.2 重构故障不匹配问题………………………………………… 205
10.2.3 解决方案……………………………………………………… 206
10.3 考虑舵面物理约束情形………………………………………… 207
10.3.1 自适应控制分配律设计……………………………………… 207
10.3.2 物理约束控制分配律稳定性分析…………………………… 208
10.3.3 仿真及分析…………………………………………………… 210
10.4 考虑舵面物理约束和重构故障不匹配情形…………………… 215
10.4.1 自适应控制分配律动态权值设计…………………………… 215
10.4.2 控制分配权值矩阵性质分析………………………………… 217
10.4.3 仿真及分析…………………………………………………… 218
10.5 小结……………………………………………………………… 220
参考文献………………………………………………………………… 221

第11章 多操纵面鲁棒D稳定容错控制 ………………………… 222

11.1 引言……………………………………………………………… 222
11.2 问题描述………………………………………………………… 222

11.2.1 多操纵面飞机动力学模型 …… 222
11.2.2 含故障执行机构的动态控制分配模型 …… 223
11.3 鲁棒动态容错控制分配 …… 224
11.3.1 故障后系统的可控性分析 …… 224
11.3.2 鲁棒虚拟控制律设计 …… 225
11.3.3 鲁棒区域极点配置虚拟控制律设计 …… 227
11.3.4 鲁棒动态控制分配 …… 228
11.4 仿真及分析 …… 230
11.5 小结 …… 237
参考文献 …… 237

**第12章 多操纵面自适应有限时间容错控制 …… 238**

12.1 引言 …… 238
12.2 问题描述 …… 238
12.3 直接自适应非线性容错控制分配律设计 …… 239
12.3.1 约束优化容错控制分配律设计 …… 239
12.3.2 有限时间容错控制分配律设计 …… 240
12.4 稳定性分析 …… 241
12.5 仿真及分析 …… 242
12.5.1 仿真模型 …… 242
12.5.2 仿真结果及分析 …… 243
12.6 小结 …… 246
参考文献 …… 247

**附录 主要符号说明表 …… 248**

# 第1章 绪论

## 1.1 引言

面对陆、海、空、天、电“五维一体”的复杂战场环境，无论是先进战斗机还是远程轰炸机，“捉迷藏”式的“隐形战争”已经成为高技术战争模式之一。采用无平尾、无垂尾布局的飞翼飞机，摆脱了常规布局带来的种种弊端，具有突出的隐身能力。如美国的 B-2 飞翼式隐身远程战略轰炸机，雷达反射面只有 0.1$m^2$，雷达很难探测[1]。为弥补无尾造成的纵向和航向控制效能的缺失，飞翼布局飞机只能依靠机翼后缘布置的升降副翼、海狸尾俯仰操纵面、开裂式方向舵等多副控制面组合偏转来完成飞行控制任务[2,3]，这对传统飞行控制系统提出了新的挑战。图 1.1 为多操纵面布局与常规布局的操纵面分布情况。

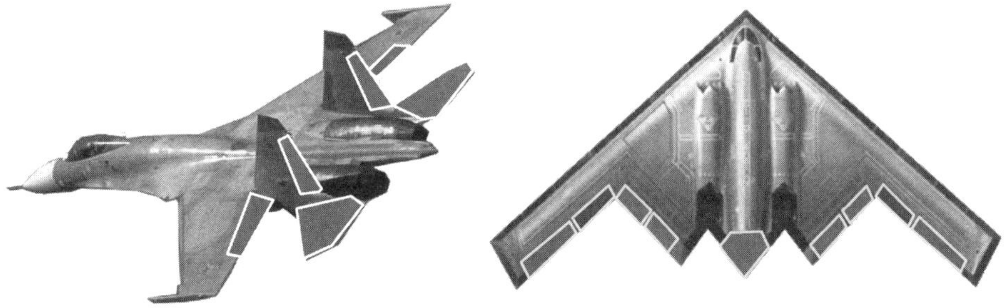

(a) 常规布局　　(b) 多操纵面布局

图 1.1　多操纵面布局与常规布局的操纵面分布情况

常规布局飞机可以通过驾驶员手控操纵飞机，即推拉驾驶杆控制升降舵实现飞机的俯仰操纵、侧压驾驶杆控制副翼实现飞机的滚转操纵、脚蹬控制方向舵实现飞机的偏航操纵[4]。对于多操纵面布局飞机而言，可控操纵面个数的增多，能够减少甚至消除飞机操纵面的关键系数，提高飞机的飞行控制能力和故障重构能力，

保证飞机具备足够的控制功能冗余来维持系统的稳定性和操纵性。但是,多操纵面布局存在以下几个新问题:

(1) 操纵面的数量远超过驾驶员可操纵的个数,如何进行操纵面的操控。

(2) 各操纵面控制效率不同,在不同的飞行和作战任务指引下可发挥不同的作用,如何实现操纵面的有效协调偏转。

(3) 不同操纵面的组合偏转引起气动布局的变化对操纵面综合效率将产生一定的影响,如何避免操纵偏转时控制效能的相互抵消。

(4) 对于预定的飞行任务,可能对应多种甚至无数种操纵面组合实现方式,如何保证操纵面控制律唯一。

因此,在不改变驾驶员操纵习惯、不增加驾驶员操纵负担的前提下,如何以最合理有效的操纵面组合来实现驾驶员的操控目标,成为多操纵面飞行器设计、验证和研制过程中必须解决的关键技术难题。

20 世纪 90 年代发展的控制分配(Control Allocation, CA)技术是设计和分析此类含冗余执行器的过驱动控制系统的有效方法,目前已广泛应用于战斗机、舰船、航天器、汽车及机器人等多个控制领域,成为国内外专家学者研究的热点[5]。控制分配的思想始于故障飞行器的控制重构,但却不止于控制重构的应用。控制分配技术为多操纵面飞行器控制问题提供了新的研究思路,为多操纵面飞行控制系统设计开辟了新的研究领域。

控制分配作为多操纵面飞行控制系统设计和分析的关键技术,十几年来在理论研究和工程实践上均取得了丰硕的研究成果,尤其在国外多操纵面先进飞机蓬勃发展的驱动下控制分配更是得到了快速发展,但也面临许多亟待解决的问题,值得我国在发展多操纵面飞行器的过程中进一步深入研究。本书采用控制分配技术研究多操纵面飞行器的虚拟控制指令分配问题,在构造模块化飞行控制系统结构的基础上,以合理有效的操纵面组合最大限度地实现预定的控制指标要求,使飞机在安全飞行包线内具有良好的飞行性能,实现多操纵面约束指令的综合分配与协调控制。相比常规飞行控制律设计方法,控制分配技术的引入将飞行控制律的设计任务分成两个部分,即基于虚拟控制指令的飞行控制律设计和控制分配指令设计,简化了多操纵面飞行控制系统的设计过程。控制分配技术对多操纵面飞行控制系统的理论研究和工程实践均具有重大意义,简要总结如下:

(1) 能够在所有操纵面之间协调分配控制指令。根据控制效能进行多操纵面偏转指令优化,降低甚至取消传统关键操纵面的关键系数。

(2) 能够考虑执行机构的物理约束实现控制指令的分配。若执行器出现饱和而不能产生正常的控制效应时,按照剩余未饱和操纵面的控制能力可再次协调生成合理的控制指令,最大限度地实现上层虚拟控制律的要求。

(3) 在实际应用中可以利用赋权值的方法对执行器的控制作用进行重新划分,提高系统的鲁棒性能。

(4) 在操纵面出现故障的情况下,可以根据故障信息直接分配指令到剩余健全的操纵面上,无须调整基本控制律即可快速实现故障条件下的控制重构,减缓飞机安全可靠性的降级速度。

结合控制分配技术研究多操纵面飞行器的飞行控制指令分配问题,特别是研究执行器故障情形下的容错控制分配问题,对构建新型多操纵面飞行控制系统,提升新一代多操纵面飞行器的作战效能具有十分重要的理论价值和军事意义。

## 1.2 多操纵面布局概述

### 1.2.1 操纵面的发展及分类

自飞机诞生的一个多世纪以来,绝大多数飞机都是采用常规操纵面布局,即升降舵、垂尾置于飞机尾部,副翼置于两侧机翼后缘。为在不断拓展的飞行包线内适应各种条件下的飞行,伴随主动控制技术的逐步成熟,飞机出现了鸭式布局、三翼面布局、变掠翼布局和无尾布局等多种非常规布局形式,相应地设计了多种新型操纵面以满足飞机不同的控制需求。例如,1956 年首飞的法国“幻影”Ⅲ飞机采用无尾布局,取消了平尾,由升降副翼将升降舵和副翼的功能合二为一;1967 年交付的第一架变后掠翼飞机 F-111 为增强机翼后掠时的横侧向控制能力,率先采用了可差动偏转的升降舵;1962 年瑞典试飞的 Saab-37 鸭式布局战斗机在机翼前方安置了鸭翼以代替平尾,增大了飞机总升力,改善了失速性能;1966 年英国试飞的“鹞”式垂直起降战斗机采用可转向喷口技术,通过控制翼尖、机头、机尾处发动机喷气流的反作用力来控制飞机;1978 年美国秘密研制的 B-2 远程战略轰炸机采用了飞翼布局,为满足操纵和隐身要求,机翼后缘布置了 6 个升降副翼、2 个开裂式方向舵及 1 个海狸尾俯仰操纵面。除此之外,洛克希德·马丁公司设计的 ICE 无人机取消了垂尾和平尾,通过全动翼尖、扰流板和分布式襟翼提供偏航控制所需的气动力矩;诺斯罗普·格鲁曼公司设计的 X-47A采用了 6 个气动舵面,除机翼后缘的升降副翼用于控制俯仰外,还引入了一种打破常规的嵌入式操纵面来控制航向和滚转运动,保证飞行稳定性,降低了全机的雷达反射面积。可见,任何一种操纵面都是根据新型气动布局飞机的控制需求而设计和发展起来的。

随着现代大型军、民用飞机以及第四代歼击机对安全性和可靠性要求的不断提高,飞行控制系统迫切需要开发各种创新型操纵面(Innovative Effectors)来改善常规布局所存在的不足。图 1.2 为国外几种典型的先进多操纵面布局飞机。

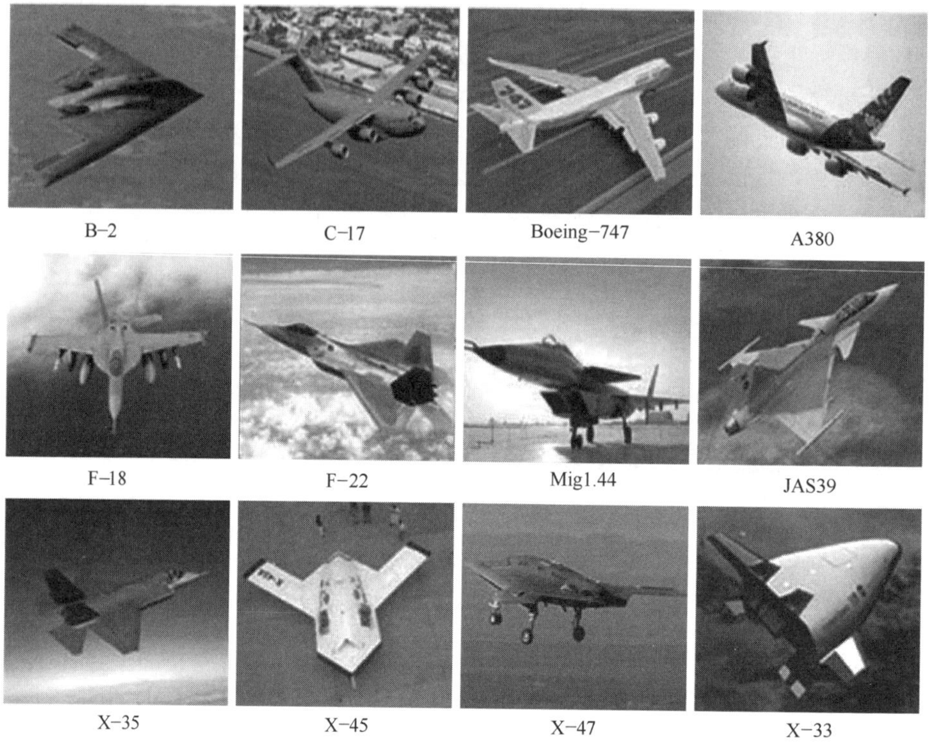


图 1.2　国外几种典型的先进多操纵面布局飞机

总体而言,多操纵面飞行器除了配置副翼、方向舵和升降舵等常规舵面外,还包括全动翼尖、嵌入式舵面、前缘襟翼、升降副翼、翼稍小翼、V 形垂尾、开裂式方向舵、后缘襟副翼、扰流板和海狸尾俯仰操纵面等,具体的功能用途如表 1.1 所列。

表 1.1　操纵面的分类及功能用途

| 类型 | 作用原理及功能用途 |
|---|---|
| 襟翼 | 分为前缘襟翼和后缘襟翼。前缘襟翼偏转增加了机翼弯度,延缓大迎角时流经机翼前缘的气流分离,改善翼面压力分布,提高后缘襟翼增升效率。若单侧后缘襟翼偏转,则必然使一侧机翼的升力和阻力变化,从而产生滚转和航向力矩。滚转效率高,横航向耦合小;中等迎角至大迎角时滚转效率有所降低。主要功用:①差动用于滚转操纵;②分布式襟副翼,用于航向操纵 |
| 全动翼尖 | 两侧同向对称偏转具有直接升力控制功能;非对称偏转则在机翼两侧引起不同的升力、产生滚转力矩,而适当选取翼尖的偏转差动角度,也可以获得纯航向控制能力。既可作为增升装置,也可用于三个轴向的操纵控制。小偏度效率较低,横侧向有一定的耦合。主要功用:①差动用于滚转操纵;②航向操纵,消除耦合滚转 |
| 鸭翼 | 对应鸭式气动布局的飞机。飞行中鸭翼后方会产生脱体涡,能提高后方机翼的空气动力学效率。主要功用:①发挥水平尾翼的作用,提供部分升力,提高飞机垂直机动性能;②差动产生滚转力矩,使飞机滚转更加灵活,迅速完成机动动作 |

（续）

| 类型 | 作用原理及功能用途 |
| --- | --- |
| 副翼 | 可差动偏转的副翼是常规飞机和无尾飞机有效的滚转操纵面，能够获得满意的滚转操纵功能，并在一定的迎角范围内，有效抑制不利的航向耦合 |
| 升降舵 | 通常置于飞机尾侧，实现飞机的纵向配平。大部分是两侧舵面同向偏转，控制飞机的俯仰运动。也有部分可差动偏转，同时控制飞机俯仰和滚转运动 |
| 升降副翼 | 将升降舵和副翼的功能合二为一，两侧同向偏转时起升降舵的作用，差动偏转时则发挥副翼作用。机翼后缘全部布置升降副翼可具有足够的俯仰和滚转操纵能力，广泛应用于无尾飞机、鸭式飞机和三角翼飞机 |
| V 形垂尾 | V 形垂尾可提供偏航/滚转稳定性，尤其是偏航稳定性，同时两个方向舵可以偏转不同的角度，控制飞机完成偏航运动。主要功用：①当两个控制面同方向偏转时，相当于升降舵的功能；②当两个控制面向不同方向偏转时，相当于方向舵的功能 |
| 扰流板 | 单独偏转时，扰流板前静压增大、板后气流分离，产生滚转力矩。扰流板偏转破坏了机翼上表面或下表面的气流流动，使机翼的升力、阻力发生变化，产生较大的耦合力矩，但扰流板适当的配合偏转可以消除不利耦合，实现期望的滚转或航向控制。主要功用：①航向操纵；②滚转操纵 |
| 开裂式方向舵 | 由上下两个舵面组成，既可同步偏转，也可差动偏转。差动偏转时以较大的阻力为代价，通过两侧翼上的非对称阻力产生偏航控制力矩，主要用于飞翼飞机。开裂式方向舵有很强的航向操纵能力，大迎角时控制效率下降，横侧向耦合较强。主要功用：①单侧差动偏转操纵航向运动；②两侧差动偏转发挥减速作用；③两侧同步偏转相当于升降副翼 |
| 海狸尾 | 常置于飞翼的内埋发动机后缘，起俯仰轴修正操纵作用，并与升降副翼共同构成阵风减缓系统，使飞机在低空飞行时保持平稳 |
| 翼梢小翼 | 分为单上小翼和上下小翼等多种形式。通过改变翼尖附近的流场减小涡流的强度，常置于大型飞机翼尖处。合理的安装角度能产生向上和向前的分力。主要功用：①提供方向的稳定和控制；②节省燃油消耗 |

对于现代先进飞机，无论是大型军用、民用运输机，还是有人、无人驾驶战斗机，采用多操纵面布局都是未来的重要发展方向。就目前国外典型的大型多操纵面飞机而言，表 1.2 列出了其操纵面的配置情况。可见，除了襟翼、前缘缝翼等部分随动舵面外，大型飞机存在足够的操纵面来保证控制余度，确保飞行安全。

表 1.2 国外大型飞机的操纵面配置情况

| 名称 | C-17 | B747 | B777 | A320 | A380 |
| --- | --- | --- | --- | --- | --- |
| 水平安定面 | 2 | 2 | 2 | 2 | 2 |
| 升降舵 | 4 | 4 | 2 | 2 | 4 |
| 副翼 | 2 | 4 | 2 | 2 | 6 |
| 扰流板 | 8 | 12 | 14 | 12 | 16 |

（续）

| 名称 | C-17 | B747 | B777 | A320 | A380 |
| --- | --- | --- | --- | --- | --- |
| 襟翼 | 4 | 4 | 4 | 4 | 6 |
| 前缘缝翼 | 8 | 26 | 14 | 10 | 14 |
| 方向舵 | 2 | 2 | 1 | 1 | 2 |
| 操纵面总数 | 30 | 54 | 39 | 33 | 50 |

图 1.3 为国外三类典型多操纵面飞行器的操纵面配置情况。

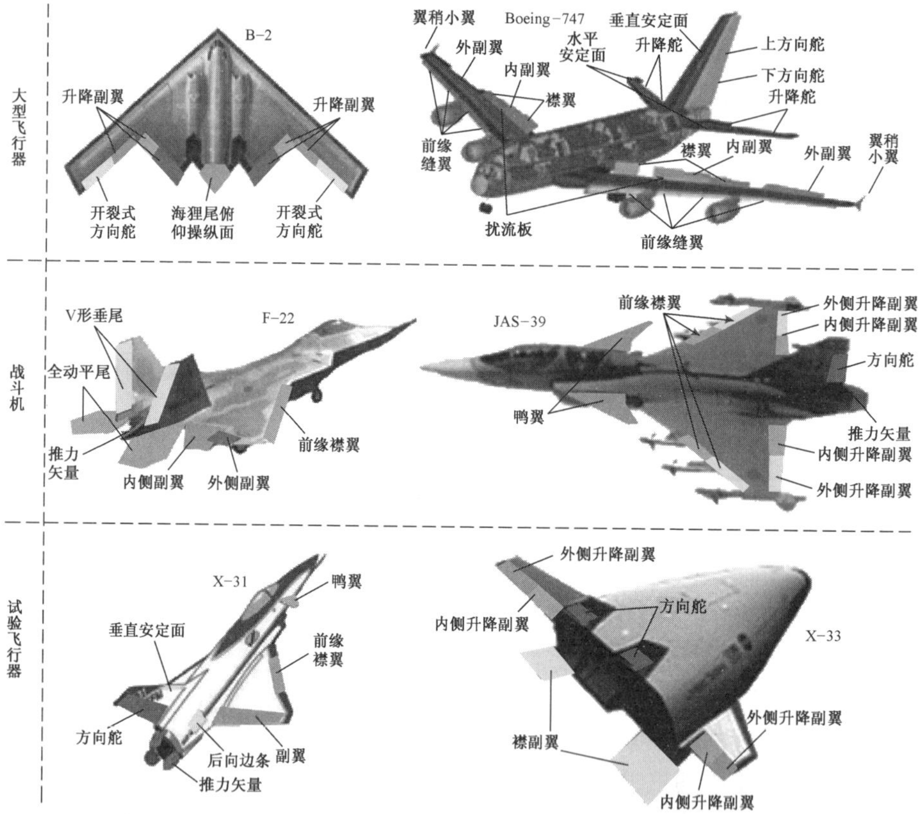


图 1.3　国外三类典型多操纵面飞行器的操纵面配置情况

从表 1.2 和图 1.3 可以看出，大型运输机广泛采用扰流板、襟副翼和缝翼，操纵面个数明显多于战斗机和轰炸机，如 F-22 采用带推力矢量的 V 形双垂尾布局，可提供 13 个可用控制面，而空中客车公司的 A320 操纵面总数达到 33 个，波音公司的 B747 甚至达到了 54 个操纵面。研究结果表明，创新型操纵面的气动控制效率较传统舵面高，可为各轴向提供足够的控制力矩，但操纵面偏转产生的力矩存在不利耦合和相互抵消的问题。因此,消除或避免不利耦合力矩,开展综合控制研究是协调使用新型高效气动操纵面的关键。

### 1.2.2 多操纵面的协调控制

随着航空技术和控制技术的发展,广义的多操纵面配置不仅包括常规的气动操纵面,还包括创新效应面和推进系统的推力矢量等。对于具有多副可控操纵面的飞机,执行器的个数一般要大于被控制的目标变量数目,这称为执行器冗余现象。事实上,自然界广泛地存在这种运动控制的“执行器冗余”现象,例如,陆地动物马陆、蚰蜒、蜈蚣等拥有十对甚至上百对步足作为“执行器”,水生动物螃蟹、虾、鱼类等拥有“冗余”的步足或鳍作为“执行器”,用来稳定、捕食及行进。图 1.4 为自然界“执行器冗余”与飞行器操纵面冗余的类比。

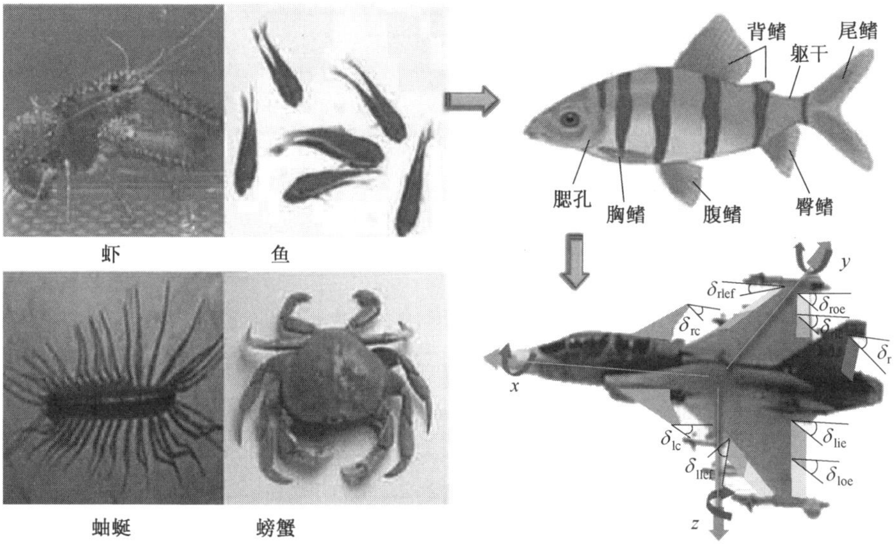


图 1.4 自然界“执行器冗余”与飞行器操纵面冗余的类比

以鱼的运动控制为例,其控制自由度包括纵向、侧向及横摆运动,作用力来自于三个方面,即[6]:①利用躯干和尾部肌肉的收缩使身体左右反复扭曲,压水向后使身体前进;②利用胸鳍、腹鳍、背鳍、臀鳍和尾鳍等“执行器”保持身体平衡,控制鱼游动的方向,拨水前进;③利用鳃孔向后喷水的冲力使身体前进,或结合胸鳍的摆动保证鱼处于静止状态。

类似自然界中普遍存在的“执行器冗余”现象,多操纵面布局为飞机的协调飞行提供了充分的控制冗余,增强了控制耦合度,使得飞行器的设计和控制不再具有唯一的操纵面组合方式。在设计方面,民用飞机对操纵面的要求主要体现在经济性、安全性和舒适性;战斗机对操纵面配置则需满足隐身性能、大迎角过失速机动性能和起飞着陆性能等要求,以保证在空战中取得足够制敌的空中优势。在控制方面,应该考虑饱和非线性以及动态特性等约束条件,选择最有效的执行器来完成预定的控制功能。为实现冗余操纵面的协调有效偏转,通常引入飞机的三轴控制力、控制力矩、偏转角加速度等。作为虚拟控制面,直接控制飞机三轴方向上的运动,图 1.5为多操纵面布局与常规布局控制方式的对比。

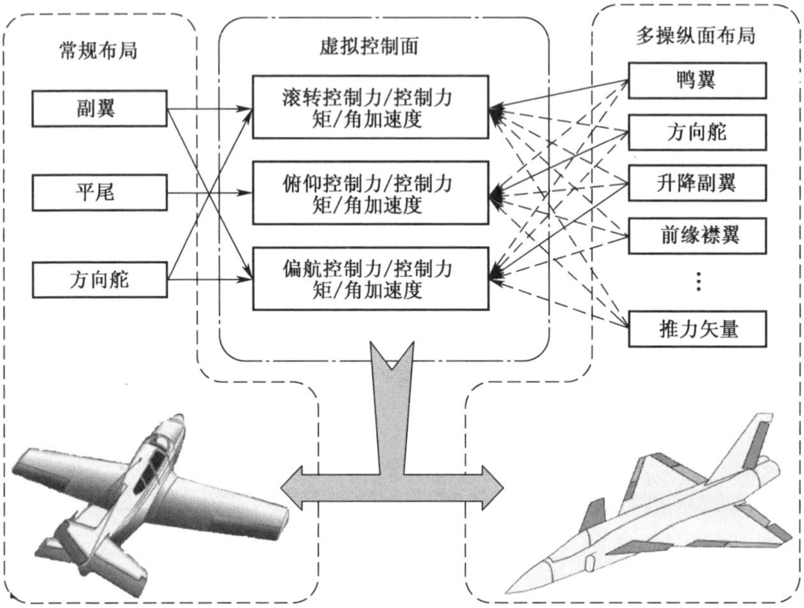


图 1.5　多操纵面布局与常规布局控制方式的对比

## 1.3　控制分配技术研究现状

控制分配技术是在多操纵面飞行控制系统的设计中提出来的,经历了从简单到复杂、从静态到动态、从单目标到多目标的发展过程,目前已推广应用至导弹、航天器、舰船、汽车、机器人等多个控制领域。下面从理论研究和应用研究两个方面分别介绍国内外控制分配技术的研究现状。

### 1.3.1　理论研究现状

早在 1982 年,美国对 YF-16 飞机三轴运动进行混合控制时,就蕴含了部分控制分配的思想。但是由于操纵面少而简单,虚拟可达转矩集中的指令不能完全实现,同时受飞控计算机的计算能力限制,使多操纵面控制分配的思想未能得到充分展现。直到20世纪90年代初,美国在进行多操纵面飞机的重构控制研究时,提出了采用控制分配技术的层级飞行控制结构,专门由控制分配器实现传统控制律指令到多操纵面控制指令的分配。从此,多操纵面控制分配技术在最近十几年内得到了广泛重视和快速发展,已经取得了许多理论成果。就目前的控制分配方法而言,从优化的角度可归纳为两大类,即非优化的控制分配法和优化的控制分配法。前者主要包括广义逆分配法、串接链分配法、直接分配法和零空间分配法等;后者则主要包括基于二次规划的动态控制分配方法、基于模型预测的控制分配方法、分段线性优化控制分配方法以及非线性最优化控制分配方法等。

1. 直接分配法

直接分配(Direct Allocation, DA)算法最先是由美国弗吉尼亚理工大学Wayne C. Durham教授提出来的。1992年,Durham教授等[7]提出了转矩可达集(Attainable Moment Subset, AMS)的概念,采用直接分配算法来解决多操纵面飞机的指令分配问题,假设操纵面相互独立分析了三副操纵面控制两个虚拟量的简单情形,并与广义逆、串接链等进行了对比,表明直接分配指令所生成的虚拟控制指令具有空间不变向的优点;在此基础上进一步构建了直接分配对三维虚拟控制指令的空间求解算法[8]、包含阻力最小的四维目标分配算法[9]以及四维以上虚拟控制指令的求解问题[10],但均存在计算量较大的问题。

在保证直接分配准确性的前提下,为满足飞控系统的实时性要求,相继提出了次优分配算法[11]和对边搜索算法[12],提高了算法的解算速度,但其共同的缺点是算法在有些情况下得到的不是最优解;Petersen等[13,14]提出了一种球面搜索算法,不考虑虚拟指令幅值直接构建球面坐标系下的二维可达集,通过对二维平面的分析可有效提高算法的实时计算能力。Bodson等[15]通过矩阵空间计算巧妙地将直接分配算法转换成线性规划形式,避免了高维控制量的空间计算;李卫琪等[16]通过步进式搜索可达集空间的相邻面,放宽了控制效率矩阵任意三列必须线性无关的条件,改进的直接分配算法满足准确性和实时性要求。

2. 广义逆分配法

广义逆(Generalized Inverse, GI)分配法主要包括伪逆法(Pseudo-Inverse Method, PIM)、加权伪逆法(Weighted Pseudo-Inverse, WPI)、再分配伪逆法(Redistributed Pseudo-Inverse, RPI)、级联广义逆分配法(Cascading Generalized Inverse, CGI)和自适应广义逆(Adaptive Generalized Inverse, AGI)方法等。

伪逆法是早期发展起来的一种简单工程易实现的控制分配方法,设计之初主要用于操纵面故障条件下的控制重构。它以操纵面偏转量最小为优化目标、以控制效率矩阵的伪逆为映射函数进行分配,在虚拟指令可达集空间内可得到最优的分配结果。但伪逆法没有考虑操纵面的位置约束和速率约束,当虚拟指令超出可达集时将不能实现最优分配。Bordignon等[17]通过F-18HARV的验证表明,伪逆法能获取可达集空间13.7%的虚拟指令,即使最优的伪逆映射函数也仅能实现可达集的 42.7%。但值得肯定的是,通过优化的伪逆法可以显著地提高分配效率。

顾名思义,加权伪逆法是伪逆法在对控制量进行加权的基础上形成的控制分配算法。权值矩阵通常选择为正定对角矩阵,可根据操纵面不同的优先级选择不同的权值。对于控制效能较高的操纵面,可选择较大的权值系数以降低其过早进入饱和状态的概率。研究表明[18],通过合理地选择加权矩阵,可使控制效能高的操纵面和效能低的操纵面合理搭配,更好地利用虚拟指令可达集。为此,Bošković 等[19,20]充分考虑操纵面的位置约束和速率约束,分别提出了线性变权值控制分配方案和非线性变权值控制分配方案,给出了两种方案基于线性矩阵不等式(Linear Matrix Inequality, LMI)的求解算法;Kishore 等[18]结合鲁棒 D-稳定状态反馈控制律提出了一种自适应 WPI 控制分配方案,通过对趋饱和操纵面权值的不断优化,可以得到合理的控制指令,尽量避免出现操纵面饱和的现象。此外,Alwi 等[21-23]还结合加权伪逆法和滑模控制理论研究了冗余系统的容错控制问题。

为了改善加权伪逆法分配效率较低的问题,Virnig 和 Bodden[24]提出了一种再分配伪逆方案,即运用加权伪逆进行初次分配,如果超出了操纵面物理限制,则将该操纵面置于偏转极限位置并从待分配的操纵面中移除,然后在未饱和的操纵面中按加权伪逆法再次进行指令分配。在此基础上,Bordignon[25]提出了一种迭代式的级联广义逆分配方案,即通过从待分配的操纵面中反复地移出饱和操纵面,直到加权伪逆的解可行或者所有的操纵面都达到饱和为止。Eberhardt[26,27]和 Bodson 等[15]也对 RPI 和 CGI 等迭代式控制分配方法进行了研究;Enns[28]为降低操纵面饱和次数提出了每次迭代中仅令一副操纵面饱和的分配思想;Bordignon 等[29]通过设计指标选择饱和操纵面,降低了 X-35B 操纵面饱和的速度;Jin[30]则进一步提出了两种改进的级联广义逆控制分配方案。

3. 串接链分配法

串接链(Daisy Chaining, DC)分配法[31-35]具有工程易实现、分配方式灵活的优点,在先进推力矢量战斗机中发挥着重要的应用价值。推力矢量因使用成本较高,通常作为辅助控制面,常规飞行的控制方式以气动舵面为主。当飞机进行大迎角过失速机动时,气动舵面达到最大允许偏转角后仍不足以提供所需的力矩,这时才选用推力矢量。为此,针对多操纵面飞机在不同迎角下采用不同控制面组合进行飞行控制的问题,提出了串接链控制分配方法。

目前,串接链分配法不局限于解决大迎角过失速机动飞行控制问题,其按层分配的思想已拓展至广义的多操纵面分配。串接链分配法的层级结构如图 1.6 所示。图 1.6 中,首先把操纵面按照偏转速度或执行效率等特性分成 $i$ 组,然后按组的优先次序对虚拟控制指令进行分配。当较高优先级的操纵面组合不能完全实现虚拟控制指令时,依次使用下一优先级的操纵面,直到虚拟控制指令完全实现或者所有操纵面都达到饱和状态为止。图 1.6 中每一层对应一组操纵面,从上到下优先级逐级递减。$\boldsymbol{B}_i$ 为第 $i$ 组操纵面的控制效率矩阵,满足 $\boldsymbol{B}_i \boldsymbol{P}_i = \boldsymbol{I}$ 。艾尔等[36]指出,若控制面进入位置限制或速率限制时,存在非线性函数 $\boldsymbol{N}_i$ 使得 $\boldsymbol{B}_i\boldsymbol{N}_i\boldsymbol{P}_i \neq \boldsymbol{I}$,非线性将不能完全对消,导致回路性能恶化,直接引起控制面振荡。

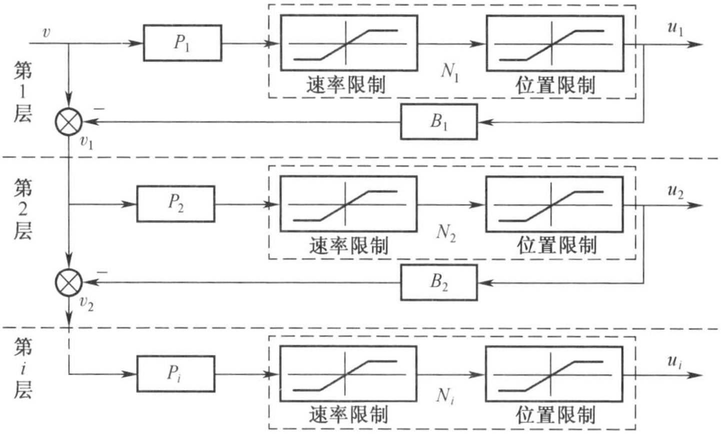


图 1.6　串接链控制分配法的层级结构

在对串接链分配法进行的大量研究中,J. M Berg 等[37]对作动器速率限幅导致串接链方法产生不稳定效应的问题展开了研究。由于系统可能出现不稳定零动态响应,Buffington 等[38,39]根据李雅普诺夫定理给出了采用串接链分配法时闭环系统零动态渐近稳定的充分条件。Andrew 等[40]结合 Anti-windup 控制技术有效地消除了 VISTA/MATV F16 飞机在采用串接链分配法后引起的振动和不稳定现象,通过引入未建模动态验证了控制系统具有良好的鲁棒性。张曙光等[41]结合非线性动态逆控制研究了推力矢量飞机超机动飞行操纵指令的协调分配问题,验证了串接链方法的有效性。

4. 动态控制分配法

在处理多操纵面控制系统时,直接分配算法、广义逆分配法及串接链分配法等均以执行器动态可忽略为前提,即执行器的频带宽度远高于被控对象的频带宽度。实际上不同的操纵面可能用于不同目的,各自的动态特性不尽相同,且存在耦合效应[4],其真实偏转效率也不同于理想情况。当飞机的操纵面出现机械损伤或者气动效率不足时,操纵面之间物理特性的差异将更为突出,忽略控制分配器和执行器动态特性的铰链将直接影响控制系统的性能,甚至出现闭环不稳定的现象。为实现精确的分配效果,使系统达到理想的动态控制性能,通常可引入与执行器动态特性相关的控制指标。控制分配技术在飞行控制系统以及其他工业控制系统的应用表明,考虑执行器动态响应过程可以在一定程度上有效提高控制分配的精度,从而提升整个控制系统的性能[5]。因此,动态控制分配(Dynamic Control Allocation, DCA)方法越来越得到研究人员的重视[42]。

针对操纵面存在的控制性能差异,2004 年 Ola Härkegård[43]将操纵面的频域性能引入优化目标提出了一种稳定的混合优化动态控制分配器设计方法,通过合理的控制加权，利用鸭翼的动态特性抵消了座舱过载，减小了配平阻力。柳扬等[44,45]对战斗机的动态控制分配问题也进行了深入的研究。在执行器动态响应过程不可忽略的情况下，受执行器速率约束的限制，执行器控制指令常低于且滞后于控制分配器产生的理论控制指令。为补偿执行器动态特性造成的控制指令衰减和滞后，Venkataraman 等[42]提出了一种考虑操纵面带宽的动态控制分配方法，可按照操纵面不同的偏转速率分配虚拟控制指令；继而 Oppenheimer 等[46]研究了三种典型执行器动态模型的控制指令补偿问题，用于多操纵面组合控制指令的分配；Kishore 等[47]基于线性矩阵不等式进一步提出了可用于高阶执行器系统的动态补偿方案。此外，文献[48]对执行器非线性动态特性的补偿问题也开展了研究。

Yu 等[49,50]在模型预测控制（Model Predictive Control，MPC）理论框架下研究了再入飞行器的动态控制分配问题，将执行器理想化为一阶线性动态模型，借鉴模型预测控制思想求解包含执行器动态的线性规划控制分配指令。Vermillion 等[51]分析了 MPC 动态控制分配系统的稳定性问题，该方法的缺点是对执行机构动力学模型依赖程度较高，当模型失配或者存在不确定性建模误差时性能将急剧退化[52]。Hallouzi 等[53]提出了一种子空间预测控制分配方法，通过输入、输出数据辨识执行器动态模型，实现了 Boeing747 飞机多组关键操纵面故障时的容错控制。马建军等[52]针对动态控制分配模型可能存在的不确定性扰动，基于鲁棒最小二乘理论提出了考虑范数有界不确定性的鲁棒子空间辨识方法，对执行器动力学进行了不确定性建模，并结合预测控制理论实现了 ADMIRE 飞机的动态控制分配。Choi 等[54]在航天飞机上运用动态控制分配算法消除了高度控制指令中的传感器噪声。

5. 非线性控制分配法

大多数工业控制系统都是控制量耦合的非线性系统，且执行器本身存在非线性动态，直接针对真实系统进行控制分配具有重要的研究价值。近年来，非线性控制分配（Nonlinear Control Allocation，NCA）问题得到了广泛的关注。

就国外的研究来看，Page 等[55,56]结合反推自适应和动态逆方法探讨了直接分配、伪逆法、加权伪逆法等控制分配方案在非线性飞机动态系统中的控制性能。Doman 等[57]通过在每个采样时刻利用仿射函数逼近操纵面的非线性控制效能，得到近似线性的控制效率矩阵，实现了非线性控制分配。Bolender 等[58,59]将操纵面的控制效率曲线分段线性化，从而将非线性控制分配问题转化为整数线性规划问题。Johansen 等[60]针对结构奇异导致非线性控制分配问题非凸的情况，将消除奇异引入优化控制目标提出了一种序列二次规划（Sequential Quadratic Programming，SQP）方法，在每一时刻求解近似凸线性规划得到了最优分配解。Poonamallee 等[61]在利用高阶多项式拟合气动数据的基础上，提出了基于 SQP 的飞行器非线性控制分配方案。Tøndel 等[62]运用分段线性化函数法求解非线性多参数规划控制分配问题，实现了机动车侧向的稳定控制。Tjønnås 等[63,64]直接针对一类非线性船舰系统设计了非线性控制分配器[65]，不需要每步求解控制分配优化模型，仅通过不断更新状态即可实现控制律指令的最优分配，并在此基础上进一步研究了包含执行器动态的自适应控制问题[66]，可推广至操纵面故障或损伤时的自动控制重构。Liao 等[67]建立了二次非线性规划控制分配模型，设计了有限时间收敛的非线性控制分配更新律，并结合模型参考动态逆控制律证明了闭环控制系统的稳定性。

国内许多学者也对非线性控制分配方法进行了深入的研究。杨恩泉等[68]综合权衡多个控制目标提出了一种新的非线性规划控制分配方案，给出了多目标非线性控制分配解的评价指标及评价方法，实现了不同飞行任务条件下的多种目标优化。王鹏等[69]运用分段线性函数的方法来处理飞翼布局的非线性控制分配问题，明显地提高了控制响应精度。马建军等[70]利用基于微分进化算法的非线性控制分配方法合理分配飞翼布局的航向控制指令，实现了航向的稳定与控制，有效地抑制了三轴耦合效应。

综上所述，虽然控制分配方法在过驱动控制系统的指令分配中表现出了良好的控制性能，但是控制分配理论体系尚不够完善，部分算法仍存在分配效率低、分配结果不合理等问题。随着智能控制技术的推进，启发式优化算法[71-74]在飞行控制领域已得到了初步应用，优异的控制效果预示着其广阔的发展前景。如何将遗传算法[75-79]、粒子群优化[80,81]、微分进化算法[82-85]等方兴未艾的方法[86-93]融入控制分配优化问题中，把智能控制与控制分配结合起来，是未来过驱动控制分配问题研究的另一个热点。

### 1.3.2 应用研究现状

近年来，控制分配技术在国内外已应用于多个领域的过驱动控制系统设计中，是冗余执行器指令分配的关键技术。

1. 航空航天领域

控制分配技术在航空航天领域的应用主要涉及飞机、导弹、飞碟、再入航天器、卫星及飞艇等。下面分别从航空领域和航天领域分析国内外控制分配技术的应用研究情况。

在航空方面，美国的 NASA 于 2001 年验证了基于第二代神经网络飞控系统结构的"串接链飞行控制分配策略"，表明在单个作动器饱和或严重故障的情况下，系统仍能提供较强的控制能力，并且保证故障飞机的飞行品质[94]。2003 年，美国空军、NASA 以及商业航空公司在 Boeing 747-400 和 Boeing C-17 上研究了运输类飞机关于损伤自适应性的控制再分配策略，提高了故障条件下飞机的生存能力，改善了飞行品质[95,96]。道格拉斯宇航中心在 F-15 ACTIVE 验证机上研究了多种控制分配技术，验证了截面搜索直接分配方法[97]。Buffington 等[98,99]将无尾战斗机的控制分配转化为约束参数优化问题,并设置了控制指令限制的优先级,结果表明各轴响应解耦良好。Wright 实验室[100]设计了 F-16 推力矢量飞机的全包线非线性飞行控制系统,验证了伪逆分配法的有效性。Cameron 和 Princen[101]还研究了翼身融合布局无尾运输机的控制分配问题。Raney 等[102]在 Lockheed Martin 公司专门设计的新型控制面技术验证机 LMICE 上运用伪逆分配法验证了其飞行控制系统的有效性。Davidson 等[103]则针对 LMICE 提出了一套实时的自适应控制分配方案,可提高控制面出现故障时的控制重构能力。Zhang 等[104]运用伪逆法和级联广义逆实现了 ADMIRE 飞机操纵面故障时的控制重构。Bordignon 等[29]提出了改进的级联广义逆方法以降低 X-35B 操纵面的快速饱和。另外,控制分配技术在导弹控制方面也有少量应用案例。Lee 等[105]基于特征值配置设计了导弹的自动飞行控制律,分别通过伪逆法和串接链法来协调推力矢量和传统控制面的偏转;Ridgely 等[106]研究了带有尾翼和喷气推进器双重控制的导弹动态控制分配问题,表明约束与无约束控制分配方法均可实现导弹的最优控制[107]。

在航天方面,NASA 的 Burken 等[108]提出采用定点控制分配(Fixed Point Method, FPM)算法设计 X-33 的重构飞行控制系统,可通过迭代计算得到最优控制面组合;Simmons 等[109]在设计 X-33 的控制分配系统时则提出基于频域的二次优化策略实现快慢控制面的协调分配;Shertzer[110]研究了下一代再入飞行器的控制分配问题;Doman 等[111]提出了整数规划控制分配算法综合气动操纵面和反作用控制系统,实现了航天器的返回控制,并运用李雅普诺夫理论证明[112]了量化高度控制系统的稳定性。Battipede 等[113]将控制分配技术应用于飞船的纵向和侧向控制中。Hodel 等[114]研究了可重复使用航天飞机的控制分配问题,通过线性矩阵不等式实现了动态指令的补偿。Rajasekaran 等[115]结合设计的非线性动态逆控制律,分两级目标优化实现了超声速航天器发动机的控制分配。Bolender 等[116]利用分段线性规划方法研究了可重复使用飞行器制导控制系统的控制分配问题。Doman 等[117]通过系统辨识在线更新控制效率矩阵,结合动态逆和线性规划分配法实现了航天飞机的高度控制。Joosten 等[118]运用模型预测控制和最小二乘控制分配方法研究了航天飞机操纵面故障时的控制问题。Schierman 等[119]结合动态逆、模型跟随以及优化控制分配方法,设计了 X-40A 的自动飞行控制系统。Servidia 等[120]针对航天飞机重新设计了直接分配方法,更快地完成了力矩指令的分配。

相比之下,国内对控制分配技术的研究起步稍晚,但北京航空航天大学、南京航空航天大学、西北工业大学、哈尔滨工业大学、国防科技大学以及部分飞机设计研究所等均对控制分配技术进行了深入的探索,在航空航天领域取得了许多卓有成效的研究成果。周锐等[121]针对具有异构多控制机构的飞行器设计了基于参考模型的模糊自适应控制分配策略,实现了飞行器气动力/推力矢量/直接侧向力之间不同形式组合控制系统的自适应控制分配。王磊等[122]采用控制分配技术实现了飞翼布局作战飞机控制指令的冗余设计,较好地解决了操纵面模型非线性、阻力方向舵的双侧偏转和阻力控制等问题;张友安等[123]对具有位置约束的过驱动碟形飞行器提出了一种比例分配策略,可避免执行机构提前出现饱和的现象;朱心中等[124]基于加权最小二乘法的控制分配策略提出了一种多操纵面战斗机的容错飞行重构控制方法;占正勇等[125]研究了某型多操纵面战斗机的控制分配方法;池沛等[126]在研究空天飞行器时提出了基于模糊逻辑的线性规划重构算法,可根据控制效益的实时估计结果对冗余异类效应器智能地完成控制分配;杨凌宇等[127]研究了基于控制分配的大迎角综合飞行/推进控制系统设计问题;呼卫军等[128]基于线性规划对可重复使用运载器提出了一种实时在线控制分配算法,避免了执行机构工作模式更换导致飞行器出现的瞬态变化和系统颤振;陈怀民等[129]应用控制分配技术研究了无尾飞机的纵向控制系统;唐生勇等[130]研究了交会对接航天器的推力分配技术;钱承山等[131]结合控制分配技术研究了空天飞行器再入跨大气层飞行时的姿态控制问题;张曙光[41]、高彦玺等[132]在做带推力矢量的先进战斗机控制律设计和仿真时,针对具体问题进行了部分的应用研究。

2. 其他工程领域

控制分配技术在航空航天领域的广泛研究,引导其在舰船、机动车等其他工程领域得到了快速发展。

在舰船控制方面,挪威科技大学、南洋理工大学等展开了深入的研究,取得了许多研究成果。Fossen 等[133]采用分段线性化函数法解决过驱动船舶控制分配过程中出现奇异的问题,并在文献[60]中直接对带消除奇异的混合优化控制分配模型进行了求解;Spjøtvold 等[134]对包含 8 个推力装置的浮动平台设计了多参数故障容错控制分配策略;Lindegaard 等[135]研究了低速轮船在力指令连续而控制指令不连续时的控制分配策略,解决了方向舵的抖振问题;Johansen 等[136]研究了含旋转推进器类舰船的约束控制分配策略,缺点是难于得到最优显式解,工程应用受到限制。在国内,刘大勇等[137]研究了水下机器人推进系统的容错控制分配问题;俞建成等[138]在水下机器人半物理仿真平台上验证了非线性序列二次规划控制分配方法的有效性,同时也设计了推进器故障容错控制策略[139],对基于伪逆矩阵与定点分配的混合控制分配算法进行了验证。其他的相关文献可参考[140-143]。

在机动车控制方面,控制分配技术能够在考虑执行器约束和各轮当前工作状态的前提下,将实际横摆角速度、侧偏角与参考值误差计算得到的控制横摆力矩分配到各个车轮[144]。Plumlee 等[145]基于符号保持的控制分配策略研究了电动车的侧向运动控制问题,降低了行车时的侧滑运动。Tjønnås 等[146]研究了包含轮胎摩擦不确定的车辆控制问题,可通过分配刹车指令和纵向夹紧力指令稳定航向运动,进而研究了非线性自适应控制分配策略对电动车的稳定控制[147],能够估计地面摩擦来自适应更新控制律参数。Laine 等[148]将控制分配策略用于机动车的在线电子稳定系统，协调四轮刹车以改善过少或过多操纵。Wang 等[144,149]基于加权伪逆法和滑模控制研究了汽车的动态协调控制问题，提出了一种带自适应加速的定点控制分配算法。Schofield 等[150,151]的研究结果表明，基于二次优化的控制分配策略能够抑制汽车的不良滚转运动。Alberding 等[152]则进一步验证了混合优化控制分配策略可以同时抑制电动车出现的不良滚转和侧滑运动。在国内，朱绍中等[153]考虑各执行器约束，采用控制分配方法优化分配驱动/制动扭矩来提高车辆的操纵稳定性；余卓平等[154]研究了四轮轮毂电机驱动电动汽车的扭矩控制分配问题；李道飞[155]通过对转向、制动、驱动以及悬架等主动系统进行集成优化控制，提升了车辆的综合性能。

控制分配是解决多操纵面控制系统冗余执行器控制指令分配的主要途径之一，是模块化级联飞行控制系统设计和分析中不可忽视的重要环节。尽管最近几年控制分配在理论和应用方面已取得了许多研究成果，但随着飞行控制系统结构日益庞大、工作环境日趋复杂、控制性能要求不断提高，传统控制分配方法越来越不能满足当前的控制需求，仍然存在需要解决和完善的地方，值得我们在发展多操纵面飞行器的过程中展开进一步的深入研究。

## 1.4 容错控制分配研究现状

### 1.4.1 故障诊断研究现状

故障诊断是主动容错控制的基石，唯有精准的故障诊断结果才能保证控制系统达到预期的控制效果。通常将现有故障诊断方法分类为基于模型的故障诊断、基于信号处理的故障诊断和基于知识的故障诊断三类，而基于模型的故障诊断方法因其稳定性、实时性等可经理论分析来严格保证而得到深远研究和广泛应用。常见的基于模型故障诊断方法[156,157]有等价空间法、状态观测器、卡尔曼滤波器及其变种、最小二乘或回归最小二乘等参数估计方法以及状态/参数联合估计方法等。周东华教授在德国 Frank 教授三分类[158]（基于知识、基于信号处理和基于解析模型）的基础上，结合故障诊断方法的最新进展，将其归纳为如图 1.7 所示的分类方式。各种方法之间的性能各有千秋（详见文献[156]中的表 5 和文献[159]），但过驱动资源配置的独特性导致其对应的故障诊断方法又有其新的问题，吸引了大量专家学者，该领域也成为当前学术研究的热点之一。目前，主要以最小二乘估计、卡尔曼滤波器、状态观测器等方法形成了主流研究趋势。

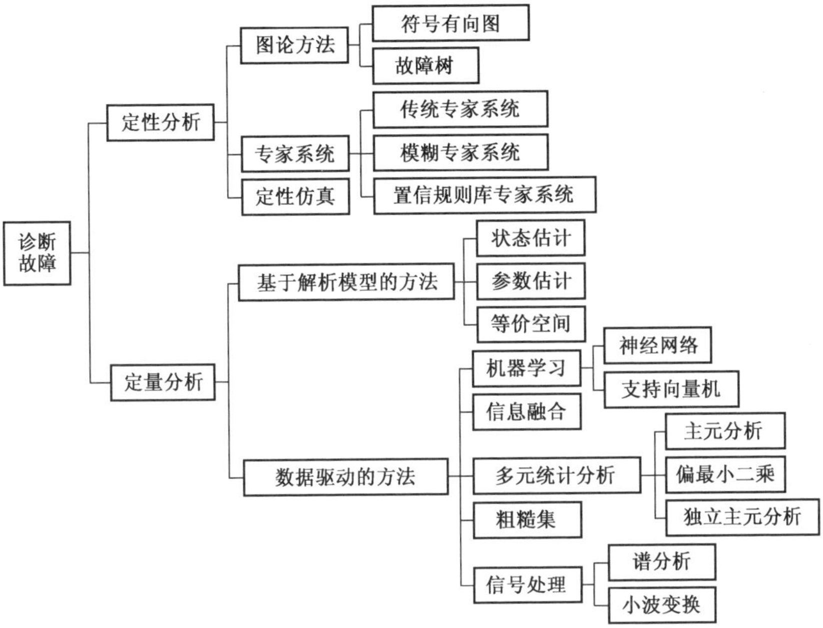


图 1.7 常见故障诊断方法分类[160]

1. 基于最小二乘的过驱动系统故障诊断

法国科学家勒让德于 1806 年独立发明最小二乘法,但因不为世人所知而默默无闻。最小二乘方法最早见于 1809 年高斯所发表的著作《天体运动论》[161]。最小二乘法(Least Square, LS)是经典测量数据处理中最基本方法,该方法仅考虑观测量的偶然误差,可以得出最优一致无偏估计[162]。Gloub 与 Van Loan[163] 于 1980 年在数值分析领域提出整体最小二乘(Total Least Square, TLS)的概念[164]用以解决观测量与系数矩阵同时存在误差的问题。与此同时,随着越来越多的专家学者关注这方面的研究工作,先后形成了一系列创新成果,包括加权最小二乘、限定记忆最小二乘、带遗忘因子的最小二乘、递归最小二乘以及最大似然估计等[165]。在过驱动系统故障诊断方面,Alessandro Casavola 和 Emanuele Garone 基于最小二乘思想进行了初步探索[166]。针对一类非线性离散过驱动系统的执行器效能降低故障,他们将故障建模为乘性故障矩阵,并基于此提出了两种故障估计方法:基于时间窗的两步法和递归最小均方估计方法。进一步将所研发的两步法应用于处理四轮转向和四轮驱动电动汽车[167]、网络控制系统[168]、自主海洋船舶[169]以及水下舰艇[170]的执行器效能降低故障。但这种方法需设计一个合理时变的输入矩阵以维持输入信号的持续激励特性,从而保证故障估计的收敛。此外,该方法仅研究了无扰动情形下的过驱动系统故障估计,未考虑相应的鲁棒性问题。

2. 基于卡尔曼滤波器的过驱动系统故障诊断

现代滤波理论形成于 20 世纪 70 年代,由美籍科学家 R. E. Kalman 创造了适用于离散随机系统的卡尔曼滤波方法(简称为 KF)[171]。次年,由卡尔曼和 R. S. Bucy 联合将上述理论扩展到连续时间系统中,从而构成完备的卡尔曼滤波估计体系。在时域内,卡尔曼滤波方法通过获取系统状态的最小均方差,来估计拥有高斯分布噪声的线性系统[172]。其优点在于,结合状态空间和最优滤波实现了包括时不变系统、时变系统、多维信号系统等多种系统的广泛应用;具有迭代计算形式,计算量小,实时性较好。鉴于上述优势,该滤波理论在阿波罗登月计划和C-5A 飞机导航系统中均得到了有效应用[173]。此外,该理论得到了长足发展,先后形成了自适应卡尔曼滤波、联邦扩展卡尔曼滤波、扩展卡尔曼滤波、强跟踪滤波器、无迹卡尔曼滤波、Sigma 点卡尔曼滤波器等[174]。从 20 世纪 90 年代开始,以卡尔曼滤波技术为代表的故障诊断算法得到深入研究[175]。2006 年, Youssef Hussein 等[176]针对超声速巡航飞机执行器卡死故障和松浮故障,基于卡尔曼滤波器设计了在线故障估计器。2010 年,Nicholas Swain 和 Shadhanan Manickavasagar 基于卡尔曼滤波器理论,对飞机操纵面的气动效能进行在线估计[177]。2012 年,Y. Han 等将自适应观测器和偏移估计算法相结合,采用自适应观测器检测故障,而偏移估计算法则是基于无迹卡尔曼滤波算法来估计故障执行器的卡死位置[178]。上述基于卡尔曼滤波器的故障诊断方法通常能够得到较好的估计结果,但这强依赖于系统精确数学模型,且对外部噪声或扰动的鲁棒性不强,工程实践还有待进一步提升。

3. 基于未知输入观测器的过驱动系统故障诊断

继 20 世纪 70 年代卡尔曼滤波器提出之后,Luenberger 针对模型精确已知的系统,提出了经典的 Luenberger 观测器,从而为现代观测器理论奠定了良好的基础[179]。20 世纪末,未知输入观测器首次由 Chen 和 Patton 提出并应用于鲁棒故障诊断[180]。其基本思想是利用 Luenberger 观测器设计中富裕的自由度,使其输出对于未知输入(扰动、建模不确定等)解耦,从而实现对系统状态观测的同时提供对系统未知输入的渐近观测,保证了故障诊断的鲁棒性要求。1997 年,Isermann 等研究表明[181],基于观测器的故障诊断方法处理了超过 50%的元器件故障情形。而针对过驱动系统而言,Andrea Cristofaro 和 Tor Arne Johansen 团队是这方面的先驱。他们针对一类线性过驱动系统,设计了未知输入观测器集合以解耦各个执行器对应的残差,从而实现对故障的检测和估计,并将其应用于水下航行器[182,183]和无人机[184]的容错控制。进一步,该团队通过在估计器结构中引入时变参数,将其改进为线性参数时变的未知输入观测器对 Zagi Flying Wing 的执行器效能降低和结冰故障进行诊断[185]。近来,在部分状态信息不可知的情形下,改进了非线性未知输入观测器的存在条件,并应用于非线性平面系统的故障检测[186]。此方法的优点是能够有效处理输入扰动和量测噪声,但其设计过程过于繁复,针对不同系统的故障隔离条件严苛且需调整,不便于执行器数目过多情形下的故障估计器设计。虽然上述方法有效估计了执行器的效能或故障,能够实现对外部扰动和系统不确定的鲁棒性,但设计过程繁复,实现条件苛刻,有待进一步简化和放宽设计条件。

4. 基于滑模观测器的过驱动系统故障诊断

滑模观测器的主要思路是根据期望控制目标设计合理的滑模面,并通过优选滑模观测器增益以使得系统状态维持在所设计的滑模面上。当发生故障或受到扰动之后仍能保证系统状态跟踪误差始终停留在滑模面上。利用滑模观测器实现故障检测和诊断的主要方法是:在故障发生前,保证滑模的存在,并以此为条件,通过检验残差信号是否在规定滑动区内,从而判断是否发生故障。当不满足判断条件时,说明滑模运动被破坏,有故障发生[187]。这种方法一般有两种设计形式:①根据滑模运动是否被破坏来检测故障,采用自适应估计得到故障值;②注入等价输出信号以实现重构故障的目的。滑模观测器对于系统故障和参数变化等不确定具有较强的鲁棒性,这一特性使其在故障诊断领域得到了广泛研究和应用。20 世纪末,Rajiv Sreedhar 等[188]率先把滑模变结构观测器的概念引入到故障检测之中。近年来,由欧洲七国(EURO FP7 包括法国、德国、意大利、荷兰、西班牙、瑞典、英国)所资助的可持续飞机导航控制先进故障诊断项目(Advanced Fault Diagnosis for Sustainable Flight Guidance and Control,AFDSFGC)[189],主要进行包括飞行包线边界飞行、飞行员疲劳、结冰等严酷条件下的飞机故障诊断和容错控制。Halim Alwi 和 Christopher Edwards 团队一直致力于该项目的研发任务。他们采用滑模控制理论解决民航飞机的故障处理问题,其故障检测原理是,当输出估计误差的导数偏离所设计滑模面后则认为发生故障,主要优势在于基于滑模理论的故障诊断方法具有鲁棒性且能够重建未知信号[190]。文献[191]采用自适应滑模 super-twisting 微分器实现振荡故障的检测,而在文献[192]中基于二阶滑模的滤波特性,提出二阶滑模观测器来检测执行器饱和故障,并将其应用于高保真民航飞机模型和卫星编队。文献[193]利用等效输出误差注入信号的概念来重建故障,而文献[194]将其拓展到最小化系统 $L_2$ 意义下的不确定情形,并实现同时重建执行器和传感器故障。文献[195]进一步研究了故障诊断信息不精确时的鲁棒性问题。文献[196]分别采用滑模观测器和卡尔曼滤波器对未知执行器效能矩阵进行了估计,并考虑了上述故障诊断结果不精确的问题。针对线性时变参数过驱动系统,文献[197]通过输出误差注入信号来重建虚拟误差,并通过所分割的输入矩阵反向映射得到真实故障值,设计了一种对系统不确定和量测噪声具有一定鲁棒性的故障估计器。

为兼顾故障诊断的快速性,David Henry 和 Jérôme Cieslak 团队在这方面做了很多工作[198-204]。该团队在文献[199]中采用滑模微分器来实现执行器小幅值卡死故障的快速检测,具有较快检测速度和良好的鲁棒性。文献[200]针对执行器振荡故障,设计了非一致微分器在含噪声的量测信息中检测故障,在文献[201]中提出了一种新的鲁棒有限时间微分器。随后在文献[202]中,又提出了一种含动态最优增益系数的卡尔曼滤波器用以快速鲁棒地检测操纵面饱和和卡死故障,将所提方法在 AFDSFGC 项目仿真平台和飞行试验中进行了验证,简单有效[203]。文献[204]采用绝对均方差、方差百分比和一致指数为指标比较研究了有限记忆滤波器、滑模微分器和一致鲁棒直接微分器三种故障检测器的运行性能。

对于其他类别过驱动系统的故障诊断问题,文献[205]针对含建模误差和量测噪声的非线性卫星系统,设计了一种非线性滑模观测器用以估计助推器故障。通过选择阈值对滤波后的等效注入信号所产生的残差信号进行辨识来检测故障,并利用带方向的残差集合评估来隔离故障位置。该观测器还应用于估计汽车刹车系统状态,在有限时间内得到汽车车轮角速率的估计值,进而得到车胎与地面摩擦系数的估计值[206]。

国内关于过驱动系统故障诊断的研究工作也在欣欣向荣地发展前进。周萌等[207]针对执行器乘性故障设计了一组未知输入观测器用以检测并估计故障值。王志华等[208]针对卫星飞轮故障,提出了基于稀疏优化算法的故障估计方法。王发威等[209]基于自适应补偿观测器理论,设计了一种舵面损伤故障快速精确诊断方案。胡庆雷等[210]针对过驱动航天器飞轮故障,利用滑模观测器来估计系统状态,进而实现故障的精确重构。池程芝等[211]将故障诊断的过程分为预警、校验两个步骤,其中在校验过程中提出一种改进的序贯概率比方法,使得在有预警故障存在的情况下,加速校验过程以满足实时性。

### 1.4.2 容错控制研究现状

故障和控制系统性能之间的关系如图 1.8 所示。根据驱动系统危险—安全区的划分可知,无论执行器故障、传感器故障或系统元部件故障都将直接降低部分控制系统性能,特别是某些部件失效情形下可能导致不可接受的控制性能。若能实现及时有效的控制重构,则控制系统将能重新获得所期望的控制性能,否则系统因

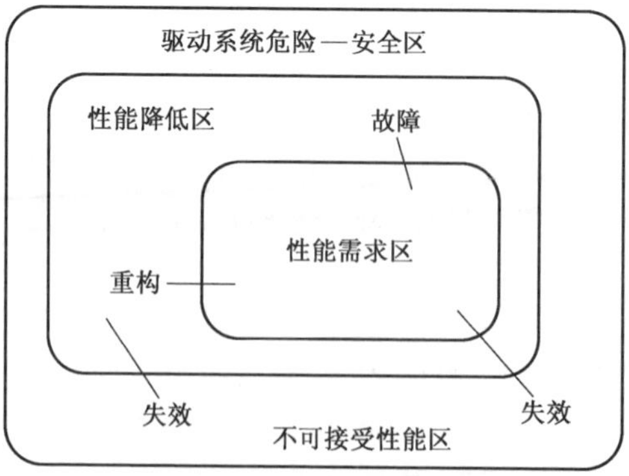


图 1.8 故障与控制系统性能之间的关系[212]

无法重构而失效进入不可接受性能区。

常见容错控制方法可总结如图 1.9 所示。显而易见,主动容错控制占据了容错控制领域的大半壁江山,这也反映了主动容错控制的发展优势是众多专家学者有目共睹的。特别地,针对过驱动系统执行器故障的容错控制问题,形成了许多思想新颖的理论创新和巧夺天工的工程应用。

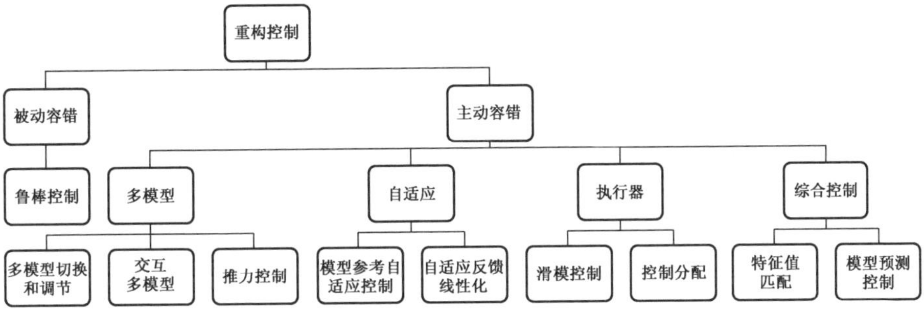


图 1.9　常见容错控制方法[213]

由欧洲七国(EURO FP7 包括法国、德国、意大利、荷兰、西班牙、瑞典、英国)中 13 个科研院所和航空工业单位合作资助的 FM-AG16 项目和欧洲航空科技协会的飞机重构控制项目(REconfigurable COntrol for Vehicle Emergency Return, RECOVER),其目的在于研究和发展飞机的先进导航控制系统的技术以在突发故障或参数突变情况下自动重构达到其自身最优的飞行条件[214]。该项目开发了一款商业民航客机的高保真非线性仿真平台(图 1.10),且考虑了执行器和传感器动态以及所有保护逻辑。

HalimAlwi 和 Christopher Edwards 团队基于上述 RECOVER 高保真仿真平台以 EL AL 1862 航班失事事件为牵引,以 Boeing747 飞机为对象,深入研究了滑模控制理论及其衍生理论在过驱动系统容错控制方面的广泛应用。滑模控制的基本思想是,首先合理选择某个滑模面来将闭环系统运动引导到该滑模面上从而保证一定控制性能;其次设计控制律以维持系统运行在上述滑模面,即使在故障情形下也能如此。该团队将所研究成果集合成专著《容错飞行控制——基于基准模型的挑战》[213],以大型民航客机 EL AL Cargo Flight LY1862 失事事件为契机,以滑模控制理论为基础,系统研究和阐述了高保真仿真模型建立、容错控制评价指标、故障诊断和容错飞行控制、容错控制集成设计以及地面验证工作。书中指出,滑模控制理论对匹配和非匹配不确定均有良好的鲁棒性,但滑模控制无法直接处理执行器失效(完全不能工作的状态),故而需结合控制分配实现容错控制。在控制分配成为热点之际,该团队即将其与一直致力研究的滑模控制理论相结合,用以实现过驱动系统的容错控制[215-217]。文献[218]在对飞机故障情况完全未知情况下,设计了模型参考—控制分配控制律,探讨了保证故障情况下系统稳定的条件,文献[219]将上述方法在实验室环境下气动数据模型(Aero-Data Model in a Research

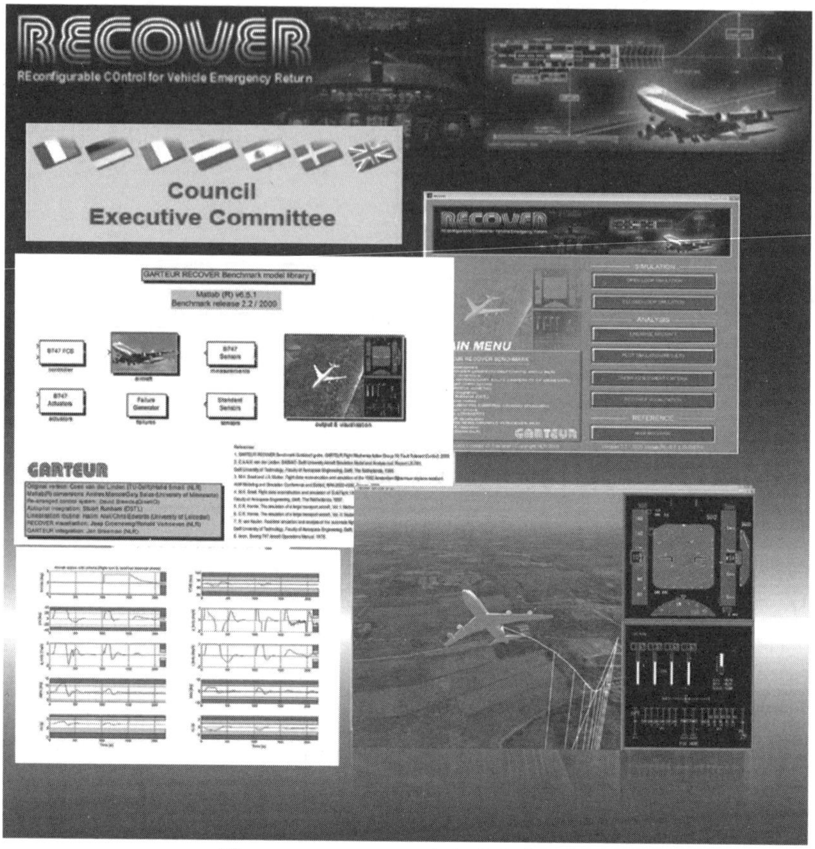


图 1.10　RECOVER 高保真仿真平台

Environment,ADMIRE)得到的飞机模型[220,221]上进行了仿真验证。文献[222]进一步对其在 Delft University 的六自由度 SIMONA (SImulation, MOtion and NAvigation)仿真平台(图 1.11)上进行了人在环实时仿真验证。文献[223,224]在液压系统故障致使所有操纵面失效情形下,设计了滑模—控制分配框架仅使用推力控制实现飞机的安全迫降任务,并在 SIMONA 平台上对其进行验证。为改进滑模控制仅在滑动过程中具有鲁棒性的缺陷,文献[196]融合积分滑模和控制分配设计了容错控制器以充分利用系统过驱动配置的冗余资源。除此之外,针对八旋翼非线性模型,文献[225]通过积分滑模和固定控制分配来设计容错控制律,而文献[226]结合线性时变参数滑模—固定控制分配框架进行容错控制律设计,二者最大特点是无须故障诊断单元。

上述文献均针对系统在某个配平点(工作点)的线性模型来设计容错控制器,难以保证系统长期、大范围(如飞机的飞行包线)的稳定运行和控制性能。为解决该问题,文献[227]通过引入 backstepping 技术,在无须精确系统动态信息的情况下即可完成系统控制律设计工作。且融合积分滑模—控制分配的控制框架以实现

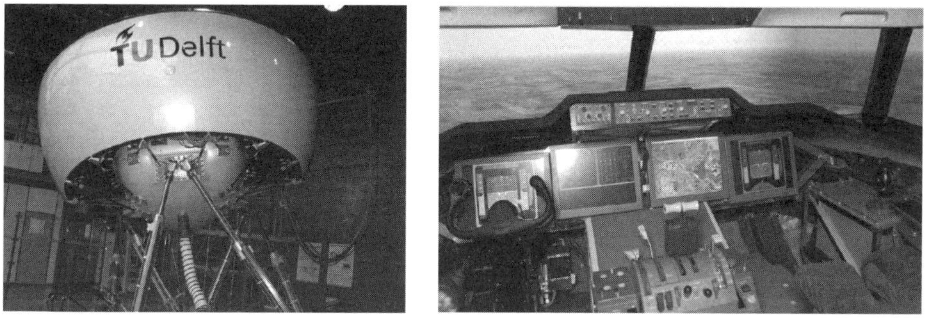


（a）外部视图　　（b）飞行面板视图

图 1.11　SIMONA 仿真平台[196]

考虑未建模动态和非精确故障诊断信息时的容错控制，文献[228]从理论上证明了该方法可实现整个飞行包线内的全局容错控制。文献[229]针对该问题，提出了另一种解决方案——即线性时变参数的积分滑模控制分配框架。通过改进的积分滑模设计虚拟指令，并以载荷因子为指标通过控制分配将其分配给完好的升降舵。对所提方法的理论发展、应用以及评估进行了详尽阐述。特别地，基于超旋滑模控制改进了控制指令以消除滑模控制指令中的颤振现象。控制器结构如图 1.12所示。与此同时，在 SIMONA 仿真器上对所设计的方法进行了人在环的实时性验证[230]，后续又在文献[231]和[232]中给出了该方法在日本航空研究所多用途航空实验室的研究飞机上得到的飞行试验结果。文献[233]另辟蹊径地结合常规控制器、积分滑模控制器和控制分配，提出了一种改进重构控制器，添加了自适应项使得系统状态始终保持在滑模边界层内部，保证控制器在整个飞行包线内均有效，其结构如图 1.13 所示，最终实现负载因子优化和迎角保护。正如文献[234]所述，从工程应用角度出发，上述改进工作更便于所提控制器设计方法与其他现有飞行控制器结合而无须移除或替换原有控制器。

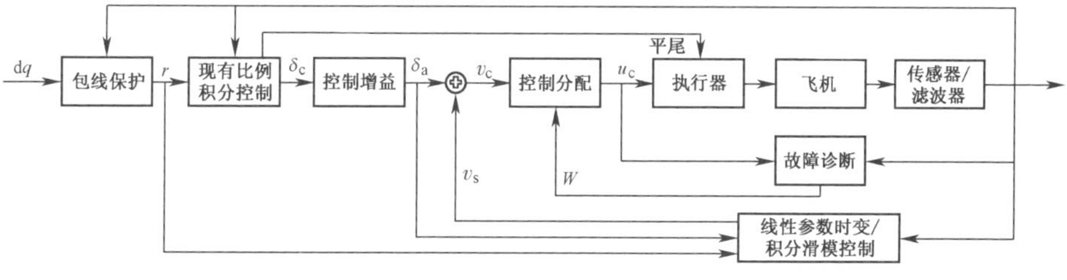


图 1.12　线性时变参数的积分滑模—控制分配框架[229]

其他学者也对过驱动系统的容错控制问题进行了相关研究。António Lopes 和 Rui Esteves Araújo 将滑模—控制分配框架应用于独立四驱汽车的容错控制，并重点考虑了不精确故障估计结果对系统响应的影响[235,236]。Bálint Vanek 等[237]通过设计一个监督级，该监督级可根据各种飞机状态（饱和、故障信息和任务情况

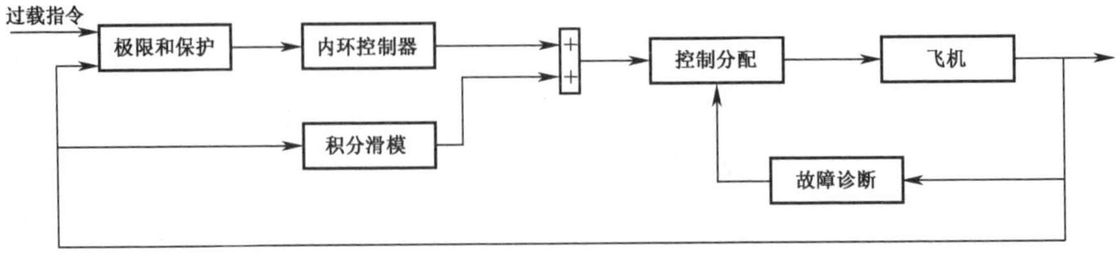

图 1.13　改进型积分滑模—控制分配框架[233]

等)来调度控制分配单元执行控制指令的分配。A. S. Hodel 等[238]针对再入飞行器设计了基于控制分配的容错控制器,并采用二次规划方法对其进行求解。Max Demenkov 则提出了一种直接重构控制分配方法用于过驱动系统的容错控制[239]。Youmin Zhang 等[240,241]通过执行器失效速率信息建立了系统驱动资源的可靠性指标,并依据各个执行器对应的指标值进行相应的控制量分配,并在管路网络和 Qball-X4 旋翼无人机上进行了验证。为实现过驱动系统的快速容错控制,Tor A. Johansen 团队在文献[242]中通过将虚拟指令转化为参数矢量,采用参数规划技术进行最优控制分配,从而实现推力器故障后的自动重新分配。进一步,在文献[243]中考虑执行器一阶动态设计了有限时间容错控制律。Serdar Soylu 等[244]针对远洋任务水下航行器,提出了一种无振荡自适应滑模容错控制器,并基于 $l_\infty$ 无穷范数建立控制分配模型,通过将其转化为线性规划问题并由递归神经网络进行实时求解。

## 1.5　本书内容安排

多操纵面飞机因其可控操纵面个数的增多,能够减少甚至消除飞机操纵面的关键系数,提高了飞机的飞行控制能力和故障重构能力,保证飞机具备足够的控制功能冗余来维持系统的稳定性和操纵性。操纵面的增多在带来更多优势性能的同时,也使得多操纵面飞机飞控系统设计迎来了巨大挑战。本书以多操纵面飞机为主要对象,瞄准多操纵面飞机控制系统设计方向,从多操纵面飞机及其常见故障建模与分析、级联控制系统框架与控制分配模型、控制分配方法、操纵面典型故障诊断方法、容错控制等方面深入剖析了多操纵面飞机常规和故障情形下的飞行控制问题。

首先,建立了常用坐标系体系。在此基础上,建立了多操纵面飞机的运动学模型。并进一步分析和建立了执行机构模型、执行机构故障模型以及传感器故障模型。同时,总结了多操纵面飞机的控制系统架构,介绍了控制分配设计模型。

其次,针对多操纵面飞机的飞行控制问题,简要阐述了常规的直接控制分配、动态控制分配以及自适应神经网络控制分配方法,从简入繁,层层深入,为读者提供了一个梯队化的多操纵面飞机飞控系统设计的知识体系。

再次,针对多操纵面飞机的故障诊断问题,依托典型操纵面故障模型和传感器故障模型,分别基于自适应补偿观测器的操纵面故障估计器、基于并行学习估计器设计了鲁棒、高效的故障估计方法,以期容错控制单元能够有效获取精准的执行机构/传感器故障信息。

最后,针对多操纵面飞机的容错控制问题,基于鲁棒控制理论和自适应控制理论,分别从自适应控制分配、鲁棒 D 稳定容错控制分配、自适应有限时间容错控制分配三方面对上述问题进行了深入探讨和研究,并提出了有效的解决方案。

## 参考文献


[1] 温羡峤.浅谈“B-2”隐身战略轰炸机[J].现代防御技术,2001,29(4):1-4.

[2] 鲁道夫·布罗克豪斯.飞行控制[M].金长江,译.北京:国防工业出版社,1999.

[3] 杨伟,章卫国,杨朝旭,等.容错飞行控制系统[M].西安:西北工业大学出版社,2007.

[4] 黄琳,段志生,杨莹.现代飞行器控制的几个科学问题[J].科技导报,2008,26(20):92-98.

[5] 马建军.过驱动系统控制分配理论及其应用[D].长沙:国防科技大学,2009.

[6] 刘德明.鱼类的运动方式与速度[J].生物学通报,1993,28(11):21-22.

[7] Durham W. C. Constrained control allocation[J]. Journal of Guidance, Control, and Dynamics, 1993,16(4):717-725.

[8] Durham W C.Constrained control allocation:three moment problem[J].Journal of Guidance,Control,and Dynamics,1994,17(2):330-336.

[9] Durham W C,Bolling J G,Bordignon K A.Minimum drag control allocation[J].Journal of Guidance,Control,and Dynamics,1997,20(1):190-193.

[10] Roger E B.Control allocation for linear systems with four or more objectives[C].AIAA Guidance, Navigation,and Control Conference and Exhibit,2003:1-11.

[11] Durham W C.Efficient,near-optimal control allocation[J].J.Guidance:Engineering Notes,1999, 22(2):369-372.

[12] Durham W C.Computationally efficient control allocation[J].Journal of Guidance,Control,and Dynamics,2001,24(3):519-524.

[13] John A M.Petersen,Marc Bodson.Fast control allocation using spherical coordinates[R].AIAA 99-4215:1321-1330.

[14] John A M.Petersen,Marc Bodson.Fast implementation of direct allocation with extension to coplanar controls[J].Journal of Guidance,Control,and Dynamics,2002,25(3):464-473.

[15] Marc Bodson.Evaluation of optimization methods for control allocation[J].Journal of Guidance, Control,and Dynamics,2002,25(4):703-711.

[16] 李卫琪,魏晨,陈宗基.受限控制直接分配新算法[J].北京航空航天大学学报,2005,31(11):1177-1180.

[17] Bordignon K A,Durham W C.Closed-form solutions to constrained control allocation problem

[J].Journal of Guidance,Control,and Dynamics,1995,18(5):1000-1007.
[18] Kishore W C ,Sen S,Ray G.Disturbance rejection and control allocation of over-actuated systems [C].IEEE International Conference on Industrial Technology,2006:1054-1059.
[19] Bošković J D,Bo Ling,Prasanth R,et al.Design of control allocation algorithms for over-actuated aircraft under constraints using LMIs[C].Proceeding of the 41st IEEE conference on Decision and Control,Las Vegas,USA,2002:1711-1716.
[20] Bošković J D,Raman K.Mehra.Control allocation in overactuated aircraft under position and rate limiting[C].Proceeding of the American Control Conference,2002:791-796.
[21] Alwi H,Edwards C.Model-reference sliding mode FTC with on-line control allocation[C].Proc. of the 46th IEEE Conference on Decision and Control,2007:2639-2644.
[22] Alwi H,Edwards C.Fault tolerant control using sliding modes with on-line control allocation [J]. Automatica,2008,44(7):1859-1866.
[23] Alwi H,Edwards C.Application of fault tolerant control using sliding modes with on-line control allocation on a large civil aircraft[C].The 16th IEEE International Conference on Control Applications,Singapore,2007:1215-1220.
[24] Virnig J C,Bodden D S.Multivariable control allocation and control law conditioning when control effectors limit[C].AIAA Guidance,Navigation,and Control Conference and Exhibit,Scottsdale, 1994:572-582.
[25] Bordignon K A.Constrained control allocation for systems with redundant control effectors[D]. PhD thesis,Virginia Polytechnic Institute and State University,1996.
[26] Eberhardt R L,Ward D G.Indirect adaptive flight control of a tailless fighter aircraft[C].In AIAA Guidance,Navigation,and Control Conference andExhibit,Portland,1999:466-476.
[27] Eberhardt R L,Ward D G.Indirect adaptive flight control system interactions [J].International Journal of Robust and Nonlinear Control,1999,9(14):1013-1031.
[28] Enns D.Control allocation approaches[R].AIAA-98-4409,1998:98-108.
[29] Bordignon K A,Bessolo J.Control allocation for the X-35B[C].2002 Biennial International Powered Lift Conference and Exhibit,Williamsburg,Virginia,2002:1-10.
[30] Jaehyun Jin.Modified pseudoinverse redistribution methods for redundant controls allocation [J]. Journal of Guidance,Control,and Dynamics,2005,28(5):1076-1079.
[31] Adams R J,Buffington J M,Banda S S.Design of non-linear control laws for high angle- of-attack flight[J].Journal of Guidance,Control,and Dynamics,1994,17(4):737-746.
[32] Adams R J,Buffington J M,Sparks A G,et al.Robust multivariable flight control[M].Londo: Springer-Verlag,1994.
[33] Buffington J M,Sparks A G,Banda S S.A robust longitudinal axis flight control system for a supermaneuverable aircraft[J].Automatica,1994,30(10):1527-1540.
[34] Enns D,Bugajski D,Hendrick R,et al.Dynamic inversion:an evolving methodology for flight control design[J].International Journal of Control,1994,59(1):71-91.
[35] Anon.Multivariable control design guidelines,first draft[R].Honey-well Technology Center,U.S. Air Force Contract F33615-92-C-3607, 1995.
[36] 艾尔,王衍洋,屈香菊.气动/推力矢量控制面融合方式研究[J].飞行力学,2005,23

(4):20-24.
[37] Berg J, Hammett K, Schwartz C, et al. An analysis of the destabilizing effect of daisy chained rate-limited actuators[J].IEEE Transactions on Control Systems Technology,1996,4(2):171-176.
[38] James M. Buffington, Dale F. Enns. Daisy chain control allocation: Lyapunov stability analysis [R]. AIAA-95-3341-CP:1534-1543.
[39] James M. Buffington, Dale F. Enns. Lyapunov stability analysis of daisy chain control allocation [J].Journal of Guidance, Control, and Dynamics, 1996, 19(6):1226-1230.
[40] Andrew R.Teel, James M.Buffington. Anti-windup for an F-16's daisy chain control allocation [R].AIAA-97-3606,1997:748-754.
[41] 张曙光,高浩.推力矢量飞机操纵指令的协调分配[J].西北工业大学学报,1996,14(3):361-365.
[42] Venkataraman R, Oppenheimer M, Doman D.A new control allocation method that accounts for effector dynamics[C].Proc.of the IEEE Aerospace Conference,2004:2710-2715.
[43] Härkegård Ola.Dynamic control allocation using constrained quadratic programming [J].Journal of Guidance, Control, and Dynamics, 2004, 27(6):1028-1034.
[44] 柳扬,安锦文.多操纵面战斗机动态控制分配策略研究[J].计算机仿真,2008,25(5):33-36.
[45] 柳扬.多操纵面战斗机飞行控制系统设计研究[J].计算机测量与控制,2008,16(3):360-362.
[46] Doman D, Oppenheimer M.Improving control allocation accuracy for nonlinear aircraft dynamics [C].Proc.of the AIAA Guidance, Navigation, and Control Conference, 2002:445-504.
[47] Kishore W C, Sen S, Ray G, et al.Dynamic control allocation for tracking time-varying control demand [J].Journal of Guidance, Control, and Dynamics, 2008, 31(4):1150-1157.
[48] Ram Venkataraman, David B.Doman.Control allocation and compensation for over-actuated systems with non-linear effectors[C].American Control Conference, 2001:1812-1814.
[49] Yu Luo, Andrea Serrani, David B.Doman.Dynamic control allocation with asymptotic tracking of time-varying control input commands[C].American Control Conference, 2005:2098-2103.
[50] Yu Luo, A Serrani, SYurkovich, et al.Model-predictive dynamic control allocation scheme for reentry vehicles[J].Journal of Guidance, Control, and Dynamics, 2007, 30(1):100-113.
[51] Vermillion C, Sun J, Butts K.Model predictive control allocation for overactuated systems stability and performance[C].IEEE Conference on Decision and Control, 2007:1251-1256.
[52] 马建军,郑志强,胡德文.包含执行器动力学的子空间预测动态控制分配方法[J].自动化学报,2010,36(1):130-138.
[53] Hallouzi R, Verhaegen M. Reconfigurable fault tolerant control of a Boeing747 using subspace predictive control[C]. AIAA Guidance, Navigation and Control Conference and Exhibit, Hilton Head, South Carolina, 2007:1-18.
[54] Yoonhyuk Choi, Hyochoong Bang, Hyunjae Lee.Dynamic control allocation for shaping spacecraft attitude control command[C].AIAA Guidance, Navigation, and Control Conference and Exhibit, Keystone, Colorado, 2006:1-15.
[55] Anthony B.Page, Marc L.Steinberg.Effects of control allocation algorithms on a nonlinear adaptive

design[R].AIM-99-4282,1999:1664-1674.

[56] Anthony B.Page,Marc L.Steinberg.A closed-loop comparison of control allocation methods [C]. AIAA Guidance,Navigation,and Control Conference and Exhibit,2000:1-11.

[57] Doman D,Oppenheimer M.Improving control allocation accuracy for nonlinear aircraft dynamics [C].Proc.of the AIAA Guidance,Navigation,and Control Conference,2002:445-504.

[58] Bolender M A,Doman DB.Non-linear control allocation using piecewise linear function [J]. Journal of Guidance,Control,and Dynamics,2004,27(6):1017-1027.

[59] Bolender M A,Doman D B.Non-linear control allocation using piecewise linear functions: a linear programming approach[C].AIAA Guidance,Navigation,and Control Conference and Exhibit,Providence,Rhode Island,2004:1-13.

[60] Tor A.Johansen,Thor I.Fossen,Svein P.Berge.Constrained nonlinear control allocation with singularity avoidance using sequential quadratic programming[J].IEEE Transactions on Control Systems Technology,2004,12(1):211-216.

[61] Vishnu L Poonamallee,Stephen Yurkovich,Andrea Serrani,et al.A nonlinear programming approach for control allocation[C].American Control Conference,2004:1689-1694.

[62] Tøndel P,Johansen T A.Control allocation for yaw stabilization in automotive vehicles using multiparametric nonlinear programming[C].American Control Conference,2005:453-458.

[63] Johannes Tjønnås,Tor A.Johansen.Adaptive optimizing nonlinear control allocation[C].Proc.of the 16th IFAC World Congress,Prague,Czech Republic,2005:1-6.

[64] Johannes Tjønnås,Tor A.Johansen.On optimizing nonlinear adaptive control allocation with actuator dynamics[C].7th IFAC Symposium on Nonlinear Control Systems,2007:1-6.

[65] Tor A.Johansen.Optimizing nonlinear control allocation[C].43rd IEEE Conference on Decision and Control,2004:3435-3440.

[66] Johannes Tjønnås,Tor A.Johansen.Optimizing adaptive control allocation with actuator dynamics [C].Proc.of the 46th IEEE Conference on Decision and Control,2007:3780-3785.

[67] Fang Liao,Kai-YewL,Jian-Liang W,et al.Constrained nonlinear finite-time control allocation [C].American Control Conference,New York,USA,2007:3801-3806.

[68] 杨恩泉,高金源,李卫琪.多目标非线性控制分配方法研究[J].航空学报,2008,29(4):995-1001.

[69] 王鹏,周洲,王睿.基于分段线性的飞翼布局飞机控制分配方法[J].西北工业大学学报,2009,27(3):321-325.

[70] 马建军,李文强,郑志强,等.基于非线性控制分配的飞翼航向控制方法[J].飞行力学,2009,27(5):29-32.

[71] Henderson D K,Lavretsky E Y.Closed-loop model following and control allocation for transport aircraft using an ordered neural network-based apporach[R].AIAA-99-4080:761-771.

[72] Yong Fan,Jihong Zhu,Jiaqiang Zhu,et al.Genetic algorithm based constrained control allocation for tailless fighter[C].Proc.of the Sixth International Conference on Intelligent Systems Design and Applications,2006:1-6.

[73] Yong Fan,Jihong Zhu,Zengqi Sun.Fuzzy logic based constrained control allocation for an advanced fighter[C].Proc.of the Sixth International Conference on Intelligent Systems Design and

Applications,2006:1-6.
[74] Schumacher C,Johnson J D.PI control of a tailless fighter aircraft with dynamic inversion and neural networks[C].American Control Conference,1999:4173-4177.
[75] 周明,孙树栋.遗传算法原理及应用[M].北京:国防工业出版社,1999.
[76] Chang Wook Ahn, Ramarkrishna R S. Elitism - based compact genetic algorithms [J]. IEEE Trarasaction on Evolutionary Computation,2003,7(4):367-385.
[77] 王丽薇,洪勇,洪家荣.遗传算法的收敛性研究[J].计算机学报,1996,19(10):794-797.
[78] 于志刚,宋申民,段广仁.遗传算法的机理与收敛性研究[J].控制与决策,2005,20(9):971-980.
[79] 戴晓晖,李敏强,寇纪淞.遗传算法理论研究综述[J].控制与决策,2000,15(3):263-273.
[80] Kennedy J, Eberhart R. Particle swarm optimization[J]. Proc. IEEE int. Conf. Neural Network, 1995,14:1942-1947.
[81] 王介生,王金城,王伟.基于粒子群算法的 PID 控制器参数自整定[J].控制与决策,2005,20(1):73-76.
[82] 苏海军,杨煜普,王宇嘉.微分进化算法的研究综述[J].系统工程与电子技术,2008,30(9):1793-1797.
[83] 于铁民,鄢东姝.多目标优化的微分进化算法[J].长春大学学报,2006,16(2):77-80.
[84] Nikolos I K,Brintaki A N.Coordinated UAV path planning using differential evolution[C].Proc. of the 13th Mediterranean Conference on Control and Automation,2005:549-556.
[85] Mezura Montes E, Velazquez Reyes J, Coello Coello A. Modified differential evolution for constrained optimization[C].IEEE Congress on Evolutionary Computation,2006:25-32.
[86] 王莉.遗传算法的收敛性统一判据[J].自动化技术与应用, 2004(6):16-19.
[87] 吉根林.遗传算法研究综述[J].计算机应用与软件,2004,21(2):69-73.
[88] Baeck T.The interaction of mutation rate,selection and self-adaption with in a genetic algorithm [J].Parallel Problem Solving from Nature,Amsterdam,1992:85-94.
[89] Karin Zielinski,Rainer Laur.Constrained single-objective optimization using differential evolution [C].IEEE Congress on Evolutionary Computation,2006:223-230.
[90] Jin Y. A comprehensive survey of fitness approximation in evolutionary computation [J]. Soft Computation,2005,9(1):3-12.
[91] Wang Lei,Jiao Licheng.Novel genetic algorithm based on immunity[C].Proceedings IEEE International Symposium on Circuits and Systems,2000:385-388.
[92] 方伟,孙俊,须文波.基于微分进化算子的量子粒子群优化算法及应用[J].系统仿真学报,2008,20(24):6740-6744.
[93] Tasgetiren M F, Suganthan P N. A multi-populated differential evolution algorithm for solving constrained optimization problem[C].IEEE Congress on Evolutionary Computation,2006:33-40.
[94] 徐奎.无尾飞机控制律设计与控制分配技术研究[D].西安:西北工业大学,2007.
[95] 杨恩泉,高金源.先进战斗机控制分配方法研究进展[J].飞行力学,2005,23(3):1-4.
[96] 王美仙,李明.先进战斗机控制分配方法研究综述[J].飞机设计,2006(3):17-19.
[97] Scalera k,Durham W. A comparison of control allocation methods for the F-15 ACTIVE research aircraft utilizing real-time piloted simulations[J].Scandinavian Journal of Clinical& Laboratory

Investigation,2006,15(4):380-387.
[98] Buffington J M,Chandler P,Pachter M.Online system identification for aircraft with distributed control effectors[J].Int.Journal of Robust and Nonlinear Control,1999,9(14):1033-1049.
[99] Buffington J M.Tailless aircraft control allocation[C].AIAA Guidance,Navigation,and Control Conference and Exhibit,New Orleans,1997:737-747.
[100] Reigelsperger W C,Banda S S.Nonlinear simulation of a modified F-16 with full-envelope control laws[J].Control Engineer Practice,1998,17(6):309-320.
[101] Cameron D,Princen N.Control allocation challenges requirements for the blended wing body [J].AIAA Guidance,Navigation and Control Conference and Exhibit,2000:1-5.
[102] Raney D L,Montgomery R C.Flight control using distributed shape-change effecter arrays [R]. AIAA-2000-1560,2000.
[103] Davidson J B,Lallman F J,Bundick W T.Real-time adaptive control allocation applied to a high performance aircraft[C].5th SIAM Conference on Control & ItsApplication,2001.
[104] Youmin Zhang,Suresh V S,Bin Jiang,et al.Reconfigurable control allocation against aircraft control effector failures[C].16th IEEE International Conference on Control Applications,Singapore,2007:1197-1202.
[105] Ho Chul Lee,Jae Weon Choi,Taek Lyul Song,et al.Agile missile autopilot design via time-varying eigenvalue assignment[C].8th International Conference on Control,Automation,Robotics and Vision,Kunming,China,2004:1832-1837.
[106] Brett Ridgely D,Yung Lee,Todd Fanciullo.Dual aero/propulsive missile control-optimal control and control allocation[C].AIAA Guidance,Navigation,and Control Conference and Exhibit, Keystone,Colorado,2006:1-21.
[107] Ridgely D.Brett,David Drake,Louis Triplett,et al.Dynamic control allocation of a missile with tails and reaction jets[R].AIAA-2007-6671,2007.
[108] Burken J J,Ping Lu,Zhenglu Wu,et al.Two reconfigurable flight-control design methods:robust servomechanism and control allocation[J].Journal of Guidance,Control,and Dynamics,2001, 24(3):482-493.
[109] Simmons A T,Hodel A S.Control allocation for the X-33 using existing and novel quadratic programming techniques[C].American Control Conference,2004:1701-1706.
[110] Richard H.Shertzer.Control allocation for the next generation of dntry vehicles [R].AIAA-2002-4849,2002:1-114.
[111] David B.Doman,Brian J.Gamble,Anhtuan D.Ngo.Control allocation of reaction control jets and aerodynamic surfaces for entry vehicles[C].AIAA Guidance,Navigation and Control Conference and Exhibit,Hilton Head,South Carolina,2007:1-24.
[112] David B. Doman, Brian J. Gamble, Anhtuan D. Ngo. Quantized control allocation of reaction control jets and aerodynamic control surfaces[J].Journal of Guidance,Control,and Dynamics, 2009,32(1):13-24.
[113] Battipede M,Gili P A,Lando M.Control allocation system for an innovative remotely-piloted sirship[R].AIAA-2004-4823,2004.
[114] Hodel A S,Callahan R.Dynamic control allocation for reusable launch vehicles[C].Proc.of the

34th Southeastern Symposium on System Theory,2002:92-96.
[115] Rajasekaran J,Maity A,Lal A,et al.Nonlinear control design for an air-breathing engine with state estimation[C].American Control Conference,2009:913-918.
[116] Michael A.Bolender,David B.Doman,Michael W.Oppenheimer.Application of piecewise linear control allocation to reusable launch vehicle guidance and control[C].14th Mediterranean Conference on Control and Automation,2006:1-10.
[117] Doman D B,Ngo A D.Dynamic inversion-based adaptive/reconfigurable control of the X-33 on ascent[J].Journal of Guidance,Control,and Dynamics,2002,25(2):275-284.
[118] Joosten D A,van den Boom T J J,Lombaerts T J J.Fault-tolerant control using dynamic inversion and model-predictive controlapplied to an aerospace benchmark[C].Proc.of the 17th World Congress,Seoul,Korea,2008:12030-12035.
[119] John D.Schierman,David G.Ward,Jason R.Hull,et al.Integrated adaptive guidance and control for re-entry vehicles with flight-test results[J].Journal of Guidance,Control,and Dynamics,2004,27(6):975-988.
[120] Pablo A.Servidia,Ricardo Sánchez Peña.Spacecraft thruster control allocation problems[J].IEEE Transaction on Automatic Control,2005,50(2):245-249.
[121] 周锐,杨晓东,王军.具有异构多操纵机构的飞行器复合控制技术[J].宇航学报,2008,29(4):1298-1301.
[122] 王磊,王立新,贾重任.多操纵面飞翼布局作战飞机的控制分配方法[J].航空学报,2011,32(1):1-6.
[123] 张友安,邬寅生.基于比例分配的过驱动碟形飞行器滑模控制[J].北京航空航天大学学报,2010,36(10):1194-1198.
[124] 朱心中,刘春生.基于控制分配的多操纵面战斗机重构控制研究及应用[J].东南大学学报(自然科学版),2010,40Sup(I):162-166.
[125] 占正勇,刘林.控制分配在复杂飞行控制系统中的应用设计[J].飞行力学,2006,24(2):73-85.
[126] 池沛,杨艳艳,陈宗基.空天飞行器建模分析与自主重构[J].航空学报,2008,29(5):163-248.
[127] 杨凌宇,郭亮,柳嘉润,等.大迎角综合飞行/推进控制系统设计与仿真[J].北京航空航天大学学报,2007,33 (6):709-712.
[128] 呼卫军,周军.可重复使用运载器异构多执行机构混合算法研究[J].弹箭与制导学报,2007,27(5):43-46.
[129] 陈怀民,徐奎,马松辉,等.控制分配技术在无尾飞机纵向控制系统中的应用研究[J].西北工业大学学报,2007,25 (2):199-203.
[130] 唐生勇,张世杰,陈闽,等.交会对接航天器推力分配算法研究[J].宇航学报,2008,29(4):1120-1125.
[131] 钱承山,吴庆宪,姜长生,等.基于反作用发动机推力的空天飞行器再入姿态飞行控制[J].航空动力学报,2008,23(8):1546-1552.
[132] 高彦玺,王衍洋,金长江.推力矢量控制与飞机过失速机动仿真研究[J].飞行力学,1997,15(1):23-29.

[133] Thor I.Fossen, Tor A.Johansen. A survey of control allocation methods for ships and underwater vehicles[C]. Invited paper at the 14th IEEE Mediterranean Conference on Control and Automation, Ancona, Italy, 2006:1-6.
[134] Jørgen Spjøtvold, Tor A.Johansen. Fault tolerant control allocation for a thruster-controlled floating platform using parametric programming[C]. Proc. of Conference on Decision and Control, 2009:3311-3317.
[135] Karl Petter Lindegaard, Thor I.Fossen. Fuel-efficient rudder and propeller control allocation for marine craft: experiments with a model ship[J]. IEEE Transaction on Control Systems Technology, 2003, 11(6):850-862.
[136] Johansen T A, Thomas P.Fuglseth, Petter Tøndel, et al. Optimal constrained control allocation in marine surfacevessels with rudders[J]. Control Engineering Practice, 2008:457-464.
[137] 刘大勇,俞建成,李智刚.UUV 推进系统容错控制分配算法研究[J].微计算机信息,2008, 24(5):222-224.
[138] 俞建成,张艾群,王晓辉.基于 SQP 算法的 7000m 载人潜水器有约束非线性控制分配研究[J].信息与控制,2006,35(4):508-512.
[139] 俞建成,张艾群,王晓辉.7000 米载人潜水器推进器故障容错控制分配研究[J].机器人, 2006,28(5):519-524.
[140] Berge S P, Fossen T I. Robust control allocation of overactuated ships: experiments with a model ship[C]. IFAC conference on maneuvering and control of marine craft, Croatia, 1997.
[141] Fuglseth T P. Optimal thrust allocation using rudders[D]. M.Sc. thesis, Norwegian University of Science and Technology, Trondheim, Norway, 2003.
[142] Sørdalen O J. Optimal thrust allocation for marine vessels[J]. Control Engineering Practice, 1997, 5(9):1223-1231.
[143] Webster W C, Sousa J. Optimum allocation for multiple thrusters[C]. Proc. of international society of offshore and polarengineers conference, Brest, France, 1999.
[144] Junmin Wang, Raul G. Longoria. Coordinated vehicle dynamics control with control distribution [C]. American Control Conference, 2006:5348-5353.
[145] Plumlee J H, Bevly D M, Hodel A S. Control of a ground vehicle using quadratic programming based control allocation techniques[C]. American Control Conference, 2004:4704-4709.
[146] Johannes Tjønnås, Tor Arne Johansen. Adaptive optimizing dynamic control allocation algorithm for yaw stabilization of an automotive vehicle using brakes[C]. 14th Mediterranean Conference on Control and Automation, Ancona, Italy, 2006.
[147] Tjønnås J, Johansen T. Stabilization of automotive vehicles usingactive steering and adaptive brake control allocation[J]. IEEE Transactions on Control Systems Technology, 2010:545-558.
[148] Leo Laine, Johan Andreasson. Control allocation based electronic stability control system for a conventional road vehicle[C]. Proc. of the 2007 IEEE Intelligent Transportation Systems Conference, Seattle, WA, USA, 2007:515-521.
[149] Junmin Wang, Javier M.Solis, Raul G.Longoria. On the control allocation for coordinated ground vehicle dynamics control systems[C]. American Control Conference, 2007:5724-5729.
[150] Brad Schofield, Tore Hägglund, Anders Rantzer. Vehicle dynamics control and controller

allocation for rollover prevention[C].Proceedings of the 2006 IEEE International Conference on Control Applications,Munich,Germany,2006:149-154.
[151] Brad Schofield,Tore Hägglund.Optimal control allocation in vehicle dynamics control for rollover mitigation[C].American Control Conference,2008:3231-3236.
[152] Alberding M B,Tjønnås J,Johansen T A.Nonlinear hierarchical control allocation for vehicle yaw stabilization and rollover prevention[C].European Control Conference,2009:1-6.
[153] 朱绍中,姜炜,余卓平,等.基于控制分配的轮毂电机驱动电动车稳定性控制仿真研究[J].系统仿真学报,2008,20(18):4840-4846.
[154] 余卓平,姜炜,张立军.四轮轮毂电机驱动电动汽车扭矩分配控制[J].同济大学学报(自然科学版),2008,36(8):1115-1119.
[155] 李道飞.基于轮胎力最优分配的车辆动力学集成控制研究[D].上海:上海交通大学,2008.
[156] Youmin Zhang,Jin Jing.Bibliographical review on reconfigurable fault-tolerant control systems[J].Annual Reviews in Control,2008,32(2):229-252.
[157] Patton R J,Frank P M,Clarke R N.Fault diagnosis in dynamic systems,theory and application. control engineering series[M].New York:Prentice Hall,1989.
[158] Frank P M.Fault diagnosis in dynamic systems using analytical and knowledge-based redundancy:a survey and some new results[J].Automatica,1990,26(3):459-474.
[159] 李波.执行器故障的航天器姿态容错与控制分配[D].哈尔滨:哈尔滨工业大学,2016.
[160] 周东华,胡艳艳.动态系统的故障诊断技术[J].自动化学报,2009,35(6):748-758.
[161] 哥白尼.天体运行论[M].叶式辉,译.北京:北京大学出版社,2006.
[162] 武汉大学测绘学院测量平差学科组.误差理论与测量平差基础[M].武汉:武汉大学出版社,2014.
[163] Gene H.Golub,Charles F.Van Loan.An analysis of the total least squares problem[J].SIAM Journal on Numerical Analysis,1980,17(6):883-893.
[164] 郭金运,徐晓飞,沈毅.整体最小二乘算法及测量应用研究综述[J].山东科技大学学报(自然科学版),2016,35(4):1-12.
[165] Rik Pintelon,Johan Schoukens.System identification:a frequency domain approach (second edition)[M].Hoboken,New Jersey:John Wiley & Sons,Inc.,2001.
[166] Alessandro Casavola,Emanuele Garone.Fault-tolerant adaptive control allocation schemes for overactuated systems[J].International Journal of Robust and Nonlinear Control,2010,20(17):1958-1980.
[167] Alessandro Casavola,Emanuele Garone.Enhancing the actuator fault tolerance in autonomous overactuated vehicles via adaptive control allocation[C]. 5th International Symposium on Mechatronics and Its Applications,IEEE,2008:1-6.
[168] Alessandro Casavola,Emanuele Garone.Adaptive actuators allocation strategies in overactuated networked control systems[C]. International Workshop on Networked Control Systems:Tolerant to Faults,Rende (CS),Italy,2006.
[169] Alessandro Casavola, Emanuele Garone. Adaptive fault tolerant actuator allocation for overactuated plants [C]. 2007 American Control Conference, New York, USA, 2007: 3985-3990.

[170] Alessandro Casavola, Emanuele Garone. Adaptive fault tolerant control allocation strategies for autonomous overactuated vehicles[C]. IFAC Workshop on Navigation, Guidance and Control of Underwater Vehicles, Killaloe, Ireland, 2008: 143-148.
[171] Kalman R E. A new approach to linear filtering and prediction problems[J]. Journal of Basic Engineering Transactions, 1960, 82(D): 35-45.
[172] Kalman R E, Bucy R S. New results in linear filtering and prediction theory[J]. Journal of Basic Engineering Transactions, 1961, 83(83): 95-108.
[173] 杨丹.卡尔曼滤波器设计及其应用研究[D].湘潭:湘潭大学,2014.
[174] Chingiz Hajiyev, Fikret Caliskan. Fault diagnosis and reconfiguration in flight control[M]. Boston/Dordrecht/London: Kluwer Academic Publishers, 2003.
[175] Chingiz Hajiyev, Fikret Caliskan. Sensor/actuator fault diagnosis based on statistical analysis of innovation sequence and robust Kalman filtering[J]. Aerospace Science and Technology, 2000, 4(6): 415-422.
[176] Hussein Youssef, Stephen Reiman, Charles Dillon, et al. Adaptive reconfigurable dynamic inversion control for a hypersonic cruise vehicle[C]. AIAA Guidance, Navigation and Control Conference and Exhibit, AIAA, 2006: 594-605.
[177] Nicholas Swain, Shadhanan Manickavasagar. A combined fault detection, identification and reconfiguration system based around optimal control allocation[M]. In book: Fault Tolerant Flight Control, Lecture Notes in Control and Information Sciences, 1970, 399: 399-422.
[178] Han Y, Saehyun Oh, Choi B, et al. Fault detection and identification of aircraft control surface using adaptive observer and input bias estimator[J]. IET Control Theory and Applications, 2012, 6(10): 1367-1387.
[179] Petros A. Ioannou, Jing Sun. Robust adaptive control[M]. Upper Saddle River, NJ, USA: Prentice-Hall, Inc., 1995.
[180] Jie Chen, Ron J. Patton. Robust Model-based fault diagnosis for dynamic systems[M]. Norwell, MA, USA: Springer, 1999.
[181] Rolf Isermann, Peter Ballé. Trends in the application of model-based fault detection and diagnosis of technical processes[J]. Control Engineering Practice, 1997, 5(5): 709-719.
[182] Andrea Cristofaro, Tor Arne Johansen. Fault-tolerant control allocation: an unknown input observer based approach with constrained output fault directions[C]. 52nd IEEE Conference on Decision and Control, Florence, Italy, 2013: 3818-3824.
[183] Andrea Cristofaro, Tor Arne Johansen. Fault tolerant control allocation using unknown input observers[J]. Automatica, 2014, 50(7): 1891-1897.
[184] Andrea Cristofaro, Tor Arne Johansen. An unknown input observer based control allocation scheme for icing diagnosis and accommodation in overactuated UAVs[C]. 2016 European Control Conference (ECC), Aalborg, Denmark, 2017: 2171-2178.
[185] Damiano Rotondo, Andrea Cristofaro, Tor Arne Johansen, et al. Icing detection in unmanned aerial vehicles with longitudinal motion using an LPV unknown input observer[C]. 2015 IEEE Conference on Control Applications (CCA), Sydney, NSW, Australia, 2015: 984-989.
[186] Andrea Cristofaro, Mario Sassano. Design of unknown input observers for nonlinear systems with

full and partial information[C]. 55th Conference on Decision and Control (CDC), Las Vegas, NV, USA, 2016:7129-7134.

[187] 王慧,容旭东.非线性系统故障诊断与容错控制技术综述[J].浙江万里学院学报,2010,23(4):43-48.

[188] Rajiv Sreedhar, Benito Fernández, GlennY. Masada. Robust fault detection in nonlinear systems using sliding mode observers[C]. Proceedings of IEEE International Conference on Control and Applications, Vancouver, BC, Canada, Canada, 1993:715-721.

[189] Philippe Goupil, Andrés Marcos. The European ADDSAFE project: Industrial and academic efforts towards advanced fault diagnosis[J]. Control Engineering Practice, 2014, 31:109-125.

[190] Christopher Edwards, Halim Alwi, Prathyush P. Menon. Applications of sliding observers for FDI in aerospace systems [C]. 12th International Workshop on Variable Structure Systems, Mumbai, Maharashtra, India, 2012:391-396.

[191] Halim Alwi, Christopher Edwards. An adaptive sliding mode differentiator for actuator oscillatory failure case reconstruction[J]. Automatica, 2013, 49:642-651.

[192] Halim Alwi, Christopher Edwards. Second order sliding mode observers for the ADDSAFE actuator benchmark problem[J]. Control Engineering Practice, 2014, 31:74-91.

[193] Christopher Edwards, Sarah K. Spurgeon, Patton R J. Sliding mode observers for fault detection and isolation[J]. Automatica, 2000, 36(4):541-553.

[194] Chee Pin Tan, Christopher Edwards. Sliding mode observers for robust detection and reconstruction of actuator and sensor faults[J]. International Journal of Robust and Nonlinear Control, 2003, 13(5):443-463.

[195] Christopher Edwards, Thomas Lombaerts, Hafid Smaili. Fault tolerant flight control[M]. berlin: Springer 2010.

[196] Mirza Tariq Hamayun, Christopher Edwards, Halim Alwi. Design and analysis of an integral sliding mode fault tolerant control scheme[J]. IEEE Transactions on Automatic Control, 2012, 57(7):1783-1789.

[197] Halim Alwi, Christopher Edwards. Robust actuator fault reconstruction for LPV systems using sliding mode observers[C]. 49th IEEE Conference on Decision and Control (CDC), Atlanta, GA, USA, 2010:84-89.

[198] David Henry, Silvio Simani, Ron J. Patton. Fault detection and diagnosis for aeronautic and aerospace missions[M]. Berlin: Springer, 2010.

[199] Jérôme Cieslak, Denis Efimov, Ali Zolghadri, et al. A method for actuator lock-in-place failure detection in aircraft control surface servo-loops[C]. Preprints of the 19th IFAC World Congress, Cape Town, South Africa, 2014:10549-10554.

[200] Jérôme Cieslak, Denis Efimov, Ali Zolghadri, et al. Design of a non-homogeneous differentiator for actuator oscillatory failure case reconstruction in noisy environment[J]. Proceedings of the Institution of Mechanical Engineers Part I Journal of Systems and Control Engineering, 2015, 229(3):266-275.

[201] Denis Efimov, Jérôme Cieslak, Ali Zolghadri, et al. Actuator fault detection in aircraft systems: oscillatory failure case study[J]. Annual Reviews in Control, 2013, 37(1):180-190.

[202] Anca Gheorghe, Ali Zolghadri, Jérôme Cieslak, et al. Model-based approaches for fast and robust fault detection in an aircraft control surface servo loop: from theory to flight tests[J]. IEEE Control Systems, 2013, 33(3): 20-84.
[203] Philippe Goupil, Andres Marcos. Industrial benchmarking and evaluation of ADDSAFE FDD designs[C]. Proceedings of the 8th IFAC Symposium on Fault Detection, Supervision and Safety of Technical Processes, Mexico City, Mexico, 2012: 1131-1136.
[204] Jérôme Cieslak, Ali Zolghadri, Philippe Goupil, et al. A comparative study of three differentiation schemes for the detection of runaway faults in aircraft control surfaces[C]. Proceedings of the 20th IFAC Symposium on Automatic Control in Aerospace, Sherbrooke, Canada, 2016: 70-75.
[205] Indira Nagesh, Christopher Edwards. A sliding mode observer based FDI scheme for a nonlinear satellite systems[C]. 2011 IEEE International Conference on Control Applications (CCA), Denver, CO, USA, 2011: 159-164.
[206] Nitinchandra Patel, Christopher Edwards, Sarah K Spurgeon. A sliding mode observer for tyre friction estimation during braking[C]. Proceedings of the 2006 American Control Conference, Minneapolis, MN, USA, 2006: 5867-5872.
[207] 周萌,王振华,沈毅,等.基于未知输入滤波器的过驱动系统故障诊断方法[J].系统工程与电子技术,2016,38(12):2842-2848.
[208] Zhenhua Wang, Yi Shen, Xiaolei Zhang, et al. Fault diagnosis for satellite attitude control systems with four flywheels[J]. Journal of Dynamic Systems Measurement and Control, 2014, 136(4): 1-16.
[209] 王发威,董新民,陈勇,等.多操纵面飞机舵面损伤的快速故障诊断[J].航空学报,2015,36(7):2350-2360.
[210] 张爱华,胡庆雷,霍星,等.过驱动航天器飞轮故障重构与姿态容错控制[J].宇航学报,2013,34(3):369-376.
[211] 池程芝,章卫国,高亚奎,等.基于解析余度的机载维护系统故障诊断方法[J].计算机测量与控制,2011,19(7):1552-1554.
[212] Marcin Witczak. Fault diagnosis and fault-tolerant control strategies for nonlinear systems—analytical and soft computing approaches[M]. New York: Springer, 2014.
[213] Christopher Edwards, Thomas Lombaerts, Hafid Smaili. Fault tolerant flight control: a benchmark challenge[M]. Berlin: Springer, 2010.
[214] Lejun Chen, Halim Alwi, Christopher Edwards. Development and evaluation of an integral sliding mode fault - tolerant control scheme on the RECONFIGURE benchmark[J]. International Journal of Robust and Nonlinear Control, 2017, 28(3): 3692-3697.
[215] 王发威,廖开俊.容错飞行控制技术的应用研究现状与发展趋势[J].飞行力学,2017,35(1):1-6.
[216] Christopher Edwards, Sarah K. Spurgeon. Sliding mode control: theory and applications[M]. New York/London: CRC Press Taylor & Francis Group, 1998.
[217] Halim Alwi, Christopher Edwards. Sliding mode FTC with on-line control allocation [C]. Proceedings of the 45th IEEE Conference on Decision and Control, San Diego, CA, USA, 2006: 5579-5584.

[218] Alwi H, Edwards C, Stroosma O, et al. Evaluation of a sliding mode fault-tolerant controller for the El Al incident[J]. Journal of Guidance, Control, and Dynamics, 2010, 33(3): 677-694.

[219] Halim Alwi, Christopher Edwards. Model-reference sliding mode FTC with on-line control allocation[C]. 46th IEEE Conference on Decision and Control, New Orleans, LA, USA, 2007: 2639-2644.

[220] Bates D, Hagström M. Nonlinear analysis and synthesis techniques for aircraft control [M]. Berlin: Springer, 2007.

[221] Lars Forssell, G. Hovmark, A. Hyden, et al. The aero-data model in a research environment (admire) for flight control robustness evaluation [R]. Technical Report, GARTUER/TP - 119 - 7, 2001.

[222] Halim Alwi, Christopher Edwards, Olaf Stroosma, et al. Piloted sliding mode FTC simulator evaluation for the ELAL flight 1862 incident[C]. AIAA Guidance, Navigation and Control Conference and Exhibit, Honolulu, Hawaii, 2008: 1-18.

[223] Halim Alwi, Christopher Edwards, Olaf Stroosma, et al. Sliding mode propulsion control tests on a motion flight simulator[J]. Journal of Guidance Control and Dynamics, 2015, 38(4): 671-684.

[224] Halim Alwi, Christopher Edwards. Propulsion control of a large civil aircraft using on-line control allocation[C]. 2009 American Control Conference, St. Louis, MO, USA, 2009: 4581-4586.

[225] Halim Alwi, Mirza Tariq Hamayun, Christopher Edwards. An integral sliding mode fault tolerant control scheme for an octorotor using fixed control allocation[C]. 13th International Workshop on Variable Structure Systems (VSS), Nantes, France, 2014: 1-6.

[226] Halim Alwi, Christopher Edwards. Sliding mode fault-tolerant control of an octorotor using linear parameter varying - based schemes [J]. IET Control Theory and Applications, 2015, 9(4): 618-636.

[227] Halim Alwi, Christopher Edwards, Mirza Tariq Hamayun. Nonlinear integral sliding mode fault tolerant longitudinal aircraft control[C]. 2011 IEEE International Conference on Control Applications (CCA), Part of 2011 IEEE Multi-Conference on Systems and Control, Denver, CO, USA, 2011: 970-975.

[228] Halim Alwi, Christopher Edwards. Fault tolerant longitudinal aircraft control using non-linear integral sliding mode[J]. IET Control Theory and Applications, 2014, 8(17): 1803-1814.

[229] Lejun Chen, Halim Alwi, Christopher Edwards. Development and application of an LPV fault tolerant integral sliding mode control allocation scheme for the RECONFIGURE nenchmark model [J]. IFAC Papersonline, 2015, 48(21): 994-999.

[230] Halim Alwi, Christopher Edwards, Olaf Stroosma, et al. Real-Time implementation of an ISM fault-tolerant control scheme for LPV plants[J]. IEEE Transactions on Industrial Electronics, 2015, 62(6): 3896-3905.

[231] Lejun Chen, Halim Alwi, Christopher Edwards, et al. Flight evaluation of an LPV sliding mode controller with online control allocation[C]. 2017 IEEE 56th Annual Conference on Decision and Control (CDC), Melbourne, VIC, Australia, 2017: 3928-3933.

[232] Lejun Chen, Halim Alwi, Christopher Edwards, et al. Hardware-in-the-loop evaluation of an LPV sliding mode fixed control allocation scheme on the MuPAL-α research aircraft[C]. 2017

IEEE Conference on Control Technology and Applications (CCTA), Mauna Lani, HI, USA, 2017:590-595.
[233] Halim Alwi, Christopher Edwards. A fault tolerant integral sliding mode control allocation scheme for the RECONFIGURE benchmark problem[C]. 2014 American Control Conference, Portland, OR, USA, 2014:660-665.
[234] Mirza Tariq Hamayun, Christopher Edwards, Halim Alwi. Augmentation scheme for fault-tolerant control using integral sliding modes[J]. IEEE Transactions on Control Systems Technology, 2014, 22(1):307-313.
[235] António Lopes, Rui Esteves Araújo. Fault - tolerant control based on sliding mode for overactuated electric vehicles [C]. 2014 IEEE International Electric Vehicle Conference (IEVC), Florence, Italy, 2014:1-6.
[236] António Lopes, Rui Esteves Araújo, António Pedro Aguiar, et al. Sliding mode fault-tolerant controller for overactuated electric vehicles with active steering[C]. 42nd Annual Conference of the IEEE Industrial Electronics Society, Florence, Italy, 2016:5113-5118.
[237] Balint Vanek, Tamas Peni, Zoltan Szabo, et al. Fault tolerant LPV control of the GTM UAV with dynamic control allocation[C]. AIAA Guidance, Navigation, and Control Conference, National Harbor, Maryland, 2014:341-346.
[238] Alan Hodel, Ronnie Callahan. Autonomous reconfigurable control allocation (ARCA) for reusable launch vehicles[C]. AIAA Guidance, Navigation, and Control Conference and Exhibit, Monterey, CA, United States, 2002:1-8.
[239] Max Demenkov. Reconfigurable direct control allocation for overactuated systems[J]. IFAC Proceedings Volumes, 2011, 44(1):4696-4700.
[240] Didier Theilliol, Abbas Chamseddine, Youmin Zhang, et al. Optimal reconfigurable control allocation design based on reliability analysis[C]. 7th IFAC Symposium on Fault Detection, Supervision and Safety of Technical Processes, Barcelonne, Spain, 2009:692-697.
[241] Abbas Chamseddine, Iman Sadeghzadeh, Youmin Zhang, et al. Control allocation for a modified quadrotor helicopter based on reliability analysis [C]. Infotech@ Aerospace 2012, Garden Grove, California, 2012:1-11.
[242] Jørgen Spjøtvold, Tor A. Johansen. Fault tolerant control allocation for a thruster-controlled floating platform using parametric programming[C]. Proceedings of the 48h IEEE Conference on Decision and Control (CDC) held jointly with 28th Chinese Control Conference, Shanghai, China, 2009:3311-3317.
[243] Andrea Cristofaro, Tor Arne Johansen. Fault-tolerant control allocation with actuator dynamics: finite-time control reconfiguration[C]. 53rd IEEE Conference on Decision and Control, Los Angeles, California, USA, 2014:4971-4976.
[244] Serdar Soylu, B. Buckham, Ron P. Podhorodeski. A chattering-free sliding-mode controller for underw ater vehicles with fault-tolerant infinity-norm thrust allocation[J]. Ocean Engineering, 2008, 35(16):1647-1659.

# 第2章
# 多操纵面飞机与执行机构数字模型

本章旨在对常用坐标系、飞机运动参数、多操纵面飞机动力学模型、执行机构模型以及执行机构和传感器故障模型进行逐一介绍，以对后续章节的阐述奠定良好理论基础。

## 2.1 常用坐标系及飞机运动参数

### 2.1.1 常用坐标系的定义

下面根据国家标准《飞行力学概念、量和符号（GB/T 14410.1—93 ~ GB/T 14410.6—93）》，定义常用坐标系及飞机运动参数，均符合右手法则。

1. 地面坐标系 $Ox_gy_gz_g$

原点 $O$ 通常取在地面上的某一点，轴 $z_g$ 为铅垂向下，轴 $Ox_g$ 和 $Oy_g$ 在水平面内，方向可随意规定。此外，还定义飞行器牵连地面坐标系 $Ox_g'y_g'z_g'$，其原点在飞机质心，各坐标轴平行于 $Ox_g$、$Oy_g$ 和 $Oz_g$，在不致引起混淆时，也可简称为 $Ox_gy_gz_g$。

2. 机体坐标系 $Ox_by_bz_b$

固定在飞机上的坐标系。原点 $O$ 通常位于飞机重心，纵轴 $Ox_b$ 位于飞机对称面内指向前方，横轴 $Oy_b$ 垂直于飞机对称面指向右方，竖轴 $Oz_b$ 在飞机对称面内垂直于纵轴指向下方。由于该坐标系是最常用的坐标系，因此常简写为 $Oxyz$。

气动力矩的三个分量（即滚转力矩 $L$、俯仰力矩 $M$、偏航力矩 $N$）是按照机体坐标系定义的。

3. 气流坐标系 $Ox_ay_az_a$

原点 $O$ 通常固定于飞机重心，轴 $Ox_a$ 沿真空速 $\boldsymbol{v}_a$ 的方向，轴 $Oz_a$ 在飞机对称面内垂直于 $Ox_a$ 轴指向下方，轴 $Oy_a$ 垂直于 $Ox_a$ 轴和 $Oz_a$ 轴指向右方。

气动力的三个分量（即阻力 $D$、侧力 $C$、升力 $L$）是按照气流坐标系定义的，其中阻力 $D$ 沿 $Ox_a$ 轴的负方向、升力 $L$ 沿 $Oz_a$ 轴负方向。

4. 航迹坐标系 $Ox_ky_kz_k$

原点 $O$ 通常固定于飞机重心，轴 $Ox_k$ 沿航迹速度 $\boldsymbol{v}_k$ 的方向，轴 $Oz_k$ 在包含 $Ox_k$ 轴的铅锤面内垂直于 $Ox_k$ 轴指向下方，轴 $Oy_k$ 垂直于 $Ox_k$ 轴和 $Oz_k$ 轴指向右方，始终位于水平面内。

5. 半机体坐标系 $Ox_iy_iz_i$

原点 $O$ 通常固定于飞机重心，轴 $Ox_i$ 沿真空速 $\boldsymbol{v}_a$ 在飞机对称面上投影的方向，轴 $Oz_i$ 在飞机参考面内垂直于 $Ox_i$ 轴指向下方，轴 $Oy_i$ 垂直于 $Ox_i$ 轴和 $Oz_i$ 轴指向右方。

6. 稳定性坐标系 $Ox_sy_sz_s$

在受扰运动中固连在飞机上的一种机体坐标系。原点 $O$ 通常固定于飞机重心，轴 $Ox_s$ 沿未受扰运动的飞机真空速在飞机对称面上投影的方向，轴 $Oz_s$ 在飞机对称面内垂直于 $Ox_s$ 轴指向下方，轴 $Oy_s$ 垂直于 $Ox_s$ 轴和 $Oz_s$ 轴指向右方。

稳定坐标系也称实验坐标系，飞机风洞试验数据通常是按照稳定坐标系给出的，使用时应进行适当的坐标转换。

### 2.1.2　飞机运动参数的定义

飞机运动参数可通过坐标系间转换的欧拉角进行定义。

1. 飞机的姿态角

飞机的姿态角是机体坐标系相对于地面坐标系的角度，如图 2.1 所示。

（1）偏航角 $\psi$ ——飞机机体纵轴 $Ox_b$ 在水平面上的投影与 $Ox_g$ 轴的夹角。定义纵轴 $Ox_b$ 正半轴投影线位于 $Ox_g$ 轴右侧时，$\psi$ 为正。

（2）俯仰角 $\theta$ ——飞机机体纵轴 $Ox_b$ 与水平面之间的夹角。定义飞机纵轴 $Ox_b$ 正向位于水平面上方，即抬头时 $\theta$ 为正。

（3）滚转角 $\phi$ ——飞机机体对称面（或竖轴 $Oz_b$）与过纵轴 $Ox_b$ 的铅垂面之间的夹角。定义飞机竖轴 $Oz_b$ 正向位于该铅垂面左侧，即向右滚转时 $\phi$ 为正。

地面坐标系 $Ox_gy_gz_g$ 首先绕轴 $Oz_g$ 转动 $\psi$ 角，得到坐标系 $Ok_1k_2z_g$；然后绕 $Ok_2$ 转动 $\theta$ 角，得到坐标系 $Ox_bk_2k_3$；最后绕 $Ox_b$ 轴转动 $\phi$ 角，得到机体坐标系 $Ox_by_bz_b$。地面坐标系向机体坐标系转化的旋转过程为

$$Ox_gy_gz_g \xrightarrow{R_{z_g}(\psi)} Ok_1k_2z_g \xrightarrow{R_{k_2}(\theta)} Ox_bk_2k_3 \xrightarrow{R_{x_b}(\phi)} Ox_by_bz_b$$

其中，$R_{z_g}(\psi)$ 表示绕 $Oz_g$ 旋转 $\psi$ 角，其他符号类似。

2. 飞机的气流角

飞机的气流角是气流坐标系相对于机体坐标系的角度，如图 2.2 所示。

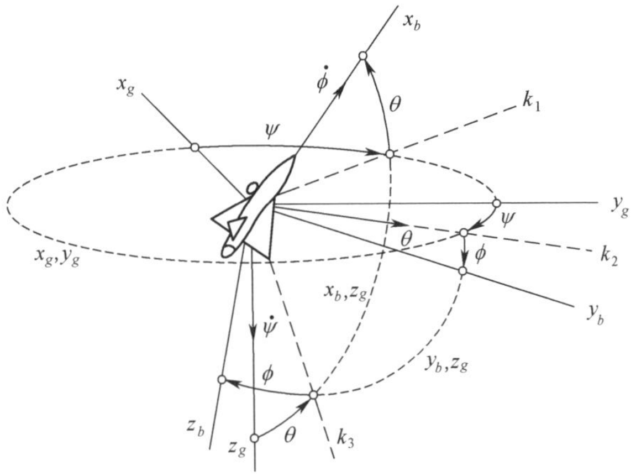


图 2.1　飞机的姿态角示意图

(1) 迎角 $\alpha$——飞机真空速 $\boldsymbol{v}_a$ 在飞机对称面上的投影与 $Ox_b$ 轴的夹角。当真空速沿 $Oz_b$ 轴的分量为正时,迎角 $\alpha$ 为正。

(2) 侧滑角 $\beta$——飞机真空速 $\boldsymbol{v}_a$ 与对称面之间的夹角。当真空速沿 $Oy_b$ 轴的分量为正时,侧滑角 $\beta$ 为正。

气流坐标系向机体坐标系转化的旋转过程为

$$Ox_ay_az_a \xrightarrow{R_{z_a}(-\beta)} Ok_1y_bz_a \xrightarrow{R_{y_b}(\alpha)} Ox_by_bz_b$$

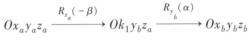

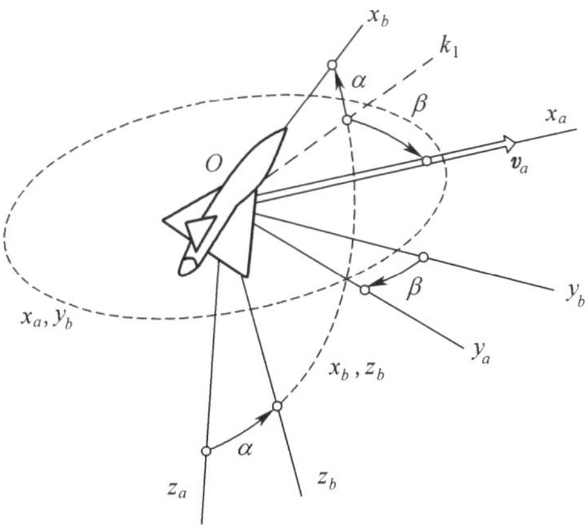


图 2.2　飞机的气流角示意图

3. 飞机的航迹角

飞机的航迹角是航迹坐标系相对于地面坐标系的角度,如图 2.3 所示。

(1) 航迹方位角 $\chi$——飞机航迹速度 $\boldsymbol{v}_k$ 在水平面上的投影与 $Ox_g$ 轴的夹角。当航迹速度沿 $Oy_g$ 轴的分量为正时,航迹方位角 $\chi$ 为正。

(2) 爬升角 $\gamma$ ——飞机航迹速度 $\boldsymbol{v}_k$ 与水平面之间的夹角,也称航迹倾角。当航迹速度在过原点 $O$ 的水平面之上时,爬升角 $\gamma$ 为正。

地面坐标系向航迹坐标系转化的旋转过程为

$$Ox_g y_g z_g \xrightarrow{R_{z_g}(\chi)} Ok_1 y_k z_g \xrightarrow{R_{y_k}(\gamma)} Ox_k y_k z_k$$

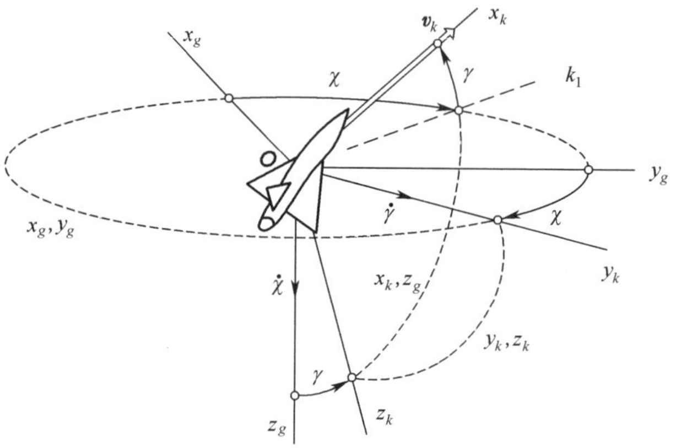


图 2.3　飞机的航迹角示意图

4. 航迹坐标系相对于机体坐标系的角度

航迹坐标系相对于机体坐标系的角度包含三个,如图 2.4 所示。

(1) 航迹侧滑角 $\beta_k$ ——航迹速度 $\boldsymbol{v}_k$ 与过飞机纵轴 $Ox_b$ 的铅垂面之间的夹角。当航迹速度 $\boldsymbol{v}_k$ 在该铅垂面右侧时,航迹侧滑角 $\beta_k$ 为正。

(2) 航迹迎角 $\alpha_k$ ——航迹速度 $\boldsymbol{v}_k$ 在过飞机纵轴 $Ox_b$ 的铅垂面的投影与纵轴 $Ox_b$ 的夹角。当该投影位于纵轴 $Ox_b$ 之下时,航迹迎角 $\alpha_k$ 为正。

(3) 航迹滚转角 $\mu_k$ ——飞机机体对称面与过航迹坐标系纵轴 $Ox_k$ 的铅垂面之间的夹角。

航迹坐标系在绕 $Oz_k$ 轴转动 $-\beta_k$ ,再绕 $Ok_2$ 轴转动 $\alpha_k$ 角后,航迹滚转角 $\mu_k$ 如图 2.4 所示,定义飞机竖轴 $Oz_b$ 正向位于铅垂面 $Ox_b z_g$ 左侧时,航迹滚转角 $\mu_k$ 为正。注意,当空气相对地面静止时,仍不存在 $\alpha_k = \alpha$ , $\beta_k = \beta$ 。航迹坐标系向机体坐标系转化的旋转过程为

$$Ox_k y_k z_k \xrightarrow{R_{z_k}(-\beta_k)} Ok_1 k_2 z_k \xrightarrow{R_{k_2}(\alpha_k)} Ox_b k_2 k_3 \xrightarrow{R_{x_b}(\mu_k)} Ox_b y_b z_b$$

5. 气流坐标系相对于地面坐标系的角度

气流坐标系相对于地面坐标系的角度包含三个,如图 2.5 所示。

(1) 气流偏航角 $\psi_a$ ——真空速 $\boldsymbol{v}_a$ 在水平面上的投影与 $Ox_g$ 轴的夹角。定义真空速在 $Oy_g$ 轴的分量为正时, $\psi_a$ 为正。

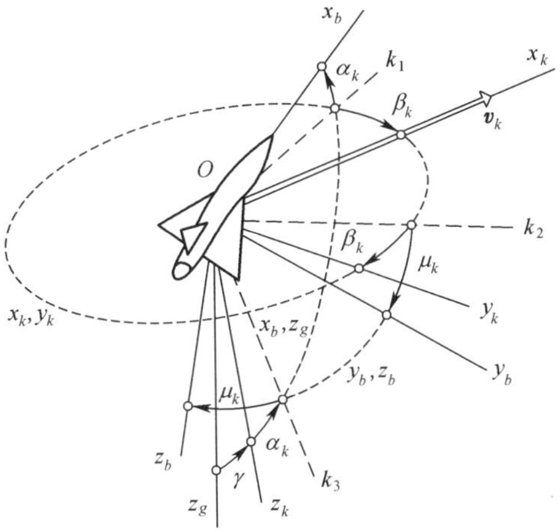


图 2.4　航迹坐标系相对于机体坐标系的角度

(2) 气流俯仰角 $\theta_a$ ——真空速 $\boldsymbol{v}_a$ 与水平面之间的夹角。定义真空速在过原点的水平面上方时，$\theta_a$ 为正。

(3) 气流倾斜角 $\phi_a$ ——飞机气流轴 $Oz_a$ 与过气流坐标系纵轴 $Ox_a$ 的铅垂面之间的夹角。定义 $Oz_a$ 正向位于该铅垂面左侧时，$\phi_a$ 为正。

气流坐标系向地面坐标系转化的旋转过程为

$$Ox_g y_g z_g \xrightarrow{R_{z_g}(\psi_a)} Ok_1 k_2 z_g \xrightarrow{R_{k_2}(\theta_a)} Ox_a k_2 k_3 \xrightarrow{R_{x_b}(\phi_a)} Ox_a y_a z_a$$

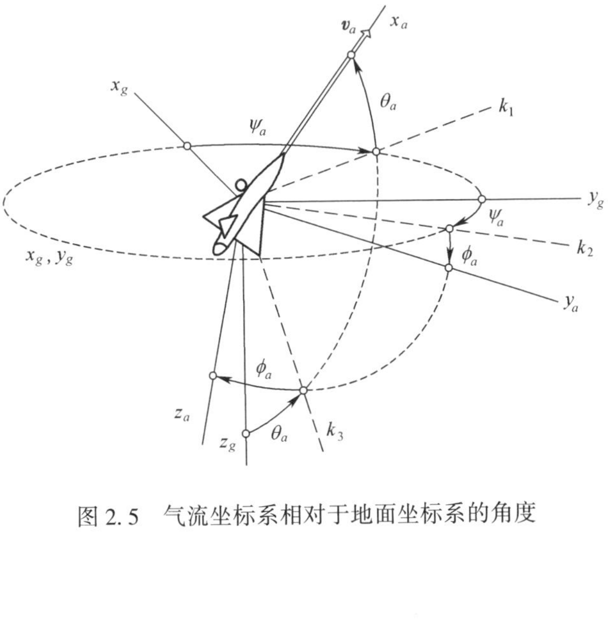


图 2.5　气流坐标系相对于地面坐标系的角度

## 2.2 多操纵面飞机动力学模型

多操纵面飞机的运动特性受到多种因素的影响，如机体弹性变形、飞机旋转部件、重量随时间变化、地球曲率和自转以及大气运动等。如果考虑所有这些因素建立数学模型，将使方程的推导变得非常复杂，很难进行解析处理。因此，为了建立能有效描述飞机运动特性的数学模型，首先作如下假设[1-5]：

(1) 大气是静止的标准大气。

(2) 飞机的质量和转动惯量不随时间变化。

(3) 地球为平面大地，即忽略地球的曲率和自转。

(4) 飞机几何外形、质量分布和气动特性分布左右对称。

(5) 飞机为理想刚体，即不考虑机体弹性变形和旋转部件的影响。

### 2.2.1 转动运动模型

根据动量矩定律，刚体飞机转动动力学方程的一般形式为

$$\left(\frac{\mathrm{d}\boldsymbol{H}}{\mathrm{d}t}\right)_i = \sum \boldsymbol{M} \tag{2.1}$$

式中：$\boldsymbol{H}$ 为飞机对质心的动量矩；$\sum \boldsymbol{M}$ 为作用在飞机上的合外力矩；方程左端下标 $i$ 表示相对于惯性坐标系 $(F_{\mathrm{i}})$ 。考虑机体系相对地轴系的旋转运动，可得飞机在机体坐标系中的转动动力学方程为

$$\begin{cases} \dot{p} = \dfrac{I_z M_x + I_{zx} M_z + I_{zx}(I_x - I_y + I_z) pq + (I_y I_z - I_{zx}^2 - I_z^2) qr}{I_x I_z - I_{zx}^2} \\ \dot{q} = \dfrac{M_y + I_{zx}(r^2 - p^2) + (I_z - I_x) pr}{I_y} \\ \dot{r} = \dfrac{I_{zx} M_x + I_x M_z + (I_x^2 - I_x I_y + I_{zx}^2) pq + I_{zx}(I_y - I_z - I_x) qr}{I_x I_z - I_{zx}^2} \end{cases} \tag{2.2}$$

式中：$p$、$q$、$r$ 分别为滚转、俯仰和偏航角速度；$M_x$、$M_y$、$M_z$ 分别为机体系下飞机的三轴控制力矩；$I_x$、$I_y$、$I_z$ 分别为相应的惯性矩；$I_{zx}$ 为惯性积。

根据地轴系和机体系之间的坐标转换关系，可得飞机转动运动学方程为

$$\begin{cases}\dot{\phi} = p + \tan\theta(q\sin\phi + r\cos\phi) \\ \dot{\theta} = q\cos\phi - r\sin\phi \\ \dot{\psi} = \sec\theta(q\sin\phi + r\cos\phi)\end{cases} \tag{2.3}$$

式中：$\phi$、$\theta$、$\psi$ 分别为飞机滚转角、俯仰角和偏航角。

### 2.2.2 质心运动模型

根据牛顿第二定律，飞机质心动力学方程的一般形式为

$$\left(m\frac{\mathrm{d}\boldsymbol{V}}{\mathrm{d}t}\right)_i = \sum \boldsymbol{F} = T + \boldsymbol{A}_{\mathrm{F}} + \boldsymbol{G}_{\mathrm{F}} \tag{2.4}$$

式中：$T$、$A_{\mathrm{F}}$、$G_{\mathrm{F}}$ 分别为飞机发动机推力、空气动力和飞机重力。根据理论力学及矢量微分法，考虑任意活动坐标系和惯性坐标系之间的牵连运动，在活动坐标系（$F_{\mathrm{r}}$）中，飞机质心动力学方程为

$$\begin{cases}m(\dot{u}_{\mathrm{r}} + w_{\mathrm{r}}q_{\mathrm{r}} - v_{\mathrm{r}}r_{\mathrm{r}}) = T_X + A_X + G_X = F_X \\ m(\dot{v}_{\mathrm{r}} + u_{\mathrm{r}}r_{\mathrm{r}} - w_{\mathrm{r}}p_{\mathrm{r}}) = T_Y + A_Y + G_Y = F_Y \\ m(\dot{w}_{\mathrm{r}} + v_{\mathrm{r}}p_{\mathrm{r}} - u_{\mathrm{r}}q_{\mathrm{r}}) = T_Z + A_Z + G_Z = F_Z\end{cases} \tag{2.5}$$

式中：$u_{\mathrm{r}}$、$v_{\mathrm{r}}$、$w_{\mathrm{r}}$ 为飞机质心速度在活动坐标系（$F_{\mathrm{r}}$）中的分量；$p_{\mathrm{r}}$、$q_{\mathrm{r}}$、$r_{\mathrm{r}}$ 为活动坐标系（$F_{\mathrm{r}}$）相对于惯性轴系（$F_i$）的转动角速度在活动坐标系中的分量；下标 $X$、$Y$、$Z$ 分别表示作用于飞机的力在活动坐标系（$F_{\mathrm{r}}$）中的分量。取活动坐标系（$F_{\mathrm{r}}$）为飞机的航迹坐标系，可得

$$\begin{cases}\dot{v} = \dfrac{1}{m}[F_X\cos\alpha\cos\beta + F_Y\sin\beta + F_Z\sin\alpha\cos\beta] - g\sin\gamma \\ \dot{\gamma} = -\dfrac{g}{v}\cos\gamma + \dfrac{1}{mv}[F_X(\sin\alpha\cos\mu + \cos\alpha\sin\beta\sin\mu) - F_Y\cos\beta\sin\mu \\ \qquad - F_Z(\cos\alpha\cos\mu - \sin\alpha\sin\beta\sin\mu)] \\ \dot{\chi} = \dfrac{1}{mv\cos\gamma}[F_X(\sin\alpha\sin\mu - \cos\alpha\sin\beta\cos\mu) + F_Y\cos\beta\cos\mu \\ \qquad - F_Z(\cos\alpha\sin\mu + \sin\alpha\sin\beta\cos\mu)]\end{cases} \tag{2.6}$$

式中：$v$、$\gamma$ 和 $\chi$ 分别表示飞机在航迹坐标系下的速度、航迹倾角和航迹方位角；$\alpha$、$\beta$ 和 $\mu$ 则分别为飞机在气流坐标系下对应的迎角、侧滑角和绕速度矢量轴滚转角。

进一步经过坐标系转化可以得到

$$
\begin{cases}
\dot{\alpha} = -p\cos\alpha\tan\beta + q - r\sin\alpha\tan\beta + \dfrac{\cos\mu}{\cos\beta}\dfrac{g}{v}\cos\gamma \\
\quad - F_X\dfrac{\sin\alpha}{mv\cos\beta} + F_Z\dfrac{\cos\alpha}{mv\cos\beta} \\
\dot{\beta} = p\sin\alpha - r\cos\alpha + \dfrac{g}{v}\sin\mu\cos\gamma - F_X\dfrac{\cos\alpha\sin\beta}{mv} \\
\quad + F_Y\dfrac{\cos\beta}{mv} - F_Z\dfrac{\sin\alpha\sin\beta}{mv} \\
\dot{\mu} = \dfrac{p\cos\alpha + r\sin\alpha}{\cos\beta} - \dfrac{g}{v}\cos\gamma\cos\mu\tan\beta + F_Y\dfrac{\tan\gamma\cos\beta\cos\mu}{mv} \\
\quad + \dfrac{\tan\gamma\sin\mu + \tan\beta}{mv}[F_X\sin\alpha - F_Z\cos\alpha] - \dfrac{\tan\gamma\cos\mu\sin\beta}{mv}[F_X\cos\alpha + F_Z\sin\alpha]
\end{cases}
\tag{2.7}
$$

若以 $x$、$y$、$z$ 分别表示飞机质心位置在地轴系中的投影坐标，进一步根据地轴系和航迹坐标系之间的坐标转换关系，可得到飞机质心运动学方程为

$$
\begin{cases}
\dot{x} = v\cos\gamma\cos\chi \\
\dot{y} = v\cos\gamma\sin\chi \\
\dot{z} = -v\sin\gamma
\end{cases}
\tag{2.8}
$$

由于状态量组合 $[\alpha,\beta,\mu,\gamma,\chi]$ 可直接计算出飞机的姿态角 $[\phi,\theta,\psi]$，因此可以由式(2.6)~式(2.8)组成以 $\boldsymbol{x} = [p,q,r,\alpha,\beta,\mu,v,\gamma,\chi,x,y,z]^{\mathrm{T}}$ 为状态的多操纵面飞机六自由度数学模型。

进一步，模型式(2.6)~式(2.8)可描述为非线性形式：

$$
\frac{\mathrm{d}x}{\mathrm{d}t} = \boldsymbol{f}(\boldsymbol{x},\boldsymbol{u}) = [f_i(x_1,x_2,\cdots x_{n_x},u_1,u_2,\cdots u_m)]_{n_x\times 1}
\tag{2.9}
$$

式中：$x \in \mathbf{R}^{n_x}$ 为飞机的状态变量；$\boldsymbol{u} \in \mathbf{R}^m$ 为飞机的控制变量。

## 2.3 多操纵面执行机构模型

为实现电气装置至机械运动之间的信号转换，飞行控制系统采用伺服作动器作为执行机构，直接与操纵面相连接，驱动操纵面偏转实现操控飞机的目的。执行机构工作性能与可靠性的好坏，不仅对飞行控制系统至关重要，而且与飞机的性能与安全息息相关。对于多操纵面飞行器而言，执行机构的数学模型通常可简化为标准的一阶或二阶传递函数形式，其中二阶模型包括无零点的二阶振荡环节和含一个零点的二阶振荡环节两种[6]。

## 2.3.1 执行器一阶模型

假设执行机构动力学模型为一阶惯性环节,可描述为

$$\dot{\boldsymbol{\delta}} = \boldsymbol{B}_{\omega}(\boldsymbol{\delta}_{\text{cmd}} - \boldsymbol{\delta}) \tag{2.10}$$

式中:$\boldsymbol{\delta} \in \mathbf{R}^m$ 为操纵面的实际偏转指令;$\boldsymbol{\delta}_{\text{cmd}} \in \mathbf{R}^m$ 为控制分配器生成的操纵面指令;$\boldsymbol{B}_{\omega} \in \mathbf{R}^{m \times m}$ 为与执行器工作频率$\lambda_i$ 相关的传递增益,若第 $i$ 个执行器的增益为 $T_i = 2\pi\lambda_i$ ( $i = 1,2,\cdots,m$ ),则

$$\boldsymbol{B}_{\omega} = \text{diag}(\text{T}_1, \text{T}_2, \cdots, \text{T}_\text{m}) \tag{2.11}$$

式中:函数 diag( · ) 为以其变量作为对角线上的子矩阵,组合形成的对角矩阵,下文亦同。考虑执行器位置约束 $\delta_{\text{M}}$ 和速率约束 $\dot{\delta}_{\text{M}}$ ,图 2.6 所示为执行器一阶动力学模型的控制结构图,其中 $\tau$ 为系统时间延迟,通常可忽略,即认为 $\tau \approx 0$。

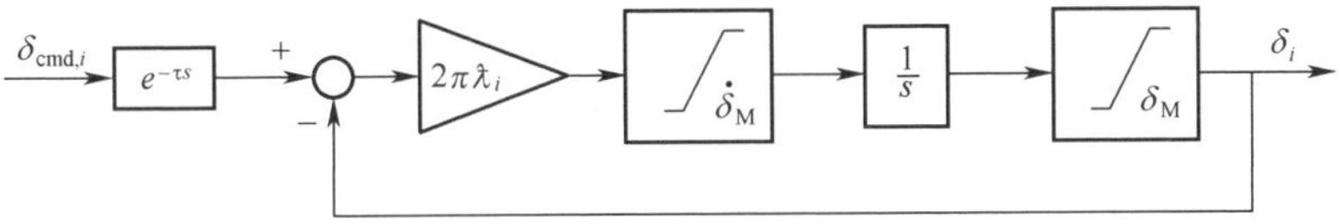


图 2.6 执行器一阶动力学模型的控制结构

## 2.3.2 执行器二阶模型

假设执行器动力学模型为二阶形式,可描述为线性状态空间形式:

$$\dot{\boldsymbol{x}}_{\text{act,s}} = \boldsymbol{A}_{\text{act,s}}\boldsymbol{x}_{\text{act,s}} + \boldsymbol{B}_{\text{act,s}}\boldsymbol{\delta}_{\text{cmd}} \tag{2.12}$$

式中:$\boldsymbol{x}_{\text{act,s}} \in \mathbf{R}^{2m}$ 为执行器的状态;$\boldsymbol{A}_{\text{act,s}} \in \mathbf{R}^{2m \times 2m}$ 为执行器的状态矩阵;$\boldsymbol{B}_{\text{act,s}} \in \mathbf{R}^{2m \times m}$ 为执行器的输入矩阵。若 $\boldsymbol{I} \in \mathbf{R}^{m \times m}$ 表示单位矩阵,$\mathbf{0} \in \mathbf{R}^{m \times m}$ 表示零矩阵,则执行器模型为二阶典型振荡环节时,$\boldsymbol{x}_{\text{act,s}}$ 、$\boldsymbol{A}_{\text{act,s}}$ 和 $\boldsymbol{B}_{\text{act,s}}$ 可相应地选择为

$$\boldsymbol{x}_{\text{act,s}} = [\boldsymbol{\delta}^{\text{T}} \quad \dot{\boldsymbol{\delta}}^{\text{T}}]^{\text{T}}$$

$$\boldsymbol{A}_{\text{act,s}} = \begin{bmatrix} \mathbf{0} & \boldsymbol{I} \\ -\omega_n^2\boldsymbol{I} & -2\zeta\omega_n\boldsymbol{I} \end{bmatrix}$$

$$\boldsymbol{B}_{\text{act,s}} = \begin{bmatrix} \mathbf{0} \\ \omega_n^2\boldsymbol{I} \end{bmatrix}$$

而执行器模型为包含一个零点的二阶振荡环节时,$\boldsymbol{x}_{\text{act,s}}$ 、$\boldsymbol{A}_{\text{act,s}}$ 和 $\boldsymbol{B}_{\text{act,s}}$ 可选择为

$$\boldsymbol{x}_{\text{act,s}} = [\boldsymbol{\delta}^{\text{T}}\dot{\boldsymbol{\delta}}^{\text{T}} - k_{\text{act}}\boldsymbol{\delta}_{\text{cmd}}^{\text{T}}]^{\text{T}}$$

$$A_{\mathrm{act,s}} = \begin{bmatrix} \mathbf{0} & \boldsymbol{I} \\ -\omega_n^2\boldsymbol{I} & -2\zeta\omega_n\boldsymbol{I} \end{bmatrix}$$

$$\boldsymbol{B}_{\mathrm{act,s}} = \begin{bmatrix} k_{\mathrm{act}}\boldsymbol{I} \\ -k_{\mathrm{act}}a_{\mathrm{act}}\boldsymbol{I} - 2k_{\mathrm{act}}\zeta\omega_n\boldsymbol{I} \end{bmatrix}$$

式中：$\zeta$ 和 $\omega_n$ 分别为执行器的阻尼比和固有频率；$k_{\mathrm{act}}$ 和 $a_{\mathrm{act}}$ 分别为执行器系统的开环增益和零点。图 2.7 所示为以上两种执行器二阶动力学模型的基本结构。

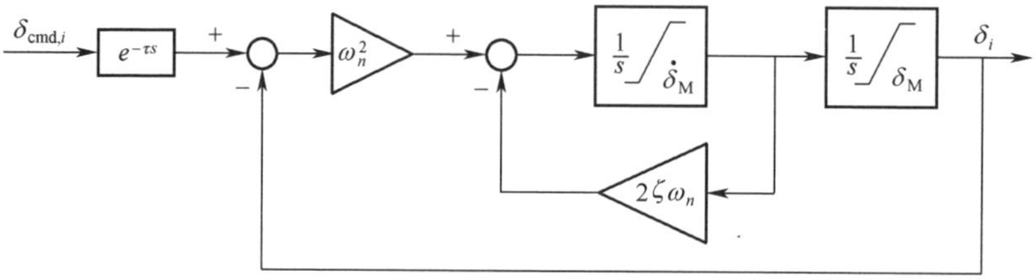


（a）不含零点的情形

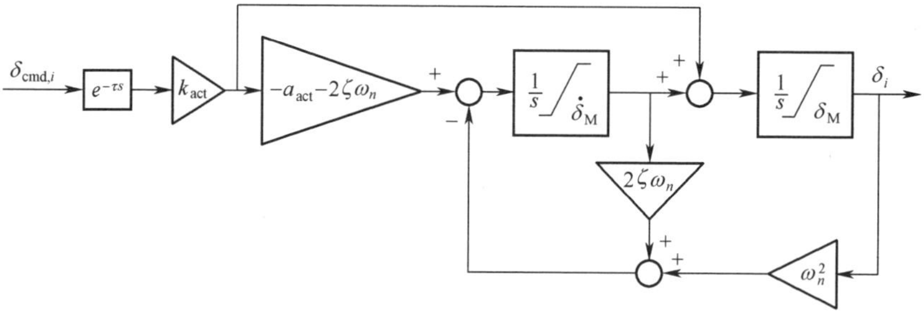


（b）含一个零点的情形

图 2.7　执行器二阶动力学模型的基本结构

## 2.3.3　冗余执行器系统模型

对于包含 $m$ 个执行器的伺服作动系统，无论是一阶模型还是二阶模型，若每个执行器的动态性能均为线性的，执行器的动力学特性已知，且相互完全解耦，则所有执行器组成的动态时不变冗余系统模型可描述为

$$\begin{cases} \dot{\boldsymbol{x}}_{\mathrm{act,c}} = \boldsymbol{A}_{\mathrm{act,c}}\boldsymbol{x}_{\mathrm{act,c}} + \boldsymbol{B}_{\mathrm{act,c}}\boldsymbol{\delta}_{\mathrm{cmd}} \\ \boldsymbol{\delta} = \boldsymbol{C}_{\mathrm{act,c}}\boldsymbol{x}_{\mathrm{act,c}} \end{cases} \tag{2.13}$$

式中：$\boldsymbol{x}_{\mathrm{act,c}} \in \mathbf{R}^{n_{\mathrm{act}}}$ 为执行器系统状态量；$A_{\mathrm{act,c}} \in \mathbf{R}^{n_{\mathrm{act}}\times n_{\mathrm{act}}}$ 为状态矩阵；$\boldsymbol{B}_{\mathrm{act,c}} \in \mathbf{R}^{n_{\mathrm{act}}\times m}$ 为输入矩阵；$\boldsymbol{C}_{\mathrm{act,c}} \in \mathbf{R}^{m\times n_{\mathrm{act}}}$ 为输出矩阵；$n_{\mathrm{act}}$ 为状态的维数，满足：

$$n_{\mathrm{act}} = \sum_{j=1}^{m} n_j \in [m, 2m]$$

式中：$n_j$ 为第 $j$ 个执行器的阶数。

进一步可将式(2.14)所示冗余执行器系统的参数矩阵表述为对角阵形式：

$$\begin{cases} \boldsymbol{A}_{\mathrm{act,c}} = \mathrm{diag}(\boldsymbol{A}_{\mathrm{act,c,1}}, \boldsymbol{A}_{\mathrm{act,c,2}}, \cdots, \boldsymbol{A}_{\mathrm{act,c},m}) \\ \boldsymbol{B}_{\mathrm{act,c}} = \mathrm{diag}(\boldsymbol{B}_{\mathrm{act,c,1}}, \boldsymbol{B}_{\mathrm{act,c,2}}, \cdots, \boldsymbol{B}_{\mathrm{act,c},m}) \\ \boldsymbol{C}_{\mathrm{act,c}} = \mathrm{diag}(\boldsymbol{C}_{\mathrm{act,c,1}}, \boldsymbol{C}_{\mathrm{act,c,2}}, \cdots, \boldsymbol{C}_{\mathrm{act,c},m}) \end{cases}$$

式中：$\boldsymbol{A}_{\mathrm{act,c},i}$、$\boldsymbol{B}_{\mathrm{act,c},i}$、$\boldsymbol{C}_{\mathrm{act,c},i}$（$i = 1, 2, \cdots, m$）分别表示第 $i$ 个执行器模型的状态矩阵、输入矩阵和输出矩阵。

基于以上分析，记执行器动态函数为 $\boldsymbol{f}_{\delta}(\cdot)$，则

$$\dot{\boldsymbol{\delta}}(t) = \boldsymbol{f}_{\delta}(\boldsymbol{\delta}, \boldsymbol{\delta}_{\mathrm{cmd}})$$

式中：$\boldsymbol{\delta}$ 与 $\boldsymbol{\delta}_{\mathrm{cmd}}$ 存在一一对应关系，忽略执行器动态时存在 $\boldsymbol{\delta} = \boldsymbol{\delta}_{\mathrm{cmd}}$。

### 2.3.4 推力矢量模型

推力矢量控制是实现飞机过失速机动的最佳途径，是第四代战斗机的主要特征之一，解决了飞机的隐身设计与高机动性、高敏捷性的气动设计之间的矛盾，增大了飞机的可控迎角，使对飞机的可控能力扩展到低速大迎角和特大迎角区。在大迎角区，飞机飞行速度下降很大，气流产生严重的分离，气动力和气动力矩均已呈明显的非线性特性，不能采用常规线性小扰动处理方法。同时，推力矢量飞机往往都是综合控制一体化的飞机，由于包含了推进系统的特性，使系统更为复杂，要建立详尽的推力矢量飞机的运动方程非常困难。

推力矢量是指发动机除为飞机提供前进的推力外，还可在飞机俯仰、偏航、滚转和反推力方向上提供发动机内部推进力，利用推力矢量发动机喷流偏转提供的力矩来弥补过失速飞行时飞机舵面或其他装置产生的外部气动操纵效能的不足。

飞机上常用的矢量推力主要靠改变推力矢量发动机喷流的方向，实现飞机大迎角过失速状态下的飞行控制。自 20 世纪 70 年代以来，世界各航空强国对各种推力矢量装置进行了大量研究，经过 20 多年的努力，推力矢量喷管的主要形式包括折流板、二维矢量喷管、轴对称矢量喷管、球面收敛调节片式矢量喷管、流体矢量喷管等，其中以二维矢量喷管和轴对称矢量喷管较为典型。二维喷管采用的是矩形截面，只能上下偏转；轴对称喷管采用的是圆形截面，可以同时上下、左右偏转，如图 2.8 所示。

对于轴对称矢量喷管的双发战斗机，为准确描述发动机喷管灵活偏转特性形成的有效推力和力矩，类似常规飞机气动舵面偏转角度的“正舵负偏”定义原则，在机体系中对推力矢量偏角作如下定义：

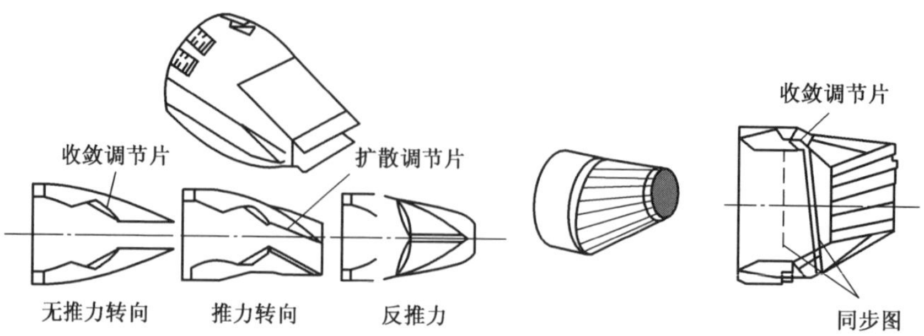


图 2.8　典型的推力矢量喷管

(1) 任一矢量喷管轴线在飞机对称面内的投影与机体纵轴的夹角定义为俯仰推力矢量偏角，用 $\delta_{yi}$ 表示，其中 $i=2,3\cdots,n$ 分别取 $l$、$r$，表示左、右矢量喷管。矢量喷管轴线下偏，即产生 $-z$ 方向的力和使飞机低头的力矩时为正，总的俯仰推力矢量偏角 $\delta_y=(\delta_{yl}+\delta_{yr})/2$。

(2) 任一矢量喷管轴线和飞机对称面的夹角定义为偏航推力矢量偏角，用 $\delta_{zi}$ 表示。从飞机头部看，矢量喷管轴线右偏，即产生 $B_i$ 方向的力和使飞机左偏的力矩时为正，总的偏航推力矢量偏角 $\delta_z=(\delta_{zl}+\delta_{zr})/2$。

(3) 左右喷管的俯仰推力矢量偏角差值的一半定义为滚转推力矢量偏角，用 $\delta_x$ 表示。即 $\delta_x=(\delta_{yr}-\delta_{yl})/2$，产生使飞机左滚的力矩时 $\delta_x$ 为正。

可见，双发喷管同时上下偏转(同步偏转)即可产生机体轴系中 $i=2,3\cdots,n$ 方向的力和俯仰力矩；双发喷管同时左右偏转即可产生机体轴系中 $y$ 方向的力和偏航力矩；当左右喷管产生类似于平尾的上下反对称偏转(差动偏转)时，则产生滚转力矩。因此，推力矢量技术可以补偿大迎角失速时飞机俯仰、滚转、偏航三个方向的控制效能损失。

发动机喷流的偏转，一方面会产生直接的推力分量，即喷管几何偏转角引起的内部转向力；另一方面会产生喷流诱导力，即喷管的几何偏转角和气动偏转角不相等产生的内部转向力。偏转矢量喷管除了影响飞机的外流特性以外，还会导致一定的推力损失。

由于喷流诱导力受到矢量喷管形式、发动机状态、飞机飞行高度、马赫数等因素的影响，在实际应用中通常根据飞行试验结果近似将矢量喷管偏转产生的矢量推力模型表示为

$$F_v = F_0 \cdot \sin\delta \tag{2.14}$$

式中：$F_v$ 为矢量推力；$F_0$ 为发动机推力；$\delta$ 为矢量偏角。

任一发动机推力在机体坐标系中三个方向的分量近似为

$$\begin{bmatrix} T_{xi} \\ T_{yi} \\ T_{zi} \end{bmatrix} = C_{fgi} \cdot T_i \cdot \begin{bmatrix} \cos\delta_{zi} \cdot \cos\delta_{yi} \\ \cos\delta_{yi} \cdot \sin\delta_{zi} \\ -\cos\delta_{zi} \cdot \sin\delta_{yi} \end{bmatrix} \tag{2.15}$$

式中：$C_f gi$ 、$T_i$ 分别为任一发动机的推力系数和矢量喷管未偏转时的发动机净推力。推力系数的值表示了矢量喷管偏转时的推力损失。

试验表明，二元矢量喷管的推力系数小于轴对称矢量喷管的推力系数。推力系数的值除与矢量喷管的形式有关外，还与飞行马赫数有关，约为92%~99%。

假设左右发动机的推力系数、净推力和偏航推力矢量偏角（$\delta_{zl}=\delta_{zr}=\delta_z$）均相等，那么总的发动机推力在机体坐标系中三个方向的分量为

$$\begin{bmatrix} T_x \\ T_y \\ T_z \end{bmatrix} = C_{fg} \cdot T \cdot \begin{bmatrix} \cos\delta_z \cdot \cos\delta_x \cdot \cos\delta_y \\ \cos\delta_x \cdot \cos\delta_y \cdot \sin\delta_z \\ -\cos\delta_z \cdot \cos\delta_x \cdot \sin\delta_y \end{bmatrix} \tag{2.16}$$

一般来说，推力矢量偏角小于20°，为一小量。因此，发动机推力在机体坐标系中三个方向的分量可近似表示为

$$\begin{bmatrix} T_x \\ T_y \\ T_Z \end{bmatrix} = C_{fg} \cdot T \cdot \begin{bmatrix} 1 \\ \delta_z \\ -\delta_y \end{bmatrix} \tag{2.17}$$

于是，发动机推力力矩在机体坐标系中三个方向的分量可近似表示为

$$\begin{bmatrix} L_T \\ M_T \\ N_T \end{bmatrix} = C_{fg} \cdot T \cdot \begin{bmatrix} 0 & -\delta_x & -\delta_z \\ -\delta_y & 0 & -1 \\ -\delta_z & 0 & 0 \end{bmatrix} \begin{bmatrix} x_T \\ y_T \\ z_T \end{bmatrix} \tag{2.18}$$

式中：$x_T$、$y_T$、$z_T$ 分别为任一矢量喷管的矢量推力作用点在机体坐标系中的三个方向上的投影到飞机重心的距离。矢量喷管的推力作用点在重心之后 $x_T>0$；在重心之上 $z_T>0$；为矢量喷管中心线到飞机对称面的距离，无论左右喷管，$y_T \geqslant 0$。如发动机轴线与飞机纵轴位于机体坐标系同一平面（$Oxbyb$ 平面）内，则 $z_T=0$。按式（2.17）和式（2.18）可分别得到推力矢量在机体坐标系中三个方向的力和力矩。

由于矢量喷管喷口温度很高，连续使用会对飞机尾部造成一定的损伤，而且发动机的偏转速率较低。因此，在正常飞行状态下推力矢量并不适合作为飞机的主要操纵面，推力矢量应在必要的使用：①气动舵面在正常飞行状态下失效，气动舵面实现起来比较困难；②无法实现的大迎角机动、过失速机动以及需要实现短距起降的阶段。

采用推力矢量技术的现代战斗机，能够有效实现过失速机动，提高飞机的敏捷性，缩短起飞着陆滑跑距离。另外，使用推力矢量技术，可以减少甚至完全取消飞机的垂尾和平尾，实现无尾飞机设计，这样可以减轻飞机的重量，大大降低飞机的气动阻力。

## 2.4 多操纵面执行机构与传感器故障模型

### 2.4.1 舵面执行机构故障模型

飞行中可能发生操纵舵面损伤、松浮故障,军用飞机的操纵舵面可能被部分击穿,飞机操纵面故障包括卡死、损伤、松浮和饱和[7]。

令 $\delta_i(t)$ 表示第 $i$ 个操纵面的实际舵偏角, $u_i(t)$ 为第 $i$ 个操纵面的输入控制量,各类型故障可建模为:

(1) 当操纵面 $i$ 卡死时,执行器故障模型为

$$\delta_i(t) = N_i \tag{2.19}$$

式中: $N_i$ 为常数。

(2) 当操纵面 $i$ 损伤时,执行器故障模型为

$$\delta_i(t) = f(\delta_i)\ (w_i^*(t)u_i(t)) \tag{2.20}$$

式中: $w_i^*(t) \in [0,1]$ 为损伤系数, $w_i^*(t) = 1$ 为第 $i$ 个执行器健全。

(3) 当操纵面 $i$ 松浮时,执行器故障模型为

$$\delta_i(t) = 0 \tag{2.21}$$

操纵面松浮是指操纵面与作动器断开。因此,这种故障的表现形式为操纵面不受控制,只是随着飞机的飞行状态呈漂浮状态。

(4) 当操纵面 $i$ 饱和时,执行器故障模型为

$$\delta_i(t) = \delta_{i\min},\text{或者 } \delta_i(t) = \delta_{i\max} \tag{2.22}$$

令 $u_{is}$ 表示第 $i$ 个操纵面的实际输出, $u_{iz}$ 为第 $i$ 个操纵面正常输出。操纵面饱和是指操纵面停留在输出最大或最小状态。

在实际控制系统中,操纵面的输出限制范围如下:

$$u_{i\min} \leqslant u_{is}(t) \leqslant u_{i\max}$$

若超过这个范围,则操纵面的输出值不再变化,因此有

$$u_{i\min} \leqslant N_i \leqslant u_{i\max}$$

操纵面的各种故障如图 2.9 所示,其中,横轴为时间 $t$,纵轴为舵面转角 $\delta$。舵面故障可以统一描述为

$$\delta_i(t) = f(\delta_i)\ [w_i^*(t)u_i(t) + N_i] \tag{2.23}$$

其中参数和舵面故障类型如表 2.1 所列。

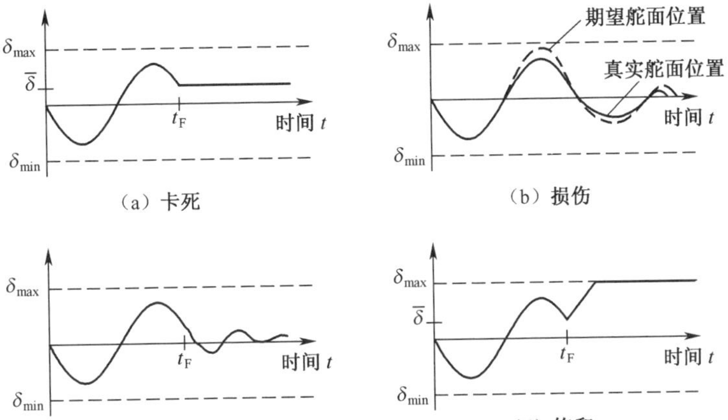


(a) 卡死　(b) 损伤　(c) 松浮　(d) 饱和

图 2.9　操纵舵面故障类型

表 2.1　参数及舵面故障类型

| 舵面故障类型 | $w_i^*(t)$ | $N_i$ |
|---|---|---|
| 无故障 | $w_i^* = 100\%$ | $N_i = 0°$ |
| 卡死 | $w_i^* = 0$ | $N_i = N°$, $N$ 为常值 |
| 损伤 | $0 \leqslant w_i^* < 100\%$ | $N_i = 0°$ |
| 松浮 | $w_i^* = 0$ | $N_i \approx V°$, $V$ 为姿态角 |
| 饱和 | $w_i^* = 0$ | $N_i = \delta_{imin}$ 或 $\delta_{imax}$ |

## 2.4.2　传感器故障模型

如果测量数据偏离真实物理量,这种偏差超过了噪声的不确定性引起的参数误差,说明传感器发生故障。常见的传感器故障有卡死、增益变坏、恒偏差三种,下面分别给出其故障发生时系统的数学模型[7]。

令 $y_{is}$ 表示第 $i$ 个传感器的实际输出,$y_{iw}$ 为第 $i$ 个传感器正常输出。

1. 传感器卡死故障

传感器卡死是指传感器输出为某一固定值,第 $i$ 个传感器卡死的故障模式为

$$y_{is}(t) = \Delta_i \tag{2.24}$$

式中:$\Delta_i$ 为常数。

2. 传感器恒增益故障

传感器恒增益是指传感器输出为正常值的恒定倍数,第 $i$ 个传感器增益变化的故障模式为

$$y_{is}(t) = \beta_i y_{iw}(t) \tag{2.25}$$

式中：$\beta_i$ 为增益变化的比例系数。

3. 传感器恒偏差故障

传感器恒偏差是指传感器输出为正常值的恒定偏差值，第 $i$ 个传感器恒偏差失效的故障模式为

$$y_{is}(t) = y_{iw}(t) + \Delta_i \tag{2.26}$$

式中：$\Delta_i$ 为常数。

4. 传感器漂移故障

传感器漂移是指传感器输出为正常值的随机偏差值，第 $i$ 个传感器漂的故障模式为

$$y_{is}(t) = \Delta_i \tag{2.27}$$

式中：$\Delta_i$ 为随机值。

由此，传感器故障可以统一描述为

$$y_{is}(t) = \beta_i y_{iw}(t) + \Delta_i \tag{2.28}$$

其中参数及传感器故障类型如表 2.2 所列。

表 2.2 参数及传感器故障类型

| 舵面故障类型 | $\beta_i$ | $\Delta_i$ |
| --- | --- | --- |
| 无故障 | $\beta_i = 100\%$ | $\Delta_i = 0$ |
| 卡死 | $\beta_i = 0$ | $\Delta_i = N$，$N$ 为常值 |
| 恒增益 | $\beta_i \neq 1$ | $\Delta_i = 0$ |
| 偏差 | $\beta_i = 1$ | $\Delta_i = N$，$N$ 为常值 |
| 漂移 | $\beta_i = 0$ | $\Delta_i = N$，$N$ 为随机值 |

图 2.10 中横轴为时间，纵轴为传感器输出值，$t_F$ 为出现故障时间。

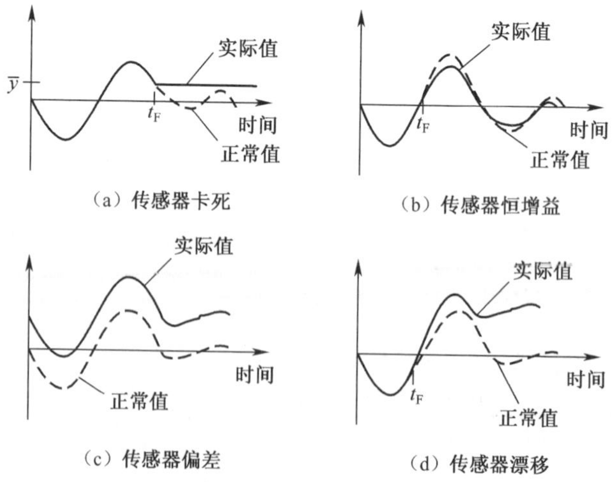


图 2.10 传感器故障类型

## 2.5 小结

本章主要建立了常用坐标系,并简要介绍了飞机运动参数的定义。在此基础上,分析和建立了多操纵面飞机的动力学模型,深入透析了执行机构模型,包括一阶执行器模型、二阶执行器模型、冗余执行器系统模型以及推力矢量模型。与此同时,总结了多操纵面飞机的常见执行器故障和传感器故障,并建立了其典型故障模型,为后续容错控制器设计奠定了良好的理论基础。

## 参考文献


[1] 鲁道夫·布罗克豪斯. 飞行控制[M]. 金长江,译. 北京:国防工业出版社,1999.

[2] 吴文海. 飞行综合控制系统[M]. 北京:航空工业出版社,2007.

[3] 肖业伦. 航空航天器运动的建模—飞行动力学的理论基础[M]. 北京:北京航空航天大学出版社,2006.

[4] Moir A. Seabridge. Aircraft systems[M]. Harlow:Longman Scientific & Technical, 1992.

[5] Stevens B L, Lewis F L. Aircraft control and simulation[M]. Canada:John Wiley & Sons,2003:359-376.

[6] Oppenheimer M, Doman D B. A method for compensation of interactions between second-order actuators and control allocators [C]. Aerospace,IEEE conference, 2005:1-8.

[7] Alwi H, Edwards C. Model-reference sliding mode FTC with on-line control allocation [C]. Proceedings of the 46th IEEE Conference on Decision and Control, December, 2007:2639-2644.

# 第3章 多操纵面飞机级联飞行控制架构

## 3.1 引言

具有冗余执行器的多操纵面布局从硬件构型和控制功能层面上增强了飞行控制系统的可靠性和安全性，进一步改善了飞机的控制能力，但飞行器的控制方式和操纵面的组合方式却不再唯一。因此，在成熟飞行控制构架上融合控制分配技术实现操纵面指令的合理分配，是设计先进多操纵面飞机飞行控制系统必须首先解决的问题。本章在引入控制分配器构造多操纵面飞机级联飞行控制系统总体框架的基础上，从整体上依次对设计过程中涉及的数学模型、设计方法及相关问题进行了阐述和分析，这是开展多操纵面控制分配技术研究和验证的基础。

## 3.2 级联飞控系统总体框架

为提高飞机的机动性和飞控系统的可靠性，现代先进飞行器除配置传统的升降舵、副翼和方向舵以外，还采用扰流板、升降副翼、海狸尾俯仰操纵面、全动翼尖、前缘襟翼、鸭翼、翼稍小翼等多组新型操纵面，提升了飞机故障条件下的重构能力和战场条件下的生存能力。操纵面的冗余配置打破了传统飞机单一操纵面固定地控制单一轴向运动的思想，提高了飞机在正常状态和特情状态下的控制能力，但也增强了操纵面之间的控制耦合度，使得飞行器的控制方式和操纵面的组合方式不再唯一，完全相同的控制功能可通过构建多种完全不一样的控制方案来实现，控制系统变得更加复杂。

图3.1所示为常规飞机与多操纵面飞机控制结构的对比图，其中，图3.1(a)为简化的常规飞机飞行控制系统控制结构，图3.1(b)为多操纵面飞机飞行控制系统的级联控制结构。可以看出，多操纵面飞机级联控制结构包含飞行控制律模块、控制分配器模块、执行器模块及飞机对象模块四个部分，可以在常规飞机已设计好的飞行控制系统基础上，不改变高层级部分控制逻辑和控制律的设计思想，直接引

入控制分配器合理分配各个操纵面执行机构的控制指令,实现主环控制模块期望的运动过程。多组操纵面的布局在物理构型和控制功能上提高了最内环控制回路的控制能力,进一步改善了整个飞行控制系统的可靠性与安全性。

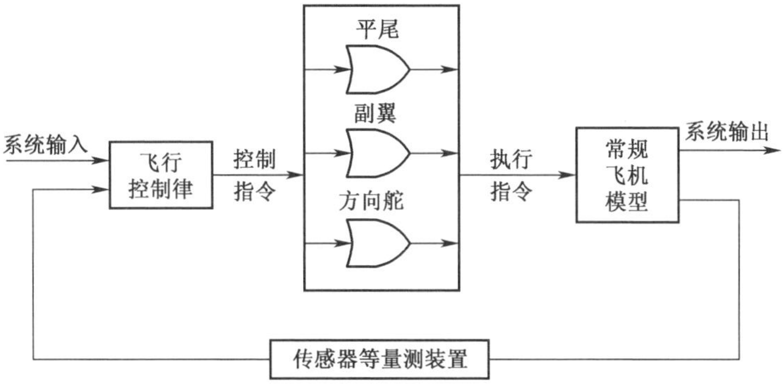


(a) 常规飞行控制系统简化的控制结构

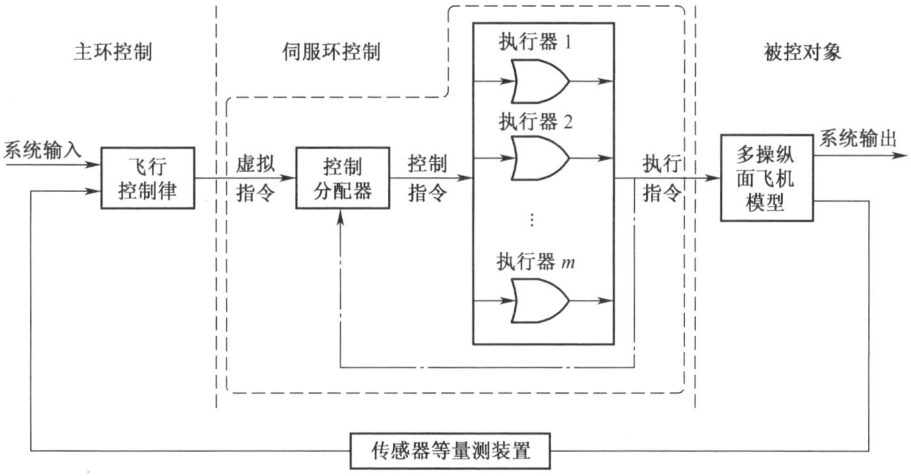


(b) 多操纵面飞行控制系统的级联控制结构

图 3.1　常规飞机与多操纵面飞机控制结构的对比

飞机的气动力和力矩是控制飞机的关键,精确地计算和控制三轴方向的气动力和气动力矩在飞行控制系统中显得尤为重要。对多操纵面飞机而言,通常选择气动力、气动力矩或者偏转角加速度为虚拟控制指令,构建如图 3.1(b) 所示的级联式飞行控制系统结构。可以看出,级联控制结构将飞行控制系统的设计分成两个层次[1,2],即“主环”+“伺服环”:“主环”主要基于虚拟控制指令进行飞行控制律设计,计算实现期望操纵或飞行品质需要的控制力或力矩;“伺服环”可综合考虑飞机、操纵面的动态特性以及控制优化目标等多种因素,在执行器物理约束条件下完成虚拟控制指令向各执行机构的合理分配，通过冗余操纵面机构实现“主环”所需虚拟控制指令的同时达到飞机俯仰、滚转及偏航等运动的非线性耦合优化控制。在图3.1(b)中，“伺服环”从执行器输出向控制分配器的反馈指令(点划线所示)由控制分配器考虑的优化目标及分配性能决定。

通过在飞行控制问题中运用控制分配技术，可以使控制系统的设计模块化、分析简单化[3]。总结起来，采用“主环+伺服环”的级联式飞行控制结构具有设计容易、重构方便、通用性强等优点，具体包括：

(1) 设计“主环”控制律时可暂时忽略冗余操纵面的可用数目、工作状态等诸多因素，直接针对飞机三轴方向的气动力或气动力矩进行设计，在减少需处理控制变量数目的同时，可以直接采用常规飞行控制系统的设计方法，简化了控制系统的结构，降低了控制器设计的难度。

(2) “伺服环”控制器可以考虑操纵面的多个约束和多种目标的混合优化，避免出现操纵面偏转混乱甚至导致控制效能相互抵消的问题，由控制分配器充当“主环”控制器和飞机运动之间的载体。

(3) 当操纵面或执行机构出现故障时，可在系统故障辨识的基础上重构控制输入，不需专门重新设计基于虚拟控制指令的飞行控制律以及该控制层级以外的控制系统结构，即可方便地构建故障飞机的虚拟控制模型和重构控制分配模型。

(4) 基于虚拟控制指令的主环飞行控制律和基于冗余执行机构的控制分配器可以分开同时进行设计[1]，改变了常规飞行控制系统的设计思想，能够提高设计飞行控制系统的效率。设计好的主环飞行控制律和伺服环控制分配器都可类似地适用于其他具有冗余执行机构的过驱动系统控制分配问题，不受执行器数量变化的影响，具有很强的通用性。

## 3.3 多操纵面控制分配模型

采用控制分配技术的多操纵面飞行控制系统，其基本设计方法是对控制系统进行分层模块化处理，首先由上层控制系统生成主环期望的虚拟控制指令 $v \in \mathbf{R}^n$，再由控制分配模块将其分配至各个执行机构，其中主环虚拟控制律和伺服环控制分配律的设计可以是分离的。从原理上说，控制分配的基本功能就是根据飞行任务或飞行性能所确定的优化指标要求，考虑执行器的位置约束、速率约束以及动态特性等物理因素，通过确定的映射关系把上层主环飞行控制律对应的期望虚拟控制指令合理且唯一地分配给各个执行机构，实现外环飞行控制结构期望的控制性能。

目前，设计多操纵面飞行控制系统时选择作为虚拟控制指令的变量主要包括气动力(或力系数)、气动力矩(或力矩系数)或者偏转角加速度等，甚至选择它们

的组合量作为虚拟控制指令形成高维控制分配问题,即

$$\boldsymbol{v}=\begin{bmatrix}F_X\\F_Y\\F_Z\end{bmatrix},\boldsymbol{v}=\begin{bmatrix}C_X\\C_Y\\C_Z\end{bmatrix},\boldsymbol{v}=\begin{bmatrix}M_x\\M_y\\M_z\end{bmatrix},\boldsymbol{v}=\begin{bmatrix}C_x\\C_y\\C_z\end{bmatrix},\boldsymbol{v}=\begin{bmatrix}\dot{p}\\\dot{q}\\\dot{r}\end{bmatrix} \tag{3.1}$$

式中：$C_X$、$C_Y$、$C_Z$ 分别为气动力系数；$C_x$、$C_y$、$C_z$ 分别为气动力矩系数。

下面分别从非线性和线性两个方面出发,建立多操纵面飞机级联控制系统结构中的控制分配模型。

### 3.3.1 非线性控制分配模型

引入虚拟控制指令,可将多操纵面飞机非线性系统模型表示为

$$\begin{cases}\dot{\boldsymbol{x}}(t)=\boldsymbol{f}(\boldsymbol{x},\boldsymbol{u})=\boldsymbol{f}_1(\boldsymbol{x},\boldsymbol{f}_v(\boldsymbol{x},\boldsymbol{u}))\\\boldsymbol{v}(t)=\boldsymbol{f}_v(\boldsymbol{x},\boldsymbol{u})\end{cases}$$

式中：$\boldsymbol{v}(t)\in\mathbf{R}^n$ 为虚拟控制指令；$\boldsymbol{f}_1(\cdot)$ 为飞机的非线性动态函数；$\boldsymbol{f}_v(\cdot)$ 为控制分配效能映射函数。

非线性系统控制分配问题可描述为：在期望虚拟控制输入 $\boldsymbol{v}(t)$ 的作用下,根据特定的优化目标求出非线性方程 $\boldsymbol{v}(t)=\boldsymbol{f}_v(\boldsymbol{x},\boldsymbol{u})$ 的解 $\boldsymbol{u}(t)$ ,并满足设定的约束条件。具体的非线性控制分配数学模型可表述为

$$\begin{cases}\min\limits_{\boldsymbol{u}(t)}\quad J(\boldsymbol{u}(t),\boldsymbol{v}(t),\boldsymbol{u}(t-T),\boldsymbol{v}(t-T),\cdots)\\\text{s. t.}\quad\boldsymbol{v}(t)=\boldsymbol{f}_v(\boldsymbol{x},\boldsymbol{u}),\\\boldsymbol{u}(t)\in\Omega\end{cases} \tag{3.2}$$

式中：$J(\cdot)$ 为优化目标函数；$\Omega$ 为操纵面受到结构、载荷等方面约束组成的控制集合,主要由位置约束集合 $\Omega_u$ 和速率约束集合 $\Omega_{\dot{u}}$ 两部分组成。通常操纵面偏转的位置约束集合可表示为

$$\Omega_u=\{\boldsymbol{u}(t)\mid\boldsymbol{u}_{\min}\leqslant\boldsymbol{u}(t)\leqslant\boldsymbol{u}_{\max}\} \tag{3.3}$$

式中：$\boldsymbol{u}_{\max}$ 和 $\boldsymbol{u}_{\min}$ 分别为操纵面偏转量 $\boldsymbol{u}(t)$ 的上下极限位置。操纵面偏转的速率约束集合可表示为

$$\Omega_{\dot{u}}=\{\dot{\boldsymbol{u}}(t)\mid\boldsymbol{\rho}_{\min}\leqslant\dot{\boldsymbol{u}}(t)\leqslant\boldsymbol{\rho}_{\max}\} \tag{3.4}$$

式中：$\boldsymbol{\rho}_{\max}$ 和 $\boldsymbol{\rho}_{\min}$ 分别为操纵面偏转速率 $\dot{\boldsymbol{u}}(t)$ 的上下极限量。计算机的离散处理方式使得速率约束以控制系统计算帧为单元进行处理,若计算周期为 $T$ ,则离散状态下操纵面速率约束集合转变为

$$\Omega_{\dot{u}}=\{\boldsymbol{u}(t)\mid T\boldsymbol{\rho}_{\min}+\boldsymbol{u}(t-T)\leqslant\boldsymbol{u}(t)\leqslant T\rho_{\max}+\boldsymbol{u}(t-T)\}$$

从而考虑操纵面位置约束和速率约束的控制集合可进一步表述为

$$\Omega = \Omega_u \cap \Omega_{\dot{u}} = \{\boldsymbol{u}(t) \mid \underline{\boldsymbol{u}}(t) \leqslant \boldsymbol{u}(t) \leqslant \bar{\boldsymbol{u}}(t)\} \tag{3.5}$$

式中：$\bar{\boldsymbol{u}}(t)$ 和 $\underline{\boldsymbol{u}}(t)$ 为 $\boldsymbol{u}(t)$ 在当前时刻的偏转上下极限，满足

$$\begin{cases} \underline{\boldsymbol{u}}(t) = \max\{\boldsymbol{u}_{\min}, \boldsymbol{u}(t-T) + T\boldsymbol{\rho}_{\min}\} \\ \bar{\boldsymbol{u}}(t) = \min\{\boldsymbol{u}_{\max}, \boldsymbol{u}(t-T) + T\boldsymbol{\rho}_{\max}\} \end{cases}$$

对多操纵面布局飞机而言，操纵面的紧密分布使得相互之间存在一定的气动耦合，且控制分配映射函数受到飞行状态（如高度、马赫数、迎角、侧滑角、舵偏角以及姿态角速率等多个参数[3,4]）的影响，控制分配效率曲线呈现出非线性特点，继而控制分配模型描述成式（3.2）所示的形式。

### 3.3.2 线性控制分配模型

非线性多操纵面系统的控制分配是一个典型的约束非线性规划问题，在线计算量大、设计过程复杂，通常采用线性化方法仿射逼近控制效能非线性映射函数，以增强其在飞控系统中的应用价值。

与常规飞机一样，多操纵面飞机的三轴气动力可表示为[4,5]

$$\begin{cases} F_X = C_X(\boldsymbol{u}, \boldsymbol{x}_{\mathrm{FM}})\bar{q}S_{\mathrm{ref}} \\ F_Y = C_Y(\boldsymbol{u}, \boldsymbol{x}_{\mathrm{FM}})\bar{q}S_{\mathrm{ref}} \\ F_Z = C_Z(\boldsymbol{u}, \boldsymbol{x}_{\mathrm{FM}})\bar{q}S_{\mathrm{ref}} \end{cases} \tag{3.6}$$

式中：$\bar{q}$ 为飞机动压；$S_{\mathrm{ref}}$ 为机翼参考面积；$\boldsymbol{x}_{\mathrm{FM}} = (\alpha, \beta, Ma, H, \cdots)$ 表示迎角、侧滑角、马赫数、高度等影响因素。相应的三轴气动力矩可描述为

$$\begin{cases} M_x = C_x(\boldsymbol{u}, \boldsymbol{x}_{\mathrm{FM}})\bar{q}S_{\mathrm{ref}}b_{\mathrm{ref}} \\ M_y = C_y(\boldsymbol{u}, \boldsymbol{x}_{\mathrm{FM}})\bar{q}S_{\mathrm{ref}}c_{\mathrm{ref}} \\ M_z = C_z(\boldsymbol{u}, \boldsymbol{x}_{\mathrm{FM}})\bar{q}S_{\mathrm{ref}}b_{\mathrm{ref}} \end{cases} \tag{3.7}$$

式中：$c_{\mathrm{ref}}$ 和 $b_{\mathrm{ref}}$ 分别为飞机纵向和横向参考长度。

结合式（2.2）、式（2.6）~式（2.9）、式（3.6）和式（3.7）知，多操纵面飞机非线性模型中存在一个与控制量有关的项，记为 $\boldsymbol{g}_u(\boldsymbol{x}, \boldsymbol{u})$，可将系统进一步表示为

$$\begin{cases} \dot{\boldsymbol{x}}(t) = \boldsymbol{f}_x(\boldsymbol{x}) + \boldsymbol{g}_u(\boldsymbol{x}, \boldsymbol{u}) \\ \boldsymbol{g}_u(\boldsymbol{x}, \boldsymbol{u}) = \boldsymbol{g}_v(\boldsymbol{x})\boldsymbol{f}_v(\boldsymbol{x}, \boldsymbol{u}) \end{cases} \Rightarrow \dot{\boldsymbol{x}}(t) = \boldsymbol{f}_x(\boldsymbol{x}) + \boldsymbol{g}_v(\boldsymbol{x})\boldsymbol{v}(t) \tag{3.8}$$

式中：$\boldsymbol{g}_v(\boldsymbol{x})$ 为虚拟控制指令的输入函数。对于仿射非线性系统式（3.8），$\boldsymbol{v}(t)$ 通常选择为三维力或力矩，特别适合于 Backstepping 控制等非线性设计方法[3]。

在飞行控制系统中，控制分配是要求实时解算的，计算量太大将难以承受，一

种有效的方法是利用仿射映射逼近非线性控制分配问题。根据泰勒定理在 $\boldsymbol{u}(0)=\boldsymbol{u}_0$ 处线性化 $\boldsymbol{f}_v(\boldsymbol{x},\boldsymbol{u})$，可近似得到

$$\boldsymbol{f}_v(\boldsymbol{x},\boldsymbol{u}) \approx \boldsymbol{f}_v(\boldsymbol{x},\boldsymbol{u}_0) + \underbrace{\frac{\partial \boldsymbol{f}_v(\boldsymbol{x},\boldsymbol{u}_0)}{\partial \boldsymbol{u}}}_{\boldsymbol{B}(x)}(\boldsymbol{u}-\boldsymbol{u}_0)$$

不妨令

$$\bar{\boldsymbol{v}} = \boldsymbol{v} - \boldsymbol{f}_v(\boldsymbol{x},\boldsymbol{u}_0) + \boldsymbol{B}(x)\boldsymbol{u}_0$$

则将非线性控制分配问题转化为线性控制分配模型：

$$\bar{\boldsymbol{v}}(t) = \boldsymbol{B}(\boldsymbol{x}) \cdot \boldsymbol{u}(t) \tag{3.9}$$

式中：$\boldsymbol{B}(\boldsymbol{x}) \in \mathbf{R}^{n\times m}$ 表示控制效率矩阵，其列矢量 $\boldsymbol{b}_i$ 称为执行器 $i$ 的效率矢量。

## 3.4 级联飞行控制系统分析

### 3.4.1 级联控制系统的动态模型

对于具有控制冗余的过驱动控制系统，直接基于数学模型引出控制分配问题是目前普遍采用的控制方式，具有物理意义清晰的优点。结合图 3.1 不难看出，在常规飞行控制的基础上，带控制分配器的控制结构引入了可直接方便控制的低维虚拟控制变量，由控制分配算法实现指令从中间虚拟控制变量向多组操纵面的分配。基于牛顿运动学定律，多操纵面飞机的线性动态模型[3,5]可表示为

$$\dot{\boldsymbol{x}}(t) = \boldsymbol{A}\boldsymbol{x}(t) + \boldsymbol{B}_u\boldsymbol{u}(t) \tag{3.10}$$

式中：$\boldsymbol{A} \in \mathbf{R}^{n_x\times n_x}$ 为系统的状态矩阵；$\boldsymbol{B}_u \in \mathbf{R}^{n_x\times m}$ 为系统的输入矩阵。

由于 $\boldsymbol{B}_u$ 不是满秩的，不妨假设其可分解为

$$\boldsymbol{B}_u = \boldsymbol{B}_v \cdot \boldsymbol{B}$$

式中：$\boldsymbol{B}_v \in \mathbf{R}^{n_x\times n}$ 为虚拟控制输入矩阵。从而存在：

$$\boldsymbol{B}_u\boldsymbol{u}(t) = \boldsymbol{B}_v\boldsymbol{B}\boldsymbol{u}(t) = \boldsymbol{B}_v\boldsymbol{v}(t) \tag{3.11}$$

于是模块化级联控制系统的主环和伺服环动力学模型可描述为

$$\begin{cases}\dot{\boldsymbol{x}}(t) = \boldsymbol{A}\boldsymbol{x}(t) + \boldsymbol{B}_v\boldsymbol{v}(t) \\ \boldsymbol{v}(t) = \boldsymbol{B}\boldsymbol{u}(t)\end{cases} \tag{3.12}$$

假设控制输入矩阵 $\boldsymbol{B}_u$ 的秩 $k_u < m$，则 $\boldsymbol{B}_u$ 具有 $m-k_u$ 维的零空间。对于 $\boldsymbol{B}_u$ 零空间内的任意两个控制矢量 $\boldsymbol{u}_1$ 和 $\boldsymbol{u}_2$，满足：

$$u^{\perp} = u_2 - u_1 \in \mathrm{rank}(B_u)$$
$$\Rightarrow B_u u^{\perp} = 0$$
$$\Rightarrow B_u u_1 = B_u u_1 + 0 = B_u u_1 + B_u(u_2 - u_1) = B_u u_2$$

即控制输入在零空间内摄动不会影响系统的动态特性,可以得到相同的控制响应。

对于控制输入矩阵 $\boldsymbol{B}_u$ 满秩但属于病态条件的情况,Virning 提出了使用奇异值分解来逼近分解 $\boldsymbol{B}_u$ 的方法,使之适用于基于控制分配的级联控制系统设计[6]。

### 3.4.2 过驱动系统的相关定义

常规飞机的飞行控制系统具有与被控变量个数相等的控制输入,多操纵面飞机控制输入 $\boldsymbol{u}$ 的维数 $m$ 则严格大于被控变量维数 $n$ 。下面分别给出方系统(对应于常规飞机)和过驱动系统(对应于多操纵面飞机)的定义。

在建立多操纵面飞机数学模型的基础上,选择 $\boldsymbol{v} = [\dot{p}, \dot{q}, \dot{r}]^{\mathrm{T}}$ ,根据式(3.12)可将以三轴偏转角速度为状态的子系统描述成:

$$\dot{\boldsymbol{x}}_v(t) = \boldsymbol{A}_v \cdot \boldsymbol{x}_v(t) + \boldsymbol{B} \cdot \boldsymbol{u}(t) \tag{3.13}$$

式中:状态矩阵 $\boldsymbol{A}_v \in \mathbf{R}^{n \times n}$ 为虚拟子系统状态矩阵; $\boldsymbol{x}_v = [p, q, r]^{\mathrm{T}}$ 为子系统状态,并记 $\boldsymbol{X}_v$ 为相应的状态子空间。

**定义 3.1**[7]　若满足 $m = n$ ,且控制效率矩阵 $\boldsymbol{B}$ 为非奇异的方阵,则称系统式(3.13)为方系统。

**定义 3.2**[7]　若 $\boldsymbol{B} = [\boldsymbol{b}_1, \boldsymbol{b}_2, \cdots, \boldsymbol{b}_m]$ ,满足:

(1) $\mathrm{rank}(\boldsymbol{b}_i) = 1,\ \forall i = 1, 2, \cdots, m$ 。

(2) $\mathrm{rank}(\boldsymbol{B}) = n$ 。

(3) $m>n$。

则称系统式(3.13)为过驱动系统。

**定义 3.3**[8]　对于式(3.10)描述的系统,只考虑状态空间 $\boldsymbol{X} = \mathbf{R}^{n_x}$ 的子空间 $\boldsymbol{X}_v$ ,设 $\boldsymbol{U}_{\mathrm{a}}$ 和 $\boldsymbol{U}_{\mathrm{b}}$ 是 $\boldsymbol{u}$ 的互不包含的子集,其对应的控制阵分别为 $\boldsymbol{B}_{\mathrm{a}}$ 和 $\boldsymbol{B}_{\mathrm{b}}$ ,而 $\boldsymbol{F}_{\mathrm{a}}$ 和 $\boldsymbol{F}_{\mathrm{b}}$ 分别为 $\boldsymbol{B}_{\mathrm{a}}$ 和 $\boldsymbol{B}_{\mathrm{b}}$ 的能控子空间在 $\boldsymbol{X}_v$ 上的投影,那么:

(1) 如果 $\boldsymbol{F}_{\mathrm{a}}$ 和 $\boldsymbol{F}_{\mathrm{b}}$ 不正交,则称 $\boldsymbol{U}_{\mathrm{a}}$ 和 $\boldsymbol{U}_{\mathrm{b}}$ 在 $\boldsymbol{X}_v$ 中具有控制冗余;

(2) 如果 $\boldsymbol{F}_{\mathrm{a}} \in \boldsymbol{F}_{\mathrm{b}}$ ,则称在 $\boldsymbol{X}_v$ 中 $\boldsymbol{U}_{\mathrm{b}}$ 提供了 $\boldsymbol{U}_{\mathrm{a}}$ 的控制冗余。

可见,控制冗余只是控制效能的部分重叠,控制余度则是控制效能的完全覆盖。随着 $\boldsymbol{X}_v$ 的减小,考虑的状态变量减少,控制冗余可以发展为控制余度。控制冗余又可以进一步分成两类,即直接控制冗余和间接控制冗余。

**定义 3.4**[8]　对于式(3.10)描述的系统,只考虑状态空间 $\boldsymbol{X} \in \mathbf{R}^{n_x}$ 的子空间 $\boldsymbol{X}_v$ ,设 $\boldsymbol{U}_{\mathrm{a}}$ 和 $\boldsymbol{U}_{\mathrm{b}}$ 是 $\boldsymbol{u}$ 的互不包含的子集,其对应的控制阵分别为 $\boldsymbol{B}_{\mathrm{a}}$ 和 $\boldsymbol{B}_{\mathrm{b}}$ ,而 $\boldsymbol{F}_{\mathrm{a}}$ 和 $\boldsymbol{F}_{\mathrm{b}}$ 分别为 $\boldsymbol{B}_{\mathrm{a}}$ 和 $\boldsymbol{B}_{\mathrm{b}}$ 列空间在 $\boldsymbol{X}_v$ 上的投影,那么:

(1) 如果 $\boldsymbol{F}_{\mathrm{a}}$ 和 $\boldsymbol{F}_{\mathrm{b}}$ 不正交,则称 $\boldsymbol{U}_{\mathrm{a}}$ 和 $\boldsymbol{U}_{\mathrm{b}}$ 在 $\boldsymbol{X}_{v}$ 中具有直接控制冗余;

(2) 如果 $\boldsymbol{F}_{\mathrm{a}} \in \boldsymbol{F}_{\mathrm{b}}$ ,则称在 $\boldsymbol{X}_{v}$ 中 $\boldsymbol{U}_{\mathrm{b}}$ 提供了 $\boldsymbol{U}_{\mathrm{a}}$ 的直接控制冗余。

由定义 3.3 和定义 3.4 可知,控制冗余是由状态矩阵 $\boldsymbol{A}_{v}$ 和控制矩阵 $\boldsymbol{B}$ 共同提供,而直接控制冗余则是由控制矩阵 $\boldsymbol{B}$ 单独提供的。相应地,称由状态矩阵 $\boldsymbol{A}_{v}$ 参与提供的控制冗余为间接控制冗余。两种冗余产生的物理机理不同,直接冗余由 $\boldsymbol{B}$ 阵提供,实际上是操纵部件所能提供的操纵力或力矩之间的冗余,因而对于飞行器称为气动冗余;间接冗余则由状态阵参与提供,经过被控对象动力学的作用,因此配置和利用相对比较难,并且具有较大的时间延迟[9]。

对多操纵面飞机而言,控制冗余是保证系统安全性和可靠性的重要组成部分之一。传统的硬件余度技术导致成本、重量以及系统复杂性等指标不断增加,而控制重构技术的日渐成熟使得飞行操纵系统的设计可以有意地使用控制冗余代替硬件冗余,进行两种冗余的优化配置,在保证系统可靠性和安全性的前提下降低系统成本和复杂程度。

从定义 3.2 可知,过驱动系统的可控性相对于常规欠驱动系统有所提高。考虑子系统状态空间模型式(3.13),其可控性格拉姆矩阵可描述为

$$\boldsymbol{W}_{c}(t_0,t_{\mathrm{f}}) = \int_{t_0}^{t_{\mathrm{f}}} \boldsymbol{\Phi}_{\mathrm{c}}(t_0,\tau)\boldsymbol{B}(\tau)\boldsymbol{B}^{\mathrm{T}}(\tau)\boldsymbol{\Phi}_{\mathrm{c}}^{\mathrm{T}}(t_0,\tau)\,\mathrm{d}\tau \tag{3.14}$$

式中: $t_0$ 为初始时刻, $t_{\mathrm{f}}>t_0$ ; $\boldsymbol{\Phi}_{\mathrm{c}}(t_0,\tau)$ 为状态转移矩阵。在过驱动系统中,控制效率矩阵 $\boldsymbol{B}$ 是行满秩的,且系统配置的每个执行器可独立操作影响系统状态,在控制空间和状态空间之间存在一个映射关系。对于传统的欠驱动系统,映射通常是从低维空间到高维空间。而在具有控制冗余的过驱动系统中,存在 $m \geqslant n$ ,则这种映射关系是由高维空间到低维状态空间的。由于 $\boldsymbol{\Phi}_{\mathrm{c}}(t_0,\tau)$ 在 $t \in (t_0,t_{\mathrm{f}})$ 秩为 $n$ ,且控制效率矩阵 $\boldsymbol{B}$ 行满秩,结合可控性描述式(3.14)可以证明,在每个时间段 $(t_0,t_{\mathrm{f}})$, $\boldsymbol{W}_{\mathrm{c}}(t_0,t_{\mathrm{f}})$ 都是正定的。因此,对于 $t_{\mathrm{f}} = t_0 + \Delta t, \Delta_T \to 0$,存在 $\boldsymbol{W}_{\mathrm{c}}(t_0, t_0 + \Delta t) > 0$。这意味着从理论上系统式(3.13)可以在状态空间内从任意点到达另外的任意点,这一属性被 Hughes 和 Skelton 扩展至二阶机械系统中[10]。

### 3.4.3 控制分配的基本要素

控制分配的基本要素包括待分配的操纵面、优化目标和分配约束,三者直接影响控制分配结果[11]。其中,按是否包含优化性能指标可分为优化控制分配法和非优化控制分配法,按是否包含执行器位置和速率约束条件可分成约束控制分配问题和非约束控制分配问题。

**定义 3.5** 在 $m$ 维位置约束凸集 $\Omega_u$ 内的执行器期望指令 $\boldsymbol{u}(t)$ 通过控制效能函数 $\boldsymbol{B}$ 的映射,张成的 $n$ 维凸集可定义为

$$\Phi_v = \{\boldsymbol{v}(t) \mid \boldsymbol{v}(t) = \boldsymbol{B}\boldsymbol{u}(t), \boldsymbol{u}(t) \in \Omega_u\} \tag{3.15}$$

式中：$\boldsymbol{\Phi}_v$ 为虚拟控制指令可达集。并且，$\boldsymbol{\Phi}_v$ 是超立方体

$$\boldsymbol{\Phi}_u = \{\boldsymbol{u}(t) \mid v(t) = \boldsymbol{B}(t)\boldsymbol{u}(t)\}$$

与超立方体 $\boldsymbol{\Omega}_u$ 相交形成的凸集经控制效能函数 $\boldsymbol{B}$ 映射得到的凸集。

不难得出，对于多操纵面飞行器的受限线性控制分配问题，方程式(3.9)解的形式主要有三种情况：

(1) 当期望虚拟指令 $\boldsymbol{v}_{\mathrm{d}}(t)$ 在可达集 $\boldsymbol{\Phi}_v$ 之内时，有无数解。

(2) 当期望虚拟指令 $\boldsymbol{v}_{\mathrm{d}}(t)$ 在可达集 $\boldsymbol{\Phi}_v$ 边界上时，有唯一解。

(3) 当期望虚拟指令 $\boldsymbol{v}_{\mathrm{d}}(t)$ 在可达集 $\boldsymbol{\Phi}_v$ 之外时，无解。

当控制分配问题存在无穷组解时，可根据性能指标 $J$ 选择不同的分配结果以达到最优的控制性能；当控制分配问题不存在精确解时，则按性能指标 $J$ 折中选择一个次优的分配结果，以保证以上三种情况下虚拟控制指令在可达集空间中均有解且对应控制量 $\boldsymbol{u}(t)$ 唯一。通常选择的性能指标包括操纵面偏转能量最低、虚拟指令跟踪误差最小、雷达反射面积最小、巡航状态阻力最小、起飞着陆状态升阻比最大以及消除结构奇异等。Buffington[12] 在研究包含 11 组控制面的 ICE 无尾战斗机时，选择二次型优化指标：

$$J = \frac{1}{2}(\boldsymbol{u} - \boldsymbol{u}_{\mathrm{ref}})^{\mathrm{T}}\boldsymbol{W}(\boldsymbol{u} - \boldsymbol{u}_{\mathrm{ref}})$$

作为性能指标函数，针对各飞行任务分别设计了 6 种典型模态的参考指令 $\boldsymbol{u}_{\mathrm{ref}}$ 和控制权值 $\boldsymbol{W}$ 等控制分配参数。其中：

$$\boldsymbol{u} = [u_{\mathrm{le}}, u_{\mathrm{re}}, u_{\mathrm{pflap}}, u_{\mathrm{lamt}}, u_{\mathrm{ramt}}, u_{\mathrm{ptv}}, u_{\mathrm{ytv}}, u_{\mathrm{lssd}}, u_{\mathrm{rssd}}, u_{\mathrm{loblf}}, u_{\mathrm{roblf}}]^{\mathrm{T}}$$

分别表示左升降舵、右升降舵、俯仰襟翼、左全动翼尖、右全动翼尖、俯仰推力矢量、偏航推力矢量、左扰流板、右扰流板、左前缘襟翼以及右前缘襟翼。

(1) 最小偏转量控制分配模态：最小化所有操纵面的偏转量，是近似实现阻力最小化和执行器耗能最小化等多个目标的一种较好的控制分配模态。确定的控制分配参数为

$$\begin{cases}\boldsymbol{u}_{\mathrm{ref}} = [0,0,0,0,0,0,0,0,0,0,0]^{\mathrm{T}} \\ \boldsymbol{W} = \mathrm{diag}(1,1,1,1,1,1,1,1,1,1,1)\end{cases}$$

(2) 最小化阻力控制分配模态：通过在线阻力模型提供可靠的高精度阻力试验数据，在线修正控制分配参数实现各状态下飞行阻力的最小化。在 $Ma < 0.5$ 时，确定的控制分配参数为

$$\begin{cases}\boldsymbol{u}_{\mathrm{ref}} = [f_{\mathrm{le}}(\alpha), f_{\mathrm{le}}(\alpha), f_{\mathrm{pflap}}(\alpha), 0,0,0,0,0,0, f_{\mathrm{oblf}}(\alpha), f_{\mathrm{oblf}}(\alpha)]^{\mathrm{T}} \\ \boldsymbol{W} = \mathrm{diag}(10,10,10,0.1,0.1,0.01,0.01,100,100,1,1)\end{cases}$$

式中：$f_{\mathrm{le}}(\alpha)$、$f_{\mathrm{pftap}}(\alpha)$ 和 $f_{\mathrm{oblf}}(\alpha)$ 为关于操纵面和迎角的参变函数；而在 $Ma>0.5$ 时，控制分配参数的选择与最小偏转量控制分配模态相同。

(3) 最小化机翼载荷控制分配模态：采用赋大权值的方法降低全动翼尖、机翼外缘舵等操纵面的使用量，使机翼的载荷达到最小化。确定的控制分配参数为

$$\begin{cases}\boldsymbol{u}_{\text{ref}} = [0,0,0,0,0,0,0,0,0,0,0]^{\text{T}},\\ \boldsymbol{W} = \text{diag}(1,1,0.1,1000,1000,0.01,0.01,1,1,10,10)\end{cases}$$

(4) 最小化雷达散射面积控制分配模态：同样采用赋大权值的方法降低扰流板、全动翼尖等雷达散射面积大的操纵面使用量。确定的控制分配参数为

$$\begin{cases}\boldsymbol{u}_{\text{ref}} = [0,0,0,0,0,0,0,0,0,0,0]^{\text{T}},\\ \boldsymbol{W} = \text{diag}(1,1,1,10,10,0.01,0.01,100,100,1,1)\end{cases}$$

(5) 最小化推力矢量控制分配模态：更多地使用气动舵面等低成本的操纵面，增加推力矢量的使用寿命。确定的控制分配参数为

$$\begin{cases}\boldsymbol{u}_{\text{ref}} = [0,0,0,0,0,0,0,0,0,0,0]^{\text{T}},\\ \boldsymbol{W} = \text{diag}(1,1,1,1,1,1000,1000,1,1,1,1)\end{cases}$$

(6) 零空间映射控制分配模态：根据操纵面偏转约束改变操纵面的赋权矩阵，并通过随机赋权因子降低控制指令的互相关性，实现操纵面更合理的分配。确定的控制分配参数为

$$\tilde{\boldsymbol{W}} = \text{diag}\left(\frac{1}{30},\frac{1}{30},\frac{1}{30},\frac{1}{120},\frac{1}{120},\frac{1}{15},\frac{1}{15},\frac{1}{120},\frac{1}{120},\frac{1}{80},\frac{1}{80}\right)$$

式中：$\tilde{\boldsymbol{W}}$ 为松弛因子矩阵。

需要说明的是，当控制分配只有唯一解时，虚拟控制量很容易进入无解区域，从而导致期望的虚拟控制量不可达，使系统只能工作在性能指标次优的状态。因此，无论控制分配的解处于哪种情形，都需要引入合理的控制性能指标，以实现控制分配最优的同时满足分配结果的唯一性原则。

## 3.5 小结

本章在构造多操纵面飞机级联控制结构的基础上，分别建立了多操纵面飞机模型、控制分配模型和执行机构模型。对比研究了常规飞机与多操纵面飞机的飞行控制系统，指出引入控制分配器后的模块化级联控制结构具有设计容易、重构方便、通用性强的优点。在理想大气环境和飞机本体的假设下，建立了多操纵面飞机一般化的转动运动方程和质心运动方程，从而得到了飞机的非线性数学模型。针对具有一阶惯性环节、无零点的二阶振荡环节以及带一个零点的二阶振荡环节三类传递函数的典型执行机构进行了建模，并考虑执行器约束分别构画了基本控制结构。从线性和非线性两个方面出发，分别建立了控制分配的数学模型。进一步对多操纵面过驱动系统进行了分析，阐述了从常规多操纵面飞机模型引申出控制分配的演化过程，从数学描述上构造了与模块化级联控制结构相对应的“主环+伺服环”动态模型，进而对多操纵面过驱动系统进行了定义，分析了虚拟控制子空间

系统的可控性问题。最后指出了多操纵面控制分配的基本要素,并结合包含 11 组控制面的 ICE 无尾战斗机的最优控制分配问题,讨论了 6 种典型控制分配模态下控制性能指标函数的选取方法,突出了性能指标函数对保证控制分配结果最优性和唯一性的重要作用。

## 参考文献


[1] Fang L, Kai-Yew L, Jian-Liang W, et al. Constrained nonlinear finite-time control allocation [C]. American Control Conference, New York, USA, 2007:3801-3806.

[2] 李道飞. 基于轮胎力最优分配的车辆动力学集成控制研究[D]. 上海:上海交通大学, 2008.

[3] Härkegård Ola. Backstepping and control allocation with applications to flight control[D]. Linköping University, 2003.

[4] Forssell L, Nilsson U. ADMIRE the aero-data model in a research environment version 4.0, model description[R]. FOI-R-1624-SE, Swedish Defence Agency, Sweden, 2005:25-34.

[5] Härkegård Ola, Glad S T. Resolving actuator redundancy-optimal control vs control allocation [J]. Automatica, 2005, 41:137-144.

[6] Virnig J C, Bodden D S. Multivariable control allocation and control law conditioning when control effectors limit[C]. AIAA Guidance, Navigation, and Control Conference and Exhibit, Scottsdale, 1994:572-582.

[7] 马建军. 过驱动系统控制分配理论及其应用[D]. 长沙:国防科技大学, 2009.

[8] 葛彤, 朱继懋. 控制冗余和控制可重构舰艇[J]. 上海交通大学学报, 1997, 31(11):13-17.

[9] 苏浩秦, 邓建华, 葛彤. 控制效能与飞机多操纵面配置[J]. 西北工业大学学报, 2003, 21(6):711-713.

[10] Hughes P C, Skelton R E. Controllability and observability of linear matrix-second-order systems[J]. Journal of Applied Mechanics, 1980, 47(2):415-420.

[11] 杨凌宇, 范彦铭, 邵山, 等. 基于基排序法的冗余操纵面控制分配与管理[J]. 中国科学 F辑, 2010,40(4):399-406.

[12] Buffington J M. Modular control law design for the innovative control effectors (ICE) tailless fighter aircraft configuration 101-3[R]. AFRL-VA-WP-TR-1999-3057, 1999:12-17.

# 第4章 多操纵面直接控制分配方法

## 4.1 引言

早期的飞行器操纵系统是通过连杆拉索等机械装置直接操纵三个运动控制部件,即平尾、垂尾和副翼。随着性能要求的不断提高、飞行环境的日趋复杂,现代飞行器的气动布局相比传统飞机布局发生了很大的变化。为了使操纵性、可靠性和安全性达到要求,现代先进布局飞行器采用了升降副翼、前缘襟翼、扰流板、开裂式方向舵、全动翼尖等越来越多的创新型气动操纵面,以增强整个系统的控制冗余。另外,电传操纵技术的快速发展取消了驾驶杆与操纵面之间的机械连接,使得电传操纵系统中驾驶员操纵指令可直接对应飞行参数,进而驱动各个操纵面的偏转实现飞机的姿态和位置控制。这对引入虚拟控制指令构造级联飞行控制系统,发展控制分配技术实现冗余操纵面的合理分配奠定了基础。

目前,控制分配方法从考虑执行器物理特性的角度可划分为两大类:静态控制分配法和动态控制分配法。前者包括广义逆法、串接链法、直接分配法、加权伪逆法和混合优化法等,后者则包括基于二次规划的动态控制分配方法、基于模型预测的动态控制分配方法以及非线性最优化动态控制分配方法等。其中,直接分配是1993年由弗吉尼亚理工大学 Wayne C. Durham 教授提出的一种基于转矩可达集的线性控制分配算法,以在给定虚拟控制指令方向上最大限度地跟踪期望值为优化目标,能够实现可达集内的所有指令。直接分配法最大的计算量来自于对可达集边界的计算。Durham 先后提出了面搜索[1]和对分边搜索[2]的方法,前者搜索整个目标可达集的边界面,通过寻找期望虚拟矢量与目标可达集边界面的交点来确定最大可达矢量及对应的控制量;后者虽然搜索速度较快,但受到对分次数的限制,在有些情况下得到的分配结果只能近似最优。Petersen 等[3,4]提出了一种处理操纵面共面情形的球面搜索算法,只考虑虚拟控制指令的方向,将三维空间中可达集边界面的搜索问题通过球面坐标变换转化为二维平面的边界线计算问题,极大地提高了算法的计算速度。李卫琪等提出了相邻面搜索算法[5],不需搜索目标可达集的所有表面,而是由目标可达集的一个边界面出发,逐步搜索相邻的面,直到找到与期望矢量相交的面,算法放宽了许多文献[1, 2, 6]中要求的控制效率矩阵任意三列线性无关的限制条件。总体而言,基于虚拟控制指令可达集的直接分配法具有分配方式几何直观、能够实现可达集内指令 100%分配等突出优点,受到了国内外专家学者的广泛关注与高度重视。

本章分别研究了基于内点法的直接分配控制方案和基于可达集空间的直接分配改进优化方案的设计问题。首先针对操纵面存在共面与不共面的情形,分别构建控制量在效率矩阵映射下的虚拟控制可达集空间,研究了其相关性质;其次通过矩阵转换建立了直接分配算法的线性规划数学模型,研究了基于原始—对偶路径跟踪内点算法的直接分配方案求解问题,给出了具体的计算流程;然后针对直接分配法所分配指令的优化问题,基于虚拟指令可达集空间提出了一种改进的几何解算优化方法;最后以某多操纵面飞机模型为研究对象进行了仿真实验和性能分析,验证了所提出的直接分配改进方案具有更优的分配性能。

## 4.2 虚拟指令的可达集空间

### 4.2.1 可达集的相关性质

对于具有 $m$ 个操纵面的飞行器,控制输入量 $\boldsymbol{u}=[u_1,u_2,\cdots,u_m]^{\mathrm{T}}$,虚拟控制指令 $\boldsymbol{v}=[v_1,v_2,\cdots,v_n]^{\mathrm{T}}$,控制效率矩阵 $\boldsymbol{B}\in\mathbf{R}^{n\times m}$。对于多操纵面飞机而言,存在 $m>n\geqslant 3$。对于三维空间虚拟控制指令,满足 $n=3$。

**定义 4.1** 执行器存在位置约束,使得控制 $\boldsymbol{u}$ 是受限的且位于紧集 $\Omega_u$ 内,即

$$\boldsymbol{u}\in\Omega_u=\{\boldsymbol{u}\,|\,\boldsymbol{u}_{\min}\leqslant\boldsymbol{u}\leqslant\boldsymbol{u}_{\max}\}\tag{4.1}$$

式中:$u_{\min,i}<u_{\max,i}$($i=1,2,\cdots,m$),通常存在 $u_{\min,i}\leqslant 0$, $u_{\max,i}\geqslant 0$。$\boldsymbol{u}$ 经过控制效率矩阵 $\boldsymbol{B}$ 线性映射生成虚拟控制指令 $\boldsymbol{v}$,确定的 $n$ 维虚拟控制可达集合记为

$$\boldsymbol{v}\in\Phi_v:=\{\boldsymbol{v}\,|\,\boldsymbol{v}=\boldsymbol{B}\boldsymbol{u},\boldsymbol{u}\in\Omega_u\}\tag{4.2}$$

定义 $\partial(\ )$ 表示凸集的边界,则称控制约束集的边界为 $\partial(\Omega_u)$,称虚拟控制可达集的边界为 $\partial(\Phi_v)$,满足 $\partial(\Omega_u)\subset\Omega_u$,$\partial(\Phi_v)\subset\Phi_v$。

**性质 4.1** 控制集合 $\Omega_u$ 是 $m$ 维超立方体,边界集 $\partial(\Omega_u)$ 由 $m-1$ 维立方体组成。

**性质 4.2** 边界集 $\partial(\Omega_u)$ 包含 $2^m$ 个边界顶点,不妨记为 $\partial(Y_u)$。

对于 $\partial(Y_u)$ 的顶点,文献[1]提出了一种二进制编码方式。以 3 副操纵面的常规飞机为例,将第 $i$ 个操纵面的最小和最大偏转位置分别记为 0 和 1,则编码如下:

$$
\begin{aligned}
&[u_{\min,1}, u_{\min,2}, u_{\min,3}] \to 0\ \ 0\ \ 0, && [u_{\min,1}, u_{\min,2}, u_{\max,3}] \to 0\ \ 0\ \ 1 \\
&[u_{\min,1}, u_{\max,2}, u_{\min,3}] \to 0\ \ 1\ \ 0, && [u_{\min,1}, u_{\max,2}, u_{\max,3}] \to 0\ \ 1\ \ 1 \\
&[u_{\max,1}, u_{\min,2}, u_{\min,3}] \to 1\ \ 0\ \ 0, && [u_{\max,1}, u_{\min,2}, u_{\max,3}] \to 1\ \ 0\ \ 1 \\
&[u_{\max,1}, u_{\max,2}, u_{\min,3}] \to 1\ \ 1\ \ 0, && [u_{\max,1}, u_{\max,2}, u_{\max,3}] \to 1\ \ 1\ \ 1
\end{aligned}
$$

由 $\partial(\Omega_u)$ 的边界顶点经控制效率矩阵 $\boldsymbol{B}$ 线性映射，可生成 $2^{m-2} \cdot m!/(2! \cdot (m-2)!)$ 个虚拟控制面，$2^{m-1} \cdot m!/(m-1)!$ 条虚拟控制线。但并非所有的虚拟控制面和虚拟控制线都在虚拟控制可达集的边界上，绝大部分都是在虚拟控制可达集的内部。

**定义 4.2** 若控制效率矩阵 $\boldsymbol{B}$ 可划分为

$$
\boldsymbol{B} = [\boldsymbol{b}_1 \quad \boldsymbol{b}_2 \quad \cdots \quad \boldsymbol{b}_m] \tag{4.3}
$$

则称 $\boldsymbol{b}_i$ 为操纵面 $i$ 的效率矢量。

**定义 4.3** 若存在操纵面组合 $(i,j)$，$i \in \{1,2,\cdots,m-1\}$，$j \in \{i+1,i+2,\cdots,m\}$，使得对应的控制效率 $\boldsymbol{b}_i$ 与 $\boldsymbol{b}_j$ 线性相关，则称操纵面组合 $(i,j)$ 的控制效率共线，简称为操纵面共线；反之，则称操纵面组合 $(i,j)$ 的控制效率不共线，简称为操纵面不共线。

**定义 4.4** 对于任意操纵面组合 $(i_1,i_2,3,\cdots,i_n)$，其中 $i_1 \in \{1,2,\cdots,m-n+1\}$，$i_j \in \{i_{j-1}+1,\cdots,m-n+j\}$，$j \in \{2,3,\cdots,n\}$，若 $\operatorname{rank}([\boldsymbol{b}_{i_1},\boldsymbol{b}_{i_2},\cdots,\boldsymbol{b}_{i_n}])=n$，称组合 $(i_1,i_2,\cdots,i_n)$ 的控制效率不共面或相互独立，简称为操纵面不共面；反之，若 $\operatorname{rank}([\boldsymbol{b}_{i_1},\boldsymbol{b}_{i_2},\cdots,\boldsymbol{b}_{i_n}]) < n$，则称操纵面组合 $(i_1 i_2,\cdots,i_n)$ 的控制效率共面或相关，简称为操纵面共面。

**性质 4.3** 若操纵面组合 $(i,j)$ 共线，则组合中的操纵面与剩下 $m-2$ 个操纵面中的任意 $n-2$ 个都是共面的。

对于操纵面组合不共面时虚拟控制指令的可达集边界集合，有以下几个性质：

**性质 4.4** 可达集 $\Phi_v$ 是 $n$ 维的，其边界集 $\partial(\Phi_v)$ 由 $m(m-1)$ 个 $n-1$ 维的边界面组成，总共包含 $m(m-1)+2$ 个边界顶点，记为 $\partial(Y_v)$。

**性质 4.5** $\partial(\Phi_v)$ 中的任意边界线，都是由某个操纵面在最大和最小偏转位置间变化、其余 $m-1$ 个操纵面位于极限位置所组成的控制量经控制效率矩阵 $\boldsymbol{B}$ 线性映射得到的。

**性质 4.6** $\partial(\Phi_v)$ 中的任意边界面，都是由某两个操纵面在最大和最小偏转位置间变化、其余 $m-2$ 个操纵面位于极限位置所组成的控制量经控制效率矩阵 $\boldsymbol{B}$ 线性映射得到的。

**性质 4.7** $\partial(\Phi_v)$ 中的边界面是由 $\partial(\Omega_u)$ 中的边界超立方体经控制效率矩阵 $\boldsymbol{B}$ 线性映射得到的，但 $\partial(\Omega_u)$ 中的边界超立方体经控制效率矩阵 $\boldsymbol{B}$ 线性映射得到的虚拟控制面不一定都在 $\partial(\Phi_v)$ 中。当 $n=3$ 时，$\partial(\Phi_v)$ 中的边界面是平行四边形。

对于操纵面组合存在共面的情形,假设有 $p(p \geqslant 2)$ 个操纵面在同一面内,则其对应的可达集有以下几个性质:

**性质 4.8** 由 $p$ 个共面的操纵面在最大和最小偏转位置间变化、其余 $m-p$ 个操纵面位于极限位置时组成的控制量,经控制效率矩阵 $\boldsymbol{B}$ 线性映射确定 $\partial(\boldsymbol{\Phi}_v)$ 的一对平行边界面。所有此类边界面的集合记为 $\partial(\boldsymbol{\Phi}_p)$ 。

**性质 4.9** 可达边界集 $\partial(\boldsymbol{\Phi}_v)$ 由 $(m-p+2)(m-p+1)$ 个 $n-1$ 维边界面组成。

**性质 4.10** 若 $n=3$,共面操纵面确定的 $\partial(\boldsymbol{\Phi}_v)$ 边界面共由 $2^{p-3}p(p-1)$ 个平行四边形组合而成,其中,任意的平行四边形边界具有性质 4.4 所描述的特点。

**性质 4.11** 若 $n=3$, $\partial(\boldsymbol{\Phi}_p)$ 边界面可能是平行四边形,也可能是二维凸多边形,但都是轴对称和中心对称的。$\partial(\boldsymbol{\Phi}_v)$ 中除 $\partial(\boldsymbol{\Phi}_p)$ 外的边界面则都是平行四边形。

**定义 4.5**[7] 对于任意 $m$ 个幅值受限的控制机构,若其效率矢量之间线性无关,则称该组控制机构为控制分配的受限基控制组,将其效率矢量构成的组合称为控制分配的受限控制效率基(简称受限基),受限基的约束范围称为基可行域,在基可行域内,受限基所能实现的矢量的集合称为基可达集。

### 4.2.2 可达集的构建方法

目前,可达集的构建方法主要有两种:一种是基于几何空间求解目标可达集边界顶点和边界线,从而构成虚拟控制指令的可达集;另一种根据可达集边界面的性质,直接求解各个边界面构成虚拟控制指令的可达集。本书基于文献[3,4]的思想,提出一种简单有效可实现的三维空间虚拟控制指令可达集构建方案,同时适用于操纵面共面和不共面两种情形。

结合式(4.3)可知,操纵面 $i$ 能够实现的虚拟控制指令可表示为 $\boldsymbol{v}_i=\boldsymbol{b}_i u_i$ 。若存在操纵面组合 $(i,j)$ ( $0<i<j\leqslant m$ )共线,则 $\boldsymbol{b}_i$ 与 $\boldsymbol{b}_j$ 线性相关,即 $\boldsymbol{b}_i$ 必可表示为 $\boldsymbol{b}_i=k_{ij}\boldsymbol{b}_j$ ( $k_{ij}\neq 0$)。若定义符号函数为 $\operatorname{sgn}(\cdot)$ ,则令

$$\begin{cases}\boldsymbol{B}=[\boldsymbol{b}_1,\cdots,\boldsymbol{b}_{i-1},\boldsymbol{b}_{i+1},\cdots,\boldsymbol{b}_{j-1},\boldsymbol{b}_j,\boldsymbol{b}_{j+1},\cdots,\boldsymbol{b}_m]\\ \boldsymbol{u}_{\min}=[u_{\min,1},\cdots,u_{\min,i-1},u_{\min,i+1},\cdots,u_{\min,j-1},u_{\min,ij},u_{\min,j+1},\cdots,u_{\min,m}]\\ \boldsymbol{u}_{\max}=[u_{\max,1},\cdots,u_{\max,i-1},u_{\max,i+1},\cdots,u_{\max,j-1},u_{\max,ij},u_{\max,j+1},\cdots,u_{\max,m}]\end{cases}$$

可以将操纵面共线的情形转化为互不共线的操纵面组合。其中:

$$若\ \operatorname{sgn}(k_{ij})>0,\ 则\begin{cases}u_{\min,ij}=k_{ij}u_{\min,i}+u_{\min,j}\\ u_{\max,ij}=k_{ij}u_{\max,i}+u_{\max,j}\end{cases}$$

$$若\ \operatorname{sgn}(k_{ij})<0,\ 则\begin{cases}u_{\min,ij}=k_{ij}u_{\max,i}+u_{\min,j}\\ u_{\max,ij}=k_{ij}u_{\min,i}+u_{\max,j}\end{cases}$$

下面着重针对操纵面组合 $(i,j)$ 不共线的情形展开研究。

由性质 4.6 和性质 4.8 可知，$\partial(\Phi_v)$ 中的边界面是由两副以上操纵面变化产生的，而边界顶点则对应所有操纵面位于极限位置。为找出可达集的边界顶点集合 $\partial(Y_v)$，需要沿任意两幅不共线操纵面组合 $(i,j)$ 的控制效能所确定的法线方向剔除 $\partial(Y_u)$ 映射后得到的非可达集边界顶点，其中边界面法线方向可表示为

$$\boldsymbol{n}_{ij} = \boldsymbol{b}_i \times \boldsymbol{b}_j$$

式中："×"为矢量的叉乘。若操纵面组合有 $p$ 个共面，则定义共面集合：

$$K_{ij} = \{i,j,\text{以及与操纵面 } u_i \text{ 和 } u_j \text{ 共面的操纵面编号}\}$$

在 $\boldsymbol{n}_{ij}$方向上，其余的 $m-p$ 个操纵面通过不同的偏转组合，可以产生两个空间上相距最远的虚拟控制指令，分别定义为

$$\boldsymbol{v}_{\max} = \sum_{k=1,k\notin K_{ij}}^{m} \boldsymbol{v}_{\max,k}, \boldsymbol{v}_{\min} = \sum_{k=1,k\notin K_{ij}}^{m} \boldsymbol{v}_{\min,k}$$

其中：以"·"表示矢量的点乘，则

$$\boldsymbol{v}_{\max,k} = \begin{cases} \boldsymbol{b}_k u_{\max,k}, & \boldsymbol{b}_k \cdot \boldsymbol{n}_{ij} > 0 \\ \boldsymbol{b}_k u_{\min,k}, & \boldsymbol{b}_k \cdot \boldsymbol{n}_{ij} < 0 \end{cases}$$

$$\boldsymbol{v}_{\min,k} = \begin{cases} \boldsymbol{b}_k u_{\max,k}, & \boldsymbol{b}_k \cdot \boldsymbol{n}_{ij} < 0 \\ \boldsymbol{b}_k u_{\min,k}, & \boldsymbol{b}_k \cdot \boldsymbol{n}_{ij} > 0 \end{cases}$$

由共面特点可知，对任意的操纵面 $u_k(k \in K_{ij}, k \notin \{i,j\})$，控制矢量可表示为

$$\boldsymbol{b}_k = \lambda_i \boldsymbol{b}_i + \lambda_j \boldsymbol{b}_j, \quad \lambda_i \neq 0 \text{ 或 } \lambda_j \neq 0$$

从而与操纵面组合 $\boldsymbol{v}_\mathrm{d}$ 共面的其余操纵面均可类似地分离为操纵面组合 $\tilde{\boldsymbol{e}}(k) = \boldsymbol{v}_\mathrm{d}(k) - \boldsymbol{v}(k)$ 控制方向的控制效率矢量。

**定义 4.6** 操纵面组合 $\{u_i, u_j\}$ 称为基准操纵面，$\{u_k\}$ 称为扩张操纵面。

在 $\boldsymbol{n}_{ij}$方向所对应的两个边界面中，其中一个边界面的顶点可表示为

$$\begin{cases} \boldsymbol{v}_{1,\max} = \boldsymbol{v}_{\max} + \boldsymbol{b}_i(u_{\min,i} + \lambda_i u_k) + \boldsymbol{b}_j(u_{\min,j} + \lambda_j u_k) \\ \boldsymbol{v}_{2,\max} = \boldsymbol{v}_{\max} + \boldsymbol{b}_i(u_{\min,i} + \lambda_i u_k) + \boldsymbol{b}_j(u_{\max,j} + \lambda_j u_k) \\ \boldsymbol{v}_{3,\max} = \boldsymbol{v}_{\max} + \boldsymbol{b}_i(u_{\max,i} + \lambda_i u_k) + \boldsymbol{b}_j(u_{\min,j} + \lambda_j u_k) \\ \boldsymbol{v}_{4,\max} = \boldsymbol{v}_{\max} + \boldsymbol{b}_i(u_{\max,i} + \lambda_i u_k) + \boldsymbol{b}_j(u_{\max,j} + \lambda_j u_k) \end{cases} \tag{4.4}$$

另一个边界面的顶点则表示为

$$\begin{cases} \boldsymbol{v}_{1,\min} = \boldsymbol{v}_{\min} + \boldsymbol{b}_i(u_{\min,i} + \lambda_i u_k) + \boldsymbol{b}_j(u_{\min,j} + \lambda_j u_k) \\ \boldsymbol{v}_{2,\min} = \boldsymbol{v}_{\min} + \boldsymbol{b}_i(u_{\min,i} + \lambda_i u_k) + \boldsymbol{b}_j(u_{\max,j} + \lambda_j u_k) \\ \boldsymbol{v}_{3,\min} = \boldsymbol{v}_{\min} + \boldsymbol{b}_i(u_{\max,i} + \lambda_i u_k) + \boldsymbol{b}_j(u_{\min,j} + \lambda_j u_k) \\ \boldsymbol{v}_{4,\min} = \boldsymbol{v}_{\min} + \boldsymbol{b}_i(u_{\max,i} + \lambda_i u_k) + \boldsymbol{b}_j(u_{\max,j} + \lambda_j u_k) \end{cases} \tag{4.5}$$

注意到，式(4.4)和式(4.5)中的 $u_k$ 代表 $p-2$ 个与组合$(i,j)$共面的操纵面，$u_k$ 饱和时的组合方式共有 $2^{p-2}$种。因此每个边界面都是由 $2^{p-3}p(p-1)$ 个平行四边

形交叉叠加而成，包含 $2^p$ 个集合 $\partial(\boldsymbol{Y}_u)$ 中顶点的映射点，但不全是组成 $\partial(\boldsymbol{Y}_v)$ 的顶点，部分映射点位于 $\partial(\boldsymbol{\Phi}_v)$ 中边界面的内部。

针对操纵面组合存在三维共面的情形，本书基于凸包络理论[8]通过旋转变换构建共面多边形边界面。若 $\boldsymbol{n}_{ij}$垂直于 $xOy$ 平面，则无须变换，直接求解映射点外包络线上的边界顶点；否则将 $\boldsymbol{n}_{ij}$表示为 $\boldsymbol{n}_{ij}=[n_1,n_2,n_3]$，定义旋转变换矩阵：

$$\boldsymbol{G}_n=\frac{1}{n_1^2+n_2^2+n_4^2}\begin{bmatrix} n_2^2+n_4^2-n_1^2 & -2n_1n_2 & -2n_1n_4 \\ * & n_1^2+n_4^2-n_2^2 & -2n_2n_4 \\ * & * & n_1^2+n_2^2-n_4^2 \end{bmatrix}$$

式中：$n_4=n_3-n_5$，$n_5=\sqrt{n_1^2+n_2^2+n_3^2}$，并且存在 $\boldsymbol{G}_n\boldsymbol{n}_{ij}=[0,0,n_5]^{\mathrm{T}}$。经过旋转变换矩阵 $\boldsymbol{G}_n$ 映射，$2^p$ 个共面的映射点转换到与 $xOy$ 平行的平面上，通过凸包函数可求解所有映射点的外包络边界顶点。进一步通过 $\boldsymbol{G}_n$ 的反向旋转变换获取共面操纵面生成的边界面及其边界顶点，即可构建可达集的凸多边形边界面。

不存在共面的操纵面组合是上述讨论的一种特例，对应于 $p=2$，$u_k=0$ 的共面情形。另外，对于存在共面的操纵面组合，如果对共面控制效率矢量加上较小的扰动控制效率矢量，则共面的控制分配问题可近似等价为不共面的情形。但需要注意的是，控制效率矢量添加扰动时控制分配存在误差，分配结果必须在可容忍的范围之内。

针对直接分配算法在寻找边界面时具有无须考虑幅值大小的特点，可将三维笛卡儿坐标系下的可达集空间转化成球面坐标系下的二维形式。若虚拟控制指令 $\boldsymbol{v}=[v_1,v_2,v_3]^{\mathrm{T}}$，令

$$\begin{cases} \theta_{\mathrm{s}}=\arctan(v_2/v_1) \\ \rho_{\mathrm{s}}=\sqrt{v_1^2+v_2^2+v_3^2} \\ \psi_{\mathrm{s}}=v_3/\rho_s \end{cases}$$

则不考虑幅值 $\rho_s$，球面坐标系 $(\theta_{\mathrm{s}},\psi_{\mathrm{s}},\rho_{\mathrm{s}})$ 中的 $\theta_{\mathrm{s}}$ 和 $\psi_{\mathrm{s}}$ 即可确定二维的可达集平面。

### 4.2.3 可达集体积的计算

根据性质 4.4 和性质 4.9 可知，可达集 $\boldsymbol{\Phi}_v$ 都是由 $n-1$ 维边界面所围成的凸集。若 $n$ 维可达集 $\boldsymbol{\Phi}_v$ 由内部中心点 $P_0$ 和外部顶点组成，而其中任意边界面 $i$ 包含的顶点为 $P_{i,1},P_{i,2},\cdots,P_{i,n}$，则该边界面与中心 $P_0$ 组成凸集的体积可通过下式得到[9,10]：

$$V(\boldsymbol{\Phi}_{v,i})=\frac{|\det(\boldsymbol{P}_{i,\mathrm{aug}})|}{n!}=\frac{|\det([\overrightarrow{P_0P_{i,1}},\overrightarrow{P_0P_{i,2}},\cdots,\overrightarrow{P_0P_{i,n}}])|}{n!}$$

根据式(4.4)和式(4.5)能获取可达集各个边界面的顶点组合,只需找出可达集内部的任意一点,即可方便地由该点和各边界面顶点所组成子集的体积组合得到整个可达集的体积。尤其是对原点位于可达集内部的情形,若可达集共由 $k$ 个不重叠的包含 $n$ 个边界顶点的子集组成,则其体积可进一步转化为

$$V(\boldsymbol{\Phi}_v)=\sum_{i=1}^{k}V(\boldsymbol{\Phi}_{v,i})=\sum_{i=1}^{k}\frac{|\det(\boldsymbol{P}_{i,\mathrm{aug}})|}{n!}=\frac{1}{n!}\sum_{i=1}^{k}|\det([\overrightarrow{P_0P_{i,1}},\overrightarrow{P_0P_{i,2}},\cdots,\overrightarrow{P_0P_{i,n}}])| \tag{4.6}$$

### 4.2.4 仿真及分析

为了验证虚拟控制指令可达集构建方法的有效性,下面对操纵面不共面和操纵面共面两种情形分别进行仿真实验。

1. 操纵面不共面的情形

以某具有多操纵面的飞机[11]为对象,共包含 7 副独立的操纵面,即左右鸭翼($u_{\mathrm{lc}}$,$u_{\mathrm{rc}}$)、左右内升降副翼($u_{\mathrm{lie}}$,$u_{\mathrm{rie}}$)、左右外升降副翼($u_{\mathrm{loe}}$,$u_{\mathrm{roe}}$)和方向舵($u_{\mathrm{r}}$)。组成的控制量为 $\boldsymbol{u}=[u_{\mathrm{lc}},u_{\mathrm{rc}},u_{\mathrm{lie}},u_{\mathrm{rie}},u_{\mathrm{loe}},u_{\mathrm{roe}},u_{\mathrm{r}}]^{\mathrm{T}}$,相应的位置约束为

$$\boldsymbol{u}_{\max}=[25\quad 25\quad 30\quad 30\quad 30\quad 30\quad 30]^{\mathrm{T}}$$

$$\boldsymbol{u}_{\min}=-1\times[55\quad 55\quad 30\quad 30\quad 30\quad 30\quad 30]^{\mathrm{T}}$$

选择虚拟控制指令 $\boldsymbol{v}=[C_{\mathrm{l}},C_{\mathrm{m}},C_{\mathrm{n}}]^{\mathrm{T}}$ 分别表示滚转力矩系数、俯仰力矩系数和偏航力矩系数,则在马赫数 $Ma=0.5$、高度 $H=1\mathrm{km}$ 的飞行状态下,控制效率矩阵[12]:

$$\boldsymbol{B}=10^{-5}\times\begin{bmatrix}-8.73 & 8.73 & 75.1 & -75.1 & 85.5 & -85.5 & 41.9\\ 154 & 154 & -241 & -241 & -146 & -146 & 0\\ 29.7 & -29.7 & 38.4 & -38.4 & 8.73 & -8.73 & -154\end{bmatrix}$$

可以证明,任意 3 副操纵面可组成受限基控制组。按照 4.2.2 节的方法,分别构建不共面时虚拟控制指令在笛卡儿坐标系和球面坐标系中的可达集如图 4.1 所示。

结合图 4.1 可知,由于操纵面相互独立,力矩系数三维可达集的边界面均由平行四边形组成,且互不重叠。进一步按照式(4.6)计算可达集的体积为 $1.4632\times10^{-2}$。

2. 操纵面共面的情形

多操纵面 ICE 无尾战斗机共包含 11 副操纵面[13,14],组成的控制输入为

$$\boldsymbol{u}=[u_{\mathrm{le}},u_{\mathrm{re}},u_{\mathrm{pflap}},u_{\mathrm{lamt}},u_{\mathrm{ramt}},u_{\mathrm{ptv}},u_{\mathrm{ytv}},u_{\mathrm{lssd}},u_{\mathrm{rssd}},u_{\mathrm{loblf}},u_{\mathrm{roblf}}]^{\mathrm{T}}$$

各控制量的具体含义参见 3.4.3 节。操纵面相应的位置约束为

$$\boldsymbol{u}_{\max}=[30\quad 30\quad 30\quad 60\quad 60\quad 10.61\quad 10.61\quad 60\quad 60\quad 40\quad 40]^{\mathrm{T}}$$

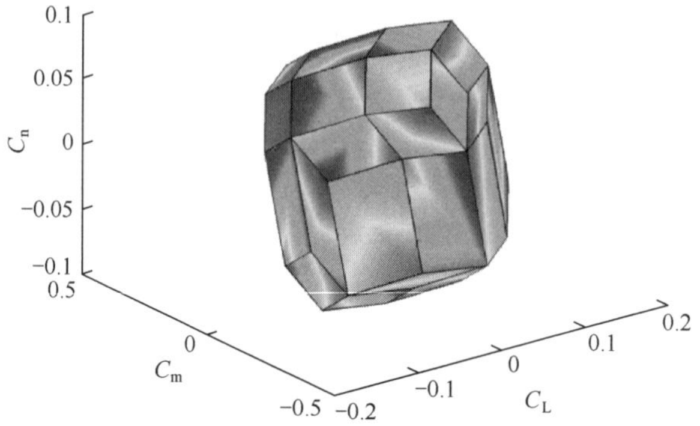


（a）笛卡儿坐标系中的三维可达集

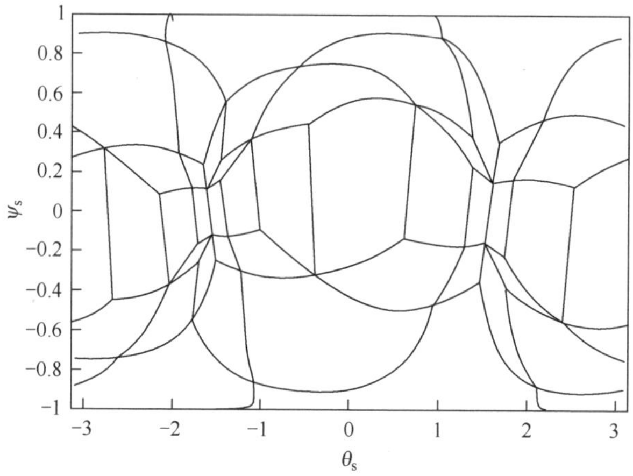


（b）球面坐标系中的二维可达集

图 4.1　操纵面不共面情形下的虚拟控制指令可达集

$$\boldsymbol{u}_{\min} = -1 \times [30 \quad 30 \quad 30 \quad 60 \quad 60 \quad 10.61 \quad 10.61 \quad 0 \quad 0 \quad 0 \quad 0]^{\mathrm{T}}$$

若选择虚拟控制指令 $\boldsymbol{v} = [\dot{p}, \dot{q}, \dot{r}]^{\mathrm{T}}$ 分别表示滚转角加速度、俯仰角加速度和偏航角加速度，在 $Ma = 0.4$、$H = 15000\mathrm{ft}$ 的飞行状态下，其控制效率矩阵为

$$\boldsymbol{B} = \begin{bmatrix} 3.783 & -3.783 & 0 & 1.8255 & -1.8255 & 0 & 0.0790 & -2.0956 & 2.0957 & -0.3067 & 0.3067 \\ -2.5114 & -2.5114 & -1.9042 & -0.9494 & -0.9494 & -1.1329 & 0 & 1.5046 & 1.5046 & -0.0003 & -0.0004 \\ 0.0453 & -0.0453 & 0 & -0.2081 & 0.2081 & 0 & -0.8038 & -0.0283 & 0.0283 & 0.0937 & -0.0937 \end{bmatrix}$$

结合操纵面控制效率矩阵可知，操纵面之间可供选择的基准操纵面和扩张操纵面组合如表 4.1 所列。

表 4.1  基准操纵面与扩张操纵面之间的组合

| 基准操纵面 | 扩张操纵面 | 基准操纵面 | 扩张操纵面 |
|---|---|---|---|
| $\{u_1, u_2\}$ | $\{u_3, u_6\}$ | $\{u_3, u_4\}$ | $\{u_5, u_6\}$ |
| $\{u_1, u_3\}$ | $\{u_2, u_6\}$ | $\{u_3, u_5\}$ | $\{u_4, u_6\}$ |
| $\{u_2, u_3\}$ | $\{u_1, u_6\}$ | $\{u_4, u_5\}$ | $\{u_3, u_6\}$ |
| $\{u_2, u_6\}$ | $\{u_1, u_3\}$ | $\{u_4, u_6\}$ | $\{u_3, u_5\}$ |
| $\{u_1, u_6\}$ | $\{u_2, u_3\}$ | $\{u_5, u_6\}$ | $\{u_3, u_4\}$ |
| $\{u_3, u_7\}$ | $\{u_6\}$ | $\{u_3, u_{10}\}$ | $\{u_6, u_{11}\}$ |
| $\{u_6, u_7\}$ | $\{u_3\}$ | $\{u_3, u_{11}\}$ | $\{u_6, u_{10}\}$ |
| $\{u_3, u_8\}$ | $\{u_6\}$ | $\{u_6, u_{11}\}$ | $\{u_3, u_{10}\}$ |
| $\{u_6, u_8\}$ | $\{u_3\}$ | $\{u_6, u_{10}\}$ | $\{u_3, u_{11}\}$ |
| $\{u_3, u_9\}$ | $\{u_6\}$ | $\{u_{10}, u_{11}\}$ | $\{u_3, u_6\}$ |
| $\{u_6, u_9\}$ | $\{u_3\}$ | | |

从表 4.1 可知，11 副操纵面共存在 6 组共面的操纵面，即 $\{u_1, u_2, u_3, u_6\}$、$\{u_3, u_4, u_5, u_6\}$、$\{u_3, u_6, u_7\}$、$\{u_3, u_6, u_8\}$、$\{u_3, u_6, u_9\}$ 和 $\{u_3, u_6, u_{10}, u_{11}\}$。若直接进行可达集的构造，不但过程复杂，而且同一个凸多边形边界将重复构建多次。由于操纵面 $u_3$ 和 $u_6$ 共线，因此采用 4.2.2 节的方法将 $u_6$ 等效至 $u_3$，则

$$\boldsymbol{b}_3 = [0 \quad -1.9042 \quad 0]^{\mathrm{T}}, \quad u_{\min,3} = -36.31, \quad u_{\max,3} = 36.31$$

基于此重新进行计算，得到的共面操纵面只有三组，即 $\{u_1, u_2, u_3\}$、$\{u_3, u_4, u_5\}$ 和 $\{u_3, u_9, u_{10}\}$。

图 4.2 所示为 ICE 无尾飞机在笛卡儿坐标系和球面坐标系中的可达集。由图 4.2可知，操纵面共面情形下的三维可达集边界面除了平行四边形外，还包括对边平行的凸六边形。由前述理论分析可知，这些凸六边形分别是由六个平行四边形相互交叉重叠组成的。进一步可计算可达集的体积为 $3.377\times10^7$。

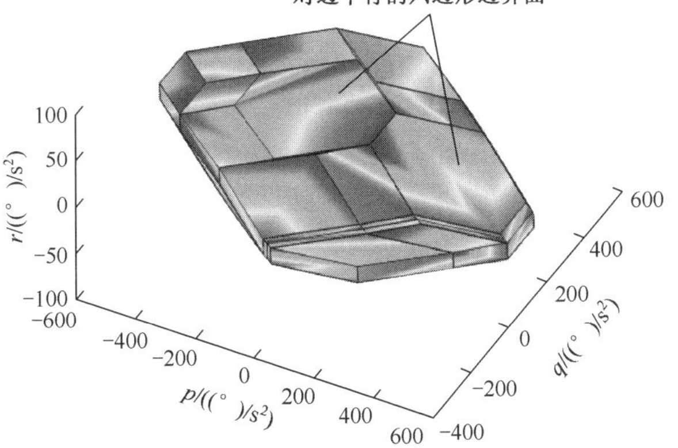


（a）笛卡儿坐标系中的三维可达集

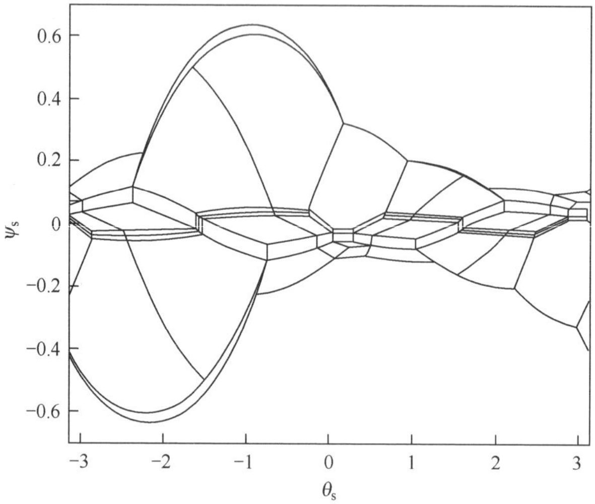


（b）球面坐标系中的二维可达集

图 4.2　操纵面共面情形下的虚拟控制指令可达集

## 4.3　基于线性规划的直接分配算法设计

直接分配法在期望虚拟控制方向上最大量地分配指令，是一种方向最优的分配方法。其基本原理可描述为：对于任意给定的期望虚拟矢量 $\boldsymbol{v}_{\mathrm{d}} \in \mathbf{R}^n$，在控制子空间 $\Omega_u$ 内找到一个控制变量 $\boldsymbol{u} \in \mathbf{R}^m$，使得其在控制效率矩阵 $\boldsymbol{B}$ 的映射下所生成的虚拟控制指令 $\boldsymbol{v}$ 在 $\boldsymbol{v}_{\mathrm{d}}$ 方向上尽可能取到最大幅值。

若 $\boldsymbol{v}_{\mathrm{d}}$ 在其所指的方向上与 $\partial(\Phi_v)$ 的交点为 $\boldsymbol{v}_{\mathrm{p}}$，则经过矢量运算可找到与 $\boldsymbol{v}_{\mathrm{p}}$ 对应的控制输入 $\boldsymbol{u}_{\mathrm{p}} \in \mathbf{R}^m$。令

$$\rho = \| \boldsymbol{v}_{\mathrm{d}} \|_2 / \| \boldsymbol{v}_{\mathrm{p}} \|_2$$

则：①当 $\rho \leqslant 1$ 时，表明 $\boldsymbol{v}_{\mathrm{d}} \in \Phi_v$，即 $\boldsymbol{v}_{\mathrm{d}}$ 是可达的，控制量 $\boldsymbol{u}$ 通过 $\boldsymbol{u}_{\mathrm{p}}$ 按比例 $\rho$ 缩减获得，可使 $\boldsymbol{v}_{\mathrm{d}} = \boldsymbol{B}\boldsymbol{u}$ 完成精确的分配；②当 $\rho > 1$ 时，表明 $\boldsymbol{v}_{\mathrm{d}} \notin \Phi_v$，即 $\boldsymbol{v}_{\mathrm{d}}$ 不可达，在保持虚拟指令方向不变的前提下，选择 $\boldsymbol{v}_{\mathrm{d}}$ 与可达集边界的交点 $\boldsymbol{v}_{\mathrm{p}}$ 对应的控制量 $\boldsymbol{u}_{\mathrm{p}}$ 作为分配结果 $\boldsymbol{u}$，使得 $\boldsymbol{v}_{\mathrm{d}}$ 在期望指令方向上达到最优。

由此，直接分配的数学模型可表述为

$$\begin{cases} \max\limits_{\boldsymbol{u} \in \mathrm{R}^m} J = \| \boldsymbol{v} \|_2 / \| \boldsymbol{v}_{\mathrm{d}} \|_2 \\ \text{s. t. } \boldsymbol{v} = \boldsymbol{B}\boldsymbol{u},\ \boldsymbol{v} \times \boldsymbol{v}_{\mathrm{d}} = 0, \\ \operatorname{sgn}(v_i) = \operatorname{sgn}(v_{\mathrm{d},i}),\ \forall i = 1,2,\cdots,n \end{cases}$$

其中约束条件表示生成的虚拟指令与期望值同向。相应地各操纵面的分配指令为

$$
\boldsymbol{u} = \begin{cases} \rho \boldsymbol{u}_{\mathrm{p}}, & \rho \leqslant 1 \\ \boldsymbol{u}_{\mathrm{p}}, & \rho > 1 \end{cases} \tag{4.7}
$$

以图 4.1 描述的可达集为例，说明直接分配法的几何原理如图 4.3 所示。图 4.3中期望虚拟指令 $\boldsymbol{v}_{\mathrm{d1}}$ 和 $\boldsymbol{v}_{\mathrm{d2}}$ 与可达集的交点分别是 $\boldsymbol{v}_{\mathrm{p1}}$ 和 $\boldsymbol{v}_{\mathrm{p2}}$。其中 $\boldsymbol{v}_{\mathrm{d1}}$ 超出了可达集的边界，由可达指令 $\boldsymbol{v}_{\mathrm{p1}}$ 按照式(4.7)中 $\rho > 1$ 的情形求出直接分配解 $\boldsymbol{u}$；$\boldsymbol{v}_{\mathrm{d2}}$ 在可达集内部，则根据可达指令 $\boldsymbol{v}_{\mathrm{p2}}$ 按照式(4.7)中 $\rho \leqslant 1$ 的情形求出 $\boldsymbol{u}$。

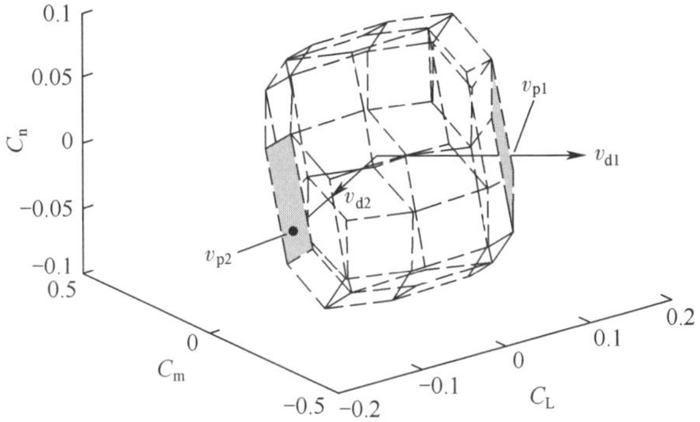


图 4.3　直接分配策略的几何原理

### 4.3.1　直接分配的线性规划模型

对于给定的期望虚拟控制指令 $\boldsymbol{v}_{\mathrm{d}} \in \mathbf{R}^n$，无论其第 $i$ 维是否可达，按照直接分配算法均可描述为 $n$ 个等式关系：

$$
v_{\mathrm{d},i} = \rho_{\mathrm{d}} \boldsymbol{b}_{\mathrm{r},i} \boldsymbol{u}, \quad i = 1,2,\cdots,n \tag{4.8}
$$

式中：$\rho_{\mathrm{d}} \geqslant 1$ 为常系数；$\boldsymbol{b}_{\mathrm{r},i}$ 为 $\boldsymbol{B}$ 的第 $i$ 行。重组虚拟指令 $\boldsymbol{v}_{\mathrm{d}}$ 中元素的位置，使得新的虚拟指令 $\boldsymbol{v}_{\mathrm{e}}$ 第一个元素为 $\boldsymbol{v}_{\mathrm{d}}$ 中幅值最大的元素。若最大幅值为 0，则 $\boldsymbol{v}_{\mathrm{d}} = 0$，可直接得到分配结果 $\boldsymbol{u} = 0$。若 $\boldsymbol{v}_{\mathrm{d}} \neq 0$，相应地对效率矩阵 $\boldsymbol{B}$ 按行重组得到 $\boldsymbol{B}_{\mathrm{e}}$，不妨记其对应的控制量为 $\boldsymbol{u}_{\mathrm{e}}$，相应的最大和最小约束分别为 $\boldsymbol{u}_{\mathrm{e,max}}$ 和 $\boldsymbol{u}_{\mathrm{e,min}}$。消去参数 $\rho_{\mathrm{d}}$，构成如下的线性方程组：

$$
(v_{\mathrm{e},i} \boldsymbol{b}_{\mathrm{e},1} - v_{\mathrm{e},1} \boldsymbol{b}_{\mathrm{e},i}) \boldsymbol{u}_{\mathrm{e}} = 0, \quad i = 2,\cdots,n
$$

式中：$\boldsymbol{b}_{\mathrm{e},i}$ 为 $\boldsymbol{B}_{\mathrm{e}}$ 的第 $i$ 行。进一步，记系数矩阵：

$$
\boldsymbol{M}_{\mathrm{e}} = \begin{bmatrix} v_{\mathrm{e},2} & -v_{\mathrm{e},1} & 0 & \cdots & 0 \\ v_{\mathrm{e},3} & 0 & -v_{\mathrm{e},1} & \cdots & 0 \\ \vdots & \vdots & \vdots & & \vdots \\ v_{\mathrm{e},n} & 0 & 0 & \cdots & -v_{\mathrm{e},1} \end{bmatrix}
$$

则等式约束式(4.8)可转化为 $\boldsymbol{M}_{\mathrm{e}} \boldsymbol{B}_{\mathrm{e}} \boldsymbol{u}_{\mathrm{e}} = 0$。

**定理 4.1**　根据参考文献[15]，若定义 $\boldsymbol{x}_{\mathrm{e}} = \boldsymbol{u}_{\mathrm{e}} - \boldsymbol{u}_{\mathrm{e,min}}$，则 $0 \leqslant \boldsymbol{x}_{\mathrm{e}} \leqslant \boldsymbol{u}_{\mathrm{e,max}} - \boldsymbol{u}_{\mathrm{e,min}}$。

直接分配算法可写成如下优化形式，且满足：

$$\left.\begin{aligned}\max_{\boldsymbol{u}_\mathrm{e}}\rho_\mathrm{e} &= \frac{\|\boldsymbol{B}_\mathrm{e}\boldsymbol{u}_\mathrm{e}\|_2}{\|\boldsymbol{v}_\mathrm{e}\|_2}\\ \text{s.t. } \boldsymbol{B}_\mathrm{e}\boldsymbol{u}_\mathrm{e} &= k_e\boldsymbol{v}_\mathrm{e},\ k_e>0\end{aligned}\right\}\Leftrightarrow \min_{\boldsymbol{u}_\mathrm{e}} J=-\boldsymbol{v}_\mathrm{e}^\mathrm{T}\boldsymbol{B}_\mathrm{e}\boldsymbol{u}_\mathrm{e} \tag{4.9}$$

**证明**：由 $k_\mathrm{e}>0$ 知 $\boldsymbol{v}_\mathrm{e}$ 与 $\boldsymbol{B}_\mathrm{e}\boldsymbol{u}_\mathrm{e}$ 同向。令 $\boldsymbol{v}=\boldsymbol{B}_\mathrm{e}\boldsymbol{u}_\mathrm{e}$，由于 $\boldsymbol{v}_\mathrm{e}$ 为常值矢量，则

$$\max_{\boldsymbol{u}_\mathrm{e}}\rho_\mathrm{e}=\frac{\|\boldsymbol{B}_\mathrm{e}\boldsymbol{u}_\mathrm{e}\|_2}{\|\boldsymbol{v}_\mathrm{e}\|_2}\Leftrightarrow \max_{\boldsymbol{u}_\mathrm{e}}\rho_\mathrm{e}=\|\boldsymbol{B}_\mathrm{e}\boldsymbol{u}_\mathrm{e}\|_2=\|\boldsymbol{v}\|_2$$

$$=\max_{\boldsymbol{u}_\mathrm{e}}\left(\sqrt{v_1^2+v_2^2+\cdots+v_n^2}\right)$$

$$\min_{\boldsymbol{u}_\mathrm{e}} J=-\boldsymbol{v}_\mathrm{e}^\mathrm{T}\boldsymbol{B}_\mathrm{e}\boldsymbol{u}_\mathrm{e}\Leftrightarrow \max_{\boldsymbol{u}_\mathrm{e}}\boldsymbol{v}_\mathrm{e}\cdot\boldsymbol{v}=\max_{\boldsymbol{u}_\mathrm{e}}(v_{\mathrm{e},1}v_1+v_{\mathrm{e},2}v_2+\cdots+v_{\mathrm{e},n}v_n)$$

$$=\max_{\boldsymbol{u}_\mathrm{e}}(\|\boldsymbol{v}_\mathrm{e}\|_2\ \|\boldsymbol{v}\|_2\cos(\theta_\mathrm{e}))$$

式中：$\theta_\mathrm{e}$ 为 $\boldsymbol{v}_\mathrm{e}$ 和 $\boldsymbol{v}$ 的夹角。可见，当 $\theta_\mathrm{e}=0$、$\|\boldsymbol{v}\|_2$ 最大时 $\boldsymbol{v}_\mathrm{e}^\mathrm{T}\boldsymbol{B}_\mathrm{e}\boldsymbol{u}_\mathrm{e}$ 得到最大值。即当 $\boldsymbol{v}$ 与 $\boldsymbol{v}_\mathrm{e}$ 同向且幅值最大时 $\rho_\mathrm{e}$ 取到最大值，所以式(4.9)中两者等价。证毕。

根据定理4.1的结论，直接分配算法可以转化为标准的线性规划问题：

$$\begin{cases}\min\limits_{\boldsymbol{x}_\mathrm{e}} & J_\mathrm{P}=\boldsymbol{c}_\mathrm{a}^\mathrm{T}\boldsymbol{x}_\mathrm{a}\\ \text{s.t.} & \boldsymbol{A}_\mathrm{a}\boldsymbol{x}_\mathrm{a}=\boldsymbol{b}_\mathrm{a},\quad \boldsymbol{x}_\mathrm{a}\geqslant\boldsymbol{0}\end{cases} \tag{4.10}$$

以 $\boldsymbol{w}_\mathrm{e}\in\mathbf{R}^m$ 表示中间松弛变量，则

$$\boldsymbol{x}_\mathrm{a}=\begin{bmatrix}\boldsymbol{x}_\mathrm{e}\\ \boldsymbol{w}_\mathrm{e}\end{bmatrix},\quad \boldsymbol{A}_\mathrm{a}=\begin{bmatrix}\boldsymbol{M}_\mathrm{e}\boldsymbol{B}_\mathrm{e} & \boldsymbol{0}\\ \boldsymbol{I} & \boldsymbol{I}\end{bmatrix},$$

$$\boldsymbol{b}_\mathrm{a}=\begin{bmatrix}-\boldsymbol{M}_\mathrm{e}\boldsymbol{B}_\mathrm{e}\boldsymbol{u}_{\mathrm{e,min}}\\ \boldsymbol{u}_{\mathrm{e,max}}-\boldsymbol{u}_{\mathrm{e,min}}\end{bmatrix},\boldsymbol{c}_\mathrm{a}^\mathrm{T}=[-\boldsymbol{v}_\mathrm{e}^\mathrm{T}\boldsymbol{B}_\mathrm{e}\quad \boldsymbol{0}]$$

若 $\boldsymbol{x}_\mathrm{e}$ 满足约束条件，称 $\boldsymbol{x}_\mathrm{e}$ 是可行的，否则称问题无可行解。若存在可行解，则至少存在一个最优解。若求解线性规划模型式(4.10)得到 $\boldsymbol{x}_\mathrm{e}$，从而可知：

$$\boldsymbol{u}_\mathrm{e}=\boldsymbol{x}_\mathrm{e}+\boldsymbol{u}_{\mathrm{e,min}},\quad \rho_\mathrm{e}=\frac{\boldsymbol{v}_\mathrm{e}^\mathrm{T}\boldsymbol{B}_\mathrm{e}u_\mathrm{e}}{\|\boldsymbol{v}_\mathrm{e}\|_2^2}$$

进一步可求出直接分配问题的解为

$$\boldsymbol{u}_\mathrm{e}=\begin{cases}\boldsymbol{u}_\mathrm{e}/\rho_\mathrm{e}, & \rho_\mathrm{e}>1\\ \boldsymbol{u}_\mathrm{e} & \rho_\mathrm{e}\leqslant 1\end{cases} \tag{4.11}$$

根据 $\boldsymbol{u}_\mathrm{e}$ 的大小即可直接得到控制量 $\boldsymbol{u}$。模型式(4.10)可用线性规划算法直接进行求解，并且适用于虚拟控制变量维数大于3的高维情形。对于虚拟控制变量维数等于3的情形，矩阵 $\boldsymbol{M}_\mathrm{e}$ 仅为二维，从而将直接分配算法转化为维数很低的线性规划问题。若操纵面存在共面的情形，直接分配算法将存在多种可行的分配结果，求解线性规划模型则可得到唯一的最优可行解。

## 4.3.2 原始—对偶路径跟踪算法

直接分配的线性规划模型式(4.10)可通过单纯型法和内点法进行求解。由于极点和基本解的个数存在一一对应关系,单纯型法在约束凸集的边界上搜索极点,是指数级的算法,计算复杂度为 $O(C_{m_0+n_0}^{m_0})$ ,其中 $m_0$ 为方程维数, $n_0$ 为变量个数。内点法从约束区域内一点出发,始终保证解朝最优的方向迭代,直到满足可容忍条件为止,计算复杂度为 $O(n_0^{3.5}L_0^2)$ , $L_0$ 为数据长度。内点法是多项式时间算法,具有计算效率高、收敛性好等优点,是目前工业领域应用十分广泛的线性规划算法,主要包括势函数下降法、仿射变换法和路径跟踪法[16]。本章选择理论简单、适用性强的原始—对偶路径跟踪内点算法来求解直接分配的线性规划模型。

### 4.3.2.1 算法基本原理

直接分配线性规划模型式(4.10)的对偶问题可描述为

$$\begin{cases}\max\limits_{\boldsymbol{y}_a} & J_D = \boldsymbol{b}_a^T\boldsymbol{y}_a \\ \text{s. t.} & \boldsymbol{A}_a^T\boldsymbol{y}_a + \boldsymbol{w}_s = \boldsymbol{c}_a, \quad \boldsymbol{w}_s \geqslant \boldsymbol{0}\end{cases} \tag{4.12}$$

式中: $\boldsymbol{A}_a \in \mathbf{R}^{(m+n-1)\times 2m}$ , $\boldsymbol{b}_a \in \mathbf{R}^{m+n-1}$ , $\boldsymbol{c}_a \in \mathbf{R}^{2m}$ , $\boldsymbol{y}_a \in \mathbf{R}^{m+n-1}$ , $\boldsymbol{w}_s \in \mathbf{R}^{2m}$ 。

由弱对偶定理[17]可知,原始问题和对偶问题的可行解所确定的目标函数满足 $\boldsymbol{c}_a^T\boldsymbol{x}_a \geqslant \boldsymbol{b}_a^T\boldsymbol{y}_a$ ,其中等号仅在原始问题和对偶问题均取到最优值时成立。式(4.10)和式(4.12)所对应目标函数的差值称为对偶间隙,在原始—对偶路径跟踪算法中用于确定最优解的逼近程度。

引入对数作为障碍函数,原始问题对应的无约束拉格朗日函数为

$$L_P(\mu) = \boldsymbol{c}_a^T\boldsymbol{x}_a - \mu\sum_{i=1}^{2m}\ln(x_{a,i}) - \boldsymbol{y}_a^T(\boldsymbol{A}_a\boldsymbol{x}_a - \boldsymbol{b}_a) \tag{4.13}$$

相应地,对偶问题对应的无约束拉格朗日函数为

$$L_D(\mu) = \boldsymbol{b}_a^T\boldsymbol{y}_a + \mu\sum_{i=1}^{2m}\ln(w_{s,i}) - \boldsymbol{x}_a^T(\boldsymbol{A}_a^T\boldsymbol{y}_a + \boldsymbol{w}_s - \boldsymbol{c}_a) \tag{4.14}$$

式中: $\mu > 0$ 为平衡障碍函数的参数。

当 $\boldsymbol{x}_a$ 趋近于约束问题的边界 $\boldsymbol{0}$ 时,障碍函数 $\mu\sum_{i=1}^{2m}\ln(x_{a,i})$ 趋近于无穷,从而把搜索过程限制在可行域内进行。注意到 $L_P(\mu)$ 是关于 $\boldsymbol{x}_a$ 的凸函数, $L_D(\mu)$ 是关于 $\boldsymbol{w}_s$ 的凹函数,若令 $\boldsymbol{X}_a = \text{diag}(x_{a,1}, x_{a,2}, \cdots, x_{a,2m})$ , $\boldsymbol{W}_s = \text{diag}(w_{s,1}, w_{s,2}, \cdots, w_{s,2m})$ ,从而得到原始—对偶问题的最优性条件如下。

(1) 原始可行性约束条件:

$$\frac{\partial}{\partial \boldsymbol{y}_a}L_P(\mu) = 0 \Leftrightarrow \boldsymbol{A}_a\boldsymbol{x}_a - \boldsymbol{b}_a = 0, \quad \boldsymbol{x}_a \geqslant 0 \tag{4.15}$$

（2）对偶可行性约束条件：

$$\frac{\partial}{\partial \boldsymbol{x}_a}L_D(\mu)=0 \Leftrightarrow \boldsymbol{A}_a^T\boldsymbol{y}_a+\boldsymbol{w}_s-\boldsymbol{c}_a=0,\quad \boldsymbol{w}_s \geqslant 0 \tag{4.16}$$

（3）$\mu$-互补松弛条件：

$$\frac{\partial}{\partial x_a}L_P(\mu)=0 \Leftrightarrow \boldsymbol{c}_a-\boldsymbol{A}_a^T\boldsymbol{y}_a-\mu\boldsymbol{X}_a^{-1}\boldsymbol{e}=0$$

其中：$\boldsymbol{e}=[1,1,\cdots,1]^T$。进一步结合式(4.16)可得到$\mu$-互补松弛条件为

$$\boldsymbol{X}_a\boldsymbol{W}_s\boldsymbol{e}-\mu\boldsymbol{e}=0,\quad \boldsymbol{x}_a \geqslant 0,\quad \boldsymbol{w}_s \geqslant 0 \tag{4.17}$$

已经证明，若原始方程式(4.10)的可行域有界且可行域内部非空，则对于任意的$\mu>0$，方程组(4.15)~式(4.17)存在唯一内点解[13]，不妨记为$(\boldsymbol{x}_\mu,\boldsymbol{y}_\mu,\boldsymbol{w}_\mu)$，称$\boldsymbol{x}_\mu$为原始问题的$\mu$-中心，$(\boldsymbol{y}_\mu,\boldsymbol{w}_\mu)$为对偶问题的$\mu$-中心。若$\mu$取满所有正实数，则内点解的点集$\{(\boldsymbol{x}_\mu,\boldsymbol{y}_\mu,\boldsymbol{w}_\mu)\}$称为原始—对偶中心路径。原始—对偶内点算法的主要思想是通过逐渐减小$\mu$来改善问题的解，当$\mu\to 0$时，原始问题和对偶问题沿着中心路径均趋于最优解。

若下一步的搜索方向为$\boldsymbol{d}=[\boldsymbol{d}_x^T,\boldsymbol{d}_y^T,\boldsymbol{d}_w^T]^T$，忽略二阶项后可以得到[13]

$$\begin{bmatrix}\boldsymbol{A}_a & \boldsymbol{0} & \boldsymbol{0}\\ \boldsymbol{0} & \boldsymbol{A}_a^T & \boldsymbol{I}\\ \boldsymbol{W}_s & \boldsymbol{0} & \boldsymbol{X}_a\end{bmatrix}\begin{bmatrix}\boldsymbol{d}_x\\ \boldsymbol{d}_y\\ \boldsymbol{d}_w\end{bmatrix}=\begin{bmatrix}\boldsymbol{x}_P\\ \boldsymbol{y}_D\\ \mu\boldsymbol{e}-\boldsymbol{X}_a\boldsymbol{W}_s\boldsymbol{e}\end{bmatrix} \tag{4.18}$$

其中：$\boldsymbol{x}_P=\boldsymbol{b}_a-\boldsymbol{A}_a\boldsymbol{x}_a$，$\boldsymbol{y}_D=\boldsymbol{c}_a-\boldsymbol{w}_s-\boldsymbol{A}_a^T\boldsymbol{y}_a$。从而

$$\boldsymbol{d}_x=\mu\boldsymbol{W}_s^{-1}\boldsymbol{e}-\boldsymbol{W}_s^{-1}\boldsymbol{X}_a\boldsymbol{W}_s\boldsymbol{e}-\boldsymbol{W}_s^{-1}\boldsymbol{X}_a\boldsymbol{d}_w$$

两端同乘于$\boldsymbol{A}_a$，结合式(4.18)可知

$$\boldsymbol{A}_a\boldsymbol{W}_s^{-1}\boldsymbol{X}_a\boldsymbol{d}_w=\mu\boldsymbol{A}_a\boldsymbol{W}_s^{-1}\boldsymbol{e}-\boldsymbol{A}_a\boldsymbol{W}_s^{-1}\boldsymbol{X}_a\boldsymbol{W}_s\boldsymbol{e}-x_P$$

代入$\boldsymbol{d}_w=\boldsymbol{y}_D-\boldsymbol{A}_a^T\boldsymbol{d}_y$，得

$$\boldsymbol{A}_a\boldsymbol{W}_s^{-1}\boldsymbol{X}_a(\boldsymbol{y}_D-\boldsymbol{A}_a^T\boldsymbol{d}_y)=\mu\boldsymbol{A}_a\boldsymbol{W}_s^{-1}\boldsymbol{e}-\boldsymbol{A}_a\boldsymbol{W}_s^{-1}\boldsymbol{X}_a\boldsymbol{W}_s\boldsymbol{e}-\boldsymbol{x}_P$$

进一步整理可以得到$\boldsymbol{y}_a$的搜索方向为

$$\boldsymbol{d}_y=(\boldsymbol{A}_a\boldsymbol{W}_s^{-1}\boldsymbol{X}_a\boldsymbol{A}_a^T)^{-1}(\boldsymbol{A}_a\boldsymbol{W}_s^{-1}\boldsymbol{X}_a\boldsymbol{y}_D-\mu\boldsymbol{A}_a\boldsymbol{W}_s^{-1}\boldsymbol{e}+\boldsymbol{A}_a\boldsymbol{W}_s^{-1}\boldsymbol{X}_a\boldsymbol{W}_s\boldsymbol{e}+\boldsymbol{x}_P)$$

代入式(4.18)，从而确定$\boldsymbol{x}_a$和$\boldsymbol{w}_s$的搜索方向分别为

$$\boldsymbol{d}_x=\boldsymbol{W}_s^{-1}\boldsymbol{X}_a\boldsymbol{A}_a^T\boldsymbol{d}_y-\boldsymbol{W}_s^{-1}\boldsymbol{X}_a\boldsymbol{y}_D-\boldsymbol{W}_s^{-1}\boldsymbol{X}_a\boldsymbol{W}_s\boldsymbol{e}+\mu\boldsymbol{W}_s^{-1}\boldsymbol{e}$$

$$\boldsymbol{d}_w=\boldsymbol{y}_D-\boldsymbol{A}_a^T\boldsymbol{d}_y$$

由于$\boldsymbol{y}_a$是无约束变量，而$\boldsymbol{x}_a$和$\boldsymbol{w}_s$均要求大于0，因此在搜索方向$\boldsymbol{d}$上选择步长时需保证新的解仍是内点。引入$\rho_1$代表$\boldsymbol{x}_a$空间的步长，$\rho_2$代表$(\boldsymbol{y}_a,\boldsymbol{w}_s)$空间的步长，确定方程组式(4.15)、式(4.16)迭代的更新律为

$$\begin{cases}\boldsymbol{x}_a(k+1)=\boldsymbol{x}_a(k)+\rho_1\boldsymbol{d}_x\\ \boldsymbol{y}_a(k+1)=\boldsymbol{y}_a(k)+\rho_2\boldsymbol{d}_y\\ \boldsymbol{w}_s(k+1)=\boldsymbol{w}_s(k)+\rho_2\boldsymbol{d}_w\end{cases} \tag{4.19}$$

其中步长分别取为

$$\begin{cases}\rho_1 = \rho_3 \min\limits_i \left\{ \dfrac{-x_{a,i}}{d_{x,i}} \middle| d_{x,i} < 0,\ i = 1,2,\cdots,2m \right\} \\ \rho_2 = \rho_3 \min\limits_i \left\{ \dfrac{-w_{s,i}}{d_{w,i}} \middle| d_{w,i} < 0,\ i = 1,2,\cdots,2m \right\}\end{cases}$$

其中:因子 $\rho_3 \in (0,1)$ ,目的是阻止解达到边界上,通常选择 $\rho_3 = 0.995$。

研究发现,在每次迭代中根据原始方程解和对偶方程解之间的信息更新 $\mu$ ,逐渐减小对偶间隙,可使算法收敛速度更快。结合最优性条件式(4.15)和式(4.16),考察对偶间隙:

$$\begin{aligned}\text{gap}(\mu) &= (\boldsymbol{c}_a^{\mathrm{T}}\boldsymbol{x}_a - \boldsymbol{b}_a^{\mathrm{T}}\boldsymbol{y}_a) \\ &= (\boldsymbol{A}_a^{\mathrm{T}}\boldsymbol{y}_a + \boldsymbol{w}_s)^{\mathrm{T}}\boldsymbol{x}_a - (\boldsymbol{A}_a\boldsymbol{x}_a)^{\mathrm{T}}\boldsymbol{y}_a \\ &= \boldsymbol{w}_s^{\mathrm{T}}\boldsymbol{x}_a = 2m\mu\end{aligned}$$

从而 $\text{gap}(\mu_k) = 2m\mu_k$ , $\text{gap}(\mu_{k+1}) = 2m\mu_{k+1}$ ,为使 $\text{gap}(\mu_{k+1}) < \text{gap}(\mu_k)$ ,则需满足:

$$\mu_{k+1} < (\boldsymbol{w}_s^{\mathrm{T}}\boldsymbol{x}_a)_k/(2m)$$

通常选择 $\mu$ 的更新律为

$$\mu_{k+1} = (\boldsymbol{w}_s^{\mathrm{T}}\boldsymbol{x}_a)_k/(4m^2) \tag{4.20}$$

由于式(4.10)的最优解满足 $J_P = J_D$ ,算法终止条件可选择为 $J_P$ 和 $J_D$ 的对偶间隙足够小。若期望的精确度为 $\varepsilon_s \in (10^{-8},10^{-3})$ ,选择终止条件为

$$\max\left(\frac{|J_P - J_D|}{\max(|J_P|,|J_D|,1)}, \frac{\|\boldsymbol{x}_P\|_1}{\|\boldsymbol{b}_a\|_1}, \frac{\|\boldsymbol{y}_D\|_1}{\|\boldsymbol{c}_a\|_1}\right) \leqslant \varepsilon_s \tag{4.21}$$

#### 4.3.2.2 具体计算流程

根据以上分析,原始—对偶路径跟踪算法求解直接分配问题的流程为:

步骤 1 根据模型式(4.10),将直接分配问题转化为线性规划形式,转步骤 2。

步骤 2 给定初始内点 $(\boldsymbol{x}_0,\boldsymbol{y}_0,\boldsymbol{w}_0)$ ,设置 $\varepsilon_s \in (10^{-8},10^{-3})$ 、$\rho_3 \in (0,1)$ ,转步骤 3。

步骤 3 若内点解满足终止条件式(4.21),则停止;否者转步骤 4。

步骤 4 按照式(4.20)计算对偶间隙 $\mu$ ,转步骤 5。

步骤 5 按照式(4.18)计算搜索方向 $\boldsymbol{d} = [\boldsymbol{d}_x^{\mathrm{T}},\boldsymbol{d}_y^{\mathrm{T}},\boldsymbol{d}_w^{\mathrm{T}}]^{\mathrm{T}}$ ,并根据式(4.19)更新原始—对偶中心路径的解,转步骤 3。

### 4.3.3 仿真及分析

采用 F-18 战斗机[9]为仿真对象,验证原始—对偶路径跟踪内点算法在求解

直接分配问题时的有效性。该飞机共包含 10 副独立控制面,即左右平尾($u_{lht}$,$u_{rht}$)、左右副翼($u_{la}$,$u_{ra}$)、组合方向舵($u_{cr}$)、左右前缘襟翼($u_{ltef}$,$u_{rtef}$)、滚转推力矢量($u_{rtv}$)、俯仰推力矢量($u_{ptv}$)和偏航推力矢量($u_{ytv}$)。组成控制量及相应的位置约束分别为

$$\begin{cases}\boldsymbol{u} = [u_{lht}, u_{rht}, u_{la}, u_{ra}, u_{cr}, u_{ltef}, u_{rtef}, u_{rtv}, u_{ptv}, u_{ytv}]^{T} \\ \boldsymbol{u}_{max} = [10.5 \quad 10.5 \quad 30 \quad 30 \quad 30 \quad 45 \quad 45 \quad 30 \quad 30 \quad 30]^{T} \\ \boldsymbol{u}_{min} = -1 \times [24 \quad 24 \quad 30 \quad 30 \quad 30 \quad 8 \quad 8 \quad 30 \quad 30 \quad 30]^{T}\end{cases}$$

在 $Ma = 0.3$、$H = 30000\text{ft}$ 的飞行状态下,选择虚拟控制指令为 $\boldsymbol{v} = [C_l, C_m, C_n]^{T}$,得到控制效率矩阵:

$$\boldsymbol{B} = 10^{-3} \times \begin{bmatrix} 43.82 & -43.82 & 58.41 & -58.41 & 16.74 & 62.8 & -62.8 & 29.2 & 0.01 & 10 \\ -533 & -533 & -64.86 & -64.86 & 0 & 62.34 & 62.34 & 0.01 & 355.3 & 0.01 \\ -11 & 11 & -3.911 & 3.911 & -74.28 & 0 & 0 & 0.3 & 0.01 & 148.5 \end{bmatrix}$$

参照文献[19],给定期望虚拟控制指令为

$$\boldsymbol{v}_d(t) = \begin{bmatrix} 0.2\sin(1.26t + 2.8) \\ -0.6 + 0.15t \\ 0.1\cos(1.26t + 2.8) \end{bmatrix}$$

式中:$t$ 为时间。

采用原始—对偶路径跟踪内点法按照 4.3.2 节的计算流程求解线性规划模型式(4.10),同时与文献[1]提出的面搜索直接分配算法进行对比,图 4.4 所示为两种方案求解得到的虚拟控制指令在可达集中的轨线,其中外部实线所围的即对应虚拟控制可达集。从图 4.4 可以看出,直接分配生成的虚拟控制指令都是在期望的控制方向上,并取到了最大的可达指令。

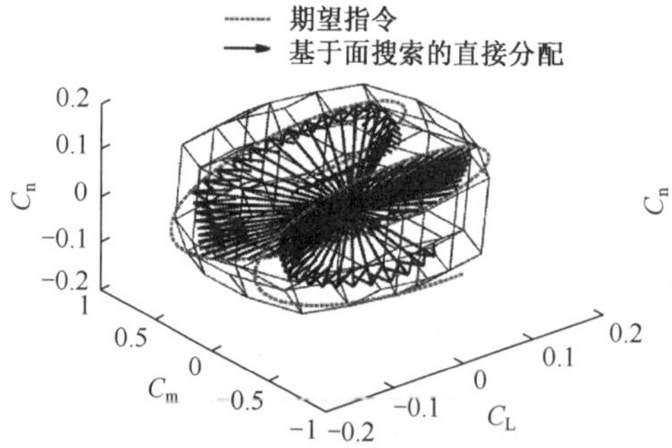

(a) 基于面搜索的直接分配结果

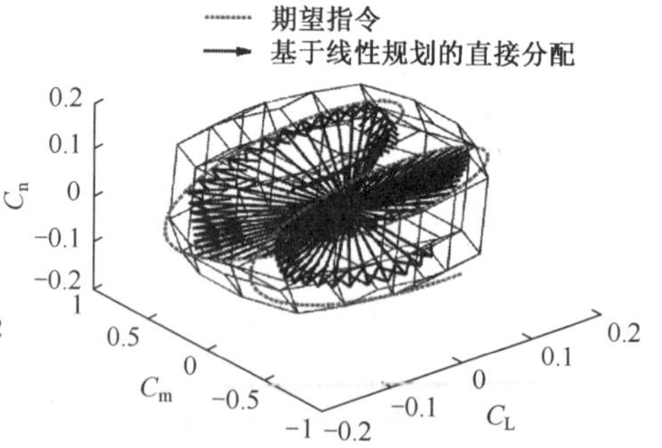

(b) 基于线性规划的直接分配结果

图 4.4 直接分配算法生成的虚拟控制指令在可达集中的轨线

图 4.5 和图 4.6 所示分别为采用面搜索算法和原始—对偶路径跟踪算法进行直接分配时所得虚拟控制指令的动态过程,其中与期望指令重合部分表示指令可

达,反之分离部分则不可达。图 4.7 和图 4.8 所示为两种方案对应的操纵面控制指令的动态响应过程。结合图 4.4~图 4.8 可以看出,无论虚拟控制指令是否可达,采用原始—对偶路径跟踪算法均能得到与面搜索算法相一致的直接分配结果。

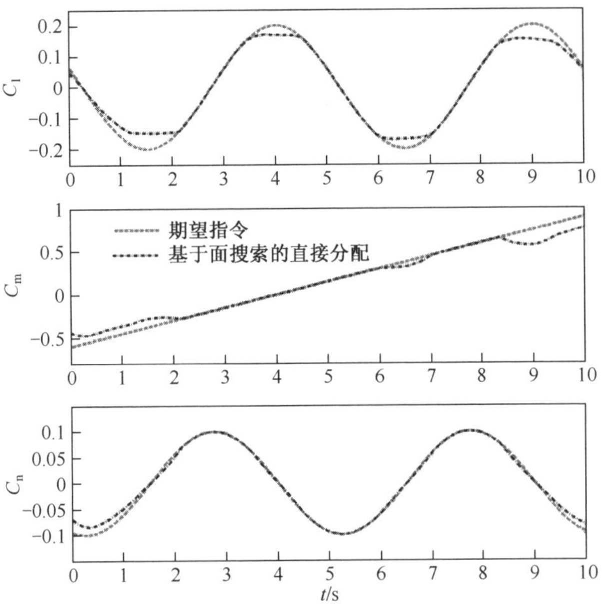


图 4.5　虚拟控制指令的动态过程图

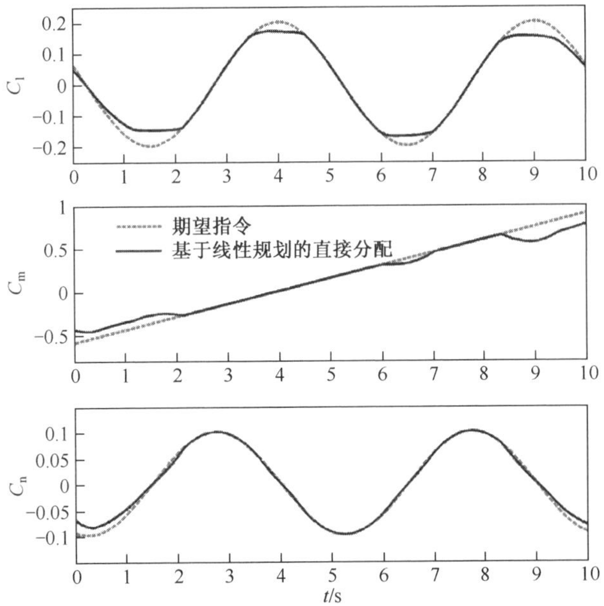


图 4.6　虚拟控制指令的动态过程图

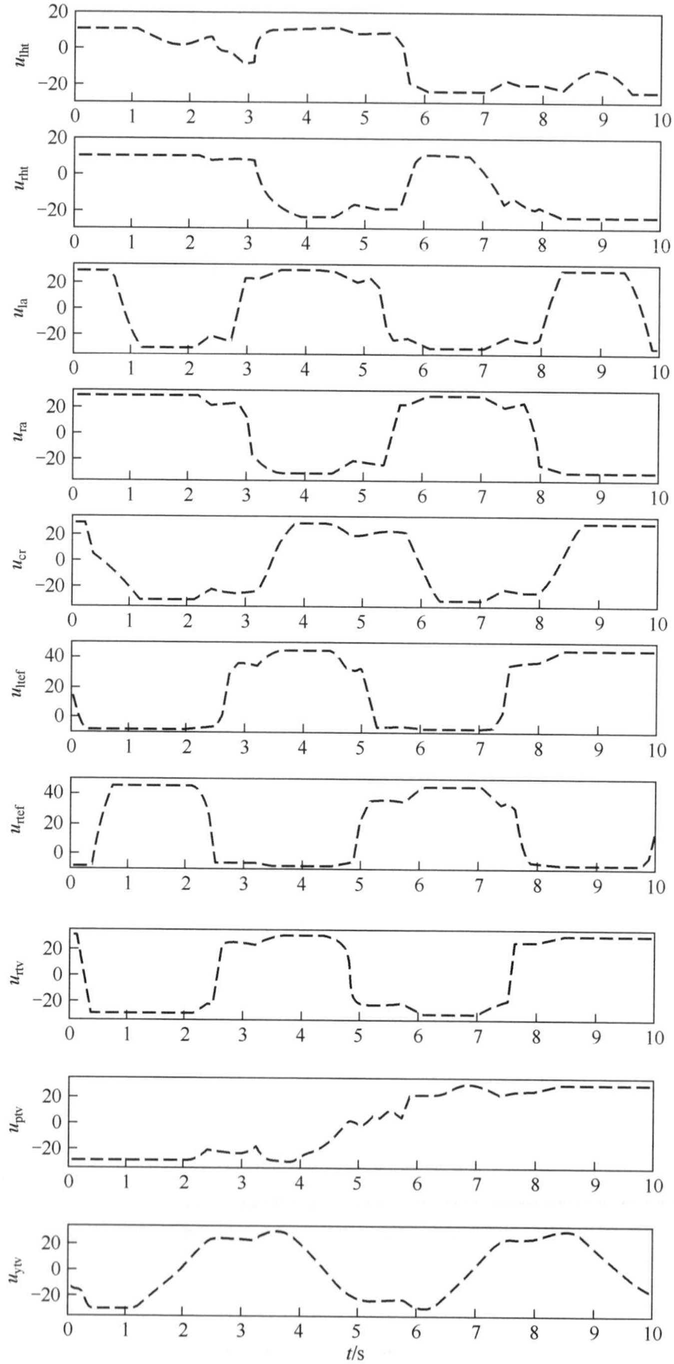


图 4.7　面搜索算法生成的操纵面控制指令

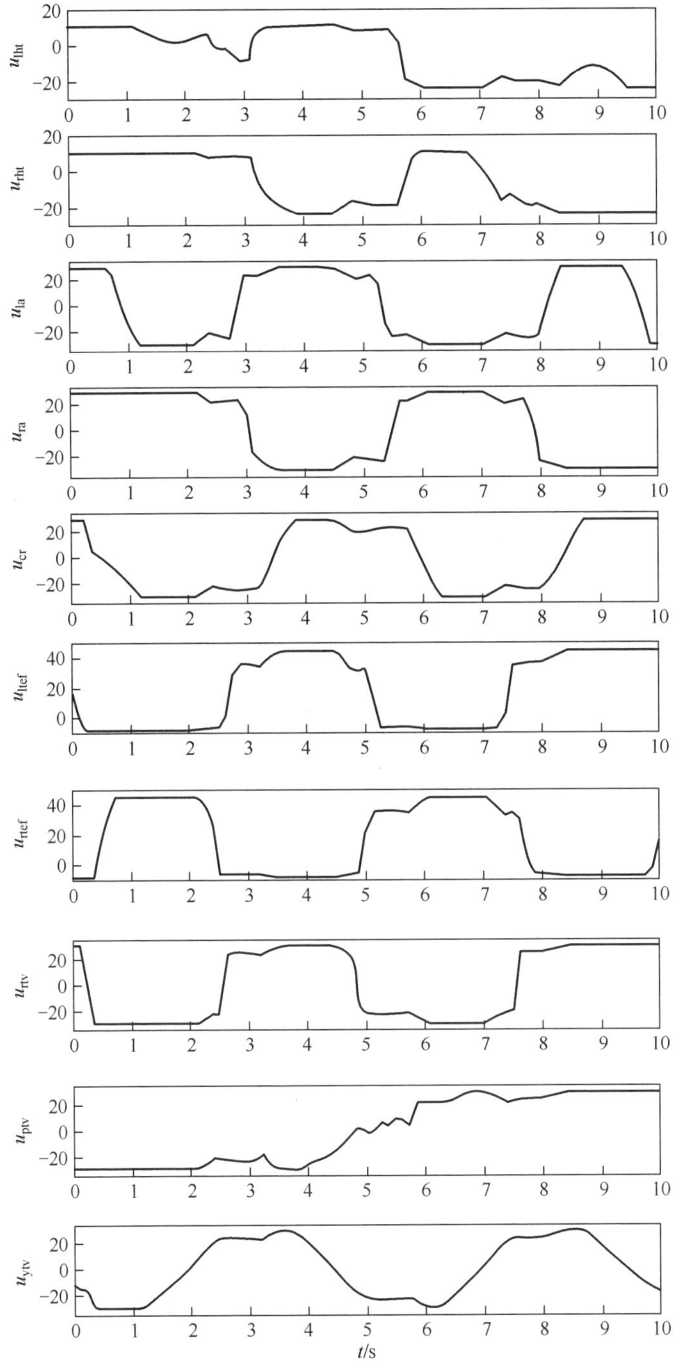


图 4.8 内点法生成的操纵面控制指令

## 4.4 改进的直接分配优化算法设计

在应用直接分配算法进行操纵面指令分配的过程中,可达的虚拟控制指令始终位于期望方向。当 $\boldsymbol{v}_{\mathrm{d}}$ 在可达集之内时,期望虚拟控制指令可通过操纵面的偏转完全实现,对应的分配结果满足目标 $J_{\mathrm{DA}}=0$,其中:

$$J_{\mathrm{DA}}=\min_{\boldsymbol{u}\in\Omega_u}\|\boldsymbol{v}_{\mathrm{d}}(t)-\boldsymbol{B}\cdot\boldsymbol{u}(t)\|_2 \tag{4.22}$$

但是当期望虚拟控制指令超出可达集边界时,尤其在 $\boldsymbol{v}_{\mathrm{d}}$ 超出可达集边界较多或 $\boldsymbol{v}_{\mathrm{d}}$ 所指向的边界面并不是离 $\boldsymbol{v}_{\mathrm{d}}$ 最近的边界面时,直接分配算法实现的指令会与期望虚拟控制指令存在较大的误差。此时,$J_{\mathrm{DA}}\neq 0$,控制分配结果无法保证式(4.22)达到最优,直接分配算法将不能全局地考虑未饱和操纵面的性能,以发挥所有操纵面的综合控制效能。为减小虚拟控制指令对期望值的跟踪误差,本节着重讨论 $\boldsymbol{v}_{\mathrm{d}}\notin\Phi_v$ 的情形,在研究目标可达集的基础上利用矢量空间运算提出了一种基于直接分配的优化性能改进方案,在 $\Phi_v$ 中进一步寻找与 $\boldsymbol{v}_{\mathrm{d}}$ 更匹配的虚拟控制指令,实现对期望虚拟控制指令的精确跟踪。

### 4.4.1 优化方案设计

根据性质 4.4 可知,操纵面由于受到偏转约束限制,形成的可达集 $\Phi_v$ 是 $n$ 维的凸立方体,边界集 $\partial(\Phi_v)$ 则是由 $n-1$ 维的立方体组成。$\partial(\Phi_v)$ 中的点可由 $\partial(\Omega_u)$ 中的点通过线性映射 $\boldsymbol{B}$ 得到,但是 $\partial(\Omega_u)$ 中的点经过映射以后却不一定都在 $\partial(\Phi_v)$ 中。下面给出两个定义:

**定义 4.7** 任意 $r$ 维控制量变化、其余控制量饱和时组成的控制输入记为 $\boldsymbol{u}^{\{r\}}$,则得到控制子集为凸集,记为 $\Omega^r\subset\Omega_u$。且 $\Omega^r$ 共有 $2^{m-r}m!/(r!\cdot(m-r)!)$ 个边界超立方体,组成边界子集为凸集,记为 $\partial(\Omega^r)$。

**定义 4.8** 任意 $r$ 维控制量变化、其余控制量饱和时第 $i$ 种操纵面组合记为 $\boldsymbol{u}_i^{\{r\}}$,得到控制子集和边界子集为凸集,分别记为 $\Omega_i^r$ 和 $\partial(\Omega_i^r)$。$\Omega_i^r$ 经过线性映射以后,得到可达子集记为 $\Phi_i^r\subset\Phi_v$,对应的边界子集为凸集,记为 $\partial(\Phi_i^r)$。

由此,在操纵面不共面的情形下,给出如下定理:

**定理 4.2** 对给定的 $\forall\boldsymbol{v}_{\mathrm{d}}\notin\Phi_v$,假设与 $\partial(\Phi_i^{n-1})$ 相交且交点为 $\boldsymbol{v}_{\mathrm{p}}$,对应的原像点 $\boldsymbol{u}_{\mathrm{p}}\in\partial(\Omega_i^{n-1})$,使得 $\boldsymbol{v}_{\mathrm{p}}=\boldsymbol{B}\boldsymbol{u}_{\mathrm{p}}$,那么存在唯一的 $\boldsymbol{u}\in\partial(\Omega_i^{n-1})$,使其在 $\partial(\Phi_i^{n-1})$ 中的映射 $\boldsymbol{v}$ 满足 $\|\boldsymbol{v}_{\mathrm{d}}-\boldsymbol{v}\|_p\ (1\leqslant p<+\infty)$ 最小。

**证明** 取 $\partial(\Phi_i^{n-1})$ 中任意一点 $\boldsymbol{v}_{\mathrm{r}}$,对应的原像点 $\boldsymbol{u}_{\mathrm{r}}\in\partial(\Omega_i^{n-1})$,满足 $\boldsymbol{v}_{\mathrm{r}}=\boldsymbol{B}\boldsymbol{u}_{\mathrm{r}}$。当未饱和的操纵面偏转时,$\boldsymbol{u}_{\mathrm{r}}$ 与 $\boldsymbol{u}_{\mathrm{p}}$ 中可能存在同时偏转但偏转后位置一样

的操纵面,因此假设 $\boldsymbol{u}_{\mathrm{r}}$ 与 $\boldsymbol{u}_{\mathrm{p}}$ 中共有 $k(0 \leqslant k \leqslant n-1)$ 个不相同的元素,对 $\boldsymbol{u}_{\mathrm{r}}$ 进行初等行变换并分块可得

$$\boldsymbol{u}_{\mathrm{r}} \sim \boldsymbol{u}_{\mathrm{r,e}} = \begin{bmatrix} \boldsymbol{u}_{\mathrm{r}}^{\{k\}} \\ \boldsymbol{u}_{\mathrm{r}}^{\{m-k\}} \end{bmatrix}$$

式中:$\boldsymbol{u}_{\mathrm{r,e}}$ 为变换得到的控制量;$\boldsymbol{u}_{\mathrm{r}}^{\{k\}}$ 由 $\boldsymbol{u}_{\mathrm{r}}$ 中与 $\boldsymbol{u}_{\mathrm{p}}$ 不相同的 $k$ 个元素组成;$\boldsymbol{u}_{\mathrm{r}}^{\{m-k\}}$ 则由 $\boldsymbol{u}_{\mathrm{r}}$ 中剩下 $m-k$ 个元素组成。

相应地对 $\boldsymbol{B}$ 进行初等列变换,使得各操纵面的控制效率系数和控制输入对应起来,即 $\boldsymbol{B}_{\mathrm{r}}^{\{k\}}$ 和 $\boldsymbol{B}_{\mathrm{r}}^{\{m-k\}}$ 分别表示 $\boldsymbol{u}_{\mathrm{r}}^{\{k\}}$ 和 $\boldsymbol{u}_{\mathrm{r}}^{\{m-k\}}$ 的控制效率,从而

$$\Delta \boldsymbol{v}_{\mathrm{rp}} = \boldsymbol{v}_{\mathrm{r}} - \boldsymbol{v}_{\mathrm{p}} = \begin{bmatrix} \boldsymbol{B}_{\mathrm{r}}^{\{k\}} & \boldsymbol{B}_{\mathrm{r}}^{\{m-k\}} \end{bmatrix} \cdot \begin{bmatrix} \Delta \boldsymbol{u}^{\{k\}} \\ \boldsymbol{0} \end{bmatrix}$$

式中:$\Delta \boldsymbol{u}^{\{k\}}$ 为 $\boldsymbol{u}_{\mathrm{r}}$ 和 $\boldsymbol{u}_{\mathrm{p}}$ 中 $k$ 个不相同元素对应的控制变化量。

由于 $\boldsymbol{u}_{\mathrm{r}},\boldsymbol{u}_{\mathrm{p}} \in \partial(\Omega_i^{n-1})$,则 $\Delta \boldsymbol{u}^{\{k\}}$ 有界,即经线性映射以后 $\Delta \boldsymbol{v}_{\mathrm{rp}}$ 在第 $i$ 个 $n-1$ 维立方体中必存在最大值和最小值。根据 $\boldsymbol{v}_{\mathrm{d}} = \rho \boldsymbol{v}_{\mathrm{p}}$,记

$$\Delta \boldsymbol{v} = \boldsymbol{v}_{\mathrm{r}} - \boldsymbol{v}_{\mathrm{d}} = \Delta \boldsymbol{v}_{\mathrm{rp}} - (\rho - 1)\boldsymbol{v}_{\mathrm{p}}$$

由于 $\Delta \boldsymbol{v}_{\mathrm{rp}}$ 和 $\boldsymbol{v}_{\mathrm{p}}$ 均有界,故而 $\Delta \boldsymbol{v}$ 有界。令

$$\begin{cases} \Delta \boldsymbol{v}_{\min} = \min(|\Delta \boldsymbol{v}|) \\ \Delta \boldsymbol{v}_{\max} = \max(|\Delta \boldsymbol{v}|) \end{cases}$$

则 $\Delta \boldsymbol{v}$ 满足 $|\Delta \boldsymbol{v}| \in [\Delta \boldsymbol{v}_{\min}, \Delta \boldsymbol{v}_{\max}]$,其中"$|\cdot|$"表示矢量中的元素取绝对值。进一步由范数定义可知:

$$\| \boldsymbol{v}_{\mathrm{d}} - \boldsymbol{v}_{\mathrm{r}} \|_p = \left( \sum_{i=1}^{n} |\Delta v_i|^p \right)^{\frac{1}{p}}$$

式中:$p \in [1, +\infty)$,则当 $|\Delta \boldsymbol{v}| = \Delta \boldsymbol{v}_{\min}$ 时,$\| \boldsymbol{v}_{\mathrm{d}} - \boldsymbol{v}_{\mathrm{r}} \|_p$ 取最小值。由此可求得 $2^n$ 个 $\boldsymbol{v}_{\mathrm{r}}$,不一定所有的都满足 $\boldsymbol{v}_{\mathrm{r}} \in \partial(\Phi_i^{n-1})$,但其中至少存在一个解是满足要求的虚拟控制指令 $\boldsymbol{v}_{\in} \partial(\Phi_i^{n-1})$。

假设 $\boldsymbol{v}_1 \in \partial(\Phi_i^{n-1})$ 和 $\boldsymbol{v}_2 \in \partial(\Phi_i^{n-1})$ 是 $\boldsymbol{v}_{\mathrm{r}}$ 的两个解,则存在:

$$\boldsymbol{v}_1 - \boldsymbol{v}_{\mathrm{d}} = T_{\mathrm{rotary}}(\boldsymbol{v}_2 - \boldsymbol{v}_{\mathrm{d}})$$

式中:$T_{\mathrm{rotary}}$ 为旋转变换。而 $\boldsymbol{v}_1$ 和 $\boldsymbol{v}_2$ 相对称的中心点可表示为 $(\boldsymbol{v}_1 + \boldsymbol{v}_2)/2$,满足

$$\begin{aligned} \left\| \frac{\boldsymbol{v}_1 + \boldsymbol{v}_2}{2} - \boldsymbol{v}_{\mathrm{d}} \right\|_p &= \left\| \frac{1}{2}(\boldsymbol{v}_2 - \boldsymbol{v}_{\mathrm{d}}) + \frac{1}{2} T_{\mathrm{rotary}}(\boldsymbol{v}_2 - \boldsymbol{v}_{\mathrm{d}}) \right\|_p \\ &\leqslant \left\| \frac{1}{2}(\boldsymbol{v}_2 - \boldsymbol{v}_{\mathrm{d}}) \right\|_p + \left\| \frac{1}{2} T_{\mathrm{rotary}}(\boldsymbol{v}_2 - \boldsymbol{v}_{\mathrm{d}}) \right\|_p \\ &= \| (\boldsymbol{v}_2 - \boldsymbol{v}_{\mathrm{d}}) \|_p \end{aligned}$$

由于 $\boldsymbol{v}_1 \in \partial(\Phi_i^{n-1})$,$\boldsymbol{v}_2 \in \partial(\Phi_i^{n-1})$,从而 $(\boldsymbol{v}_1 + \boldsymbol{v}_2)/2 \in \partial(\Phi_i^{n-1})$。这表明 $\boldsymbol{v}_1$ 和 $\boldsymbol{v}_2$ 不可能同时是最终的虚拟控制指令解,与假设矛盾。因此,$2^n$ 个 $f_1(w)$ 中只

有一个能够满足待求的虚拟控制指令要求，即 $\boldsymbol{v}$ 是唯一的，而 $\partial(\Omega_i^{n-1})$ 中至少存在一个 $\boldsymbol{u}=\boldsymbol{u}_{\mathrm{r}}$ 使得 $\boldsymbol{v}=\boldsymbol{B}\boldsymbol{u}$ 满足要求。

对于控制指令的唯一性，采用反证法进行证明。假设除了控制指令 $\boldsymbol{u}$ 之外，还存在 $\boldsymbol{u}_{\mathrm{c}}$ 同样满足要求，则在控制效率矩阵线性映射下满足 $\boldsymbol{v}_{\mathrm{c}}=\boldsymbol{v}$，即

$$\boldsymbol{B}\boldsymbol{u}_{\mathrm{c}}=\boldsymbol{B}\boldsymbol{u} \tag{4.23}$$

由于 $\boldsymbol{u},\boldsymbol{u}_{\mathrm{c}}\in\partial(\Omega_i^{n-1})$，因此 $\boldsymbol{u}$ 和 $\boldsymbol{u}_{\mathrm{c}}$ 中最多存在 $n-1$ 个不同的元素，不妨设为 $\kappa\leqslant n-1$ 个，方程式(4.23)经过分解可转化为

$$\boldsymbol{b}_1(u_{\mathrm{c},1}-u_1)+\cdots+\boldsymbol{b}_\kappa(u_{\mathrm{c},\kappa}-u_\kappa)=0$$

式中：$\boldsymbol{b}_1,\boldsymbol{b}_2,\cdots,\boldsymbol{b}_\kappa\in\mathbf{R}^{n\times1}$ 为变化操纵面对应的控制效率矢量；$u_1,\cdots,u_\kappa$ 和 $u_{\mathrm{c},1},\cdots,u_{\mathrm{c},\kappa}$ 分别为操纵面偏转指令 $\boldsymbol{u}$ 和 $\boldsymbol{u}_{\mathrm{c}}$ 中的变化量。

由于不存在共面操纵面，且 $\kappa\leqslant n-1$，则 $\boldsymbol{b}_1,\boldsymbol{b}_2,\cdots,\boldsymbol{b}_\kappa$ 线性无关，从而：

$$u_{\mathrm{c},1}=u_1,\cdots,u_{\mathrm{c},\kappa}=u_\kappa$$

即 $\boldsymbol{u}$ 和 $\boldsymbol{u}_{\mathrm{c}}$ 中不相同的元素应该相等，与假设矛盾。从而 $\boldsymbol{u}_{\mathrm{c}}=\boldsymbol{u}$。证毕。

由定理 4.2 可知，$\partial(\Omega_i^{n-1})$ 中任意一点 $\boldsymbol{u}$ 虽有无数个 $\boldsymbol{v}_{\mathrm{d}}$ 与之对应，但任意 $\boldsymbol{v}_{\mathrm{d}}$ 在 $\partial(\boldsymbol{\Phi}_i^{n-1})$ 中只有唯一的最优值满足控制指标式(4.22)的要求，即改进的直接分配算法存在 $\boldsymbol{v}_{\mathrm{d}}\rightarrow\boldsymbol{u}$ 的映射关系，不会出现一个虚拟控制指令产生多种最优操纵面偏转组合的情况，满足分配结果的唯一性要求。

### 4.4.2 具体方案实现

结合定理 4.2 和文献[1]的相关结论，改进直接分配算法优化控制方案的具体实现步骤如下：

步骤 1　根据操纵面偏转约束的组合得到边界集 $\partial(\Omega_u)$，按 4.2.2 节的方法构建目标可达集 $\boldsymbol{\Phi}_v$ 及边界 $\partial(\boldsymbol{\Phi}_v)$，并找到各边界面的顶点组合。

假设 $\boldsymbol{v}_{\mathrm{d}}$ 所指边界为 $\partial(\boldsymbol{\Phi}_i^2)$，包含顶点 $\boldsymbol{v}_i$、$\boldsymbol{v}_j$、$\boldsymbol{v}_k$ 和 $\boldsymbol{v}_l$，对应控制输入分别为 $\boldsymbol{u}_i$、$\boldsymbol{u}_j$、$\boldsymbol{u}_k$ 和 $\boldsymbol{u}_l$，$\hat{\boldsymbol{v}}_{i-j}$ 和 $\hat{\boldsymbol{v}}_{i-k}$ 分别表示 $\boldsymbol{v}_j-\boldsymbol{v}_i$ 和 $\boldsymbol{v}_k-\boldsymbol{v}_i$ 的单位矢量，$b_{\max}$、$c_{\max}$ 表示相应的幅值。计算 $\boldsymbol{v}_{\mathrm{d}}$ 与 $\partial(\boldsymbol{\Phi}_i^2)$ 的交点 $\boldsymbol{v}_{\mathrm{p}}$ 及其对应的 $\boldsymbol{u}_{\mathrm{p}}$。

步骤 2　判断 $\boldsymbol{v}_{\mathrm{d}}$ 是否属于 $\boldsymbol{\Phi}_v$。如果 $\rho\leqslant1$，则 $\boldsymbol{v}_{\mathrm{d}}\in\boldsymbol{\Phi}_v$，令 $\boldsymbol{u}=\rho\cdot\boldsymbol{u}_{\mathrm{p}}$，转到步骤 8；否则转到步骤 3。

步骤 3　计算满足优化指标的最优值。假设 $\boldsymbol{v}$ 的单位矢量为 $\hat{\boldsymbol{v}}$，则存在：

$$a_\rho\hat{\boldsymbol{v}}=\boldsymbol{v}_i+b_\rho\hat{\boldsymbol{v}}_{i-j}+c_\rho\hat{\boldsymbol{v}}_{i-k}$$

式中：$a_\rho$ 为 $\boldsymbol{v}$ 的幅值；$b_\rho$ 和 $c_\rho$ 分别为 $\hat{\boldsymbol{v}}_{i-j}$ 和 $\hat{\boldsymbol{v}}_{i-k}$ 方向上矢量的幅值。欲满足 $\|\boldsymbol{v}_{\mathrm{d}}-\boldsymbol{v}\|$ 最小，存在：

$$(\boldsymbol{v}_{\mathrm{d}}-a_\rho\hat{\boldsymbol{v}})^{\mathrm{T}}\cdot\boldsymbol{v}_{\mathrm{n}}=\boldsymbol{0}$$

式中：$\boldsymbol{v}_{\mathrm{n}}=[\boldsymbol{v}_{i-j}\quad\boldsymbol{v}_{i-k}\quad\boldsymbol{v}_{i-l}]$，由此可求得 $\boldsymbol{v}$ 的方向。进一步可知 $\boldsymbol{v}$ 的大小满足

$$\| \boldsymbol{v}_{\mathrm{d}} - a_\rho \hat{\boldsymbol{v}} \|_2 = \| \boldsymbol{v}_{\mathrm{d}} - \boldsymbol{v}_{\mathrm{p}} \|_2 \cdot \frac{\boldsymbol{v}_{i-j} \times \boldsymbol{v}_{i-k} \cdot \boldsymbol{v}_{\mathrm{d}}}{\| \boldsymbol{v}_{i-j} \times \boldsymbol{v}_{i-k} \|_2 \cdot \| \boldsymbol{v}_{\mathrm{d}} \|_2}$$

步骤4　判断$\boldsymbol{v}$是否属于$\partial(\boldsymbol{\Phi}_i^2)$。如果$\boldsymbol{v}$满足$a_\rho > 0, 0 \leqslant b_\rho \leqslant b_{\max}, 0 \leqslant c_\rho \leqslant c_{\max}$，则可判断出$v \in \partial(\boldsymbol{\Phi}_i^2)$，从而得到控制量$\boldsymbol{u} = \boldsymbol{u}_i + b_\rho(\boldsymbol{u}_j - \boldsymbol{u}_i) + c_\rho(\boldsymbol{u}_k - \boldsymbol{u}_i)$，转到步骤8；否则，转到步骤5。

步骤5　在$\partial(\boldsymbol{\Phi}_i^2)$中找到$\boldsymbol{v}_{\mathrm{d}}$所指的边界线。假设边界线的顶点为$\boldsymbol{v}_i$和$\boldsymbol{v}_j$，判断$\boldsymbol{v}$是不是$\hat{\boldsymbol{v}}_{i-j}$方向上的点，令

$$d_\rho = \frac{(\boldsymbol{v} - \boldsymbol{v}_i) \cdot \hat{\boldsymbol{v}}_{i-j}}{\| \boldsymbol{v} - \boldsymbol{v}_i \|_2}$$

若$d_\rho = 1$，则转到步骤6；否则转到步骤7。

步骤6　若$b_\rho \geqslant 1$，令$b_\rho = 1$；若$b_\rho < 0$，则令$b_\rho = 0$，转到步骤4。

步骤7　定义$\hat{\boldsymbol{v}}_{v,v_{\mathrm{p}}}$、$\hat{\boldsymbol{v}}_{v,v_i}$为$\boldsymbol{v} - \boldsymbol{v}_{\mathrm{p}}$、$\boldsymbol{v} - \boldsymbol{v}_i$的单位矢量，则由于$\hat{\boldsymbol{v}}_{v,v_{\mathrm{p}}} \times \hat{\boldsymbol{v}}_{i-j}$和$\hat{\boldsymbol{v}}_{v,v_{\mathrm{p}}} \times \hat{\boldsymbol{v}}_{v,v_i}$同向，因此根据空间矢量关系

$$\| \hat{\boldsymbol{v}}_{v,v_{\mathrm{p}}} \times \hat{\boldsymbol{v}}_{i-j} \|_2 = b_\rho \cdot \frac{\| \hat{\boldsymbol{v}}_{v,v_{\mathrm{p}}} \times \hat{\boldsymbol{v}}_{v,v_i} \|_2}{\| \boldsymbol{v} - \boldsymbol{v}_i \|_2}$$

可求得$b_\rho$，令$c_\rho = 0$，根据$a_\rho \hat{\boldsymbol{v}} = \boldsymbol{v}_i + b_\rho \hat{\boldsymbol{v}}_{i-j} + c_\rho \hat{\boldsymbol{v}}_{i-k}$知$a_\rho$，转到步骤4。

步骤8　计算终止，得到最优的操纵面组合控制量$\boldsymbol{u}$。

值得一提是，在$\boldsymbol{v}_{\mathrm{d}} \in \boldsymbol{\Phi}_v$的情况下，经改进的优化分配算法所产生的虚拟控制指令不但满足优化条件式(4.22)，而且是无偏差的最优值；在$\boldsymbol{v}_{\mathrm{d}} \notin \boldsymbol{\Phi}_v$的情况下，若$\boldsymbol{v}$仅属于$\partial(\boldsymbol{\Phi}_i^2)$，则$\boldsymbol{v}$在$\boldsymbol{\Phi}_v$中对优化目标函数式(4.22)全局最优，否则$\boldsymbol{v}$在$\partial(\boldsymbol{\Phi}_i^2)$中对优化目标函数式(4.22)全局最优。

### 4.4.3　仿真及分析

对于4.2.4节的多操纵面飞机，在$Ma$=0.5、$H$=1km的飞行状态下，选择虚拟控制指令为$\boldsymbol{v}_{\mathrm{d}} = [C_l \quad C_m \quad C_n]^{\mathrm{T}}$，则对应的虚拟控制指令可达集如图4.1所示。给定图4.9中点划线所指的虚拟控制指令，分别采用4.3节所述基于原始—对偶路径跟踪的直接分配算法和4.4节提出的改进直接分配优化算法进行操纵面指令分配，图4.9所示为两种方法所实际生成虚拟控制指令的动态过程，前者对应虚线，后者对应实线。结合图4.9可知，在2s时飞机产生了向下的俯仰机动指令、向左的滚转机动指令以及向左的偏航机动指令，而在7s时则生成了与之相反的俯仰、滚转和偏航机动指令。图4.10所示为直接分配算法和改进的优化分配算法所生成的可达虚拟指令与期望指令的差值，其幅值大小与式(4.22)的目标函数值相对应。两种方法可实现的三轴力矩系数在可达集中的轨迹分布情况则分别如图4.11(a)和图4.11(b)所示。

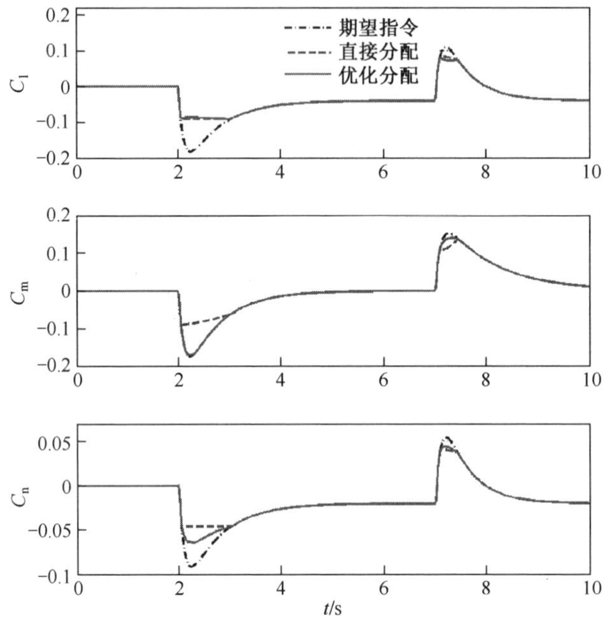


图 4.9　虚拟控制指令的动态过程

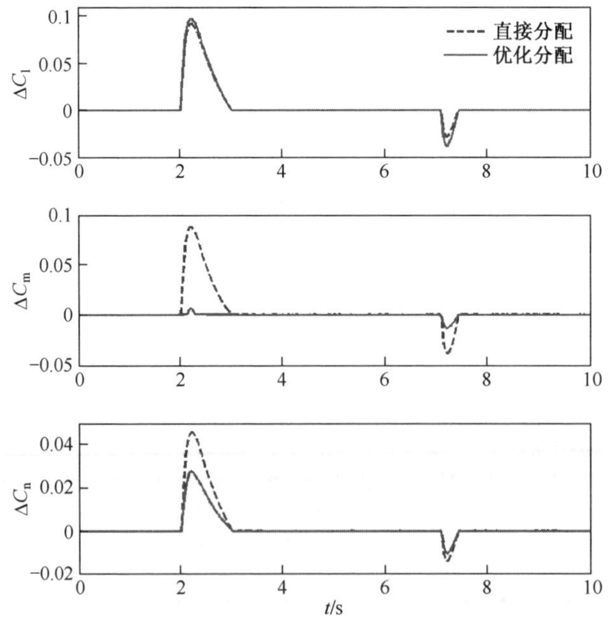


图 4.10　虚拟控制指令的控制误差曲线

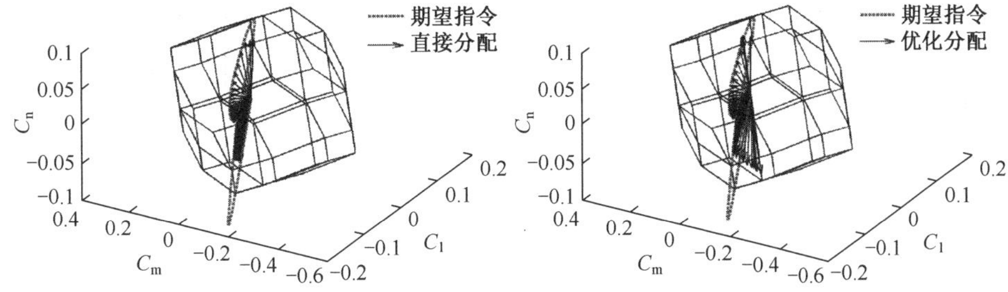


（a）改进前的分配结果　　（b）改进后的分配结果

图 4.11　直接分配算法改进前后生成的虚拟控制指令在可达集中的轨迹

结合图 4.9~图 4.11 可知,改进的直接分配优化算法生成的虚拟控制指令严格位于可达集空间之内,具有较小的控制误差,相应地控制目标也相对较优,控制性能整体优于改进前的直接分配算法。图 4.12 所示为两种方法进行分配时对应

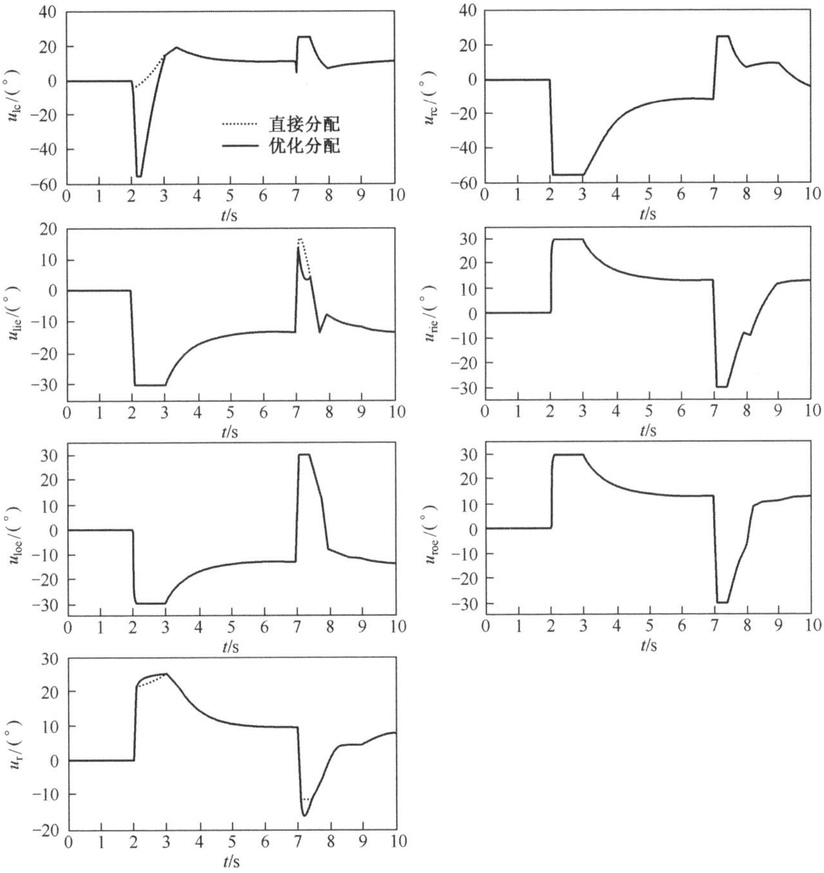


图 4.12　操纵面控制指令的动态过程

操纵面控制指令的动态响应过程。

进一步结合图4.9~图4.11可以看出，在0~2.1s、3~7.1s、7.5~10s时，$\boldsymbol{v}_{\mathrm{d}} \in \Phi_v$，即期望虚拟控制指令是可达的。此时两种算法均可以精确地产生期望虚拟指令的跟踪指令，且指令是满足控制评价指标式(4.22)要求的全局最优值。相应地由图4.12可知，$\boldsymbol{v}_{\mathrm{d}} \in \Phi_v$ 时改进后的优化分配算法与直接分配算法得到了相同的操纵面偏转指令，这与理论分析完全相符。在2.1~3s和7.1~7.5s时，期望虚拟指令是不可达的，即 $\boldsymbol{v}_{\mathrm{d}} \notin \Phi_v$，此时满足控制代价要求的 $\boldsymbol{v} \in \partial(\Phi_i^2)$。结合图4.12可知，在2.1~3s时，由于期望虚拟指令不可达，直接分配和优化分配算法的结果中右鸭翼、左右内升降副翼以及左右外升降副翼等5副操纵面处于极限位置，而左鸭翼和方向舵在约束范围内偏转。其中在2.2~2.3s时，优化分配算法产生的左鸭翼指令也达到了极限位置，此时 $\boldsymbol{v}$ 在 $\partial(\Phi_i^2)$ 中局部最优，且存在另一个相邻的边界子集 $\partial(\Phi_j^2)$ $(j \neq i)$，使得 $\boldsymbol{v}$ 同时属于 $\partial(\Phi_i^2)$ 和 $\partial(\Phi_j^2)$。同样地，在7.1~7.5s时，直接分配和优化分配算法的分配结果中左右鸭翼、右内升降副翼以及左右外升降副翼等5副操纵面处于极限位置，而左内升降副翼和方向舵在约束范围内偏转。此时，优化分配算法产生的虚拟控制指令 $\boldsymbol{v}$ 在 $\partial(\Phi_i^2)$ 中达到了全局最优。

## 4.5 小结

本章基于虚拟控制指令可达集空间深入地研究了多操纵面飞行控制系统中静态直接分配算法的优化设计问题。针对操纵面可能存在的共面情形和不共面情形，分别研究了控制约束集合及其对应可达集所具有的性质，并给出了一种构建虚拟指令可达集的通用方法。建立了直接分配算法的等价线性规划模型，进而研究了适用性较强的原始—对偶路径跟踪内点算法，给出了用于数值求解直接分配线性规划模型的基本原理和计算流程。在虚拟控制指令不可达时，针对直接分配算法可能造成冗余执行器控制性能下降的问题，基于虚拟指令可达集空间的矢量运算，提出了一种直接分配算法的改进优化方法，证明了改进方案的分配结果具有唯一性的特点，并给出了方案的具体实现步骤。最后通过某多操纵面飞机的对比数值仿真表明，本章设计的直接分配改进优化方法能够合理地分配操纵面的控制指令，具有较小的控制误差，分配性能优于改进前的直接分配算法。

## 参考文献

[1] Durham W C. Constrained control allocation: three moment problem[J]. Journal of Guidance, Con-

trol, and Dynamics, 1994, 17(2): 330-336.
[2] Durham W C. Computationally efficient control allocation[J]. Journal of Guidance, Control, and Dynamics, 2001, 24(3): 519-524.
[3] John A M. Petersen, Marc Bodson. Fast control allocation using spherical coordinates[R]. AIAA 99-4215: 1321-1330.
[4] John A M. Petersen, Marc Bodson. Fast implementation of direct allocation with extension to coplanar controls[J]. Journal of Guidance, Control, and Dynamics, 2002, 25(3): 464-473.
[5] 李卫琪,魏晨,陈宗基. 受限控制直接分配新算法[J]. 北京航空航天大学学报, 2005, 31(11): 1177-1180.
[6] Durham W C. Attainable moments for the constrained control allocation problem[J]. Journal of Guidance, Control, and Dynamics, 1994, 17(6): 1371-1373.
[7] 杨凌宇,范彦铭,邵山,等. 基于基排序法的冗余操纵面控制分配与管理[J]. 中国科学 F 辑, 2010, 40(4): 399-406.
[8] Berg M D, Cheong O, Kreveld M V. Computational geometry algorithms and applications (Third Edition)[M]. berlin: Springer, 2008.
[9] Bordignon K A, Durham W C. Closed-form solutions to constrained control allocation problem[J]. Journal of Guidance, Control, and Dynamics, 1995, 18(5): 1000-1007.
[10] Hausner M A. Vector space approach to geometry[M]. Prentice-Hall, Englewood Cliffs, 1965.
[11] Forssell L, Nilsson U. ADMIRE the aero-data model in a research environment version 4.0, model description[R]. FOI-R-1624-SE, Swedish Defence Agency, Sweden, 2005: 25-34.
[12] Härkegård Ola. Backstepping and control allocation with applications to flight control[D]. Linköping University, 2003.
[13] John A M. Petersen, Marc Bodson. Interior-point algorithms for control allocation[J]. Journal of Guidance, control, and dynamics, 2005, 28(3): 471-480.
[14] Buffington J M. Tailless aircraft control allocation[C]. AIAA Guidance, Navigation, and Control Conference and Exhibit, New Orleans, 1997: 737-747.
[15] Marc Bodson. Evaluation of optimization methods for control allocation[J]. Journal of Guidance, Control, and Dynamics, 2002, 25(4): 703-711.
[16] 董文永,刘进,丁建立,等. 最优化技术和数学建模[M]. 北京:清华大学出版社, 2010.
[17] 傅英定,成孝予,唐应辉. 最优化理论与方法[M]. 北京:国防工业出版社, 2008.
[18] 陈勇,董新民. 多操纵面优化控制分配新方法[J]. 飞行力学, 2009, 27(2): 72-76.
[19] 陈勇,董新民,王发威,等. 赋权控制分配策略的空间优化设计[J]. 信息与控制, 2012, 41(2): 225-232.
[20] Berg M D, Cheong O, Kreveld M V. Computational geometry algorithms and applications (Third Edition)[M]. Londo: Springer, 2008.

# 第5章 变权值控制分配权值优化设计方法

## 5.1 引言

对多操纵面飞机而言，待分配的冗余操纵面、优化性能指标和分配约束条件是控制分配问题的三个基本要素，待分配的操纵面和分配约束条件由冗余执行器的具体配置决定，通常是固定的。在不同的飞行状态和飞行任务要求下，合理地选择优化性能指标成为实现期望控制分配性能的重要前提。

目前，典型的性能指标包括操纵面偏转能量损耗最低、虚拟指令跟踪误差最小、雷达反射面积最小以及巡航阻力最小等，其中阻力最小有时也可等效为操纵面偏转能量损耗最低[1]。由于操纵面的控制效能和物理条件各异，采用赋权方法构建优化控制分配模型是实现控制性能要求最常见、最有效的方式，目前已提出了加权伪逆和混合优化等两类计算简单、工程实用性强的赋权控制分配方法。通过赋予不同的权值，可使操纵面具有不同的使用侧重点，有效降低控制效能低、使用成本高或者故障操纵面的使用量。但是，由于多操纵面飞机执行器数量较多、结构参数复杂，用于控制分配器设计和控制性能调节的控制权值矩阵通常采用人工估算、经验修正等方法进行设计，容易因设计人员的人为偏见造成控制效能相互抵消，无法最优地开发出冗余执行器具备的控制潜能。2002 年，Bošković等[2,3]考虑操纵面的偏转约束，提出了采用 LMI 方法最优调节权值矩阵的非线性加权伪逆控制分配方案。2006 年，Kishore 等[4]结合鲁棒 D-稳定状态反馈控制律，提出了在控制约束边界条件处自适应调节权值矩阵的加权伪逆控制分配方案。

虚拟指令可达集从几何空间的角度描述了控制分配算法能使操纵面实现的控制能力，国内外学者对此进行了广泛的研究。文献[5]提出了三维可达集的二进制构建方法，文献[6,7]则构建了球面坐标系下无幅值的二维可达集。文献[8]研究了串接链、级联广义逆所对应的虚拟指令可达集空间，文献[9]则进一步引入体积来描述可达集所具备的控制能力和分配效率，研究了三维伪逆可达集的构建方法，并通过最优的伪逆分配将 F-18HARV 飞机的可达集分配效率由 13.7%提升至

42.7%。文献[10]利用“微元”思想研究了再分配伪逆法的分配效率,通过遗传算法选择具有最优分配效率的广义逆矩阵,可将某战斗机的操纵面分配效率由 25% 提高至 46%。文献[11,12]指出,可达集是综合评价控制分配效率的一个重要指标。

本章结合典型的飞行任务指标要求,研究了加权伪逆和混合优化两类赋权控制分配策略的权值最优化设计问题。首先建立加权伪逆法和混合优化法的数学模型,得到了无约束状态下统一的控制律形式和可达集的构建方法;其次研究包含分配效率和分配模态性能要求的控制分配多目标优化问题,采用非劣排序遗传算法对赋权控制分配策略的权值进行离线优化设计;再次,研究操纵面故障条件下赋权控制分配策略的权值优化问题,考虑操纵面的偏转限制,通过沿控制目标梯度下降的方向修正控制权值矩阵,最大量地发挥冗余操纵面的控制效能;最后,在加权伪逆控制分配方法的基础上,研究参数变化对混合优化控制分配方法性能的影响。

## 5.2 两类赋权控制分配法的数学模型

### 5.2.1 加权伪逆法模型

**定理 5.1** 广义逆是一种特殊的二次规划控制分配方法,其数学模型可描述为

$$\begin{cases}\min\limits_{\boldsymbol{u}(t)} J = \|\boldsymbol{u}(t)\|_2^2 \\ \text{s. t. } \boldsymbol{v}_{\mathrm{d}}(t) = \boldsymbol{B}\cdot\boldsymbol{u}(t)\end{cases} \tag{5.1}$$

对应的最优解为 $\boldsymbol{u}(t) = \boldsymbol{B}^{\dagger}\boldsymbol{v}_{\mathrm{d}}(t)$ 。其中 $\boldsymbol{B}^{\dagger} = \boldsymbol{B}^{\mathrm{T}}(\boldsymbol{B}\boldsymbol{B}^{\mathrm{T}})^{-1}$ 表示 $\boldsymbol{B}$ 的 Moore-Penrose 逆。

广义逆控制分配法在不考虑操纵面物理约束的前提下,实现分配控制量的最小化,其分配结果对应无约束状态下最小偏转量控制分配模态。

**定理 5.2** 若控制权值矩阵 $\boldsymbol{W}_1 \in \mathbf{R}^{m\times m}$ 非奇异,期望控制指令和虚拟控制指令分别为 $\boldsymbol{u}_{\mathrm{s}}(t)$ 和 $\boldsymbol{v}_{\mathrm{d}}(t)$ ,则加权伪逆法可描述为

$$\begin{cases}\min\limits_{\boldsymbol{u}(t)} \quad J_1 = \|\boldsymbol{W}_1(\boldsymbol{u}(t) - \boldsymbol{u}_{\mathrm{s}}(t))\|_2^2 \\ \text{s. t.} \quad \boldsymbol{v}_{\mathrm{d}}(t) = \boldsymbol{B}\cdot\boldsymbol{u}(t)\end{cases} \tag{5.2}$$

对应的最优解为

$$\begin{cases}\boldsymbol{u}(t) = (\boldsymbol{I} - \boldsymbol{G}_1\boldsymbol{B})\boldsymbol{u}_{\mathrm{s}}(t) + \boldsymbol{G}_1\boldsymbol{v}_{\mathrm{d}}(t) \\ \boldsymbol{G}_1 = \boldsymbol{W}_1^{-1}(\boldsymbol{B}\boldsymbol{W}_1^{-1})^{\dagger}\end{cases} \tag{5.3}$$

**证明** 作变量替换,令

$$e(t)=W_1(u(t)-u_s(t))$$

则存在 $u(t)=u_s(t)+W_1^{-1}e(t)$，$B(u_s(t)+W_1^{-1}e(t))=v_d(t)$ 。

由伪逆法[2,13]可知：

$$e(t)=(BW_1^{-1})^{\dagger}(v_d(t)-Bu_s(t))$$

结合式(5.3)中 $G_1$ 的相关定义知定理 5.2 成立。证毕。

**推论 5.1** 加权伪逆法的基本要求是满足式 $v_d(t)=Bu(t)$ 的前提下使得 $J_1$ 达到最优，即需存在 $BG_1=I$ 。类似地，可设计出另一种加权伪逆分配模型为

$$u(t)=u_s(t)+(I+(I-PB)W_2)P(v_d(t)-v_s(t)) \tag{5.4}$$

式中：$P=B^{\dagger}$；$v_s(t)=Bu_s(t)$；$W_2\in\mathbf{R}^{m\times m}$ 。

**证明** 由 $v_d(t)=Bu(t)$ ，$v_s(t)=Bu_s(t)$ 知：

$$B(u(t)-u_s(t))=v_d(t)-v_s(t)$$

进一步将式(5.4)可转化为

$$u(t)-u_s(t)=(I+(I-PB)W_2)P(v_d(t)-v_s(t))$$

两端同乘于 $B$，由 $BP=I$ 即可得出推论 5.1 成立。证毕。

### 5.2.2 混合优化法模型

**引理 5.1**[14] 方程 $A_h z_h=b_h$ 存在最小二乘解的充要条件是：存在 $z_h$ 满足

$$A_h^H A_h z_h=A_h^H b_h$$

式中：$A_h\in\mathbf{R}^{\gamma_{h1}\times\gamma_{h2}}$，$b_h\in\mathbf{R}^{\gamma_{h1}}$，$z_h\in\mathbf{R}^{\gamma_{h2}}$，上标“H”表示 Hermite 矩阵。

**引理 5.2** 无约束多目标优化问题：

$$\min_{z_h} J_h(z_h)=\sum_{i=1}^{\gamma_{h0}}\|A_{hi}z_h-b_{hi}\|_2^2$$

其中，$\gamma_{h0}>0$ 为常数，$A_{hi}\in\mathbf{R}^{\gamma_{h1}\times\gamma_{h2}}$，$b_{hi}\in\mathbf{R}^{\gamma_{h1}}$，$z_h\in\mathbf{R}^{\gamma_{h2}}$，等价于求解线性方程组：

$$\left(\sum_{i=1}^{\gamma_{h0}}A_{hi}^H A_{hi}\right)z_h=\sum_{i=1}^{\gamma_{h0}}A_{hi}^H b_{hi}$$

**证明** 若存在 $z_h$ 满足 $J_h$ 最小，则等价于对 $\forall i(i=1,2,\cdots,\gamma_{h0})$，$z_h$ 满足 $\|A_{hi}z_h-b_{hi}\|_2^2$ 最小，即 $z_h$ 为线性方程组：

$$[A_{h1}^H \quad A_{h2}^H \quad \cdots \quad A_{\gamma_{h0}}^H]^H z_h=[b_{h1}^H \quad b_{h2}^H \quad \cdots \quad b_{\gamma_{h0}}^H]^H$$

的最小二乘解。结合引理 5.1 可知引理 5.2 成立。证毕。

混合优化控制分配是在加权伪逆法的基础上延伸出来的，优化性能指标中除了考虑对期望控制指令的跟踪外，还引入了虚拟控制指令的跟踪误差，通过松弛因子构成了带混合优化指标的控制分配方法。

**定理 5.3** 混合优化控制分配的数学模型可描述为

$$\begin{cases}\min\limits_{\boldsymbol{u}(t)} & J_2 = \|\boldsymbol{W}_3(\boldsymbol{v}(t) - \boldsymbol{v}_{\mathrm{d}}(t))\|_2^2 + \gamma\|\boldsymbol{W}_4(\boldsymbol{u}(t) - \boldsymbol{u}_{\mathrm{s}}(t))\|_2^2 \\ \text{s. t.} & \boldsymbol{v}(t) = \boldsymbol{B}\cdot\boldsymbol{u}(t)\end{cases} \tag{5.5}$$

式中：$\boldsymbol{W}_3 \in \mathbf{R}^{n\times n}$，$\boldsymbol{W}_4 \in \mathbf{R}^{m\times m}$ 为非奇异对称矩阵；$\gamma > 0$ 为松弛因子。对应最优解为

$$\boldsymbol{u}(t) = \boldsymbol{G}_2(\boldsymbol{B}^{\mathrm{T}}\overline{\boldsymbol{W}}_3\boldsymbol{v}_{\mathrm{d}}(t) + \gamma\overline{\boldsymbol{W}}_4\boldsymbol{u}_{\mathrm{s}}(t)) \tag{5.6}$$

式中：$\boldsymbol{G}_2 = (\boldsymbol{B}^{\mathrm{T}}\overline{\boldsymbol{W}}_3\boldsymbol{B} + \gamma\overline{\boldsymbol{W}}_4)^{-1}$，$\overline{\boldsymbol{W}}_3 = \boldsymbol{W}_3^{\mathrm{T}}\boldsymbol{W}_3$，$\overline{\boldsymbol{W}}_4 = \boldsymbol{W}_4^{\mathrm{T}}\boldsymbol{W}_4$。

**证明** 针对控制目标式(5.5)，令

$$\boldsymbol{A}_{\mathrm{h1}} = \boldsymbol{W}_3\boldsymbol{B},\quad \boldsymbol{b}_{\mathrm{h1}} = \boldsymbol{W}_3\boldsymbol{v}_{\mathrm{d}}(t),$$
$$\boldsymbol{A}_{\mathrm{h2}} = \gamma^{0.5}\boldsymbol{W}_4,\quad \boldsymbol{b}_{\mathrm{h2}} = \gamma^{0.5}\boldsymbol{W}_4\boldsymbol{u}_{\mathrm{s}}(t)$$

根据引理 5.2 可知，混合优化问题等价于求解：

$$(\boldsymbol{A}_{\mathrm{h1}}^{\mathrm{T}}\boldsymbol{A}_{\mathrm{h1}} + \boldsymbol{A}_{\mathrm{h2}}^{\mathrm{T}}\boldsymbol{A}_{\mathrm{h2}})\boldsymbol{u}(t) = \boldsymbol{A}_{\mathrm{h1}}^{\mathrm{T}}\boldsymbol{b}_{\mathrm{h1}} + \boldsymbol{A}_{\mathrm{h2}}^{\mathrm{T}}\boldsymbol{b}_{\mathrm{h2}}$$

从而结合相关定义可知定理 5.3 成立。证毕。

**推论 5.2** 特殊情况下，当 $\gamma = 0$ 或 $\boldsymbol{W}_4 = 0$ 时，如果 $\overline{\boldsymbol{W}}_3$ 非奇异且 $\boldsymbol{B}$ 列满秩，则式(5.6)对应 WPI 的左逆形式。

**定理 5.4** 若 $\gamma > 0$ 且 $\boldsymbol{W}_3$ 为对角等权值矩阵，即对虚拟控制指令各轴向权重相等，则无约束混合控制分配问题式(5.5)等价地约简为混合优化问题：

$$\min_{\boldsymbol{u}(t)} J_3 = \|\boldsymbol{B}\boldsymbol{u}(t) - \boldsymbol{v}_{\mathrm{d}}(t)\|_2^2 + \|\breve{\boldsymbol{W}}_4(\boldsymbol{u}(t) - \boldsymbol{u}_{\mathrm{s}}(t))\|_2^2 \tag{5.7}$$

式中：$\breve{\boldsymbol{W}}_4 = \gamma^{0.5}\|\boldsymbol{W}_3\|_1^{-1}\boldsymbol{W}_4$。对应的最优解为

$$\begin{cases}\boldsymbol{u}(t) = \boldsymbol{G}_3(\breve{\boldsymbol{W}}_4^{\mathrm{T}}\breve{\boldsymbol{W}}_4\boldsymbol{u}_{\mathrm{s}}(t) + \boldsymbol{B}^{\mathrm{T}}\boldsymbol{v}_{\mathrm{d}}(t)) \\ \boldsymbol{G}_3 = (\boldsymbol{B}^{\mathrm{T}}\boldsymbol{B} + \breve{\boldsymbol{W}}_4^{\mathrm{T}}\breve{\boldsymbol{W}}_4)^{-1}\end{cases} \tag{5.8}$$

**证明** 由于

$$\begin{aligned}J_2 &= \|\boldsymbol{W}_3(\boldsymbol{B}\boldsymbol{u}(t) - \boldsymbol{v}_{\mathrm{d}}(t))\|_2^2 + \gamma\|\boldsymbol{W}_4(\boldsymbol{u}(t) - \boldsymbol{u}_{\mathrm{s}}(t))\|_2^2 \\ &= \|\overline{\boldsymbol{W}}_3\|_1^2(\|\boldsymbol{B}\boldsymbol{u}(t) - \boldsymbol{v}_{\mathrm{d}}(t)\|_2^2 + \gamma\|\overline{\boldsymbol{W}}_3\|_1^{-2}\|\boldsymbol{W}_4(\boldsymbol{u}(t) - \boldsymbol{u}_{\mathrm{s}}(t))\|_2^2)\end{aligned}$$

给定 $\boldsymbol{W}_3$ 和 $\gamma$，令 $\breve{\boldsymbol{W}}_4 = \gamma^{0.5}\|\boldsymbol{W}_3\|_1^{-1}\boldsymbol{W}_4$，则优化目标式(5.5)和式(5.7)等价。根据定理 5.3 可知式(5.8)成立。证毕。

**推论 5.3** 当 $\gamma > 0$ 且 $\boldsymbol{W}_3$ 为对角等权值矩阵时，修正 $\boldsymbol{W}_4$ 相当于同时修正控制分配参数 $\gamma$、$\boldsymbol{W}_3$ 和 $\boldsymbol{W}_4$，但式(5.5)的权值比式(5.7)的物理意义更加明确。

### 5.2.3 可达集的统一构建

结合定理 5.2～定理 5.4，加权伪逆法和混合优化法可写为统一的控制律

形式：

$$\boldsymbol{u}(t)=\boldsymbol{E}\,\boldsymbol{v}_{\mathrm{d}}(t)+\boldsymbol{F}\boldsymbol{u}_{\mathrm{s}}(t)$$

由此可进一步探讨加权伪逆和混合优化的可达集构建方法。当 $\boldsymbol{v}(t)=\boldsymbol{v}_{\mathrm{d}}(t)$ 时，虚拟控制指令无误差跟踪，因而可用可达的虚拟指令 $\boldsymbol{v}_{\mathrm{d}}(t)$ 来描述可达集空间。

由于控制指令空间 $\Omega_u$ 为 $m$ 维凸集，而通过线性映射 $\boldsymbol{E}$ 确定的控制指令空间 $E_u$ 同样为凸集，因此受限约束下控制分配法确定的指令空间为 $E_u$ 和 $\Omega_u$ 相交后经线性映射得到的凸集，记为 $E_{\mathrm{p}}$。欲确定 $E_{\mathrm{p}}$，必需确定 $E_{\mathrm{p}}$ 边界上所有顶点。下面给出操纵面控制效率线性无关时离线构造此类赋权值控制分配策略可达集的算法。

步骤 1　给定 $\boldsymbol{u}_{\mathrm{s}}(t)$，将 $\boldsymbol{E}$ 分解为两部分 $\boldsymbol{E}_1$ 和 $\boldsymbol{E}_2$，其中 $\boldsymbol{E}_1\in\mathbf{R}^{n\times n}$ 可逆，并将 $\boldsymbol{F}$ 和 $\boldsymbol{u}(t)$ 进行相应的分解，满足

$$\begin{pmatrix}\boldsymbol{E}_1\\ \boldsymbol{E}_2\end{pmatrix}\boldsymbol{v}_{\mathrm{d}}(t)+\begin{pmatrix}\boldsymbol{F}_1\\ \boldsymbol{F}_2\end{pmatrix}\boldsymbol{u}_{\mathrm{s}}(t)=\begin{pmatrix}\boldsymbol{u}_1(t)\\ \boldsymbol{u}_2(t)\end{pmatrix}$$
$$\Rightarrow\begin{cases}\boldsymbol{u}_1(t)=\boldsymbol{E}_1\,\boldsymbol{v}_{\mathrm{d}}(t)+\boldsymbol{F}_1\boldsymbol{u}_{\mathrm{s}}(t)\\ \boldsymbol{u}_2(t)=\boldsymbol{E}_2\,\boldsymbol{v}_{\mathrm{d}}(t)+\boldsymbol{F}_2\boldsymbol{u}_{\mathrm{s}}(t)\end{cases}\tag{5.9}$$

步骤 2　设置 $\boldsymbol{u}_1(t)$ 为 $\Omega_u$ 中的某个顶点位置。

步骤 3　对 $\boldsymbol{E}_1$ 求逆，通过式(5.9)直接求解可达虚拟指令 $\boldsymbol{v}_{\mathrm{d}}(t)$，进而知 $\boldsymbol{u}_2(t)$。

步骤 4　重新组合 $\boldsymbol{u}_1(t)$ 和 $\boldsymbol{u}_2(t)$ 生成 $\boldsymbol{u}(t)$，得到 $E_u$ 的一个顶点。

步骤 5　重复步骤 1～步骤 4，遍历 $\Omega_u$ 的顶点获取 $E_u$ 的所有顶点。

步骤 6　求解凸集 $\Omega_u$ 与 $E_u$ 的交集，由 $\boldsymbol{v}(t)=\boldsymbol{B}\boldsymbol{u}(t)$ 即可得到 $E_{\mathrm{p}}$。计算停止。

若 $E_{\mathrm{p}}$ 第 $i$ 个边界面的顶点为 $\boldsymbol{v}_{v_i,1},\boldsymbol{v}_{v_i,2},\cdots,\boldsymbol{v}_{v_i,n_k}$，且 $\partial(E_{\mathrm{p}})$ 由 $m_k$ 个 $n_k-1$ 维立方体组成。若 $n_k=3$，边界面 $i$ 的顶点为 $\boldsymbol{v}_{v_i,1},\boldsymbol{v}_{v_i,2},\boldsymbol{v}_{v_i,3}$，则可知 $E_{\mathrm{p}}$ 的体积为

$$V(E_{\mathrm{p}},\boldsymbol{W})=\frac{1}{n_k!}\sum_{i=1}^{m_k}\left|\det([\boldsymbol{v}_{v_i,1},\boldsymbol{v}_{v_i,2},\boldsymbol{v}_{v_i,3}])\right|\tag{5.10}$$

## 5.3 赋权控制分配策略的权值多目标优化设计

### 5.3.1 多目标优化模型的建立

考虑到飞行性能的高要求、飞行任务的特殊性以及飞行环境的复杂性，在设计

多操纵面飞机的控制分配器时,不可避免地涉及控制参数的多目标优化问题。首先,分配效率是评价控制分配算法优劣的重要指标之一,对整个飞行控制系统功能的有效实现显得尤其重要。例如,F-18HARV 在伪逆法分配模态下的分配效率仅为直接分配的 13.7%,串接链分配模态下的分配效率为 22.0%,均远低于直接分配模态下的 100%。弗吉尼亚理工大学 Wayne C. Durham 教授则专门开发了 CAT(Control Allocation Toolbox)控制工具箱用于实际工程中飞行控制系统的辅助设计,以提高冗余控制系统的分配效率。其次,控制权值等系统参数对控制分配的性能和效率具有重要影响,采用具有不同参数的控制分配模态是飞机在复杂飞行环境下完成飞行任务的基本保证。例如:文献[2,3]充分运用线性矩阵不等式最优调节控制权系数;文献[4]在控制约束边界条件处自适应调节控制权值,以降低操纵面饱和的概率,提高控制分配性能;文献[1]在研究 ICE 无尾战斗机时,针对各飞行任务分别设计了 6 种典型模态的控制分配参数,等等。

为有效地设计控制分配参数,综合考虑分配效率和控制模态需求,建立如下赋权控制分配策略的权值多目标优化模型:

$$
\begin{aligned}
\min_{w}\quad & J_4 = (f_1(w), f_2(w), \cdots, f_\iota(w)) \\
\text{s. t.}\quad & \boldsymbol{u}(t) = \boldsymbol{E}(w)\,\boldsymbol{v}_{\mathrm{d}}(t) + \boldsymbol{F}(w)\boldsymbol{u}_{\mathrm{s}}(t), \\
& \boldsymbol{u}(t) \in \Omega_u = \{\boldsymbol{u}(t) \mid \boldsymbol{u}_{\min} \leqslant \boldsymbol{u}(t) \leqslant \boldsymbol{u}_{\max}\}, \\
& w = (w_1, w_2, \cdots, w_m) \in \mathbf{W} \subset \mathbf{R}^m,\ w_1, w_2, \cdots, w_m > 0, \\
& J_4 = (J_{41}, J_{42}, \cdots, J_{4\iota}) \in \mathbf{Y} \subset \mathbf{R}^\iota
\end{aligned}
\tag{5.11}
$$

进一步可将该多目标优化模型转化为标准形式:

$$
\begin{aligned}
\min_{w}\quad & J_4 = (f_1(w), f_2(w), \cdots, f_\iota(w)) \\
\text{s. t.}\quad & g_i(w) \leqslant 0, \quad i = 1, 2, \cdots, 2m, \\
& h_j(w) = 0, \quad j = 1, 2, \cdots, m, \\
& w = (w_1, w_2, \cdots, w_m) \in \mathbf{W} \subset \mathbf{R}^m,\ w_1, w_2, \cdots, w_m > 0, \\
& J_4 = (J_{41}, J_{42}, \cdots, J_{4\iota}) \in \mathbf{Y} \subset \mathbf{R}^\iota
\end{aligned}
\tag{5.12}
$$

式中:$w = (w_1, w_2, \cdots, w_m)$ 为决策权值变量;$\mathbf{W}$ 为 $m$ 维决策空间;$J_4 = (J_{41}, J_{42}, \cdots, J_{4\iota})$ 表示$\iota$个目标,包含各目标的映射函数和优化指标;$\mathbf{Y}$ 为$\iota$维目标空间;$g_i(x) \leqslant 0$ 包含 $2m$ 个不等式约束;$h_j(x) = 0$ 包含 $m$ 个等式约束。

在求解赋权控制分配策略的多目标优化模型之前,给出几个重要定义。

**定义 5.1**[15,16] 对 $w \in \mathbf{W}$,如果 $w$ 满足不等式约束 $g_i(x) \leqslant 0(i = 1, 2, \cdots, 2m)$ 和等式约束 $h_j(x) = 0(j = 1, 2, \cdots, m)$,则称 $w$ 为可行解。

**定义 5.2**[15,16] 所有可行解组成的集合称为可行解集,记为 $\mathbf{W}_f$($\mathbf{W}_f \subseteq \mathbf{W}$)。

**定义 5.3**[17-20] 对于两个可行解 $w, w^* \in \mathbf{W}_f$,当且仅当满足:

$$\begin{cases} f_i(w^*) \leqslant f_i(w), \forall i \in \{1,2,\cdots,\iota\} \\ f_k(w^*) < f_k(w), \exists k \in \{1,2,\cdots,\iota\} \end{cases}$$

时,称 $w^*$ 是帕累托(Pareto)占优的,记为 $w^* > w$ 。

**定义 5.4**[17-20] 可行解 $w^* \in \mathbf{W}_f$ 称为帕累托最优解(或非劣解),当且仅当:

$$\{w \mid w > w^*, w \in \mathbf{W}_f\} = \varnothing$$

**定义 5.5**[17-20] 所有帕累托最优解构成的集合称为帕累托最优解集,记为

$$\mathbf{W}_f^* = \{w^* \in \mathbf{W}_f \mid \neg \ \exists w \in \mathbf{W}_f : w > w^*\}$$

**定义 5.6**[17-20] 帕累托最优解集 $\mathbf{W}_f^*$ 在目标函数空间中对应的集合 $\mathbf{W}_{\text{pareto}}$ 称为帕累托前沿,即 $\mathbf{W}_{\text{pareto}} = \{(f_1(w), f_2(w), \cdots, f_\iota(w)) \mid w \in \mathbf{W}_f^*\}$ 。

多目标优化得到的不是单一解,而是可行的帕累托最优解集,并满足[17]:

(1) 逼近性。解集在目标空间中与帕累托理论最优前沿的距离尽可能小。

(2) 分布性。解集在目标空间中的分布尽可能好,即近似为帕累托理论最优前沿。

## 5.3.2 非劣排序遗传多目标优化算法

传统的多目标优化算法主要是采用加权、约束等方法将问题转换为单目标优化问题进行简化求解,具有很大的局限性。近年来,多目标进化算法(MOEA)不需准确衡量各目标间的权重关系,能够直接利用强大的全局搜索能力找到最优解集,已成为研究热点。多目标优化问题包括多种求解算法,如多目标粒子群算法(MOPSO)、多目标遗传算法(MOGA)、分布式协同进化算法(DCCEA)、非劣排序遗传算法(NSGA)、多目标克隆选择算法(MOCSA)、多目标杂乱遗传算法(MOMGA)等。2002 年 Deb 等[17]通过对常规 NSGA 进行改进,提出了 NSGA-Ⅱ算法,采用帕累托非劣解快速排序、精英保留策略以及基于非劣排序和拥挤距离的选择算子,使算法性能得到很大提高。目前,NSGA-Ⅱ算法已成功应用于诸多工程优化设计问题,是最有效最常用的多目标进化算法之一[21,22]。

假设种群大小为 $NP$ ,NSGA-Ⅱ算法的流程如图 5.1 所示[23]。图 5.1 中, $NP_0$

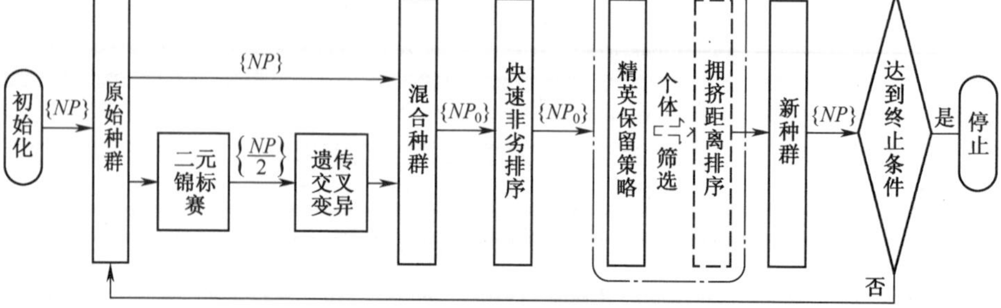


图 5.1 NSGA-Ⅱ算法的流程图

是经遗传交叉变异操作后得到的混合种群大小，满足 $3NP/2 \leqslant NP_0 \leqslant 2NP$ 。NSGA-Ⅱ算法首先采用二元锦标赛选择原始种群的精英，然后进行遗传交叉变异操作，经过对混合种群快速非劣排序，筛选较优的个体组成新种群和帕累托最优解集。

1. 快速非劣排序

基于非劣排序和精英保留的新种群生成过程如图 5.2 所示。为了保持种群的个体多样性，应检验混合种群中是否有重复的个体，若有则对该重复个体进行局部变异，直至混合种群中的个体各不相同，并计算所有个体的目标函数值。按照非劣排序策略，比较种群中各个体的非劣性，找出当前种群的非劣个体集，记为等级 $P_t(1)$ ；然后将等级 $P_t(1)$ 个体从当前种群中移出，在剩余个体群中再找出新的非劣个体集合，记为等级 $P_t(2)$ ；依此类推，直到所有个体完成非劣排序。

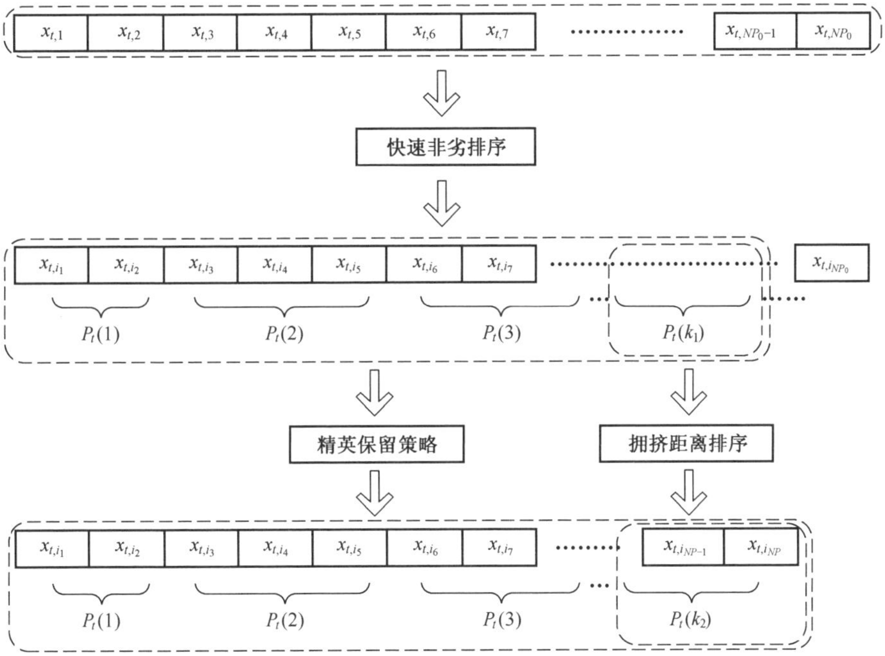

图 5.2　基于非劣排序和精英保留的新种群生成过程

2. 精英保留策略

精英保留策略是在“二元锦标赛”（种群由 $\{NP\} \rightarrow \{NP/2\}$ ）和“个体筛选”（种群由 $\{NP_0\} \rightarrow \{NP\}$ ）过程中用于选择种群中较优个体的方法。在此以 $\{NP_0\} \rightarrow \{NP\}$ 为例，结合图 5.2 说明采用精英保留策略选择个体组成新种群的过程。首先按照快速非劣排序结果，从等级 1 到 $k_1$ 保留目标函数值非劣的个体，$k_1$ 的确定标准是等级 1 到等级 $k_1$ 的个体总数刚好大于或等于 $NP$ ；然后将 $P_t(k_1)$ 中个体按拥挤距离进行排序，由大到小筛选个体进入新种群，直到新种群规模正好

等于 $NP$ 为止；最后将按拥挤距离排序得到的非劣个体等级记为 $P_t(k_2)$。

3. 拥挤距离排序

在非劣排序算法中，种群个体的密集程度直接影响优化结果。因此，如图 5.2 所示，同一等级个体的优劣性按照拥挤距离进行排序。若个体 $B_p$ 前后相邻两个体分别为 $A_p$ 和 $C_p$，不妨定义个体 $B_p$ 的拥挤距离：

$$D_c(B_p)=\sum_{i=1}^{l}|f_i(A_p)-f_i(C_p)|$$

式中：$f_i(A_p)$ 与 $f_i(C_p)$ 分别为个体 $A_p$ 和 $C_p$ 在第 $i$ 个目标函数上的值。定义边界个体的初始拥挤距离为无穷大，以保证边界个体无条件被选取进入下一代。为更好地描述相邻点密集程度，避免淘汰稀疏度好的个体，选择改进的拥挤距离[19]：

$$\begin{aligned}D_c(B_p)&=\sum_{i=1}^{l}(|f_i(A_p)-f_i(C_p)|-|f_i(B_p)-f_i(O_p)|)\\&=\sum_{i=1}^{l}(|f_i(A_p)-f_i(C_p)|\times 0.5+\min(|f_i(A_p)-f_i(B_p)|,|f_i(B_p)-f_i(C_p)|))\end{aligned}\tag{5.13}$$

式中：$O_p$ 为个体 $A_p$ 和个体 $C_p$ 的中心点。

在同一帕累托非劣排序等级中，个体的拥挤距离越大，说明其所处的区域越稀疏，则该区域内的个体越有价值，在进化选择过程中就越应该被保留下来。

4. 遗传交叉变异

由图 5.1 可知，遗传交叉和变异的父代个体由原始种群所有个体按二元锦标赛规则来确定，其过程与基于非劣排序和精英保留的新种群生成过程类似，在此不再详述。对于交叉操作，进化生成的子代个体可表示为

$$\begin{cases}c_{1,k}=\dfrac{1}{2}[(1-\beta_k)p_{1,k}+(1+\beta_k)p_{2,k}]\\ c_{2,k}=\dfrac{1}{2}[(1+\beta_k)p_{1,k}+(1-\beta_k)p_{2,k}]\end{cases}\tag{5.14}$$

式中：$c_{1,k}$ 和 $c_{2,k}$ 为子代个体第 $k$ 个元素的信息；$p_{1,k}$ 和 $p_{2,k}$ 为相应的父代个体，$\beta_k\geqslant 0$ 为交叉因子。若 $\eta_c$ 表示交叉分布因子，$\kappa$ 是 $[0,1]$ 上的随机数，则 $\beta_k$ 取值为

$$\begin{cases}\beta(\kappa)=(2\kappa)^{(\eta_c+1)^{-1}}, & 0\leqslant\kappa<0.5\\ \beta(\kappa)=(2(1-\kappa))^{-(\eta_c+1)^{-1}}, & 0.5\leqslant\kappa\leqslant 1\end{cases}$$

对于变异操作，进化生成的子代个体可表示为

$$c_k=p_k+(p_k^u-p_k^l)\chi_k\tag{5.15}$$

式中：$c_k$ 和 $p_k$ 分别为子代和父代个体中第 $k$ 个元素的信息；$p_k^u$ 和 $p_k^l$ 则分别为父代个体中相应元素的上下限，$\chi_k$ 为变异因子，可通过如下函数得到：

$$\begin{cases}\chi(\kappa)=(2\kappa)^{(\eta_m+1)^{-1}}-1, & 0\leqslant\kappa<0.5\\ \chi(\kappa)=1-(2(1-\kappa))^{(\eta_m+1)^{-1}}, & 0.5\leqslant\kappa\leqslant 1\end{cases}$$

式中：$\eta_{\mathrm{m}}$ 为变异分布因子；$\kappa$ 为[0,1]上的随机数。

若交叉概率为 $p_{\mathrm{c}}$，变异概率为 $p_{\mathrm{m}}$，则 $p_{\mathrm{c}}+p_{\mathrm{m}}=1$ 且 $p_{\mathrm{m}}<p_{\mathrm{c}}$。经过交叉操作生成两个子代，变异操作生成一个子代。将子代和原始种群作为新一代个体的备选，得到混合种群的个体数 $NP_0\in[1.5NP,2NP]$。再按非劣排序、精英保留和拥挤距离排序策略筛选 $NP$ 个个体组成新种群，从而完成种群和帕累托非劣解集更新。

5. 具体实现步骤

采用非劣排序遗传多目标优化算法设计控制分配权值的具体实现步骤如下：

步骤1　设置赋权控制分配的目标函数；令进化代数 $t=0$，初始化原始种群 $S^{(0)}$ 并进行非劣排序，设最大进化代数为 $G_{\max}$；初始子种群 $S_{\mathrm{c}}^{(0)}$ 和父种群 $S_{\mathrm{p}}^{(0)}$ 为空。

步骤2　按照二元锦标赛方法，根据个体的非劣排序和拥挤距离选择原始种群 $S^{(t)}$ 中较优的父代个体，组成父种群 $S_{\mathrm{p}}^{(t)}$。

步骤3　进行遗传交叉变异操作，并将形成的子种群 $S_{\mathrm{c}}^{(t)}$ 与原始种群 $S^{(t)}$ 组成信息更全面的混合种群 $S_{\mathrm{a}}^{(t)}$，分别计算所有个体所代表的目标函数适应度值。

步骤4　按帕累托快速非劣排序策略，比较 $S_{\mathrm{a}}^{(t)}$ 中个体的目标函数值，找出当前帕累托最优个体集合作为等级 $P_t(1)$。从当前种群中移除 $P_t(1)$ 的个体，重新找出新的帕累托最优个体集合作为等级 $P_t(2)$。依次类推，直到所有个体完成分级排序。

步骤5　新种群 $S^{(t)}$ 按先后顺序依次选择 $P_t(1)$，$P_t(2)$，…，直到选择 $P_t(i)$ 时种群规模刚好等于或超过 $NP$。若超过 $NP$，计算 $P_t(i)$ 中个体的拥挤距离，从大到小依次选择新种群的个体，直到种群规模等于 $NP$。

步骤6　令 $t=t+1$，若 $t\leqslant G_{\max}$，转到步骤2；否则计算终止。

### 5.3.3　仿真及分析

以4.3.3节的多操纵面飞机为例，验证本书的非劣排序遗传算法在设计赋权控制分配策略权值过程中的有效性。考虑最小偏转量模态，可知该模态要求控制权值尽可能相等，且 $\boldsymbol{u}_{\mathrm{s}}=\boldsymbol{u}_{\mathrm{ref}}=0$。为此，选择控制性能指标为

$$\begin{cases}f_1(w)=\left\|\boldsymbol{W}_m-\dfrac{1}{m}\|\boldsymbol{W}_m\|_{\mathrm{m}_1}\boldsymbol{I}\right\|_\infty\\[2ex] f_2(w)=\dfrac{1}{V(E_p,w)}\end{cases}\tag{5.16}$$

式中：$\boldsymbol{W}_m=\mathrm{diag}(w_1,w_2,\cdots,w_m)$，$w_i>0(i=1,2,\cdots,m)$ 表示各操纵面对应的控制权值，下标“$\mathrm{m}_1$”和“$\infty$”分别表示矩阵的 $\mathrm{m}_1$ 范数和无穷范数[24]。优化性能指标 $f_1(w)$ 的物理含义在于使得控制权值与其均值之差的最大值最小化，即尽量满

足控制权值均等的要求;通过优化性能指标 $f_2(w)$ 意在使控制分配策略可达集体积的倒数最小化,其物理含义在于使得可实现的控制分配效率最大。对于其他控制分配模态,只需重新定义性能指标 $f_1(w)$ ,即可类似地实现控制权值的离线优化设计,如定义 $\boldsymbol{W}_{\mathrm{m}} = \mathrm{diag}(w_1, w_2, w_3, w_4, 10^{-2}w_5, 10^{-2}w_6, w_7)$ 可对最小机翼载荷控制分配模态进行权值的多目标优化设计,在此不再赘述。

选择种群规模 $NP = 100$,最大进化代数 $G_{\max} = 1000$,交叉概率 $p_{\mathrm{c}} = 0.9$,变异概率 $p_{\mathrm{m}} = 0.1$,交叉分布因子 $\eta_{\mathrm{c}} = 20$ 和变异分布因子 $\eta_{\mathrm{m}} = 20$。控制权值取值区间:$w_i \in [0.0001, 30] (i = 1, 2, \cdots, 7)$ 。分别对加权伪逆方案和混合优化方案进行仿真实验。

1. 加权伪逆方案实验

采用定理 5.2 中描述的加权伪逆法进行控制分配,按 5.2.3 节构建加权伪逆法的可达集空间。进一步按式(5.10)进行计算可知,选择控制指令权值 $\boldsymbol{W}_1 = \boldsymbol{I}$ 时,最小偏转量控制分配模态下加权伪逆法生成的可达集体积为 $5.44\times10^{-3}$;而选择 $\boldsymbol{W}_1 = \mathrm{diag}(3.6063, 0.009, 0.009, 0.009, 4.421, 0.009, 0.009)$ 时,相应生成的可达集体积为 $2.857\times10^{-3}$ ,是前者的 52.52% ,仅占整个可达集的 19.52% 。对于控制力矩系数而言,这种差距是巨大的,导致可行控制力矩的损失也不容小视。为使操纵面最大量地发挥控制效能,采用改进的非劣排序遗传算法进行加权伪逆方案的控制权值离线多目标优化设计,图 5.3 所示为帕累托最优解集的分布情况。

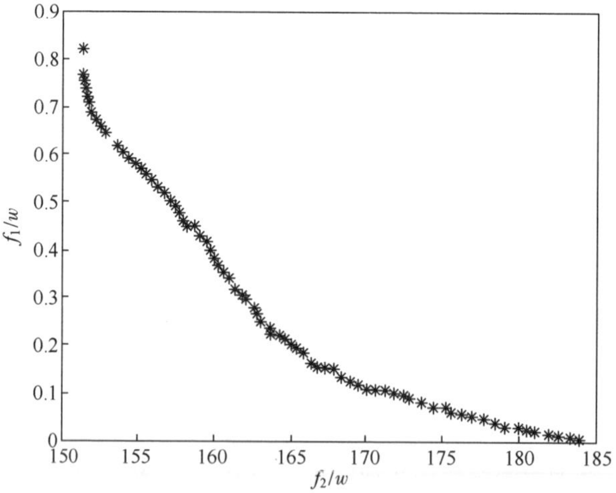


图 5.3 帕累托最优解集的分布情况

从图 5.3 可以看出,采用非劣排序遗传算法求解加权伪逆法的权值多目标优化问题,进化过程能够很好地收敛到帕累托最优解集 $W_f^*$ ,且种群中的个体保持了较好的多样性。多目标优化的另一个优点是能够为设计人员提供更多可参考的权值搭配方案,表 5.1 给出了 100 个样本点中部分个体的帕累托最优解。图 5.4 所示为部分个体进化至帕累托最优解时对应的可达集分布情况,其中实体为 WPI 可达集,实线所围的是理论可达集。在帕累托最优解集包含的 100 个最优解中,当

表 5.1　部分个体的帕累托最优解

| 个体 | 控制权值 | | | | | | | 目标函数 | |
|---|---|---|---|---|---|---|---|---|---|
| | $w_1$ | $w_2$ | $w_3$ | $w_4$ | $w_5$ | $w_6$ | $w_7$ | $f_1(w)$ | $f_2(w)$ |
| 1 | 3.0440 | 3.0434 | 3.0436 | 3.0445 | 3.0442 | 3.0436 | 3.0445 | 0.0006 | 183.8306 |
| 2 | 3.0242 | 3.0171 | 3.0708 | 3.0575 | 3.0177 | 3.0201 | 3.0689 | 0.0313 | 180.1215 |
| 3 | 2.8378 | 2.8115 | 2.9531 | 2.9481 | 2.8245 | 2.8387 | 2.9426 | 0.0736 | 174.3285 |
| 4 | 2.7481 | 2.7124 | 2.9347 | 2.9344 | 2.7581 | 2.7529 | 2.9370 | 0.1130 | 170.2068 |
| 5 | 2.6728 | 2.6976 | 2.9547 | 2.9477 | 2.7231 | 2.7220 | 2.9332 | 0.1474 | 167.9970 |
| 6 | 2.4658 | 2.4757 | 2.9230 | 2.9283 | 2.6889 | 2.6624 | 2.8276 | 0.2444 | 163.5125 |
| 7 | 2.2036 | 2.1867 | 2.8386 | 2.9556 | 2.6119 | 2.7180 | 2.5236 | 0.3901 | 160.0316 |
| 8 | 1.9654 | 1.9605 | 2.7830 | 2.8718 | 2.5954 | 2.6386 | 2.3253 | 0.4880 | 157.5503 |
| 9 | 1.6816 | 1.6786 | 2.7595 | 2.8576 | 2.5896 | 2.6724 | 2.2016 | 0.6701 | 152.2132 |
| 10 | 1.8022 | 1.8020 | 3.1234 | 3.1198 | 2.9381 | 2.9358 | 2.6275 | 0.8192 | 151.3874 |

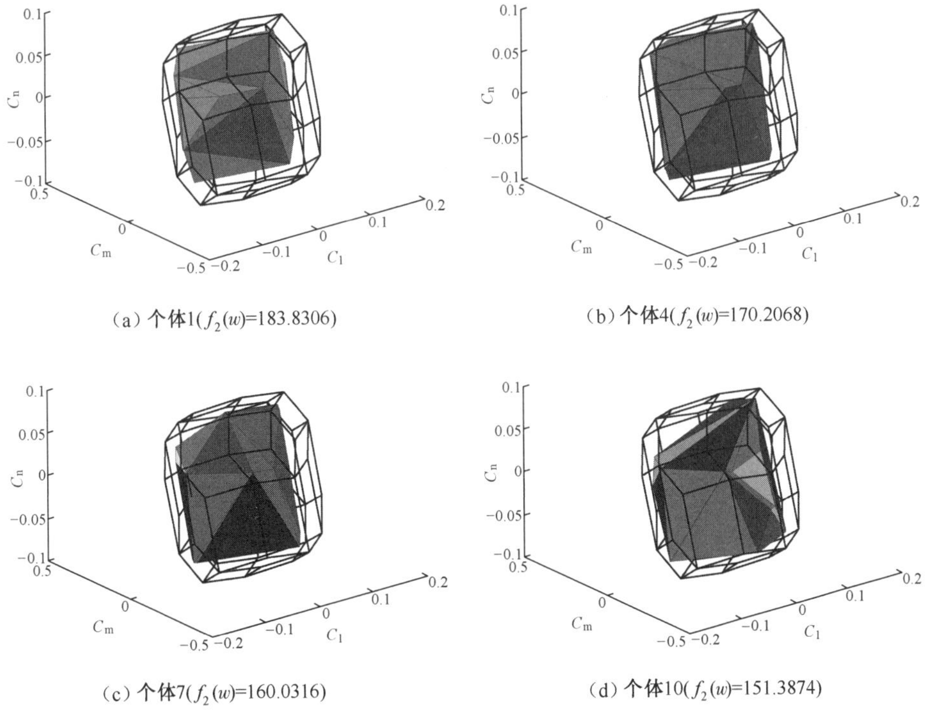


(a) 个体1($f_2(w)$=183.8306)　(b) 个体4($f_2(w)$=170.2068)

(c) 个体7($f_2(w)$=160.0316)　(d) 个体10($f_2(w)$=151.3874)

图 5.4　部分个体帕累托最优解对应的可达集外形

$f_1(w)$ 取最大值 0.8192 时,加权伪逆法的可达集空间达最大值 $6.6056\times10^{-3}$,相比前述的 $5.44\times10^{-3}$ 提高了 1.2 倍,相比 $2.857\times10^{-3}$ 则提高了 2.3 倍。对应的控制权值为

$$\boldsymbol{W}_1 = \mathrm{diag}(1.8022,1.8020,3.1234,3.1198,2.9381,2.9358,2.6275)$$

而当 $f_1(w)$ 取到最小值 0.0006 时,控制指令权值为

$$\boldsymbol{W}_1 = \mathrm{diag}(3.0440,3.0434,3.0436,3.0445,3.0442,3.0436,3.0445)$$

对应的可达集体积为 $5.439\times10^{-3}$,此时优化目标 $f_1(w)$ 达到最优。

2. 混合优化方案实验

根据定理 5.3,选择 $\gamma = 10^{-2}$ 、$\boldsymbol{W}_3 = \boldsymbol{I}$ ,采用混合优化分配方法进行控制分配,并按 5.2.3 节构建相应的可达集空间。当 $\boldsymbol{W}_4 = \boldsymbol{I}$ 时,按式(5.10)可计算其张成的可达集空间体积为 $5.44\times10^{-3}$,与 $\boldsymbol{W}_1 = \boldsymbol{I}$ 时加权伪逆法结果一样。若选择控制指令权值 $\boldsymbol{W}_4 = \mathrm{diag}(0.2631,0.0311,0.2407,0.7119,0.5247,0.2446,0.4622)$ 时,最小偏转量控制分配模态下混合优化法生成的可达集体积为 $1.646\times10^{-3}$,是前者的 30.26%,仅占整个可达集的 11.25%。为使操纵面最大量地发挥控制效能,采用改进的非劣排序遗传算法进行混合优化方案的控制权值离线优化设计,图 5.5 所示为帕累托最优解集的分布情况。

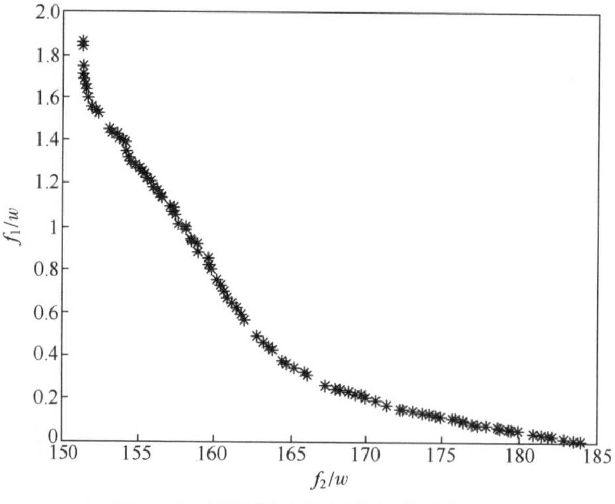


图 5.5 帕累托最优解集的分布情况

由图 5.5 可以看出,采用非劣排序遗传算法可以很好地求解混合优化法的权值多目标优化问题,能够收敛到帕累托最优解集 $\mathbf{W}_f^*$ 。表 5.2 给出了种群中部分个体的帕累托最优解。图 5.6 所示为部分个体进化至帕累托最优解时对应的可达集分布情况,其中实体为混合优化可达集,实线所围的是理论可达集。

在帕累托最优解集包含的 100 个最优解中,当 $f_1(w)$ 取到最大值 1.8607 时,加权伪逆法的可达集空间达最大值 $6.6055\times10^{-3}$,数值上与加权伪逆法趋同,但相

比前述的 1.646×$10^{-3}$体积提高了 4 倍。对应的控制权值为

$$\boldsymbol{W}_4 = \mathrm{diag}(4.0742, 4.0816, 6.6400, 7.0575, 7.0693, 6.6498, 5.9715)$$

而当$f_1(w)$取到最小值 0.0003 时,控制指令权值为

$$\boldsymbol{W}_4 = \mathrm{diag}(4.6988, 4.6983, 4.6986, 4.6982, 4.6984, 4.6983, 4.6984)$$

对应的可达集体积为 5.439×$10^{-3}$,此时优化目标$f_1(w)$达到最优。

从加权伪逆方案和混合优化方案的实验结果可以看出,应用非劣排序遗传算法可有效地实现控制权值的离线优化设计,得到满足分配效率和控制模态需求的帕累托最优权值解集。在此基础上,可进一步针对控制量幅值和分配效率的要求,根据专家经验折中选择帕累托最优解集中的一组可行最优权值搭配,发挥赋权控制分配策略的综合控制效能。从图 5.4 和图 5.6 可以看出,两种方案生成的最优可达集与理论可达集存在一定空隙,这意味着部分虚拟控制指令对加权伪逆法和混合优化法是无法实现的,并且操纵面故障时这种空隙将会增大。究其原因有两个方面:一是未能对剩余空间展开二次分配;二是固定控制权值降低了可达集的使用率。为此,5.4 节将对故障状态下的变权值重构控制分配策略展开研究。

表 5.2　部分个体的帕累托最优解

| 个体 | 控制权值 | | | | | | | 目标函数 | |
|---|---|---|---|---|---|---|---|---|---|
| | $w_1$ | $w_2$ | $w_3$ | $w_4$ | $w_5$ | $w_6$ | $w_7$ | $f_1(w)$ | $f_2(w)$ |
| 1 | 4.6988 | 4.6983 | 4.6986 | 4.6982 | 4.6984 | 4.6983 | 4.6984 | 0.0003 | 183.8569 |
| 2 | 4.6621 | 4.6879 | 4.7329 | 4.7180 | 4.6723 | 4.6604 | 4.7176 | 0.0398 | 180.8733 |
| 3 | 4.7464 | 4.7689 | 4.9455 | 4.9410 | 4.8192 | 4.7559 | 4.9326 | 0.1013 | 175.7355 |
| 4 | 4.6879 | 4.6758 | 4.9655 | 4.9669 | 4.7258 | 4.7557 | 4.9629 | 0.1469 | 172.3728 |
| 5 | 4.6212 | 4.6292 | 5.2323 | 5.1842 | 4.8031 | 4.8192 | 5.1956 | 0.3059 | 166.1915 |
| 6 | 4.5717 | 4.5731 | 5.3292 | 5.3090 | 4.8181 | 4.8551 | 5.2047 | 0.3799 | 164.4583 |
| 7 | 4.4722 | 4.4702 | 5.6345 | 5.7758 | 5.1846 | 5.3284 | 5.0647 | 0.6627 | 160.9656 |
| 8 | 4.2542 | 4.2650 | 6.0448 | 6.0933 | 5.5586 | 5.5605 | 5.4475 | 1.0635 | 157.3750 |
| 9 | 3.9550 | 3.9862 | 6.2701 | 6.3212 | 5.8468 | 5.8908 | 5.5934 | 1.4541 | 153.1293 |
| 10 | 4.0816 | 4.0742 | 7.0693 | 7.0575 | 6.6498 | 6.6400 | 5.9715 | 1.8607 | 151.3888 |

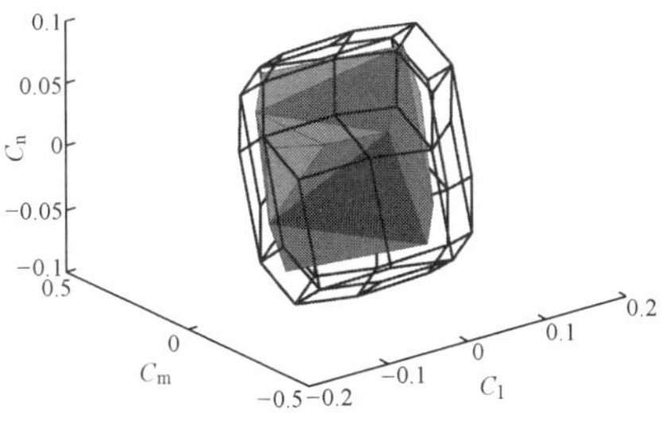


(a) 个体1($f_2(w)$=183.8569)

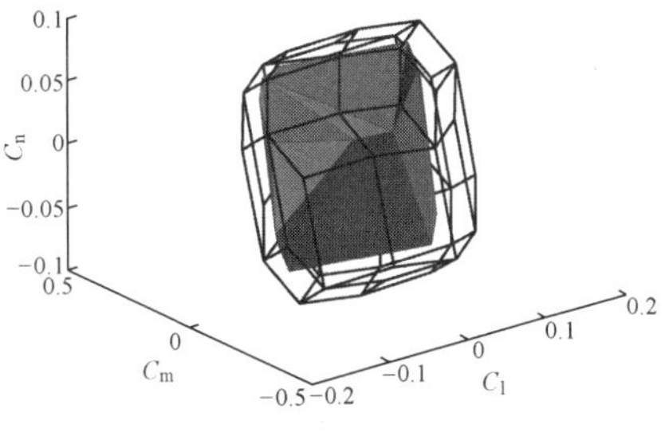


(b) 个体3($f_2(w)$=175.7355)

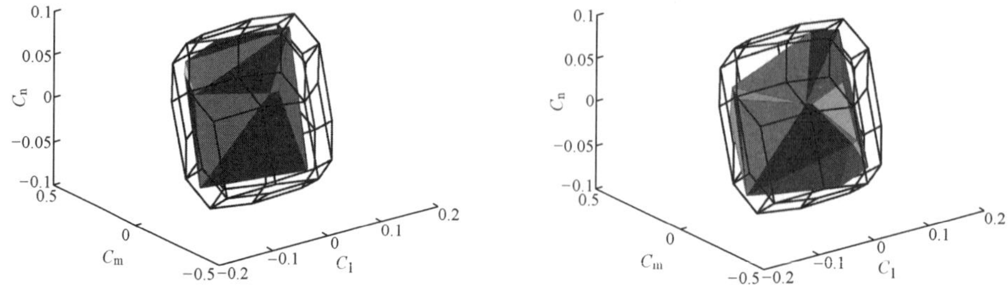


(c) 个体6($f_2(w)$=164.4583)　　(d) 个体10($f_2(w)$=151.3888)

图 5.6　部分个体帕累托最优解对应的可达集外形

## 5.4　多操纵面飞机变参数动态控制分配策略

根据操纵面不同的物理特征及气动特性，在控制分配中常对其赋予不同的偏转权重，以实现操纵面偏转耗能最小、操纵面隐身截面最小以及虚拟指令跟踪最准等控制目标，从而出现了加权控制分配策略。美国空军研究实验室发现[1]，通过配置不同的参考位置、权系数等控制分配参数，可以很好地协调操纵面的出舵量大小，实现无尾飞机最小偏转量、最小阻力、最小机翼载荷、最小 RCS、最小推力及零空间映射 6 种控制分配模态。

### 5.4.1　固定权值控制分配模型转化

在加权伪逆控制分配方法的基础上，研究参数变化对混合优化控制分配方法性能的影响。根据定理 5.2 可知，加权伪逆控制分配方法以操纵面偏转误差最小为目标，能够实现操纵面偏转量的优化分配。

当飞机出现结构异常、操纵面损毁、执行器卡死等导致秩亏的特殊情形时，满秩条件不能得到保证，加权伪逆法将无可行解。对于矩阵奇异问题，文献[26]提出了引入无关阻尼或应用奇异值分解的分配方法，但不可避免地会造成额外的控制分配误差。另一种有效的方法就是混合优化控制分配，下面给出有异于定理 5.3 的另一种描述方法。

**定理 5.5**　以操纵面控制误差和虚拟控制误差为优化目标，建立混合优化控制分配模型

$$\begin{cases} \min\limits_{\boldsymbol{u}(t)} & J_2 = \| \boldsymbol{W}_2(\boldsymbol{v}(t) - \boldsymbol{v}_{\mathrm{d}}(t)) \|_2^2 + \gamma \| \boldsymbol{W}_3(\boldsymbol{u}(t) - \boldsymbol{u}_{\mathrm{s}}(t)) \|_2^2 \\ \text{s. t.} & \boldsymbol{v}(t) = \boldsymbol{B} \cdot \boldsymbol{u}(t) \end{cases} \tag{5.17}$$

式中：$\boldsymbol{W}_2 \in \boldsymbol{R}^{n\times n}$，$\boldsymbol{W}_3 \in \boldsymbol{R}^{m\times m}$ 均为正定的非奇异对称权系数矩阵；$\gamma > 0$ 为松弛因子。对应的最优解为

$$\begin{cases}\boldsymbol{u}(t)=\boldsymbol{G}_2(\boldsymbol{B}^{\mathrm{T}}\boldsymbol{W}_2^{\mathrm{T}}\boldsymbol{W}_2\boldsymbol{v}_{\mathrm{d}}(t)+\gamma\boldsymbol{W}_3^{\mathrm{T}}\boldsymbol{W}_3\boldsymbol{u}_{\mathrm{s}}(t))\\ \boldsymbol{G}_2=(\boldsymbol{B}^{\mathrm{T}}\boldsymbol{W}_2^{\mathrm{T}}\boldsymbol{W}_2\boldsymbol{B}+\gamma\boldsymbol{W}_3^{\mathrm{T}}\boldsymbol{W}_3)^{-1}\end{cases}\tag{5.18}$$

式中：$\boldsymbol{G}_2\in\boldsymbol{R}^{m\times m}$ 为对阵矩阵。

**证明** 混合控制目标式(5.17)可转化为

$$J_2=\left\|\begin{pmatrix}\boldsymbol{W}_2\boldsymbol{B}\\ \gamma^{0.5}\boldsymbol{W}_3\end{pmatrix}\boldsymbol{u}(t)-\begin{pmatrix}\boldsymbol{W}_2\boldsymbol{v}_{\mathrm{d}}(t)\\ \gamma^{0.5}\boldsymbol{W}_3\boldsymbol{u}_{\mathrm{s}}(t)\end{pmatrix}\right\|_2^2$$

若存在 $\boldsymbol{u}(t)$ 使得 $J_2$ 最小，则 $\boldsymbol{u}(t)$ 需满足

$$\begin{pmatrix}\boldsymbol{W}_2\boldsymbol{B}\\ \gamma^{0.5}\boldsymbol{W}_3\end{pmatrix}^{\mathrm{T}}\begin{pmatrix}\boldsymbol{W}_2\boldsymbol{B}\\ \gamma^{0.5}\boldsymbol{W}_3\end{pmatrix}\boldsymbol{u}=\begin{pmatrix}\boldsymbol{W}_2\boldsymbol{B}\\ \gamma^{0.5}\boldsymbol{W}_3\end{pmatrix}^{\mathrm{T}}\begin{pmatrix}\boldsymbol{W}_2\boldsymbol{v}_{\mathrm{d}}\\ \gamma^{0.5}\boldsymbol{W}_3\boldsymbol{u}_{\mathrm{s}}\end{pmatrix}$$

两侧分别左乘 $\boldsymbol{G}_2$，进而展开可知定理 5.5 成立。

**注 5.1** 对比式(5.17)和式(5.18)知，混合优化法将 $\boldsymbol{B}\boldsymbol{W}_1^{-1}$ 的伪逆转化为 $\boldsymbol{B}^{\mathrm{T}}\boldsymbol{W}_2^{\mathrm{T}}\boldsymbol{W}_2\boldsymbol{B}+\gamma\boldsymbol{W}_3^{\mathrm{T}}\boldsymbol{W}_3$ 求逆的形式，保证了控制分配律的可行。

### 5.4.2 变参数混合优化控制分配器设计

在混合优化控制分配模型式(5.17)中，包括待分配的操纵面、控制目标和分配约束三个基本要素，都可直接影响控制分配结果。对于任意飞行状态，给定待分配的操纵面，系统对应唯一的控制效率矩阵和分配约束，因而控制目标选取成为决定控制分配效能实现的重要因素。结合模型式(5.17)知，为提高控制分配效能最优实现控制目标，混合优化法可用于调节的参数只有控制权系数 $\boldsymbol{W}_2$、虚拟控制权系数 $\boldsymbol{W}_3$ 和松弛因子 $\gamma$。研究表明，变换混合优化法的参数能将可达集分配效率提高 4 倍。

通常对飞机三轴控制权重要求相同，不妨令

$$\boldsymbol{W}=\gamma^{0.5}\ \|\boldsymbol{W}_2\|_1^{-1}\boldsymbol{W}_3\tag{5.19}$$

则结合式(5.18)知混合优化控制分配律可转换为

$$\begin{cases}\boldsymbol{u}(t)=\boldsymbol{G}_3\boldsymbol{W}^2\boldsymbol{u}_{\mathrm{s}}(t)+\boldsymbol{G}_3\boldsymbol{B}^{\mathrm{T}}\boldsymbol{v}_{\mathrm{d}}(t)\\ \boldsymbol{G}_3=(\boldsymbol{W}^2+\boldsymbol{B}^{\mathrm{T}}\boldsymbol{B})^{-1}\end{cases}\tag{5.20}$$

**注 5.2**[25] 在混合优化的权系数空间中，权值矩阵 $\boldsymbol{W}_2$ 和 $\boldsymbol{W}_3$ 的变化存在交叉耦合影响，其控制效果与式(5.20)中仅变化 $\boldsymbol{W}$ 一致。

对于式(5.20)所示的混合优化控制分配律，$\boldsymbol{u}(t)$ 是关于权值矩阵 $\boldsymbol{W}$ 的非线性函数。假设初始权值矩阵为 $\boldsymbol{W}_0$，变换后对应 $\boldsymbol{W}_\Delta$，则混合优化控制分配律变为

$$\begin{cases}\boldsymbol{u}(t)=\boldsymbol{R}_\Delta^{-1}(\boldsymbol{W}_\Delta^2\boldsymbol{u}_{\mathrm{s}}(t)+\boldsymbol{B}^{\mathrm{T}}\boldsymbol{v}_{\mathrm{d}}(t))\\ \boldsymbol{R}_\Delta=\boldsymbol{W}_\Delta^2+\boldsymbol{B}^{\mathrm{T}}B\end{cases}\tag{5.21}$$

式中：$\boldsymbol{W}_\Delta=\boldsymbol{W}_0+\Delta\boldsymbol{W}>0$，$\Delta\boldsymbol{W}>0$ 为变化矩阵。

当 $\Delta \boldsymbol{W}$ 摄动上界 $\lambda_0(\lambda_0 \geqslant 0)$ 较小时，根据泰勒定理将式(5.21)在 $\boldsymbol{W}_0$ 展开，令 $\boldsymbol{R}_0 = \boldsymbol{W}_0^2 + \boldsymbol{B}^{\mathrm{T}}\boldsymbol{B}$，忽略二次项可得

$$\begin{aligned}\boldsymbol{u}(t) &= ((\boldsymbol{W}_0 + \Delta\boldsymbol{W})^2 + \boldsymbol{B}^{\mathrm{T}}\boldsymbol{B})^{-1}((\boldsymbol{W}_0 + \Delta\boldsymbol{W})^2\boldsymbol{u}_{\mathrm{s}}(t) + \boldsymbol{B}^{\mathrm{T}}\boldsymbol{v}_{\mathrm{d}}(t)) \\ &\cong \boldsymbol{R}_0^{-1}(\boldsymbol{W}_0^2\boldsymbol{u}_{\mathrm{s}}(t) + \boldsymbol{B}^{\mathrm{T}}\boldsymbol{v}_{\mathrm{d}}(t)) + 2\boldsymbol{R}_0^{-1}\boldsymbol{W}_0\Delta\boldsymbol{W}\boldsymbol{u}_{\mathrm{s}}(t) \\ &\quad - 2\boldsymbol{R}_0^{-1}\boldsymbol{W}_0\Delta\boldsymbol{W}\boldsymbol{R}_0^{-1}(\boldsymbol{W}_0^2\boldsymbol{u}_{\mathrm{s}}(t) + \boldsymbol{B}^{\mathrm{T}}\boldsymbol{v}_{\mathrm{d}}(t))\end{aligned} \tag{5.22}$$

为此，可以得到如下带约束的控制分配定理。

**定理 5.6** 对于 $\lambda > 0$，当变化矩阵 $\Delta\boldsymbol{W}$ 满足线性矩阵不等式

$$\begin{aligned}&\min_{\Delta\boldsymbol{W}} \quad \eta \\ &\text{s.t.} \quad \boldsymbol{u}_0(t) + 2\boldsymbol{R}_0^{-1}\boldsymbol{W}_0\Delta\boldsymbol{W}(\boldsymbol{u}_{\mathrm{s}}(t) - \boldsymbol{u}_0(t)) < \boldsymbol{\delta}_{\max}, \\ &\quad -\boldsymbol{u}_0(t) - 2\boldsymbol{R}_0^{-1}\boldsymbol{W}_0\Delta\boldsymbol{W}(\boldsymbol{u}_{\mathrm{s}}(t) - \boldsymbol{u}_0(t)) < -\boldsymbol{\delta}_{\min}, \\ &\quad \dot{\boldsymbol{u}}_0(t) + 2\boldsymbol{R}_0^{-1}\boldsymbol{W}_0\Delta\boldsymbol{W}(\dot{\boldsymbol{u}}_{\mathrm{s}}(t) - \dot{\boldsymbol{u}}_0(t)) < \boldsymbol{\rho}_{\max}, \\ &\quad -\dot{\boldsymbol{u}}_0(t) - 2\boldsymbol{R}_0^{-1}\boldsymbol{W}_0\Delta\boldsymbol{W}(\dot{\boldsymbol{u}}_{\mathrm{s}}(t) - \dot{\boldsymbol{u}}_0(t)) < -\boldsymbol{\rho}_{\min}, \\ &\quad \begin{bmatrix} \eta & * \\ \boldsymbol{u}_0(t) + 2\boldsymbol{R}_0^{-1}\boldsymbol{W}_0\Delta\boldsymbol{W}(\boldsymbol{u}_{\mathrm{s}}(t) - \boldsymbol{u}_0(t)) & \boldsymbol{I} \end{bmatrix} > 0, \\ &\quad \begin{bmatrix} \lambda\boldsymbol{I} & * \\ \boldsymbol{W}_\Delta & \lambda\boldsymbol{I} \end{bmatrix} > 0, \\ &\quad \boldsymbol{W}_\Delta = \boldsymbol{W}_\Delta^{\mathrm{T}} = \boldsymbol{W}_0 + \Delta\boldsymbol{W} > 0\end{aligned} \tag{5.23}$$

时，存在变换矩阵 $\boldsymbol{W}_\Delta$ 使模型式(5.17)有混合优化控制分配律。其中，$\boldsymbol{u}_0(t) = \boldsymbol{R}_0^{-1}(\boldsymbol{W}_0^2\boldsymbol{u}_{\mathrm{s}}(t) + \boldsymbol{B}^{\mathrm{T}}\boldsymbol{v}_{\mathrm{d}}(t))$。

**证明** 结合相关定义，混合优化控制分配律式(5.22)可转化为

$$\boldsymbol{u}(t) = \boldsymbol{u}_0(t) + 2\boldsymbol{R}_0^{-1}\boldsymbol{W}_0\Delta\boldsymbol{W}(\boldsymbol{u}_{\mathrm{s}}(t) - \boldsymbol{u}_0(t)) \tag{5.24}$$

因而操纵面的物理约束可描述为

$$\begin{cases}\boldsymbol{\delta}_{\min} < \boldsymbol{u}_0(t) + 2\boldsymbol{R}_0^{-1}\boldsymbol{W}_0\Delta\boldsymbol{W}(\boldsymbol{u}_{\mathrm{s}}(t) - \boldsymbol{u}_0(t)) < \boldsymbol{\delta}_{\max} \\ \boldsymbol{\rho}_{\min} < \dot{\boldsymbol{u}}_0(t) + 2\boldsymbol{R}_0^{-1}\boldsymbol{W}_0\Delta\boldsymbol{W}(\dot{\boldsymbol{u}}_{\mathrm{s}}(t) - \dot{\boldsymbol{u}}_0(t)) < \boldsymbol{\rho}_{\max}\end{cases} \tag{5.25}$$

由于 $m > n$，对于任意给定的控制指令 $\boldsymbol{u}_{\mathrm{s}}(t)$ 和虚拟指令 $\boldsymbol{v}_{\mathrm{d}}(t)$，在权系数矩阵变化 $\Delta\boldsymbol{W}$ 的情况下，可能存在无数组可行的最优解。但最优解对应的能量集合必定存在下界 $\boldsymbol{\eta}$，使最小能量可行解满足

$$\begin{bmatrix} \eta & * \\ \boldsymbol{u}(t) & \boldsymbol{I} \end{bmatrix} > 0 \tag{5.26}$$

为保证权系数矩阵 $\boldsymbol{W}$ 保持正定对称，结合式(5.24)~式(5.26)可以建立线性矩阵不等式最优化模型(5.23)，即定理 5.6 成立。

定理 5.6 表明，在混合优化分配指令出现饱和时，可通过调整权系数 $\boldsymbol{W}_\Delta$ 使其满足物理约束式(5.24)，实现操纵面指令按控制效能重新协调分配。

### 5.4.3 变参数混合优化动态控制分配器设计

对于多操纵面飞机而言,各冗余执行机构具有不同的控制效率和偏转带宽。若某个或多个执行机构的带宽小于飞机运动频率时,舵机产生的执行指令将存在一定的延时和衰减,直接影响控制分配的精度和效率,甚至导致飞控系统闭环不稳定[27]。控制权系数等参数的变化可改变多操纵面组合控制指令,拓展虚拟指令可达集空间,挖掘操纵面的冗余控制效能,在实现控制目标优化的同时能够对执行器动态影响进行有效补偿。为此,下面基于变参数思想研究多操纵面混合优化动态控制分配策略。

**定理 5.7** 对于 $\lambda>0$,当变化矩阵 $\Delta\boldsymbol{W}$ 满足线性矩阵不等式

$$\begin{aligned}
&\min_{\Delta W}\ \eta\\
&\text{s.t.}\ \ \boldsymbol{C}_{\mathrm{act,d}}\boldsymbol{A}_{\mathrm{act,d}}\boldsymbol{x}_{\mathrm{act,d}}(k)+\boldsymbol{C}_{\mathrm{act,d}}\boldsymbol{B}_{\mathrm{act,d}}\boldsymbol{u}_0(k)+2\boldsymbol{C}_{\mathrm{act,d}}\boldsymbol{B}_{\mathrm{act,d}}\boldsymbol{R}_0^{-1}\boldsymbol{W}_0\Delta\boldsymbol{W}(\boldsymbol{u}_{\mathrm{s}}(k)-\boldsymbol{u}_0(k))<\bar{\boldsymbol{\delta}}(k+1),\\
&\quad\ -\boldsymbol{C}_{\mathrm{act,d}}\boldsymbol{A}_{\mathrm{act,d}}\boldsymbol{x}_{\mathrm{act,d}}(k)-\boldsymbol{C}_{\mathrm{act,d}}\boldsymbol{B}_{\mathrm{act,d}}\boldsymbol{u}_0(k)-2\boldsymbol{C}_{\mathrm{act,d}}\boldsymbol{B}_{\mathrm{act,d}}\boldsymbol{R}_0^{-1}\boldsymbol{W}_0\Delta\boldsymbol{W}(\boldsymbol{u}_{\mathrm{s}}(k)-\boldsymbol{u}_0(k))<-\underline{\boldsymbol{\delta}}(k+1),\\
&\quad\ \begin{bmatrix}\eta & * \\ \begin{matrix}\boldsymbol{C}_{\mathrm{act,d}}\boldsymbol{A}_{\mathrm{act,d}}\boldsymbol{x}_{\mathrm{act,d}}(k)+\boldsymbol{C}_{\mathrm{act,d}}\boldsymbol{B}_{\mathrm{act,d}}\boldsymbol{u}_0(k)+\\ 2\boldsymbol{C}_{\mathrm{act,d}}\boldsymbol{B}_{\mathrm{act,d}}\boldsymbol{R}_0^{-1}\boldsymbol{W}_0\Delta\boldsymbol{W}(\boldsymbol{u}_{\mathrm{s}}(k)-\boldsymbol{u}_0(k))\end{matrix} & \boldsymbol{I}\end{bmatrix}>0,\\
&\quad\ \begin{bmatrix}\lambda\boldsymbol{I} & * \\ \boldsymbol{W}_\Delta & \lambda\boldsymbol{I}\end{bmatrix}>0,\\
&\quad\ \boldsymbol{W}_\Delta=\boldsymbol{W}_\Delta^{\mathrm{T}}=\boldsymbol{W}_0+\Delta\boldsymbol{W}>0.
\end{aligned}\tag{5.27}$$

时,存在变换矩阵 $\boldsymbol{W}_\Delta$,在混合优化模型式(5.17)的基础上得到包含执行器动态特性的控制分配律。

**证明** 在 $k$ 时刻,将执行器动态模型离散化为

$$\begin{cases}\dot{\boldsymbol{x}}_{\mathrm{act,d}}(k)=\boldsymbol{A}_{\mathrm{act,d}}\boldsymbol{x}_{\mathrm{act,d}}(k)+\boldsymbol{B}_{\mathrm{act,d}}\boldsymbol{u}(k)\\ \boldsymbol{\delta}(k)=\boldsymbol{C}_{\mathrm{act,d}}\boldsymbol{x}_{\mathrm{act,d}}(k)\end{cases}\tag{5.28}$$

由于操纵面存在物理约束,可知在 $k+1$ 时刻满足

$$\begin{cases}\underline{\boldsymbol{\delta}}(k+1)\leqslant\boldsymbol{\delta}(k+1)\leqslant\bar{\boldsymbol{\delta}}(k+1)\\ \bar{\boldsymbol{\delta}}(k+1)=\min\{\boldsymbol{\delta}_{\max},\boldsymbol{\delta}(k)+T\boldsymbol{\rho}_{\max}\}\\ \underline{\boldsymbol{\delta}}(k+1)=\max\{\boldsymbol{\delta}_{\min},\boldsymbol{\delta}(k)+T\boldsymbol{\rho}_{\min}\}\end{cases}\tag{5.29}$$

根据式(5.22)和式(5.28)可知在 $k+1$ 时刻

$$\begin{aligned}\boldsymbol{\delta}(k+1)=&\boldsymbol{C}_{\mathrm{act,d}}\boldsymbol{A}_{\mathrm{act,d}}\boldsymbol{x}_{\mathrm{act,d}}(k)+\boldsymbol{C}_{\mathrm{act,d}}\boldsymbol{B}_{\mathrm{act,d}}\boldsymbol{u}_0(k)\\&+2\boldsymbol{C}_{\mathrm{act,d}}\boldsymbol{B}_{\mathrm{act,d}}\boldsymbol{R}_0^{-1}\boldsymbol{W}_0\Delta\boldsymbol{W}(\boldsymbol{u}_{\mathrm{s}}(k)-\boldsymbol{u}_0(k))\end{aligned}\tag{5.30}$$

同样地，为保证权系数矩阵 $\boldsymbol{W}$ 保持正定对称，结合式(5.26)、式(5.28)～式(5.30)可以建立包含执行器动态补偿的线性矩阵不等式最优控制分配模型式(5.27)，即定理5.7成立。

定理5.7可在混合优化分配指令出现饱和时，根据执行器动态特性调整权系数 $\boldsymbol{W}_\Delta$ 满足操纵面物理约束式(5.29)，实现操纵面指令按控制效能和执行器动态重新协调分配。

### 5.4.4 控制分配的参数灵敏度分析

权系数等作为混合优化控制分配的重要参数，如何评价其变化对控制分配结果带来的影响，是描述控制分配策略参数灵敏度的出发点。

Frost 等[28]在研究混合优化控制机理的基础上，研究了多操纵面飞机对指令响应的灵敏度问题。具体描述如下：对于预定的可达虚拟指令 $\boldsymbol{v}_{\mathrm{d1}}(t)$，经控制分配器生成的控制指令为 $\boldsymbol{u}_{\mathrm{d1}}(t)$，而存在摄动时对应的虚拟指令和控制指令分别为 $\boldsymbol{v}_{\mathrm{d2}}(t)$ 和 $\boldsymbol{u}_{\mathrm{d2}}(t)$，则定义指令灵敏度为

$$S_{\boldsymbol{u}}^{\boldsymbol{v}} = \frac{\|\boldsymbol{u}_{\mathrm{d2}}(t) - \boldsymbol{u}_{\mathrm{d1}}(t)\|_2}{m\|\boldsymbol{v}_{\mathrm{d2}}(t) - \boldsymbol{v}_{\mathrm{d1}}(t)\|_2} \tag{5.31}$$

类似地，定义权系数摄动时控制分配策略的参数灵敏度为

$$S_{\boldsymbol{u}}^{\boldsymbol{W}} = \frac{\|\boldsymbol{u}_{\mathrm{d2}}(t) - \boldsymbol{u}_{\mathrm{d1}}(t)\|_2}{m\|\boldsymbol{W}_{\mathrm{d2}} - \boldsymbol{W}_{\mathrm{d1}}\|_2} = \frac{\|\boldsymbol{e}(t)\|_2}{m\|\boldsymbol{W}_{\mathrm{d2}} - \boldsymbol{W}_{\mathrm{d1}}\|_2} \tag{5.32}$$

式中：$\boldsymbol{W}_{\mathrm{d1}}$ 和 $\boldsymbol{W}_{\mathrm{d2}}$ 分别为摄动前后的权系数矩阵；$\boldsymbol{e}(t)$ 为产生的控制指令变化量。

结合式(5.30)和式(5.31)，对于混合优化控制分配策略，存在

$$\boldsymbol{e}(t) = (\boldsymbol{R}_\Delta^{-1}\boldsymbol{W}_\Delta^2 - \boldsymbol{G}_3\boldsymbol{W}^2)\boldsymbol{u}_{\mathrm{s}}(t) + (\boldsymbol{R}_\Delta^{-1} - \boldsymbol{G}_3)\boldsymbol{B}^{\mathrm{T}}\boldsymbol{v}_{\mathrm{d}}(t) \tag{5.33}$$

参数灵敏度将直观反映控制权系数变化时控制分配策略的变化情况，侧面说明了对给定虚拟控制指令时系统参数变化对应的指令响应速度。

### 5.4.5 仿真及分析

以瑞典防卫机构开发的六自由度多操纵面战斗机 ADMIRE 模型[27]为仿真对象，选择虚拟控制 $\boldsymbol{v}^{\mathrm{T}} = [\dot{p}, \dot{q}, \dot{r}]$ 分别表示滚转、俯仰和偏航角加速度，控制量 $\boldsymbol{\delta}^{\mathrm{T}} = [\delta_c, \delta_{le}, \delta_{re}, \delta_r]$ 分别表示飞机的鸭翼、左升降副翼、右升降副翼和方向舵。操纵面偏转的位置约束和速率约束为

$$\begin{cases} \boldsymbol{\delta}_{\max}^{\mathrm{T}} = [25 \quad 30 \quad 30 \quad 30] \\ \boldsymbol{\delta}_{\min}^{\mathrm{T}} = -1 \times [55 \quad 30 \quad 30 \quad 30] \\ \boldsymbol{\rho}_{\max}^{\mathrm{T}} = -\boldsymbol{\rho}_{\min}^{\mathrm{T}} = 50 \times [1 \quad 1 \quad 1 \quad 1] \end{cases}$$

考虑 $\delta_c$ 和 $\delta_r$ 的执行器模型为一阶形式，即

$$T_s\dot{\delta}_i(t) = -\delta_i(t) + u_i(t), \quad i = \mathrm{c,r}$$

$\delta_{le}$ 和 $\delta_{re}$ 的执行器为二阶模型

$$\begin{cases} \dot{\boldsymbol{x}}_{\mathrm{act}}(t) = \begin{bmatrix} 0 & 1 \\ -\omega_n^2 & -2\xi\omega_n \end{bmatrix} \boldsymbol{x}_{\mathrm{act}}(t) + \begin{bmatrix} 0 \\ \omega_n^2 \end{bmatrix} u_i(t) \\ \delta_i(t) = \begin{bmatrix} 1 & 0 \end{bmatrix} \boldsymbol{x}_{\mathrm{act}}(t), \ i = \mathrm{le,re} \end{cases}$$

式中：$\boldsymbol{x}_{\mathrm{act}}^{\mathrm{T}} = [\delta_i \quad \dot{\delta}_i]$，$T_{\mathrm{s}} = 1/15$，$\xi = 0.7071$，$\omega_n = 18$。

选定参数 $\boldsymbol{W}_2 = \mathrm{diag}(1,1,1)$，$\boldsymbol{W}_3 = \mathrm{diag}(1,2,2,1)$，$\gamma = 10^{-3}$，设计以下三种控制方案进行对比仿真。

方案 1　混合优化控制分配方案：不考虑执行器动态，直接按式(5.19)进行控制分配律设计。

方案 2　变参数控制分配方案：不考虑执行器动态，求解线性矩阵不等式(5.23)，进行变参数的控制分配律设计。

方案 3　变参数动态控制分配方案：考虑执行器动态，求解线性矩阵不等式(5.27)，进行变参数的动态控制分配律设计。

期望虚拟控制指令按文献[4]进行设计，图 5.7 所示为三种控制方案的动态跟踪过程。图 5.8 所示为相应的操纵面指令动态过程。从图 5.7 可以看出，在俯仰通道随着期望指令的正向增大，方案 1 在设计控制分配律时未考虑执行器动态，无法产生动态舵偏指令及时快速地跟踪俯仰角加速度的变化。甚至在 1.5~5.1s

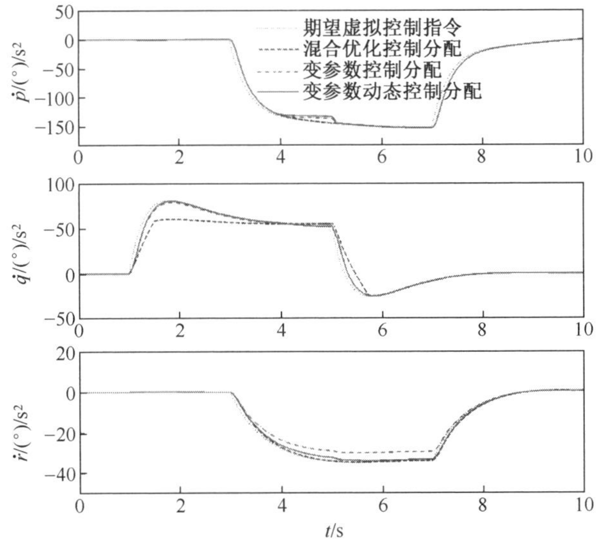


图 5.7　虚拟控制指令的动态过程

时,在虚拟控制指令不断变化时,控制分配产生了几乎不变的控制效果。分析图 5. 8可知,此时鸭翼一直处于正向饱和状态,而左右升降副翼尚有俯仰通道的控制冗余,说明定权系数的控制分配器未能挖掘多操纵面的冗余控制效能,以最优实现控制目标。

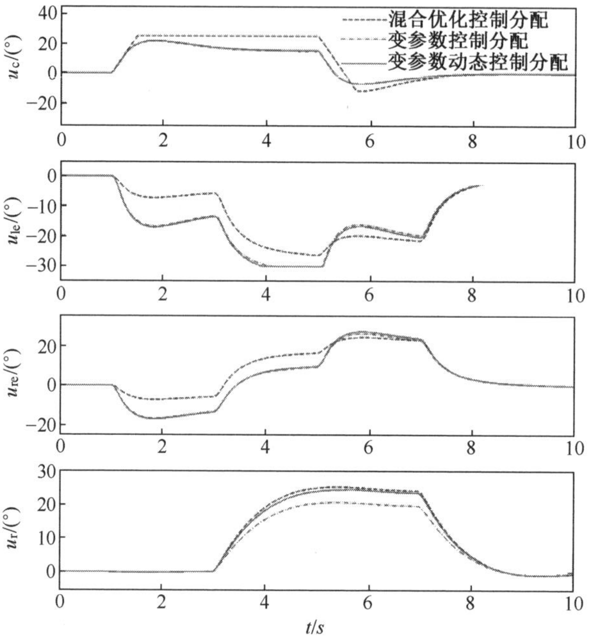


图 5. 8　操纵面指令的动态过程

图 5. 9 所示为方案 2 和方案 3 对应权系数的变化曲线。可以看出,方案 2 和方案 3 通过不断地调节权系数,设计出可行的控制分配律,从而在可达集内找到更优的虚拟控制指令,实现对三个通道指令的有效跟踪。值得注意的是,方案 2 在设计中没有考虑执行器的动态特性。由图 5. 7 可知,虽然变权系数缓和了操纵面陷入饱和而无法跟踪变化虚拟指令的问题,但是在航向通道却出现了虚拟指令跟踪滞后和衰减的现象。为此,方案 3 在设计中充分考虑执行器的动态特性,从 4. 5s 指令刚受到动态影响时就不断调节权系数,以产生适应执行器动态特性相协调的操纵面补偿指令,这一点可从图 5. 9 中方向舵权系数不断抖振看出来。

总体来看,在执行器存在动态影响时,方案 2 和方案 3 通过变权系数能够比方案 1 更好地挖掘多操纵面的冗余控制效能,但方案 2 未考虑执行器动态,在包含执行器动态的控制分配系统中方案 3 可具有更好的操纵指令分配效果。

图 5. 10 所示为方案 2 和方案 3 在权系数变化时引起的参数灵敏度变化曲线。可以看出,方案 3 产生的控制指令对权系数变化具有更大的灵敏度,最大值在 3. 64s 达到 39. 93,而方案 2 仅为 13. 09。但是,方案 2 和方案 3 的参数灵敏度在整

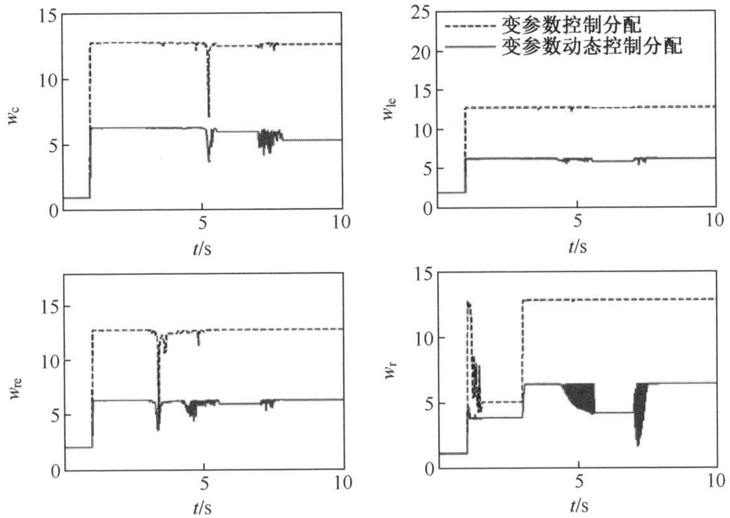


图 5.9　控制权系数的变化曲线

个过程中的平均值却分别为 1.256 和 1.059。结合图 5.9 和图 5.10 进行分析可知,这是方案 3 在面对执行器动态影响时不断调节权系数至与系统动态相协调的位置,其对应的参数灵敏度的瞬态值较大,但在稳态下参数灵敏度整体很小。

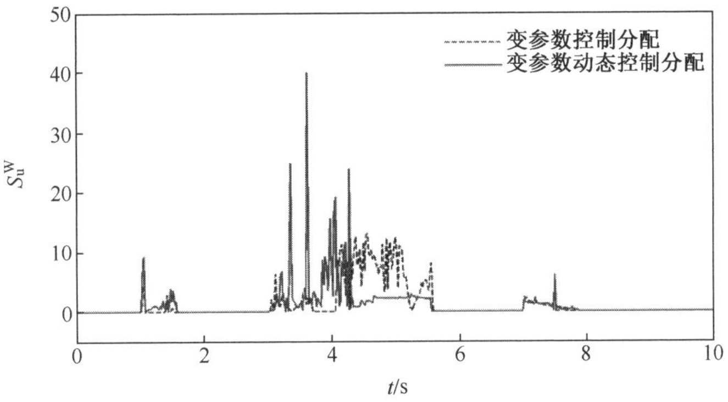


图 5.10　参数灵敏度的变化曲线

## 5.5　小结

本章结合典型的飞行任务指标要求,研究了加权伪逆、混合优化以及变参数动态混合优化赋权控制分配策略中的权值最优化设计问题。建立了加权伪逆法和混合优化法控制分配的数学模型,得到了无约束状态下统一的控制律形式和可达集的构建方法。研究了含分配效率和分配模态性能要求的控制分配多目标优化问题，采用非劣排序遗传算法对赋权控制分配策略的权值进行离线优化设计。在此基础上，研究了操纵面故障条件下赋权控制分配策略的权值优化问题，考虑操纵面的偏转限制，通过沿控制目标梯度下降的方向修控制权值矩阵，最大量地发挥冗余操纵面的控制效能。进一步研究分别独立设计了固定权值控制分配器、变参数混合优化控制分配器和变参数混合优化动态控制分配器，并给出了上述三种方法的对比仿真。

赋权控制分配策略使得飞行器控制性能能够达到最佳预期设计，最大限度地提升整机性能，增强系统可靠性、安全性和任务执行能力。本章所提方法也可以应用于航天器、卫星、水面舰艇、机器人、四驱汽车等过驱动系统，具有广阔而深远的应用前景。

## 参考文献


[1] Buffington J M. Modular control law design for the innovative control effectors (ICE) tailless fighter aircraft configuration 101-3[R]. AFRL-VA-WP-TR-1999-3057,1999:12-17.

[2] Bošković J D, Ling Bo, Prasanth R, et al. Design of control allocation algorithms for over-actuated aircraft under constraints using LMIs[C]. Proceeding of the 41st IEEE conference on Decision and Control, Las Vegas, USA, 2002:1711-1716.

[3] Bošković J D, Mehra Raman K. Control allocation in overactuated aircraft under position and rate limiting[C]. Proceeding of the American Control Conference, 2002:791-796.

[4] Kishore W C, Sen S, Ray G. Disturbance rejection and control allocation of over-actuated systems [C]. IEEE International Conference on Industrial Technology, 2006:1054-1059.

[5] Durham W C. Constrained control allocation: three moment problem[J]. Journal of Guidance, Control, and Dynamics, 1994, 17(2):330-336.

[6] Durham W C. Computationally efficient control allocation[J]. Journal of Guidance, Control, and Dynamics, 2001, 24(3):519-524.

[7] John A M. Petersen, Marc Bodson. Fast control allocation using spherical coordinates[R]. AIAA 99-4215:1321-1330.

[8] Bordignon K A, Durham W C. Closed-form solutions to the constrained control allocation problem [R]. AIAA, 1994-3552-CP:113-123.

[9] Bordignon K A, Durham W C. Closed-form solutions to constrained control allocation problem[J]. Journal of Guidance, Control, and Dynamics, 1995, 18(5):1000-1007.

[10] 史静平，章卫国，李广文，等. 再分配伪逆算法分配效率研究[J]. 中国科学：信息科学，2010,40(4):519-525.

[11] Roger E. Beck. Control allocation for linear systems with four or more objectives[C]. AIAA Guidance, Navigation, and Control Conference and Exhibit, 2003:1-11.

[12] Bordignon K A. Constrained control allocation for systems with redundant control effectors[D].

PhD thesis, Virginia Polytechnic Institute and State University, 1996.

[13] Härkegård Ola. Backstepping and control allocation with applications to flight control[D]. Linköping University, 2003.

[14] 胡茂林. 矩阵计算与应用[M]. 北京:科学出版社,2008.

[15] 傅英定,成孝予,唐应辉. 最优化理论与方法[M]. 北京:国防工业出版社,2008.

[16] 陈宝林. 最优化理论与算法[M]. 2 版. 北京:清华大学出版社,2005.

[17] Deb K. Multi-objective optimization using evolutionary algorithms[M]. Chicester, UK: John Willy & Sons, 2002.

[18] 彭春华,孙惠娟,郭剑峰. 求解 PMU 多目标优化配置问题的非劣排序微分进化算法[J]. 控制理论与应用,2009,26(10):1075-1080.

[19] 裴胜玉,周永权. 用于约束多目标优化问题的混合粒子群算法[J]. 计算机工程与应用,2011,47(15):49-111.

[20] 焦李成,尚荣华,马文萍,等. 多目标优化免疫算法、理论和应用[M]. 北京:科学出版社,2010.

[21] Mitra K, Gopinath R. Multi-objective optimization of an industrial grinding operation using elitist non-dominated sorting genetic algorithm[J]. Chemical Engineering Science, 2004, 59(2): 385-396.

[22] Ssrksr D, Modak J M. Pareto-optimal solutions for multi-objective optimization of fed-batch bioreactors using non-dominatedsorting genetic algorithm[J]. Chemical Engineering Science, 2005, 60(2): 481-492.

[23] Ded K, Pratap A, Agarwal S, et al. A fast and elitist multi-objective genetic algorithm: NSGA-II[J]. IEEE Transactions on Evolutionary Computation, 2002, 6(2): 182-197.

[24] 张贤达. 矩阵分析与应用[M]. 北京:清华大学出版社,2004.

[25] 陈勇,董新民,薛建平,等. 多操纵面飞控系统约束自适应控制分配策略[J]. 系统工程与电子技术,2011,33(5):1118-1123.

[26] LEVINE W S. The control handbook, control system applications(2nd) [M]. Boca Raton, Florida: CRC Press, 2011.

[27] 陈勇,董新民,薛建平,等. 执行器不确定系统鲁棒预测动态控制分配策略[J]. 控制理论与应用,2012,29(4):447-456.

[28] 陈勇,董新民,薛建平,等. 赋权控制分配策略的权系数多目标优化设计[J].控制与决策,2013:991-997.

[29] Susan A F, Bodson M. Sensitivity analysis of linear programming and quadratic programming algorithms for control allocation[C]. Proceedings of Aeorspace Conference and Exhibit, 2009: 1-15.

# 第6章 多操纵面飞机动态控制分配方法

## 6.1 引言

现有研究成果通常假设所有执行器在任何情况下的动态响应过程相对于被控对象都足够快，作动器不需要操作时间，是瞬间实现的。而在实际应用中各操纵面具有不同的速率和动态特性，直接忽略控制分配器和执行器动态特性之间的铰链将可能影响系统的动态响应性能[1]，降低闭环系统稳定性，甚至导致闭环不稳定[2]。研究表明，考虑执行器动态响应过程进行控制器设计，不仅符合实际系统的工作原理，更能提高控制分配性能，实现动态控制分配[3]。

目前国内外专家学者对包含执行器动态的控制分配策略进行了许多研究，例如：Härkegård[4]提出按执行器的频域特性对不同偏转速率的操纵面进行动态分配；柳扬等[1,5]则将其应用于战斗机的动态控制分配问题中；Oppenheimer 等提出了典型执行器模型的精确动态补偿策略；Kishore 等[6]进一步针对导弹控制问题提出了高阶执行器系统的动态补偿方案；Hammad 等[7]则采用遗传算法补偿了 Boeing 747 飞机执行器动态产生的指令损失；Yu 等[8-10]将执行器建模为线性时变动力学系统：$\boldsymbol{T}\dot{\boldsymbol{\delta}} + \boldsymbol{\delta} = \boldsymbol{u}$，并结合模型预测控制理论提出了动态控制分配方案；Vermillion等[11]分析了级联模型预测动态控制分配系统的稳定性；Hallouzi 等[12,13]基于子空间预测辨识方法实现了 Boeing 747 飞机的动态控制分配；马建军等[14]进一步引入鲁棒最小二乘理论实现了范数有界不确定执行器的鲁棒动态子空间预测控制分配，等等。目前绝大多数研究是以执行器模型精确已知为前提设计动态控制分配器，无法适用于执行器模型存在多面体不确定性的情形，且模型出现失配或不确定性建模误差时控制性能将急剧退化。

本章考虑执行器的物理约束和动态性能，引入鲁棒预测控制理论[15-18]提出了一种不需精确已知执行器模型的动态控制分配策略，以实现冗余执行器多面体不确定动态特性的最优补偿。首先针对三种典型的执行器精确动态模型，通过增益补偿研究了一种动态控制分配方案。然后采用文献[15,19]的鲁棒预测控制方法处理执行器动态模型的不确定性,以执行器状态增量和虚拟指令跟踪误差为增广变量设计执行器鲁棒预测控制律,通过约束控制分配器综合考虑执行器的动态特性和物理约束,利用线性矩阵不等式求解最优的动态补偿指令,在实现指令跟踪的同时保证不确定系统闭环稳定,并通过仿真实例对精确控制分配方案和不确定控制分配方案的有效性进行验证。与此同时,考虑各个操纵面之间的非线性交叉耦合效应,对相应执行器动态进行建模,并在此基础上设计控制分配器。

## 6.2 执行器模型精确已知的动态控制分配

### 6.2.1 问题描述

多操纵面飞机飞行控制系统中执行器动态响应过程是确实存在的,且不同的执行器具有不同的带宽,对飞行控制系统存在着不一样的影响。图 6.1 所示为考虑执行器物理约束和动态特性时模块化级联飞行控制系统的控制结构。给定外部参考指令 $\boldsymbol{r}$,由主环飞行控制律生成期望虚拟控制指令$\boldsymbol{v}$ ,然后经控制分配器产生控制指令,$\boldsymbol{u}$ 和 $\boldsymbol{\delta}$ 分别表示气动舵面的期望偏转量和实际偏转量。

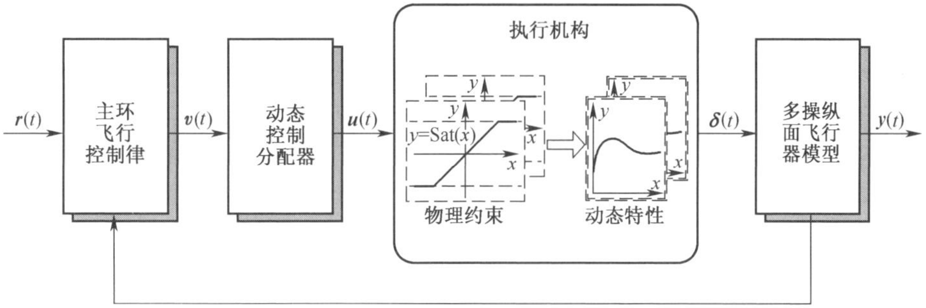


图 6.1　考虑执行器物理约束和动态特性时模块化级联飞行控制系统的控制结构

处理执行器动态的传统办法是假设所有执行器动态响应过程远远快于被控对象从而忽略执行器动态,即视 $\boldsymbol{u}$ 为真实的控制输入,在闭环系统动态远远慢于执行器伺服系统时,这种方法是可行的,执行器部分可由稳态关系 $\boldsymbol{\delta} = \boldsymbol{u}$ 进行近似。此时不考虑伺服回路动态进行控制分配,能够得到满足约束要求的操纵面指令。对于多操纵面飞行控制系统,若存在执行器使得其动态响应过程相对于被控对象足够快的假设不成立时,经过伺服回路后的实际偏转位置将可能落后于控制分配指令,影响整个控制系统的动态响应过程,这样就必须在作动器输入指令和输出响应之间进行执行器动态补偿。由于不同的执行器具有不同的动力学特性,对每个执行器的补偿是应该独立进行的。为此,文献[20]提出了一种利用增益补偿执行器动态特性的方法，文献[6]则结合混合优化分配法将动态补偿问题转化为线性矩阵不等式凸优化形式，实现了多执行器导弹的内环姿态角控制。本节在此研究的基础上提出了多操纵面飞机执行器模型已知的动态补偿控制器和控制分配器设计方法，通过补偿执行器输入指令实现操纵面的有效分配。

在飞控系统的每个采样周期，控制分配器根据主环产生的虚拟控制指令 $\boldsymbol{v}_{\mathrm{d}}(k)$ 和期望控制量 $\boldsymbol{u}_{\mathrm{s}}(k)$ 生成控制指令 $\boldsymbol{u}(k)$。考虑到执行器的动态特性，使得执行器实际产生的控制指令 $\boldsymbol{\delta}(k)$ 与 $\boldsymbol{u}(k)$ 存在偏差，记为 $\Delta\boldsymbol{\delta}_{\mathrm{cmd}}(k)=\boldsymbol{u}(k)-\boldsymbol{\delta}(k)$。为降低这种控制误差，可在控制分配器与执行器之间引入动态补偿控制器，通过对当前采样时刻的 $\boldsymbol{u}(k)$ 进行增益补偿，在下一个采样周期内实现虚拟控制指令的有效跟踪，达到 $\boldsymbol{B\delta}(k+1)=\boldsymbol{Bu}(k)$。图 6.2 所示为包含执行器动态补偿的级联控制结构原理图。

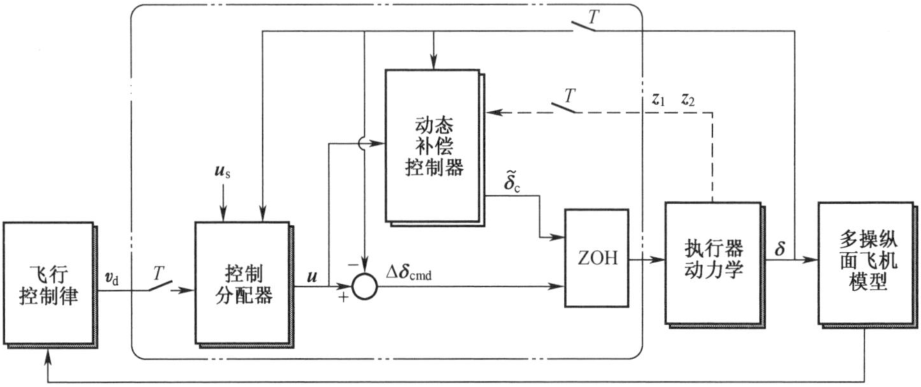


图 6.2　包含执行器动态补偿的级联控制结构原理图

与静态控制分配相比，图 6.2 引入了动态补偿控制器，可根据执行器和控制分配器的输出生成合理的补偿指令 $\tilde{\boldsymbol{\delta}}_{\mathrm{c}}$，实现对执行器影响作用的动态补偿。

## 6.2.2 执行器的动态补偿控制器设计

下面针对一阶系统、无零点及有一个零点的二阶系统等低阶执行器模型分别设计动态补偿控制律，更高阶的执行器模型通常可简化为三种模型的组合形式。

**定理 6.1**　若执行器 $i$ 的传递函数为一阶系统：

$$\frac{\delta_i(s)}{u_i(s)}=\frac{a_i}{s+a_i}$$

则可设计如下的动态补偿控制律：

$$\tilde{\delta}_{\mathrm{c},i}(k)=\mathrm{e}^{-a_iT}u_i(k)+(1-\mathrm{e}^{-a_iT})\delta_i(k) \tag{6.1}$$

**证明** 对式(6.1)进行离散化可得

$$\delta_i(k+1)=\mathrm{e}^{-a_i/T}\delta_i(k)+(1-\mathrm{e}^{-a_iT})u_i(k)$$

考虑执行器动态特性,存在:

$$u_i(k)=\Delta\delta_{\mathrm{cmd},i}(k)+\delta_i(k),\Delta\delta_{\mathrm{cmd},i}(k)\neq 0 \tag{6.2}$$

在当前时刻,对执行器输入指令进行补偿。令补偿的控制指令为

$$\tilde{\delta}_{\mathrm{c},i}(k)=M_1\cdot\delta_i(k)$$

式中:$M_1$ 是执行器的补偿增益。从而执行器动态函数转变为

$$\delta_i(k+1)=\mathrm{e}^{-a_iT}\tilde{\delta}_{\mathrm{c},i}(k)+(1-\mathrm{e}^{-a_iT})(\Delta\delta_{\mathrm{cmd},i}(k)+\tilde{\delta}_{\mathrm{c},i}(k))$$

为使 $\boldsymbol{B\delta}(k+1)=\boldsymbol{Bu}(k)$,只需对 $\forall$ i, $\exists\boldsymbol{b}_i\delta_i(k+1)=\boldsymbol{b}_iu_i(k)$,进而可知:

$$M_1=1+\mathrm{e}^{-a_iT}\frac{\Delta\delta_{\mathrm{cmd},i}(k)}{\delta_i(k)} \tag{6.3}$$

由 $\tilde{\delta}_{\mathrm{c},i}(k)=M_1\cdot\delta_1(k)$ 即可得到定理 6.1 中的动态补偿控制律。证毕。

**定理 6.2** 若执行器 $i$ 的传递函数为无零点的二阶系统:

$$\frac{\delta_i(s)}{u_i(s)}=\frac{k_i}{s^2+2\zeta_i\omega_{n,i}s+\omega_{n,i}^2}$$

式中:$k_i$、$\zeta_i$、$\omega_{n,i}$ 均为正常数,则可设计如下的动态补偿控制律:

$$\tilde{\delta}_{\mathrm{c},i}(k)=\frac{(1-C_3)u_i(k)+C_3\delta_i(k)}{(C_1+C_3)z_{1,i}(k)+C_2z_{2,i}(k)}\delta_i(k) \tag{6.4}$$

式中:$z_{1,i}$、$z_{2,i}$ 为中间变量;$C_1$、$C_2$ 和 $C_3$ 为常数将随证明过程给出。

**证明** 无零点的二阶系统可转化为状态空间形式

$$\begin{cases}\begin{bmatrix}\dot{z}_{1,i}(t)\\ \dot{z}_{2,i}(t)\end{bmatrix}=\begin{bmatrix}0 & 1\\ -\omega_{n,i}^2 & -2\zeta_i\omega_{n,i}\end{bmatrix}\begin{bmatrix}z_{1,i}(t)\\ z_{2,i}(t)\end{bmatrix}+\begin{bmatrix}0\\ k_i\end{bmatrix}u_i(t)\\ \delta_i(t)=[1\quad 0]\cdot\begin{bmatrix}z_{1,i}(t)\\ z_{2,i}(t)\end{bmatrix}\end{cases}$$

式中:$z_{1,i}(t)=\delta_i(t)$,$z_{2,i}(t)=\dot{\delta}_i(t)$。对其进行离散化,可表示为

$$\delta_i(k+1)=C_1z_{1,i}(k)+C_2z_{2,i}(k)+C_3u_i(k) \tag{6.5}$$

若令 $\omega_{d,i}=\omega_{n,i}\sqrt{1-\zeta_i^2}$,$\sigma_i=-\zeta_i\omega_{n,i}$,则 $C_1$、$C_2$ 和 $C_3$ 的定义如下:

$$\begin{cases}C_1=\dfrac{\omega_{n,i}}{\omega_{d,i}}\mathrm{e}^{\sigma_iT}\sin\left[\omega_{d,i}T+\arctan\left(\dfrac{\omega_{d,i}}{-\sigma_i}\right)\right]\\ C_2=\dfrac{1}{\omega_{d,i}}\mathrm{e}^{\sigma_iT}\sin[\omega_{d,i}T]\\ C_3=\dfrac{k_i}{\omega_{n,i}^2}+\dfrac{k_i\mathrm{e}^{\sigma_iT}[\sigma_i\sin(\omega_{d,i}T)-\omega_{d,i}\cos(\omega_{d,i}T)]}{\omega_{d,i}\omega_{n,i}^2}\end{cases}$$

在当前时刻,对执行器输入指令进行补偿。令补偿的控制指令为

$$\tilde{\delta}_{c,i}(k) = M_2 \cdot \delta_i(k)$$

式中:$M_2$ 为执行器的补偿增益。进而中间变量经补偿后变成:

$$\begin{cases} \tilde{z}_{c,1i}(k) = M_2 \cdot z_{1,i}(k) \\ \tilde{z}_{c,2i}(k) = M_2 \cdot z_{2,i}(k) \end{cases}$$

从而执行器动态函数转变为

$$\delta_i(k+1) = C_1\tilde{z}_{c,1i}(k) + C_2\tilde{z}_{c,2i}(k) + C_3[\Delta\delta_{cmd,i}(k) + \tilde{\delta}_{c,i}(k)]$$

为使 $\boldsymbol{B\delta}(k+1)=\boldsymbol{Bu}(k)$,只需对 $\forall\, i$,$\exists\, \boldsymbol{b}_i\delta_i(k+1)=\boldsymbol{b}_i u_i(k)$,结合式(6.2)可得

$$M_2 = \frac{z_{1,i}(k) + (1 - C_3)\Delta\delta_{cmd,i}(k)}{(C_1 + C_3)z_{1,i}(k) + C_2 z_{2,i}(k)} \tag{6.6}$$

由 $\tilde{\delta}_{c,i}(k)=M_2 \cdot \delta_i(k)$ 即可得到定理 6.2 中的动态补偿控制律。证毕。

**定理 6.3** 若执行器 $i$ 的传递函数为含一个零点的二阶系统:

$$\frac{\delta_i(s)}{u_i(s)} = \frac{k_i(s + a_i)}{s^2 + 2\zeta_i\omega_{n,i}s + \omega_{n,i}^2}$$

则可设计如下的动态补偿控制律:

$$\tilde{\delta}_{c,i}(k) = \frac{(1 - D_3)u_i(k) + D_3\delta_i(k)}{D_1 z_{1,i}(k) + D_2 z_{2,i}(k) + D_3\delta_i(k)}\delta_i(k) \tag{6.7}$$

式中:$z_{1,i}$、$z_{2,i}$ 为中间变量;$D_1$、$D_2$、$D_3$ 为常数将随证明过程给出。

**证明** 为消除 $\dot{u}_i(t)$,引入中间变量 $z_i$ 满足:

$$\begin{cases} \dfrac{z_i(s)}{u_i(s)} = \dfrac{1}{s^2 + 2\zeta_i\omega_{n,i}s + \omega_{n,i}^2} \\ \dfrac{\delta_i(s)}{z_i(s)} = k_i(s + a_i) \end{cases}$$

从而可将含一个零点的二阶系统转化为状态空间形式:

$$\begin{cases} \begin{bmatrix} \dot{z}_{1,i}(t) \\ \dot{z}_{2,i}(t) \end{bmatrix} = \begin{bmatrix} 0 & 1 \\ -\omega_{n,i}^2 & -2\zeta_i\omega_{n,i} \end{bmatrix} \begin{bmatrix} z_{1,i}(t) \\ z_{2,i}(t) \end{bmatrix} + \begin{bmatrix} 0 \\ 1 \end{bmatrix} u_i(t) \\ \delta_i(t) = [k_i a_i \quad k_i] \cdot \begin{bmatrix} z_{1,i}(t) \\ z_{2,i}(t) \end{bmatrix} \end{cases}$$

式中:$z_{1,i}(t)=z_i(t)$,$z_{2,i}(t)=\dot{z}_i(t)$。对其进行离散化,可表示为

$$\delta_i(k+1) = D_1 z_{z,i}(k) + D_2 z_{2,i}(k) + D_3 u_i(k) \tag{6.8}$$

其中,

$$D_1 = k_i e^{\sigma_i T}\left\{a_i\left[\frac{\zeta_i \sin(\omega_{d,i}T)}{\sqrt{1-\zeta_i^2}} + \cos(\omega_{d,i}T)\right] - \frac{\omega_{n,i}^2 \sin(\omega_{d,i}T)}{\omega_{d,i}}\right\}$$

$$D_2 = k_i e^{\sigma_i T}\left\{\frac{a_i \sin(\omega_{d,i}T)}{\omega_{d,i}} + \left[\cos(\omega_{d,i}T) - \frac{\zeta_i \sin(\omega_{d,i}T)}{\sqrt{1-\zeta_i^2}}\right]\right\}$$

$$\begin{aligned} D_3 = & \frac{k_i a_i}{\omega_{d,i}\omega_{n,i}^2}\{\omega_{d,i} + e^{\sigma_i T}[\sigma_i \sin(\omega_{d,i}T) - \omega_{d,i}\cos(\omega_{d,i}T)]\} + \\ & \frac{k_i}{\omega_{n,i}^2}\{-\sigma_i + e^{\sigma_i T}[\sigma_i \cos(\omega_{d,i}T) + \omega_{d,i}\sin(\omega_{d,i}T)]\} - \\ & \frac{k_i \zeta_i}{\omega_{d,i}\omega_{n,i}}\{\omega_{d,i} + e^{\sigma_i T}[\sigma_i \sin(\omega_{d,i}T) - \omega_{d,i}\cos(\omega_{d,i}T)]\} \end{aligned}$$

在当前时刻,对执行器输入指令进行补偿。令补偿的控制指令为

$$\tilde{\delta}_{c,i}(k) = M_3 \cdot \delta_i(k)$$

式中:$M_3$ 为执行器的补偿增益。进而中间变量经补偿后变成

$$\tilde{z}_{c,1i}(k) = M_3 \cdot z_{1,i}(k), \tilde{z}_{c,2i}(k) = M_3 \cdot z_{1,i}(k)$$

从而执行器动态函数转变为

$$\delta_i(k+1) = D_1\tilde{z}_{c,1i}(k) + D_2\tilde{z}_{c,2i}(k) + D_3(\Delta\delta_{cmd,i}(k) + \tilde{\delta}_{c,i}(k))$$

为使 $\boldsymbol{B\delta}(k+1) = \boldsymbol{Bu}(k)$,只需对 $\forall i$, $\exists \boldsymbol{b}_i\delta_i(k+1) = \boldsymbol{b}_i u_i(k)$,结合式(6.2)可得

$$M_3 = \frac{\delta_i(k) + (1-D_3)\Delta\delta_{cmd,i}(k)}{D_1 z_{1,i}(k) + D_2 z_{2,i}(k) + D_3\delta_i(k)} \tag{6.9}$$

由 $\tilde{\delta}_{c,i}(k) = M_3 \cdot \delta_i(k)$ 即可得到定理 6.3 中的动态补偿控制律。证毕。

因此,通过式(6.1)、式(6.4)或式(6.7)可计算执行器控制指令的补偿增益 $M_i$,根据执行器的动态特性对控制分配结果进行动态调节。进一步对所有执行器计算 $M_i$,令 $\boldsymbol{M} = \mathrm{diag}(M_1, M_2, \cdots, M_m)$,则实际补偿的虚拟控制指令为

$$\Delta\tilde{\boldsymbol{v}}_c(k) = \boldsymbol{B}(\boldsymbol{M} - \boldsymbol{I})\boldsymbol{\delta}(k) \tag{6.10}$$

### 6.2.3 基于有效集的控制分配器设计

考虑执行器的位置约束和速率约束,以执行器偏转误差和虚拟控制指令跟踪误差的加权为最优化目标,建立如下的约束控制分配模型:

$$
\min_{\boldsymbol{u}(k)} J_1 = \| \boldsymbol{W}_3(\boldsymbol{v}(k) - \boldsymbol{v}_{\mathrm{d}}(k)) \|_2^2 + \gamma \| \boldsymbol{W}_4(\boldsymbol{u}(k) - \boldsymbol{u}_{\mathrm{s}}(k)) \|_2^2
$$

$$
\text{s.t. } \boldsymbol{v}(k) = \boldsymbol{B} \cdot \boldsymbol{u}(k)
$$

$$
\boldsymbol{u}(k) \in \Omega_{\delta} = \{ \boldsymbol{u}(t) \mid \boldsymbol{\delta}_{\min} \leqslant \boldsymbol{u}(t) \leqslant \boldsymbol{\delta}_{\max}, \boldsymbol{\rho}_{\min} \leqslant \dot{\boldsymbol{u}}(t) \leqslant \boldsymbol{\rho}_{\max} \}
$$

式中：$\gamma>0$ 为较小的常数。进一步可将其转化为标准的二次规划形式：

$$
\begin{gathered}
\min_{\boldsymbol{u}(k)} J_2 = \left\| \begin{pmatrix} \boldsymbol{W}_3\boldsymbol{B} \\ \gamma^{0.5}\boldsymbol{W}_4 \end{pmatrix} \boldsymbol{u}(k) - \begin{pmatrix} \boldsymbol{W}_3\boldsymbol{v}_{\mathrm{d}}(k) \\ \gamma^{0.5}\boldsymbol{W}_4\boldsymbol{u}_{\mathrm{s}}(k) \end{pmatrix} \right\|_2^2 \\
\text{s.t. } \boldsymbol{u}(t) \in \Omega_{\delta} = \{ \boldsymbol{\delta}(k) \mid \boldsymbol{C}_u \boldsymbol{\delta}(k) \leqslant \boldsymbol{U}(k) \}
\end{gathered} \tag{6.11}
$$

其中：$\boldsymbol{C}_u = [\boldsymbol{I} \quad -\boldsymbol{I}]^{\mathrm{T}}$，$\boldsymbol{U}(k) = [\bar{\boldsymbol{\delta}}^{\mathrm{T}}(k) \quad -\underline{\boldsymbol{\delta}}^{\mathrm{T}}(k)]^{\mathrm{T}}$。$\bar{\boldsymbol{\delta}}(k)$ 和 $\underline{\boldsymbol{\delta}}(k)$ 满足

$$
\begin{cases}
\bar{\boldsymbol{\delta}}(k) = \min\{\boldsymbol{\delta}_{\max}, \boldsymbol{\delta}(k-1) + T\boldsymbol{\rho}_{\max}\} \\
\underline{\boldsymbol{\delta}}(k) = \max\{\boldsymbol{\delta}_{\min}, \boldsymbol{\delta}(k-1) + T\boldsymbol{\rho}_{\min}\}
\end{cases}
$$

研究表明[21,22]，采用有效集方法求解二次规划类控制分配模型具有较好的实时性。为此，对模型式(6.11)引入有效集方法进行解算，具体流程如下：

步骤 1　选取合适的控制分配参数 $\boldsymbol{W}_3$、$\boldsymbol{W}_4$ 及 $\gamma$。令 $\kappa=0$，给定满足控制约束的初始点 $\boldsymbol{u}_0(0)$，假设对应的有效不等式约束集为 $\Pi_{\kappa}$。

步骤 2　在第 $\kappa$ 步，不妨令：

$$
\boldsymbol{W} = \begin{pmatrix} \boldsymbol{W}_3\boldsymbol{B} \\ \gamma^{0.5}\boldsymbol{W}_4 \end{pmatrix}, \quad \boldsymbol{b} = \begin{pmatrix} \boldsymbol{W}_3\boldsymbol{v}_{\mathrm{d}}(k) \\ \gamma^{0.5}\boldsymbol{W}_4\boldsymbol{u}_{\mathrm{s}}(k) \end{pmatrix}
$$

计算如下关于 $\boldsymbol{p}$ 的最优化问题：

$$
\begin{gathered}
\min_{\boldsymbol{p}} \| \boldsymbol{W}(\boldsymbol{u}_{(\kappa)} + \boldsymbol{p}) - \boldsymbol{b} \|_2^2 \\
\text{s.t. } \boldsymbol{p}_i = 0,\ i \in \Pi_{\kappa},\ \boldsymbol{p} \in \mathbf{R}^m
\end{gathered} \tag{6.12}
$$

步骤 3　若 $\boldsymbol{u}_{(\kappa)} + \boldsymbol{p}$ 为可行点，令 $\boldsymbol{u}_{(\kappa+1)} = \boldsymbol{u}_{(\kappa)} + \boldsymbol{p}$ 转步骤 4；否则转步骤 6。

步骤 4　计算最优化问题式(6.12)的拉格朗日乘子 $\boldsymbol{\mu}$，若 $\boldsymbol{\mu} \geqslant 0$，计算停止，得到最优解 $\boldsymbol{u}(k) = \boldsymbol{u}_{(\kappa+1)}$；否则转步骤 5。

步骤 5　计算 $\mu_j = \min\{\boldsymbol{\mu}\}$，令 $\Pi_{\kappa+1} = \Pi_{\kappa} \setminus \{j\}$，$\kappa=\kappa+1$ 转步骤 2。

步骤 6　令 $\boldsymbol{u}_{\kappa+1} = \boldsymbol{u}_{\kappa} + \alpha_{\kappa}\boldsymbol{p}$，在可行域内计算最大步长 $\alpha_{\kappa}$，并将 $\boldsymbol{u}_{(\kappa+1)}$ 的有效约束加入 $\Pi_{\kappa+1}$，$\kappa=\kappa+1$ 转步骤 2。

### 6.2.4　仿真及分析

为验证方案的有效性，以某多操纵面布局飞机为对象进行仿真。在低速状态下，该飞机的操纵面控制效率非常低，左右鸭翼、左侧升降副翼、右侧升降副翼均为联动偏转，组成伪控制机构 $\boldsymbol{\delta}_{\mathrm{pseudo}} = [\delta_{\mathrm{c}}, \delta_{\mathrm{le}}, \delta_{\mathrm{re}}, \delta_{\mathrm{r}}]^{\mathrm{T}}$，分别表示鸭翼、左升降副

翼、右升降副翼和方向舵[21]。实际上,根据文献[14,23,24]中显式组合法进行操纵面控制效应的等效转换,可设计真实控制机构和伪控制机构之间的转换矩阵:

$$
\boldsymbol{G}_{\text{pseudo}} = \begin{bmatrix} 1 & 1 & 0 & 0 & 0 & 0 & 0 \\ 0 & 0 & 1 & 0 & 1 & 0 & 0 \\ 0 & 0 & 0 & 1 & 0 & 1 & 0 \\ 0 & 0 & 0 & 0 & 0 & 0 & 1 \end{bmatrix}^{\mathrm{T}}
$$

从而 $\boldsymbol{\delta}=\boldsymbol{G}_{\text{pseudo}}\boldsymbol{\delta}_{\text{pseudo}}$,即通过 $\boldsymbol{G}_{\text{pseudo}}$ 可由 $\boldsymbol{\delta}_{\text{pseudo}}$ 得到具有同步偏转性质的 $\boldsymbol{\delta}$。

在 $Ma=0.3$、$H=3.5\text{km}$ 的飞行状态下,选择虚拟控制指令 $\boldsymbol{v}^{\mathrm{T}}=[\dot{p},\dot{q},\dot{r}]$ 分别表示滚转、俯仰和偏航角加速度,相应的控制效率矩阵为

$$
B = \begin{bmatrix} 0 & -8.2155 & 8.2155 & 2.5171 \\ 2.9175 & -2.6711 & -2.6711 & 0 \\ 0 & -0.6254 & 0.6254 & -1.5633 \end{bmatrix}
$$

执行器的位置约束和速率约束分别为

$$
\boldsymbol{\delta}_{\max} = [25 \quad 30 \quad 30 \quad 30]^{\mathrm{T}}
$$

$$
\boldsymbol{\delta}_{\min} = -1 \times [55 \quad 30 \quad 30 \quad 30]^{\mathrm{T}}
$$

$$
\boldsymbol{\rho}_{\max} = -\boldsymbol{\rho}_{\min} = [50 \quad 50 \quad 50 \quad 50]^{\mathrm{T}}
$$

考虑鸭翼和方向舵的执行器模型为一阶形式,即

$$
T_{\mathrm{s}}\dot{\delta}_i(t) = -\delta_i(t) + u_i(t) \quad (i=\mathrm{c},\mathrm{r})
$$

而左升降副翼和右升降副翼的执行器为二阶模型:

$$
\begin{cases} \dot{\boldsymbol{x}}_{\text{act,c}}(t) = \begin{bmatrix} 0 & 1 \\ -\omega_{\mathrm{n}}^2 & -2\xi\omega_{\mathrm{n}} \end{bmatrix} \boldsymbol{x}_{\text{act,c}}(t) + \begin{bmatrix} 0 \\ \omega_{\mathrm{n}}^2 \end{bmatrix} u_i(t) \\ \delta_i(t) = [1 \quad 0]\boldsymbol{x}_{\text{act,c}}(t) \quad (i=\mathrm{le},\mathrm{re}) \end{cases}
$$

式中:$\boldsymbol{x}_{\text{act,c}}^{\mathrm{T}} = [\delta_i \quad \dot{\delta}_i]$。执行器模型的参数取值分别为 $T_{\mathrm{s}}=1/19$,$\xi=0.707$,$\omega_{\mathrm{n}}=20$。

对于约束控制分配模型式(6.11),选择权值 $\boldsymbol{W}_3=\mathrm{diag}(1,1,1)$,$\boldsymbol{W}_4=\mathrm{diag}(1,1,1,1)$,松弛因子 $\gamma=10^{-2}$。给定频率随时间变快的三轴角加速度指令:

$$
\boldsymbol{v}_{\mathrm{d}} = \begin{bmatrix} 35\sin(0.15\pi t^2 + 0.5\pi t) \\ 50\sin(0.15\pi t^2 + 0.5\pi t) \\ 20\sin(0.15\pi t^2 + 0.5\pi t) \end{bmatrix} (^\circ)/\mathrm{s}^2
$$

仿真时间为 10s,采样周期 $T=0.02\text{s}$。基于有效集设计约束控制分配器式(6.11),分别对包含执行器动态补偿控制器与不包含执行器动态补偿控制器等两种情形进行对比仿真,图 6.3 所示为虚拟控制指令的动态响应过程。

从图 6.3 可以看出,由于执行器存在动态特性,不进行动态补偿时控制分配在仿真开始阶段就出现了一定的跟踪延迟,并且随着虚拟控制指令变化速率的加大,跟踪控制指令受执行器动态特性的影响越来越明显,延迟变大的同时幅值衰减越

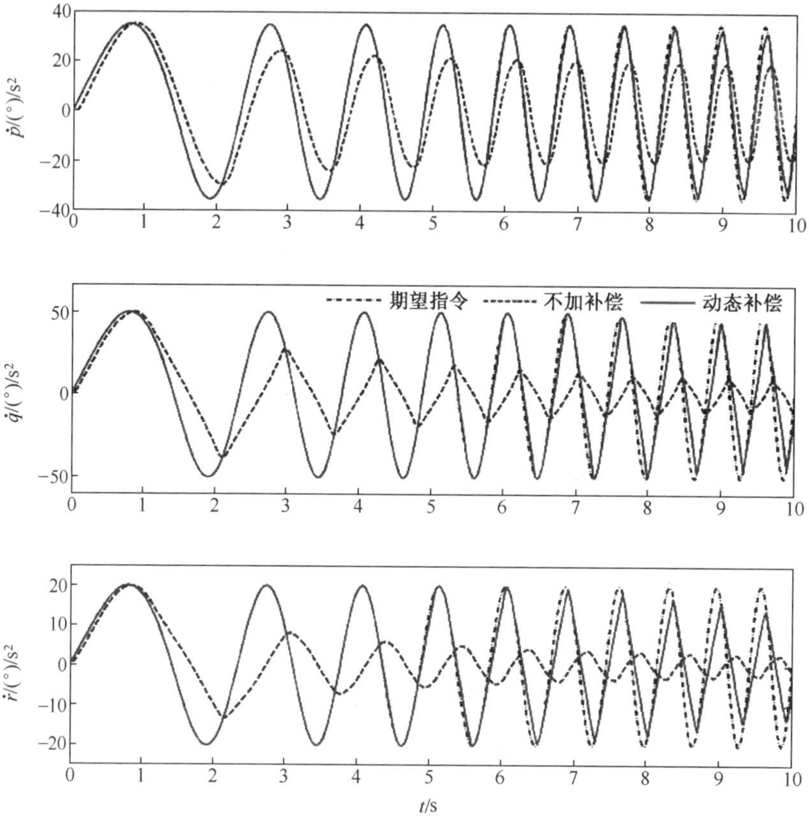


图 6.3　虚拟控制指令的动态过程

来越厉害,在第 10 个周期时俯仰角加速度和偏航角加速度跟踪指令已不足期望值的 15%。而考虑执行器动态特性后,指令的跟踪特性有了明显的改善,在仿真初始阶段没有出现跟踪延迟的现象,滚转角加速度在前 7 个周期、俯仰角加速度在前 6 个周期以及偏航角加速度在前 4 个周期基本实现无误差跟踪。仿真后期同样也出现了一定的跟踪延迟和跟踪误差,但是相比不进行动态补偿的情形,引入动态补偿控制器后控制分配系统的跟踪性能明显较优。

图 6.4 所示为操纵面控制指令的动态响应过程。从图 6.4 可以看出,两种方案生成的控制指令随虚拟控制指令呈周期变化,左升降副翼指令较其余执行器指令小。随着虚拟控制指令变化速率的加大,不加补偿的控制指令幅值衰减越来越厉害,而且鸭翼和右侧升降副翼在仿真初始阶段即出现了速率饱和。经动态补偿的控制指令在仿真后期出现了速率饱和,但指令在幅值上衰减不大,其中鸭翼指令在第 5 个周期后还出现了小幅值增长,以补偿其余操纵面速率饱和所引起的控制效能缺失。从仿真结果来看,在执行器模型已知且不可忽略的情况下,需要引入动态补偿控制器来完成多操纵面控制分配。

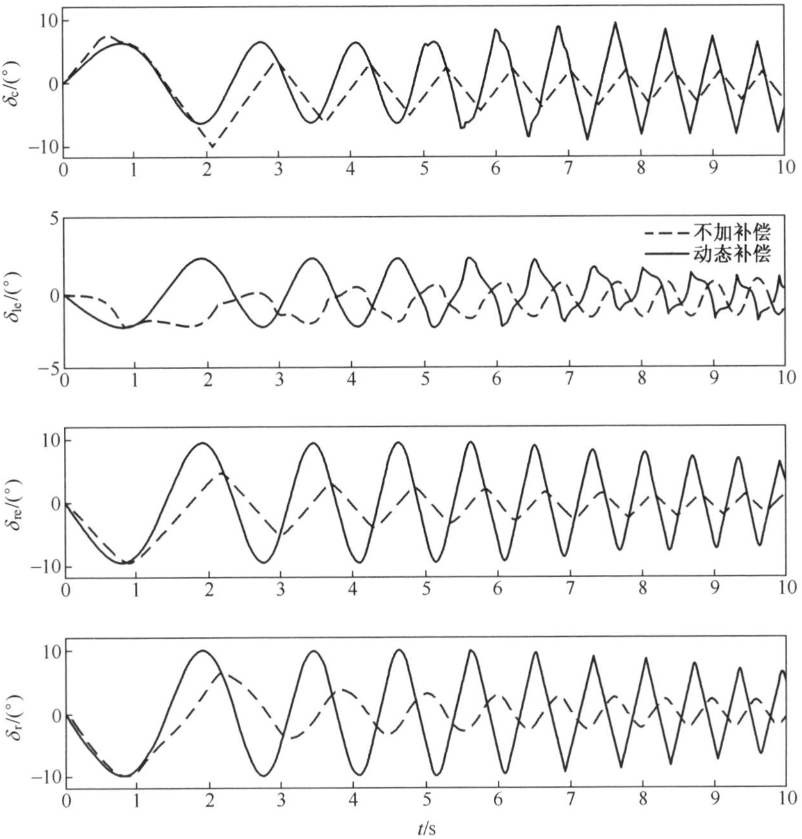


图 6.4　操纵面控制指令的动态过程

## 6.3　执行器不确定鲁棒预测动态控制分配

在执行器模型精确已知的情形下，可按照 6.2.2 节直接设计精确的动态补偿控制器。但是，实际的执行器系统除了在模型简化中可能存在模型不确定性外，系统环境变化、元器件老化、某些物理参数漂移或随时间未知变化等因素也将导致模型的不确定性[25]。因此，针对执行器系统存在的不确定性开展动态控制分配问题研究显得十分有必要。近期发展起来的鲁棒预测控制[15]是融合鲁棒控制对不确定性处理方法和预测控制滚动优化思想的新方法，能够有效地处理模型的不确定性问题。为此，本节引入鲁棒预测控制理论研究了一种不需精确已知执行器模型的动态控制分配策略，以实现冗余执行器多面体不确定动态特性的最优补偿，并结合主环设计的 LQR 虚拟控制律来验证方案的有效性。

## 6.3.1 问题描述

### 6.3.1.1 模块化级联飞行控制结构

考虑任意状态下多操纵面飞行器的仿射非线性数学模型：

$$\begin{cases}\dot{\boldsymbol{x}}(t)=\boldsymbol{A}(\varpi)\boldsymbol{x}(t)+\boldsymbol{B}_{\delta}(\varpi)\boldsymbol{\delta}(t)\\ \boldsymbol{y}(t)=\boldsymbol{C}(\varpi)\boldsymbol{x}(t)\end{cases}\tag{6.13}$$

式中：$\boldsymbol{x}(t)\in\mathbf{R}^{n_x}$为飞行器状态；$\boldsymbol{\delta}(t)\in\mathbf{R}^{m}$为执行器控制指令；$\boldsymbol{y}(t)\in\mathbf{R}^{p}$为输出变量；$\boldsymbol{A}(\varpi)$、$\boldsymbol{B}_{\delta}(\varpi)$和$\boldsymbol{C}(\varpi)$为适当维数的矩阵；$\varpi$表示高度、马赫数、迎角等慢变的影响因素。假设系统式(6.13)是可镇定的，且 $\mathrm{rank}(\boldsymbol{B}_{\delta})=n<m$。

若$\boldsymbol{B}_{\delta}(\varpi)$可满秩分解为

$$\boldsymbol{B}_{\delta}(\varpi)=\boldsymbol{B}_{v}(\varpi)\boldsymbol{B}(\varpi)$$

则称$\boldsymbol{B}_{v}(\varpi)\in\mathbf{R}^{n_x\times n}$为虚拟控制输入矩阵，$\boldsymbol{B}(\varpi)\mathbf{R}^{n\times m}$为控制效率映射矩阵。

由此系统式(6.13)可转化为

$$\begin{cases}\dot{\boldsymbol{x}}(t)=\boldsymbol{A}(\varpi)\boldsymbol{x}(t)+\boldsymbol{B}_{v}(\varpi)\boldsymbol{v}(t)\\ \boldsymbol{v}(t)=\boldsymbol{B}(\varpi)\boldsymbol{\delta}(t)\end{cases}$$

式中：$v(t)\in\mathbf{R}^{n}$为虚拟控制指令。

考虑动态特性和物理约束的执行器模型为

$$\begin{cases}\dot{\boldsymbol{x}}_{\mathrm{act,c}}(t)=\boldsymbol{A}_{\mathrm{act,c}}(\theta_{\mathrm{c}})\boldsymbol{x}_{\mathrm{act,c}}(t)+\boldsymbol{B}_{\mathrm{act,c}}(\theta_{\mathrm{c}})\boldsymbol{u}(t)\\ \boldsymbol{\delta}(t)=\boldsymbol{C}_{\mathrm{act,c}}\boldsymbol{x}_{\mathrm{act,c}}(t),\boldsymbol{\delta}\in\Omega_{\delta}\\ \Omega_{\delta}=\{\boldsymbol{\delta}\mid\boldsymbol{\delta}_{\min}\leqslant\boldsymbol{\delta}\leqslant\boldsymbol{\delta}_{\max},\boldsymbol{\rho}_{\min}\leqslant\dot{\boldsymbol{\delta}}\leqslant\boldsymbol{\rho}_{\max}\}\end{cases}\tag{6.14}$$

式中：$\boldsymbol{x}_{\mathrm{act,c}}(t)\in\mathbf{R}^{m_{\mathrm{act}}}$为执行器状态；$\boldsymbol{u}(t)\in\mathbf{R}^{m}$为执行器输入；$\boldsymbol{\delta}_{\max}$和$\boldsymbol{\delta}_{\min}$、$\boldsymbol{\rho}_{\max}$和$\boldsymbol{\rho}_{\min}$分别为$\boldsymbol{\delta}(t)$和$\dot{\boldsymbol{\delta}}(t)$的上下限；$\boldsymbol{A}_{\mathrm{act,c}}$、$\boldsymbol{B}_{\mathrm{act,c}}$和$\boldsymbol{C}_{\mathrm{act,c}}$为适当维数的参数矩阵；$\theta_{\mathrm{c}}$为执行器动态模型的影响因素。

为便于计算机实现，建立$k$时刻包含多面体不确定执行器的动态控制分配问题的离散模型为

$$\begin{cases}\boldsymbol{x}_{\mathrm{act}}(k+1)=\boldsymbol{A}_{\mathrm{act}}(\theta_k,\boldsymbol{\lambda})\boldsymbol{x}_{\mathrm{act}}(k)+\boldsymbol{B}_{\mathrm{act}}(\theta_k,\boldsymbol{\lambda})\boldsymbol{u}(k)\\ \boldsymbol{v}(k)=\boldsymbol{B}(\varpi_k)\boldsymbol{\delta}(k)=\boldsymbol{B}(\varpi_k)\boldsymbol{C}_{\mathrm{act}}(k)\boldsymbol{x}_{\mathrm{act}}(k)\\ [\boldsymbol{A}_{\mathrm{act}}(\theta_k,\boldsymbol{\lambda}),\boldsymbol{B}_{\mathrm{act}}(\theta_k,\boldsymbol{\lambda})]\in\Omega_{\ell},\forall k\geqslant0\\ \underline{\boldsymbol{\delta}}(k)\leqslant\boldsymbol{\delta}(k)\leqslant\bar{\boldsymbol{\delta}}(k)\\ \bar{\boldsymbol{\delta}}(k)=\min\{\boldsymbol{\delta}_{\max},\boldsymbol{\delta}(k-1)+T\boldsymbol{\rho}_{\max}\}\\ \underline{\boldsymbol{\delta}}(k)=\max\{\boldsymbol{\delta}_{\min},\boldsymbol{\delta}(k-1)+T\boldsymbol{\rho}_{\min}\}\end{cases}\tag{6.15}$$

式中:$T$ 为采样周期;$\bar{\boldsymbol{\delta}}$ 和 $\underline{\boldsymbol{\delta}}$ 为当前时刻执行器偏转的上下限;$\boldsymbol{A}_{\text{act}}$ 和 $\boldsymbol{B}_{\text{act}}$ 为系统式(6.14)离散化的参数矩阵;$\boldsymbol{C}_{\text{act}}$ 为常值输出矩阵;$\varpi_k$ 和 $\theta_k$ 分别为 $k$ 时刻 $\varpi$ 和 $\theta_c$ 的取值,小扰动时近似存在 $\varpi_k \approx \varpi_{k+1}$;$\Omega_\ell$ 为 $\ell$ 个顶点组成的凸多面体集合:

$$\Omega_\ell = \text{Co}\{[\boldsymbol{A}_{\text{act},1}, \boldsymbol{B}_{\text{act},1}], \cdots, [\boldsymbol{A}_{\text{act},\ell}, \boldsymbol{B}_{\text{act},\ell}]\}$$

其中:对 $i \in \boldsymbol{\Xi} = \{i \mid i = 1,2,\cdots,\ell\}$,$[\boldsymbol{A}_{\text{act},i}, \boldsymbol{B}_{\text{act},i}]$ 是 $\Omega_\ell$ 的顶点,存在标量:

$$\lambda_i \in \boldsymbol{\Theta} = \{\lambda_i \mid \sum_{j=1}^{\ell} \lambda_j = 1, \lambda_i \geqslant 0\}, i \in \boldsymbol{\Xi}$$

使得对 $\forall k>0$,满足

$$\boldsymbol{A}_{\text{act}}(\theta_k, \boldsymbol{\lambda}) = \sum_{i=1}^{\ell} \lambda_i \boldsymbol{A}_{\text{act},i}(\theta_k), \boldsymbol{B}_{\text{act}}(\theta_k, \boldsymbol{\lambda}) = \sum_{i=1}^{\ell} \lambda_i \boldsymbol{B}_{\text{act},i}(\theta_k)$$

图6.5所示为本书设计的考虑执行器不确定性的模块化多操纵面级联飞行控制系统结构,其设计过程可分成两个独立的步骤同时进行:

(1) 根据外部参考指令 $\boldsymbol{y}_r$ 设计基于虚拟指令 $\boldsymbol{v}_d$ 的主环飞行控制律;

(2) 设计满足式(6.15)的参考指令 $\boldsymbol{u}_r$ 和控制指令 $\boldsymbol{u}$,使得 $\boldsymbol{v}$ 尽可能逼近 $\boldsymbol{v}_d$。

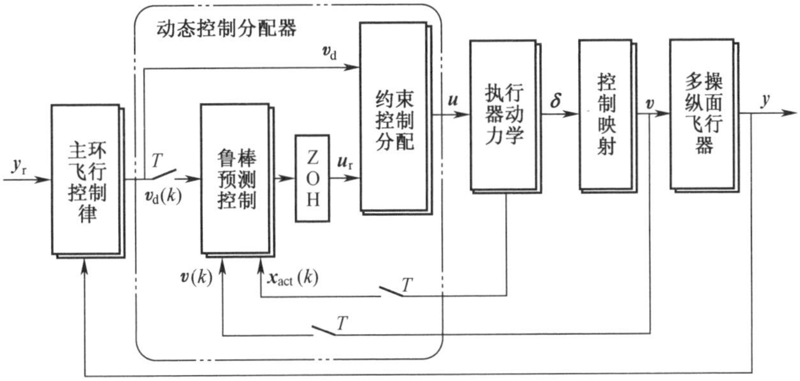


图6.5　含执行器不确定性的级联飞行控制系统结构框图

#### 6.3.1.2　不确定执行器的增广模型

为实现伺服环指令的有效跟踪,引入误差信号:

$$\tilde{\boldsymbol{e}}(k) = \boldsymbol{v}_d(k) - \boldsymbol{v}(k)$$

在两个相邻的采样周期,定义相关变量的增量:

$$\tilde{\boldsymbol{x}}_{\text{act}}(k+1) = \boldsymbol{x}_{\text{act}}(k+1) - \boldsymbol{x}_{\text{act}}(k), \tilde{\boldsymbol{v}}(k+1) = \boldsymbol{v}(k+1) - \boldsymbol{v}(k)$$

$$\tilde{\boldsymbol{u}}_r(k+1) = \boldsymbol{u}_r(k+1) - \boldsymbol{u}_r(k), \tilde{\boldsymbol{v}}_d(k+1) = \boldsymbol{v}_d(k+1) - \boldsymbol{v}_d(k)$$

参考文献[19],选取增广系统状态:

$$\tilde{\boldsymbol{x}}^{\text{T}}(k) = [\tilde{\boldsymbol{x}}_{\text{act}}^{\text{T}}(k) \quad \tilde{\boldsymbol{e}}^{\text{T}}(k)]$$

从而结合式(6.15)可建立不确定执行器离散增广系统模型为

$$\begin{cases}\widetilde{\boldsymbol{x}}(k+1)=\widetilde{\boldsymbol{A}}_{\text{act}}(\theta_k,\boldsymbol{\lambda})\widetilde{\boldsymbol{x}}(k)+\widetilde{\boldsymbol{B}}_{\text{act},u}(\theta_k,\boldsymbol{\lambda})\widetilde{\boldsymbol{u}}_{\text{r}}(k)+\widetilde{\boldsymbol{B}}_{\text{act},v}(\lambda)\widetilde{\boldsymbol{v}}_{\text{d}}(k+1)\\ \widetilde{\boldsymbol{v}}(k)=\widetilde{\boldsymbol{C}}_{\text{act}}(\boldsymbol{\lambda})\widetilde{\boldsymbol{x}}(k)\end{cases} \tag{6.16}$$

其中：

$$\widetilde{\boldsymbol{A}}_{\text{act}}(\theta_k,\boldsymbol{\lambda})=\begin{bmatrix}\boldsymbol{A}_{\text{act}}(\theta_k,\boldsymbol{\lambda}) & \boldsymbol{0}\\ -\boldsymbol{B}(\varpi_k)\boldsymbol{C}_{\text{act}}(k)\boldsymbol{A}_{\text{act}}(\theta_k,\boldsymbol{\lambda}) & \boldsymbol{I}\end{bmatrix},$$

$$\widetilde{\boldsymbol{B}}_{\text{act},u}(\theta_k,\boldsymbol{\lambda})=\begin{bmatrix}\boldsymbol{B}_{\text{act}}(\theta_k,\boldsymbol{\lambda})\\ -\boldsymbol{B}(\varpi_k)\boldsymbol{C}_{\text{act}}(k)\boldsymbol{B}_{\text{act}}(\theta_k,\boldsymbol{\lambda})\end{bmatrix},$$

$$\widetilde{\boldsymbol{B}}_{\text{act},v}^{\text{T}}(\boldsymbol{\lambda})=[\boldsymbol{0},\boldsymbol{I}],\widetilde{\boldsymbol{C}}_{\text{act}}(\boldsymbol{\lambda})=[\boldsymbol{B}(\varpi_k)\boldsymbol{C}_{\text{act}}(k),\boldsymbol{0}]$$

由$[\boldsymbol{A}_{\text{act}}(\theta_k,\boldsymbol{\lambda}),\boldsymbol{B}_{\text{act}}(\theta_k,\boldsymbol{\lambda})]\in\Omega_\ell$可知，对$\forall k\geqslant 0$，满足

$$[\widetilde{\boldsymbol{A}}_{\text{act}}(\theta_k,\boldsymbol{\lambda}),\widetilde{\boldsymbol{B}}_{\text{act},u}(\theta_k,\boldsymbol{\lambda}),\widetilde{\boldsymbol{B}}_{\text{act},v}(\boldsymbol{\lambda}),\widetilde{\boldsymbol{C}}_{\text{act}}(\boldsymbol{\lambda})]\in\widetilde{\Omega}_\ell=$$

$$\text{Co}\{[\widetilde{\boldsymbol{A}}_{\text{act},1},\widetilde{\boldsymbol{B}}_{\text{act},u,1},\widetilde{\boldsymbol{B}}_{\text{act},v,1},\widetilde{\boldsymbol{C}}_{\text{act},1}],\cdots,[\widetilde{\boldsymbol{A}}_{\text{act},\ell},\widetilde{\boldsymbol{B}}_{\text{act},u,\ell},\widetilde{\boldsymbol{B}}_{\text{act},v,\ell},\widetilde{\boldsymbol{C}}_{\text{act},\ell}]\}$$

且$\exists\lambda_i\in\Theta$，使得

$$\widetilde{\boldsymbol{A}}_{\text{act}}(\theta_k,\boldsymbol{\lambda})=\sum_{i=1}^{\ell}\lambda_i\widetilde{\boldsymbol{A}}_{\text{act},i}(\theta_k),\widetilde{\boldsymbol{B}}_{\text{act},u}(\theta_k,\boldsymbol{\lambda})=\sum_{i=1}^{\ell}\lambda_i\widetilde{\boldsymbol{B}}_{\text{act},u,i}(\theta_k),$$

$$\widetilde{\boldsymbol{B}}_{\text{act},v}(\boldsymbol{\lambda})=\sum_{i=1}^{\ell}\lambda_i\widetilde{\boldsymbol{B}}_{\text{act},v,i}(k),\widetilde{\boldsymbol{C}}_{\text{act}}(\boldsymbol{\lambda})=\sum_{i=1}^{\ell}\lambda_i\widetilde{\boldsymbol{C}}_{\text{act},i}(k)$$

其中对$\forall i\in\Xi$，存在

$$\widetilde{\boldsymbol{A}}_{\text{act},i}(\theta_k)=\begin{bmatrix}\boldsymbol{A}_{\text{act},i}(\theta_k) & \boldsymbol{0}\\ -\boldsymbol{B}(\varpi_k)\boldsymbol{C}_{\text{act}}(k)\boldsymbol{A}_{\text{act},i}(\theta_k) & \boldsymbol{I}\end{bmatrix}$$

$$\widetilde{\boldsymbol{B}}_{\text{act},u,i}(\theta_k)=\begin{bmatrix}\boldsymbol{B}_{\text{act},i}(\theta_k)\\ -\boldsymbol{B}(\varpi_k)\boldsymbol{C}_{\text{act}}(k)\boldsymbol{B}_{\text{act},i}(\theta_k)\end{bmatrix} \tag{6.17}$$

$$\widetilde{\boldsymbol{B}}_{\text{act},v,i}^{\text{T}}(k)=[\boldsymbol{0},\boldsymbol{I}],\widetilde{\boldsymbol{C}}_{\text{act},i}(k)=[\boldsymbol{B}(\varpi_k)\boldsymbol{C}_{\text{act}}(k),\boldsymbol{0}]$$

因此，对于$[\widetilde{\boldsymbol{A}}_{\text{act}},\widetilde{\boldsymbol{B}}_{\text{act},u},\widetilde{\boldsymbol{B}}_{\text{act},v},\widetilde{\boldsymbol{C}}_{\text{act}}]\in\widetilde{\boldsymbol{\Omega}}_\ell$不确定增广系统式(6.16)鲁棒稳定，则对于$[\boldsymbol{A}_{\text{act}},\boldsymbol{B}_{\text{act}}]\in\boldsymbol{\Omega}_\ell$不确定系统(6.15)鲁棒稳定。

对模块化级联飞行控制系统作如下假设：

**假设 6.1** 对$\forall i\in\Xi$，系统$(\boldsymbol{A}_{\text{act},i},\boldsymbol{B}_{\text{act},i},\boldsymbol{C}_{\text{act}},\boldsymbol{0})$是可镇定的。

**假设 6.2** 对$\forall i\in\Xi$，矩阵$[\boldsymbol{A}_{\text{act},i},\boldsymbol{B}_{\text{act},i};\boldsymbol{C}_{\text{act}},\boldsymbol{0}]$行满秩。

## 6.3.2 主环最优二次型飞行控制律设计

主环控制的目标是根据飞行性能要求设计合理的虚拟控制指令,既为外环控制回路提供稳定的内部控制结构,也为内环动态控制分配提供可靠的参考指令[26]。通常虚拟控制指令可选为三轴控制力或力系数、控制力矩或力矩系数、偏转角加速度等几种类型,均满足:$p=n=3$。考虑以下两种最优二次型控制方案。

**方案 6.1** 选择优化目标函数:

$$\min_{\boldsymbol{\delta}(t)} \int_0^{\infty} \left( \| \boldsymbol{x}(t) - \boldsymbol{x}^*(t) \|_{\boldsymbol{Q}_1}^2 + \| \boldsymbol{\delta}(t) - \boldsymbol{\delta}^*(t) \|_{\boldsymbol{R}_1}^2 \right) \mathrm{d}t \tag{6.18}$$

设计 $\boldsymbol{\delta}(t)$ 的最优控制律,其中:$\boldsymbol{Q}_1=\boldsymbol{Q}_1^{\mathrm{T}} \geqslant 0, \boldsymbol{R}_1=\boldsymbol{R}_1^{\mathrm{T}}>0, (\boldsymbol{A}, \boldsymbol{Q}_1)$ 可观测;$\boldsymbol{x}^*(t)$ 和 $\boldsymbol{\delta}^*(t)$ 为期望的状态和控制输入,满足:

$$\begin{aligned} &\min_{\boldsymbol{x}^*(t), \boldsymbol{\delta}^*(t)} \| \boldsymbol{\delta}^*(t) \|_{\boldsymbol{R}_1}^2 \\ &\text{s.t. } \boldsymbol{A}(\varpi) \boldsymbol{x}^*(t) + \boldsymbol{B}_{\delta}(\varpi) \boldsymbol{\delta}^*(t) = 0, \\ &\qquad \boldsymbol{C}(\varpi) \boldsymbol{x}^*(t) = \boldsymbol{y}_{\mathrm{r}}(t) \end{aligned}$$

**方案 6.2** 选择优化目标函数:

$$\min_{\boldsymbol{v}_{\mathrm{d}}(t)} \int_0^{\infty} \left( \| \boldsymbol{x}(t) - \boldsymbol{x}^*(t) \|_{\boldsymbol{Q}_2}^2 + \| \boldsymbol{v}_{\mathrm{d}}(t) - \boldsymbol{v}^*(t) \|_{\boldsymbol{R}_2}^2 \right) \mathrm{d}t \tag{6.19}$$

设计 $\boldsymbol{v}_{\mathrm{d}}(t)$ 的最优控制律,其中:$\boldsymbol{Q}_2=\boldsymbol{Q}_2^{\mathrm{T}} \geqslant 0, \boldsymbol{R}_2=\boldsymbol{R}_2^{\mathrm{T}}>0, (\boldsymbol{A}, \boldsymbol{Q}_2)$ 可观测;$\boldsymbol{x}^*(t)$ 和 $\boldsymbol{v}^*(t)$ 为期望的状态和虚拟控制输入,满足

$$\begin{cases} \boldsymbol{A}(\varpi) \boldsymbol{x}^*(t) + \boldsymbol{B}_v(\varpi) \boldsymbol{v}^*(t) = 0 \\ \boldsymbol{C}(\varpi) \boldsymbol{x}^*(t) = \boldsymbol{y}_{\mathrm{r}}(t) \end{cases}$$

取 $\boldsymbol{W}_{\delta}=\boldsymbol{W}_{\delta}^{\mathrm{T}}>0$,再根据加权伪逆法确定最优控制输入 $\boldsymbol{\delta}(t)$:

$$\begin{aligned} &\min_{\boldsymbol{\delta}(t)} \| \boldsymbol{W}_{\delta} \boldsymbol{\delta}(t) \| \\ &\text{s.T. } \boldsymbol{B}(\varpi) \boldsymbol{\delta}(t) = \boldsymbol{v}_{\mathrm{d}}(t) \end{aligned}$$

**定理 6.4** 方案 6.1 与方案 6.2 等价的充分条件是以下任意一个条件成立:

(1) 以式(6.18)为优化目标,满足

$$\begin{cases} \boldsymbol{Q}_2 = \boldsymbol{Q}_1, \boldsymbol{W}_{\delta} = \boldsymbol{R}_1^{0.5} \\ \boldsymbol{R}_2 = \left( \boldsymbol{B}(\varpi) \boldsymbol{R}_1^{-1} \boldsymbol{B}^{\mathrm{T}}(\varpi) \right)^{-1} \end{cases} \tag{6.20}$$

(2) 以式(6.19)为优化目标,给定 $\boldsymbol{W}_{\delta}$,满足

$$\begin{cases} \boldsymbol{Q}_1 = \boldsymbol{Q}_2 \\ \boldsymbol{R}_1 = \boldsymbol{W}_{\delta}^2 + \boldsymbol{B}^{\mathrm{T}}(\varpi) \boldsymbol{R}_2 \boldsymbol{B}(\varpi) - \boldsymbol{W}_{\delta} \left( \boldsymbol{B}(\varpi) \boldsymbol{W}_{\delta}^{-1} \right)^{\dagger} \boldsymbol{B}(\varpi) \end{cases} \tag{6.21}$$

进一步可以得到,若给定 $\boldsymbol{Q}_1$ 和 $\boldsymbol{R}_1$,根据定理 6.4 中条件(1)确定的最优虚拟控制律可表示为

$$\begin{cases}\boldsymbol{v}_{\mathrm{d}}(t)=\boldsymbol{L}_{\mathrm{r},1}(\varpi)\,\boldsymbol{y}_{\mathrm{r}}(t)+\boldsymbol{L}_{x,1}(\varpi)\boldsymbol{x}(t)\\ \boldsymbol{L}_{\mathrm{r},1}(\varpi)=-\wp^{-1}(\boldsymbol{B}_{v}(\varpi),\boldsymbol{L}_{x,1}(\varpi))\\ \boldsymbol{L}_{x,1}(\varpi)=-\boldsymbol{B}(\varpi)\,\boldsymbol{R}_1^{-1}\,\boldsymbol{B}_{\delta}^{\mathrm{T}}(\varpi)\boldsymbol{S}(\varpi)\end{cases}\tag{6.22}$$

其中:矩阵函数 $\wp(\boldsymbol{T}_1,\boldsymbol{T}_2)=\boldsymbol{C}(\varpi)(\boldsymbol{T}_1\boldsymbol{T}_2+\boldsymbol{A}(\varpi))^{-1}\boldsymbol{T}_1$,$\boldsymbol{L}_{x,1}(\varpi)$ 的推导需要用到条件(1)的 $\boldsymbol{B}(\varpi)\boldsymbol{R}_1^{-1}\boldsymbol{B}^{\mathrm{T}}(\varpi)=\boldsymbol{R}_2^{-1}$,同时 $\boldsymbol{S}(\varpi)$ 为以下黎卡提(Riccati)方程的解

$$\boldsymbol{A}^{\mathrm{T}}(\varpi)\boldsymbol{S}(\varpi)+\boldsymbol{S}(\varpi)\boldsymbol{A}(\varpi)+\boldsymbol{Q}_1-\boldsymbol{S}(\varpi)\,\boldsymbol{B}_{\delta}(\varpi)\,\boldsymbol{R}_1^{-1}\,\boldsymbol{B}_{\delta}^{\mathrm{T}}(\varpi)\boldsymbol{S}(\varpi)=0$$

$$\Leftrightarrow\boldsymbol{A}^{\mathrm{T}}(\varpi)\boldsymbol{S}(\varpi)+\boldsymbol{S}(\varpi)\boldsymbol{A}(\varpi)+\boldsymbol{Q}_2-\boldsymbol{S}(\varpi)\,\boldsymbol{B}_{v}(\varpi)\,\boldsymbol{R}_2^{-1}\,\boldsymbol{B}_{v}^{\mathrm{T}}(\varpi)\boldsymbol{S}(\varpi)=0$$

若给定 $\boldsymbol{Q}_2$、$\boldsymbol{R}_2$ 和 $\boldsymbol{W}_{\delta}$,根据定理 6.4 中条件(2)确定的最优虚拟控制律为

$$\begin{cases}\boldsymbol{v}_{\mathrm{d}}(t)=\boldsymbol{L}_{\mathrm{r},2}(\varpi)\boldsymbol{y}_{\mathrm{r}}(t)+\boldsymbol{L}_{x,2}(\varpi)\boldsymbol{x}(t)\\ \boldsymbol{L}_{\mathrm{r},2}(\varpi)=-\wp^{-1}(\boldsymbol{B}_{v}(\varpi,\boldsymbol{L}_{x,2}(\varpi))\\ \boldsymbol{L}_{x,2}(\varpi)=-\boldsymbol{R}_2^{-1}\boldsymbol{B}_{v}^{\mathrm{T}}(\varpi)\boldsymbol{S}(\varpi)\end{cases}\tag{6.23}$$

基于式(6.22)或式(6.23),采用加权伪逆控制分配器:

$$\boldsymbol{\delta}(t)=\boldsymbol{W}_{\delta}^{-1}\,(\boldsymbol{B}(\varpi)\,\boldsymbol{W}_{\delta}^{-1})^{\dagger}\,\boldsymbol{v}_{\mathrm{d}}(t)$$

可以保证二次型式(6.18)或式(6.19)达到最优。

定理 6.4 表明传统二次型最优控制器与采用控制分配的级联控制结构具有内在的等价关系,合理地选择 $\boldsymbol{Q}_2$、$\boldsymbol{R}_2$ 及 $\boldsymbol{W}_{\delta}$,可以保证方案 6.2 中虚拟控制器达到方案 6.1 的控制性能,而虚拟控制指令只需控制分配器来实现。方案 6.2 所隐含的层级控制结构具有两个独特优势:①能够进一步方便地考虑执行器物理约束;②在执行器故障时只需更新控制效率即可重新分配操纵面指令实现控制重构。

### 6.3.3 伺服环鲁棒预测动态控制分配器设计

针对离散凸多面体不确定系统式(6.15),目标是设计鲁棒预测控制器,使得执行器不确定系统的稳定状态被驱动到$(\tilde{\boldsymbol{x}}_{\mathrm{ss}},\tilde{\boldsymbol{u}}_{\mathrm{ss}})=(\boldsymbol{0},\boldsymbol{0})$,从而保证系统在无约束条件下的控制分配误差 $\tilde{\boldsymbol{e}}_{\mathrm{ss}}\to\boldsymbol{0}$。

1. 鲁棒预测混合优化指标

若直接对增广系统式(6.16)进行设计,反馈通道将出现 $\tilde{\boldsymbol{x}}_{\mathrm{act}}$ 和 $\tilde{\boldsymbol{e}}$ 的交叉项,必然增加鲁棒预测控制器的保守性。为实现控制器解耦,不妨定义 $k$ 时刻不确定系统式(6.15)的鲁棒预测性能指标:

$$\min_{\hat{\boldsymbol{u}}(k+i|k)=\boldsymbol{F}(k)\hat{\boldsymbol{x}}(k+i|k),\,i\geqslant 0}\ \max_{[\tilde{\boldsymbol{A}}_{\mathrm{act}},\tilde{\boldsymbol{B}}_{\mathrm{act},u},\tilde{\boldsymbol{B}}_{\mathrm{act},v},\tilde{\boldsymbol{C}}_{\mathrm{act}}]\in\boldsymbol{\Omega}_{\ell}}\ J_{\infty}(k)=$$

$$\sum_{i=0}^{\infty}(\|\tilde{\boldsymbol{x}}_{\mathrm{act}}(k+i|k)\|_{\boldsymbol{Q}_{\tilde{x}}}^2+\|\tilde{\boldsymbol{e}}(k+i|k)\|_{\boldsymbol{Q}_{\tilde{e}}}^2+\|\tilde{\boldsymbol{u}}_{\mathrm{r}}(k+i|k)\|_{\boldsymbol{R}_{\tilde{u}}}^2\tag{6.24}$$

式中：$\widetilde{\boldsymbol{x}}_{\mathrm{act}}(k+i|k)$和$\widetilde{\boldsymbol{e}}(k+i|k)$分别为$k$时刻基于系统式(6.16)对$k+i$时刻$\widetilde{\boldsymbol{x}}_{\mathrm{act}}$和$\widetilde{\boldsymbol{e}}$的预测值；$\widetilde{\boldsymbol{u}}_{\mathrm{r}}(k+i|k)$为经滚动优化得到的控制序列；$\boldsymbol{F}(k)$为鲁棒预测控制器增益矩阵；$\boldsymbol{Q}_{\tilde{x}}$、$\boldsymbol{Q}_{\tilde{e}}$和$\boldsymbol{R}_{\tilde{u}}$均为正定对称加权矩阵。式(6.24)中目标优化值$J_{\infty}^{*}$的大小将体现算法的最优性。不妨定义性能评价函数：

$$\widetilde{\boldsymbol{z}}(k)=\boldsymbol{C}_{\tilde{z},\tilde{x}}\widetilde{\boldsymbol{x}}_{\mathrm{act}}(k)+\boldsymbol{C}_{\tilde{z},\tilde{e}}\widetilde{\boldsymbol{e}}(k)+\boldsymbol{D}_{\tilde{z},\tilde{u}}\widetilde{\boldsymbol{u}}_{\mathrm{r}}(k) \tag{6.25}$$

其中：

$$\boldsymbol{C}_{\tilde{z},\tilde{x}}^{\mathrm{T}}=[\boldsymbol{Q}_{\tilde{x}}^{0.5},\boldsymbol{0},\boldsymbol{0}],\boldsymbol{C}_{\tilde{z},\tilde{e}}^{\mathrm{T}}[\boldsymbol{0},\boldsymbol{Q}_{\tilde{e}}^{0.5},\boldsymbol{0}],\boldsymbol{D}_{\tilde{z},\tilde{u}}^{\mathrm{T}}=[\boldsymbol{0},\boldsymbol{0},\boldsymbol{R}_{\tilde{u}}^{0.5}]$$

从而二次型鲁棒预测性能指标函数转化为

$$J_{\infty}(k)=\sum_{i=0}^{\infty}\widetilde{\boldsymbol{z}}^{\mathrm{T}}(k+i|k)\widetilde{\boldsymbol{z}}(k+i|k)$$

为保证$\boldsymbol{v}_{\mathrm{d}}(k)$作用下控制系统的闭环性能，假设$\mu>0$为系统的$H_{\infty}$鲁棒性能上界，存在：

$$\|T_{\tilde{z}\tilde{v}_{\mathrm{d}}}\|_{\infty}^{2}\leqslant\mu \tag{6.26}$$

2. 执行器鲁棒预测动态控制器

为设计执行器鲁棒预测动态控制器，首先给出如下的三个引理。

**引理 6.1**[27]　(Schur 补引理)　对称分块矩阵

$$\boldsymbol{X}=\begin{bmatrix}\boldsymbol{X}_{11} & * \\ \boldsymbol{X}_{21} & \boldsymbol{X}_{22}\end{bmatrix}$$

其中：$\boldsymbol{X}_{11}=\boldsymbol{X}_{11}^{\mathrm{T}},\boldsymbol{X}_{22}=\boldsymbol{X}_{22}^{\mathrm{T}}$。以下三个条件等价：

(1) $\boldsymbol{X}>0$；

(2) $\boldsymbol{X}_{22}>0,\boldsymbol{X}_{11}-\boldsymbol{X}_{21}^{\mathrm{T}}\boldsymbol{X}_{22}^{-1}\boldsymbol{X}_{21}>0$；

(3) $\boldsymbol{X}_{11}>0,\boldsymbol{X}_{22}-\boldsymbol{X}_{21}\boldsymbol{X}_{11}^{-1}\boldsymbol{X}_{21}^{\mathrm{T}}>0$。

**引理 6.2**[27]　对于正定对称矩阵$\boldsymbol{X}_1$、$\boldsymbol{X}_2$和矩阵$\boldsymbol{X}_3$，如果存在矩阵$\boldsymbol{X}_4$使得

$$\begin{bmatrix}\boldsymbol{X}_2 & * \\ \boldsymbol{X}_4\boldsymbol{X}_3 & \boldsymbol{X}_4+\boldsymbol{X}_4^{\mathrm{T}}-\boldsymbol{X}_1\end{bmatrix}>0$$

成立，则$\boldsymbol{X}_3^{\mathrm{T}}\boldsymbol{X}_1\boldsymbol{X}_3-\boldsymbol{X}_2<0$。

**引理 6.3**[27-29]　对于离散系统：

$$\begin{cases}\boldsymbol{x}_{\mathrm{d}}(k+1)=\boldsymbol{A}_{\mathrm{d}}\boldsymbol{x}_{\mathrm{d}}(k)+\boldsymbol{B}_{\mathrm{d}}\boldsymbol{u}_{\mathrm{d}}(k)\\ \boldsymbol{z}_{\mathrm{d}}(k)=\boldsymbol{C}_{\mathrm{d}}\boldsymbol{x}_{\mathrm{d}}(k)+\boldsymbol{D}_{\mathrm{d}}\boldsymbol{u}_{\mathrm{d}}(k)\end{cases}$$

给定$\mu_{\mathrm{d}}>0$，以下两个条件等价：

(1) $T_{z_{\mathrm{d}}u_{\mathrm{d}}}$是稳定的，且

$$\|T_{z_{\mathrm{d}}u_{\mathrm{d}}}\|_{\infty}=\|\boldsymbol{C}_{\mathrm{d}}(Z\boldsymbol{I}-\boldsymbol{A}_{\mathrm{d}})^{-1}\boldsymbol{B}_{\mathrm{d}}+\boldsymbol{D}_{\mathrm{d}}\|_{\infty}\leqslant\mu_{\mathrm{d}}$$

(2) 存在正定对称矩阵$\boldsymbol{P}_{\mathrm{d}}>0$，满足

$$\begin{bmatrix} A_d^T P_d A_d - P_d + C_d^T C_d & A_d^T P_d B_d + C_d^T D_d \\ * & -\mu_d I + B_d^T P_d B_d + D_d^T D_d \end{bmatrix} \leqslant 0$$

**定理6.5** 对于执行器多面体不确定系统，若存在常数 $\gamma_1>0$、$\gamma_2>0$，矩阵 $G_1 \in \mathbf{R}^{n_{act}\times n_{act}}$、$G_2 \in \mathbf{R}^{p\times p}$、$Y_1 \in \mathbf{R}^{m\times n_{act}}$、$Y_2 \in \mathbf{R}^{m\times p}$，以及对称正定矩阵 $Z_1 \in \mathbf{R}^{n_{act}\times n_{act}}$、$Z_2 \in \mathbf{R}^{p\times p}$，满足如下的凸优化问题：

$$\min_{G_1,G_2,Y_1,Y_2,Z_1,Z_2} \gamma_1 + \gamma_2 \tag{6.27}$$

$$\text{s.t.} \begin{bmatrix} \gamma_1 & * \\ G_1\widetilde{x}_{act}(k \mid k) & G_1 + G_1^T - Z_1 \end{bmatrix} \geqslant 0 \tag{6.28}$$

$$\begin{bmatrix} \gamma_2 & * \\ G_2\widetilde{e}(k \mid k) & G_2 + G_2^T - Z_2 \end{bmatrix} \geqslant 0 \tag{6.29}$$

$$\begin{bmatrix} Z_1 - G_1 - G_1^T & * & * & * & * & * & * \\ 0 & Z_2 - G_2 - G_2^T & * & * & * & * & * \\ 0 & 0 & -\mu I & * & * & * & * \\ C_{\tilde{z},\tilde{x}}G_1 & C_{\tilde{z},\tilde{e}}G_2 & 0 & -I & * & * & * \\ D_{\tilde{z},\tilde{u}}Y_1 & D_{\tilde{z},\tilde{u}}Y_2 & 0 & 0 & -I & * & * \\ A_{act,i}G_1 + B_{act,i}Y_1 & B_{act,i}Y_2 & 0 & 0 & 0 & -Z_1 & * \\ -BC_{act}A_{act,i}G_1 - BC_{act}B_{act,i}Y_1 & G_2 - BC_{act}B_{act,i}Y_2 & I & 0 & 0 & 0 & -Z_2 \end{bmatrix} \leqslant 0 \tag{6.30}$$

则存在满足优化指标式(6.24)和式(6.26)的鲁棒预测控制器：

$$\begin{cases} \widetilde{u}_r(k+i \mid k) = Y_1(k)g_{\widetilde{x}_{act}}(k+i \mid k) + Y_2(k)g_{\widetilde{e}}(k+i \mid k) \\ g_{\widetilde{x}_{act}}(k+i \mid k) = G_1^{-1}(k)\widetilde{x}_{act}(k+i \mid k) \\ g_{\widetilde{e}}(k+i \mid k) = G_2^{-1}(k)\widetilde{e}(k+i \mid k) \end{cases} \tag{6.31}$$

**证明**：设 $P=\mathrm{diag}(P_1, P_2)>0$，预选李雅普诺夫函数

$$V(\widetilde{x}(k)) = \widetilde{x}_{act}^T(k)P_1(k)\widetilde{x}_{act}(k) + \widetilde{e}^T(k)P_2(k)\widetilde{e}(k)$$

式中：$\boldsymbol{P}_1 \in \mathbf{R}^{n_{\text{act}}\times n_{\text{act}}}$、$\boldsymbol{P}_2 \in \mathbf{R}^{p\times p}$ 均为对称矩阵。

若存在最优鲁棒预测控制器，不妨令

$$\boldsymbol{F}_1(k)=\boldsymbol{Y}_1(k)\boldsymbol{G}_1^{-1}(k),\boldsymbol{F}_2(k)=\boldsymbol{Y}_2(k)\boldsymbol{G}_2^{-1}(k)$$

且 $\boldsymbol{F}=[\boldsymbol{F}_1,\boldsymbol{F}_2]$，则对 $i\geqslant 0$：

$$V(\tilde{\boldsymbol{x}}(k+i+1\mid k))-V(\tilde{\boldsymbol{x}}(k+i\mid k))=\begin{bmatrix}\tilde{\boldsymbol{x}}(k+i\mid k)\\ \boldsymbol{v}_{\text{d}}^{\backprime}(k+i+1)\end{bmatrix}^{\text{T}}\boldsymbol{\Lambda}_1\begin{bmatrix}\tilde{\boldsymbol{x}}(k+i\mid k)\\ \boldsymbol{v}_{\text{d}}^{\backprime}(k+i+1)\end{bmatrix} \tag{6.32}$$

其中：

$$\boldsymbol{\Lambda}_1=\begin{bmatrix}\tilde{\boldsymbol{A}}_{\text{c1}}^{\text{T}}(\theta_k,\boldsymbol{\lambda})\boldsymbol{P}\tilde{\boldsymbol{A}}_{\text{c1}}(\theta_k,\boldsymbol{\lambda})-\boldsymbol{P} & * \\ \tilde{\boldsymbol{B}}_{\text{act},v}^{\text{T}}(\boldsymbol{\lambda})\boldsymbol{P}\tilde{\boldsymbol{A}}_{\text{c1}}(\theta_k,\boldsymbol{\lambda}) & \tilde{\boldsymbol{B}}_{\text{act},v}^{\text{T}}(\boldsymbol{\lambda})\boldsymbol{P}\tilde{\boldsymbol{B}}_{\text{act},v}(\boldsymbol{\lambda})\end{bmatrix}$$

$$\tilde{\boldsymbol{A}}_{\text{c1}}(\theta_k,\boldsymbol{\lambda})=\tilde{\boldsymbol{A}}_{\text{act}}(\theta_k,\boldsymbol{\lambda})+\tilde{\boldsymbol{B}}_{\text{act},u}(\theta_k,\boldsymbol{\lambda})\boldsymbol{F}$$

在系统最终稳定到 $(\tilde{\boldsymbol{x}}_{\text{ss}},\tilde{\boldsymbol{u}}_{\text{ss}})$ 时，有 $\tilde{\boldsymbol{x}}(\infty\mid k)=0,V(\tilde{\boldsymbol{x}}(\infty\mid k))=0$。将式(6.32)从 $i=0$ 叠加到 $i=\infty$，得

$$-V(\tilde{\boldsymbol{x}}(k\mid k))=\sum_{i=0}^{\infty}\begin{bmatrix}\tilde{\boldsymbol{x}}(k+i\mid k)\\ \tilde{\boldsymbol{v}}_{\text{d}}(k+i+1)\end{bmatrix}^{\text{T}}\boldsymbol{\Lambda}_1\begin{bmatrix}\tilde{\boldsymbol{x}}(k+i\mid k)\\ \boldsymbol{v}_{\text{d}}(k+i+1)\end{bmatrix} \tag{6.33}$$

由 $\tilde{\boldsymbol{u}}_{\text{r}}(k+i|k)=\boldsymbol{F}(k)\tilde{\boldsymbol{x}}(k+i|k)$ 知式(6.25)可转化为

$$\tilde{\boldsymbol{z}}(k+i\mid k)=(\boldsymbol{C}_{\tilde{x}\tilde{e}}+\boldsymbol{D}_{\tilde{z},\tilde{u}}\boldsymbol{F}(k))\tilde{\boldsymbol{x}}(k+i\mid k)$$

其中：$\boldsymbol{C}_{\tilde{x}\tilde{e}}=[\boldsymbol{C}_{\tilde{z},\tilde{x}},\boldsymbol{C}_{\tilde{z},\tilde{e}}]$。明显存在：

$$\boldsymbol{C}_{\tilde{z},\tilde{x}}^{\text{T}}\boldsymbol{D}_{\tilde{z},\tilde{u}}=\boldsymbol{0},\boldsymbol{C}_{\tilde{z},\tilde{e}}^{\text{T}}\boldsymbol{D}_{\tilde{z},\tilde{u}}=\boldsymbol{0}$$

即 $\boldsymbol{C}_{\tilde{x}\tilde{e}}^{\text{T}}\boldsymbol{D}_{\tilde{z},\tilde{u}}=\boldsymbol{0}$。进而鲁棒预测性能指标函数：

$$\begin{aligned}J_{\infty}(k)&=\sum_{i=0}^{\infty}\tilde{\boldsymbol{z}}^{\text{T}}(k+i\mid k)\tilde{\boldsymbol{z}}(k+i\mid k)\\&=\sum_{i=0}^{\infty}\tilde{\boldsymbol{x}}^{\text{T}}(k+i\mid k)(\boldsymbol{C}_{\tilde{x}\tilde{e}}+\boldsymbol{D}_{\tilde{z},\tilde{u}}\boldsymbol{F})^{\text{T}}(\boldsymbol{C}_{\tilde{x}\tilde{e}}+\boldsymbol{D}_{\tilde{z},\tilde{u}}\boldsymbol{F})\tilde{\boldsymbol{x}}(k+i\mid k)\\&=\mu\sum_{i=0}^{\infty}\boldsymbol{v}_{\text{d}}^{\text{T}}(k+i+1)\tilde{\boldsymbol{v}}_{\text{d}}(k+i+1)+\sum_{i=0}^{\infty}\begin{bmatrix}\tilde{\boldsymbol{x}}(k+i\mid k)\\ \tilde{\boldsymbol{v}}_{\text{d}}(k+i+1)\end{bmatrix}^{\text{T}}\boldsymbol{\Lambda}_{\text{s}}\begin{bmatrix}\tilde{\boldsymbol{x}}(k+i\mid k)\\ \boldsymbol{v}_{\text{d}}(k+i+1)\end{bmatrix}\end{aligned} \tag{6.34}$$

其中：

$$\boldsymbol{\Lambda}_2 = \begin{bmatrix} \boldsymbol{C}_{\tilde{x}\tilde{e}}^{\mathrm{T}} \boldsymbol{C}_{\tilde{x}\tilde{e}} + \boldsymbol{F}^{\mathrm{T}} \boldsymbol{D}_{\tilde{z},\tilde{u}}^{\mathrm{T}} \boldsymbol{D}_{\tilde{z},\tilde{u}} \boldsymbol{F} & * \\ \boldsymbol{0} & -\mu \boldsymbol{I} \end{bmatrix}$$

将式(6.33)和式(6.34)相加,可得

$$J_\infty(k) = V(\tilde{\boldsymbol{x}}(k)) + \mu \sum_{i=0}^{\infty} \tilde{\boldsymbol{v}}_{\mathrm{d}}^{\mathrm{T}}(k+i+1) \boldsymbol{v}_{\mathrm{d}}(k+i+1) +$$

$$\sum_{i=0}^{\infty} \begin{bmatrix} \tilde{\boldsymbol{x}}(k+i \mid k) \\ \tilde{\boldsymbol{v}}_{\mathrm{d}}(k+i+1) \end{bmatrix}^{\mathrm{T}} \boldsymbol{\Lambda} \begin{bmatrix} \tilde{\boldsymbol{x}}(k+i \mid k) \\ \tilde{\boldsymbol{v}}_{\mathrm{d}}(k+i+1) \end{bmatrix} \tag{6.35}$$

其中:$\boldsymbol{\Lambda}=\boldsymbol{\Lambda}_1+\boldsymbol{\Lambda}_2$。根据引理 6.3 可知,当且仅当:

$$\boldsymbol{\Lambda}=\boldsymbol{\Lambda}_1+\boldsymbol{\Lambda}_2 \leqslant 0$$

时,闭环控制系统满足 $H_\infty$ 鲁棒性能指标式(6.26)。进而结合式(6.35),当满足:

$$J_\infty(k) \leqslant V(\tilde{\boldsymbol{x}}(k)) + \mu \sum_{i=0}^{\infty} \tilde{\boldsymbol{v}}_{\mathrm{d}}^{\mathrm{T}}(k+i+1) \tilde{\boldsymbol{v}}_{\mathrm{d}}(k+i+1)$$

时,最小化 $J_\infty(k)$ 既可保证闭环系统满足 $H_\infty$ 鲁棒性能指标式(6.26),也能实现鲁棒预测性能指标式(6.24)达到最优。由于虚拟控制律式(6.23)作用下的最优调节系统大范围渐近稳定,则 $\tilde{\boldsymbol{v}}_{\mathrm{d}}(k)$ 能量必有界,即满足

$$\sum_{i=0}^{\infty} \tilde{\boldsymbol{v}}_{\mathrm{d}}^{\mathrm{T}}(k+i+1) \tilde{\boldsymbol{v}}_{\mathrm{d}}(k+i+1) \leqslant \hat{v}^2 < \infty$$

不妨令

$$\boldsymbol{Z}_1(k)=\boldsymbol{P}_1^{-1}(k), \boldsymbol{Z}_2(k)=\boldsymbol{P}_2^{-1}(k) \tag{6.36}$$

若 $\tilde{\boldsymbol{x}}_{\mathrm{act}}^{\mathrm{T}}(k)\boldsymbol{P}_1(k)\tilde{\boldsymbol{x}}_{\mathrm{act}}(k) \leqslant \gamma_1, \tilde{\boldsymbol{e}}^{\mathrm{T}}(k)\boldsymbol{P}_2(k)\tilde{\boldsymbol{e}}(k) \leqslant \gamma_2$,则根据引理 6.1 可知 $\boldsymbol{\Lambda} \leqslant 0$ 时最小化 $J_\infty(k)$ 可转化为

$$\begin{gathered} \min_{\boldsymbol{F}_1,\boldsymbol{F}_2,\boldsymbol{Z}_1,\boldsymbol{Z}_2} \gamma_1 + \gamma_2 + \mu \hat{v}^2 \\ \text{s.t.} \begin{bmatrix} \gamma_1 & * \\ \tilde{\boldsymbol{x}}_{\mathrm{act}}(k \mid k) & \boldsymbol{Z}_1 \end{bmatrix} \geqslant 0 \\ \begin{bmatrix} \gamma_2 & * \\ \tilde{\boldsymbol{e}}(k \mid k) & \boldsymbol{Z}_2 \end{bmatrix} \geqslant 0 \end{gathered} \tag{6.37}$$

设 $\boldsymbol{G}_1 \in \mathbf{R}^{n_{\mathrm{act}} \times n_{\mathrm{act}}}$、$\boldsymbol{G}_2 \in \mathbf{R}^{p \times p}$,结合引理 6.1 和引理 6.2 可知式(6.28)和式(6.29)成立,可将优化问题转化为

$$\begin{gathered} \min_{\boldsymbol{F}_1,\boldsymbol{F}_2,\boldsymbol{G}_1,\boldsymbol{G}_2,\boldsymbol{Z}_1,\boldsymbol{Z}_2} \gamma_1 + \gamma_2 \\ \text{s.t.}\ \boldsymbol{\Lambda} \leqslant 0, \text{式(6.28)}, \text{式(6.29)} \end{gathered}$$

进一步由 $\boldsymbol{\Lambda}\leqslant 0$,根据引理 6.1 可知,对 $\forall i\in\boldsymbol{\Xi}$ 存在:

$$\begin{bmatrix} -\boldsymbol{P} & * & * & * & * \\ \boldsymbol{0} & -\mu\boldsymbol{I} & * & * & * \\ \boldsymbol{C}_{\tilde{x}\tilde{e}} & \boldsymbol{0} & -\boldsymbol{I} & * & * \\ \boldsymbol{D}_{\tilde{z},\tilde{u}}\boldsymbol{F} & \boldsymbol{0} & \boldsymbol{0} & -\boldsymbol{I} & * \\ \widetilde{\boldsymbol{A}}_{\mathrm{act},i}+\widetilde{\boldsymbol{B}}_{\mathrm{act},u,i}\boldsymbol{F} & \widetilde{\boldsymbol{B}}_{\mathrm{act},v,j} & \boldsymbol{0} & \boldsymbol{0} & -\boldsymbol{P}^{-1} \end{bmatrix}\leqslant 0$$

左右同乘以 $\mathrm{diag}(\boldsymbol{P}^{-1},\boldsymbol{I},\boldsymbol{I},\boldsymbol{I},\boldsymbol{I})$,令

$$\boldsymbol{Y}_1(k)=\boldsymbol{F}_1(k)\boldsymbol{Z}_1(k)\overline{\boldsymbol{Y}}_2(k)=\boldsymbol{F}_2(k)\boldsymbol{Z}_2(k)$$

则结合式(6.17)和式(6.36)知

$$\begin{bmatrix} -\boldsymbol{Z}_1 & * & * & * & * & * & * \\ \boldsymbol{0} & -\boldsymbol{Z}_2 & * & * & * & * & * \\ \boldsymbol{0} & \boldsymbol{0} & -\mu\boldsymbol{I} & * & * & * & * \\ \boldsymbol{C}_{\tilde{z},\tilde{x}}\boldsymbol{Z}_1 & \boldsymbol{C}_{\tilde{z},\tilde{e}}\boldsymbol{Z}_2 & \boldsymbol{0} & -\boldsymbol{I} & * & * & * \\ \boldsymbol{D}_{\tilde{z},\tilde{u}}\overline{\boldsymbol{Y}}_1 & \boldsymbol{D}_{\tilde{z},\tilde{u}}\overline{\boldsymbol{Y}}_2 & \boldsymbol{0} & \boldsymbol{0} & -\boldsymbol{I} & * & * \\ \boldsymbol{A}_{\mathrm{act},i}\boldsymbol{Z}_1+\boldsymbol{B}_{\mathrm{act},i}\overline{\boldsymbol{Y}}_1 & \boldsymbol{B}_{\mathrm{act},i}\overline{\boldsymbol{Y}}_2 & \boldsymbol{0} & \boldsymbol{0} & \boldsymbol{0} & -\boldsymbol{Z}_1 & * \\ -\boldsymbol{B}\,\boldsymbol{C}_{\mathrm{act}}(\boldsymbol{A}_{\mathrm{act},i}\boldsymbol{Z}_1+\boldsymbol{B}_{\mathrm{act},i}\overline{\boldsymbol{Y}}_1) & \boldsymbol{Z}_2-\boldsymbol{B}\,\boldsymbol{C}_{\mathrm{act}}\boldsymbol{B}_{\mathrm{act},i}\overline{\boldsymbol{Y}}_2 & \boldsymbol{I} & \boldsymbol{0} & \boldsymbol{0} & \boldsymbol{0} & -\boldsymbol{Z}_2 \end{bmatrix}\leqslant 0 \tag{6.38}$$

右乘 $\boldsymbol{G}_3=\mathrm{diag}(\boldsymbol{Z}_1^{-1}\boldsymbol{G}_1,\boldsymbol{Z}_2^{-1}\boldsymbol{G}_2,\boldsymbol{I},\boldsymbol{I},\boldsymbol{I},\boldsymbol{I},\boldsymbol{I}$,左乘 $\boldsymbol{G}_3^{\mathrm{T}}$,令

$$\boldsymbol{Y}_1(k)=\overline{\boldsymbol{Y}}_1(k)\,\boldsymbol{Z}_1^{-1}(k)\,\boldsymbol{G}_1(k),\boldsymbol{Y}_2(k)=\overline{\boldsymbol{Y}}_2(k)\,\boldsymbol{Z}_2^{-1}(k)\,\boldsymbol{G}_2(k)$$

根据引理 6.1 和引理 6.2 可知式(6.30)成立,从而定理 6.5 得证。证毕。

**注 6.1** 引入矩阵变量 $\boldsymbol{G}_1$、$\boldsymbol{G}_2$ 增加了优化自由度,一般可增强控制器的最优性。而当

$$\boldsymbol{G}_1=\boldsymbol{G}_1^{\mathrm{T}}=\boldsymbol{Z}_1,\boldsymbol{G}_2=\boldsymbol{G}_2^{\mathrm{T}}=\boldsymbol{Z}_2$$

时,式(6.37)和式(6.38)仍成立,改进了优化解的可行性。

**注 6.2** 解耦控制律

$$\begin{cases} \boldsymbol{g}_{\tilde{x}_{\mathrm{act}}}(k+i\mid k)=\boldsymbol{G}_1^{-1}(k)\widetilde{\boldsymbol{x}}_{\mathrm{act}}(k+i\mid k) \\ \boldsymbol{g}_{\tilde{e}}(k+i\mid k)=\boldsymbol{G}_2^{-1}(k)\widetilde{\boldsymbol{e}}(k+i\mid k) \end{cases}$$

消除了不确定执行器状态与虚拟控制误差两个反馈通道的交叉耦合,与文献[15,19]中所设计的鲁棒预测状态反馈控制律相比,具有更小的保守性。

**推论 6.1** 对于多面体不确定执行器系统,如果存在最优鲁棒预测控制器使得 $J_\infty(k)$ 最小,则存在

$$\tilde{\boldsymbol{x}}^{\mathrm{T}}(k+i+1|k)\boldsymbol{P}\tilde{\boldsymbol{x}}(k+i+1|k) \leqslant \tilde{\boldsymbol{x}}^{\mathrm{T}}(k+i|k)\boldsymbol{P}\tilde{\boldsymbol{x}}(k+i|k)$$

$$V(\tilde{\boldsymbol{x}}(k+1)) \leqslant V(\tilde{\boldsymbol{x}}(k))$$

**证明**:由二次型指标函数 $J_\infty(k)$ 最小可知 $V(\tilde{\boldsymbol{x}}(k|k))$ 最小,根据式(6.30)知,增广系统状态满足

$$\begin{bmatrix} \widetilde{\boldsymbol{A}}_{\mathrm{c1}}^{\mathrm{T}}\boldsymbol{P}\widetilde{\boldsymbol{A}}_{\mathrm{c1}}-\boldsymbol{P} & * & * & * & * \\ \widetilde{\boldsymbol{B}}_{\mathrm{act},v}^{\mathrm{T}}\widetilde{\boldsymbol{P}\boldsymbol{A}}_{\mathrm{c1}} & \widetilde{\boldsymbol{B}}_{\mathrm{act},v}^{\mathrm{T}}\widetilde{\boldsymbol{P}\boldsymbol{B}}_{\mathrm{act},v} & * & * & * \\ \boldsymbol{0} & \boldsymbol{0} & -\mu\boldsymbol{I} & * & * \\ \boldsymbol{C}_{\tilde{x}\tilde{e}} & \boldsymbol{0} & \boldsymbol{0} & -\boldsymbol{I} & * \\ \boldsymbol{D}_{\tilde{z},\tilde{u}}\boldsymbol{F} & \boldsymbol{0} & \boldsymbol{0} & \boldsymbol{0} & -\boldsymbol{I} \end{bmatrix} \leqslant 0$$

显然存在

$$\widetilde{\boldsymbol{A}}_{\mathrm{c1}}^{\mathrm{T}}\widetilde{\boldsymbol{P}\boldsymbol{A}}_{\mathrm{c1}}-\boldsymbol{P}\leqslant 0,\begin{bmatrix} \widetilde{\boldsymbol{A}}_{\mathrm{c1}}^{\mathrm{T}}\widetilde{\boldsymbol{P}\boldsymbol{A}}_{\mathrm{c1}}-\boldsymbol{P} & * \\ \widetilde{\boldsymbol{B}}_{\mathrm{act},v}^{\mathrm{T}}\widetilde{\boldsymbol{P}\boldsymbol{A}}_{\mathrm{c1}} & \widetilde{\boldsymbol{B}}_{\mathrm{act},v}^{\mathrm{T}}\widetilde{\boldsymbol{P}\boldsymbol{B}}_{\mathrm{act},v} \end{bmatrix} \leqslant 0$$

从而左乘 $\tilde{\boldsymbol{x}}^{\mathrm{T}}(k+i|k)$,右乘 $\tilde{\boldsymbol{x}}(k+i|k)$ 可知

$$\tilde{\boldsymbol{x}}^{\mathrm{T}}(k+i|k)(\widetilde{\boldsymbol{A}}_{\mathrm{c1}}^{\mathrm{T}}\widetilde{\boldsymbol{P}\boldsymbol{A}}_{\mathrm{c1}}-\boldsymbol{P})\tilde{\boldsymbol{x}}(k+i|k)\leqslant 0$$

$$V(\tilde{\boldsymbol{x}}(k+i+1|k))-V(\tilde{\boldsymbol{x}}(k+i|k))\leqslant 0$$

结合式(6.16)和式(6.31)知推论 6.1 成立。证毕。

**推论 6.2** 考虑不确定增广系统式(6.16),假设最优化问题式(6.27)~式(6.30)在 $k$ 时刻存在最优解 $\gamma_1$、$\gamma_2$、$\boldsymbol{G}_1$、$\boldsymbol{G}_2$、$\boldsymbol{Y}_1$、$\boldsymbol{Y}_2$、$\boldsymbol{Z}_1$ 及 $\boldsymbol{Z}_2$,则集合 $\mathfrak{I}=\{z|\ z^{\mathrm{T}}\boldsymbol{P}z\leqslant\gamma_1+\gamma_2\}$ 是不确定系统预测增广状态的椭球不变集。

**证明**:若定理 6.5 的优化问题有解,则满足

$$\tilde{\boldsymbol{x}}_{\mathrm{act}}^{\mathrm{T}}(k)\boldsymbol{P}_1(k)\tilde{\boldsymbol{x}}_{\mathrm{act}}(k)\leqslant\gamma_1,\tilde{\boldsymbol{e}}^{\mathrm{T}}(k)\boldsymbol{P}_2(k)\tilde{\boldsymbol{e}}(k)\leqslant\gamma_2$$

根据推论 6.1 知 $V(\tilde{\boldsymbol{x}}(k|k))$ 单调递减,因此 $k+1$ 时刻存在

$$\tilde{\boldsymbol{x}}^{\mathrm{T}}(k+1|k)\boldsymbol{P}(k+1)\tilde{\boldsymbol{x}}(k+1|k)\leqslant\gamma_1+\gamma_2$$

从而集合 $\mathfrak{I}$ 是不确定系统预测增广状态的椭球不变集。证毕。

**推论 6.3** 若不确定系统式(6.16)存在式(6.31)所示的最优增广状态反馈鲁棒预测控制器,则满足

$$
\begin{bmatrix}
\boldsymbol{Z} & * & * & * \\
\widetilde{\boldsymbol{A}}_{\mathrm{act},i}\boldsymbol{Z}+\widetilde{\boldsymbol{B}}_{\mathrm{act},u,i}\overline{\boldsymbol{Y}} & \boldsymbol{Z} & * & * \\
\boldsymbol{C}_{\tilde{\tilde{x}}\tilde{e}}\boldsymbol{Z} & \boldsymbol{0} & \boldsymbol{I} & * \\
\boldsymbol{D}_{\tilde{\tilde{z}},\tilde{u}}\overline{\boldsymbol{Y}} & \boldsymbol{0} & \boldsymbol{0} & \boldsymbol{I}
\end{bmatrix} \geqslant 0 \tag{6.39}
$$

其中：$\boldsymbol{Z}=\mathrm{diag}(\boldsymbol{Z}_1,\boldsymbol{Z}_2)$，$\overline{\boldsymbol{Y}}=[\overline{\boldsymbol{Y}}_1,\overline{\boldsymbol{Y}}_2]$。

**证明**：由 $\boldsymbol{\Lambda}\leqslant 0$ 可得

$$
\widetilde{\boldsymbol{A}}_{\mathrm{c1}}^{\mathrm{T}}\boldsymbol{P}\widetilde{\boldsymbol{A}}_{\mathrm{c1}}-\boldsymbol{P}+\boldsymbol{C}_{\tilde{\tilde{z}},\tilde{x}}^{\mathrm{T}}\boldsymbol{C}_{\tilde{\tilde{z}},\tilde{x}}+\boldsymbol{C}_{\tilde{\tilde{z}},\tilde{e}}^{\mathrm{T}}\boldsymbol{C}_{\tilde{\tilde{z}},\tilde{e}}^{\mathrm{T}}+\boldsymbol{F}^{\mathrm{T}}\boldsymbol{D}_{\tilde{\tilde{z}},\tilde{u}}^{\mathrm{T}}\boldsymbol{D}_{\tilde{\tilde{z}},\tilde{u}}\boldsymbol{F}\leqslant 0
$$

根据引理 6.1 可知推论 6.3 成立。证毕。

3. 基于 LMI 的约束控制分配器

以最优二次型虚拟控制律$\boldsymbol{v}_{\mathrm{d}}(t)$为伺服环跟踪目标，以鲁棒预测控制器 $\boldsymbol{u}_{\mathrm{r}}(t)$ 为执行器动态补偿的参考目标，综合考虑虚拟指令跟踪误差和执行器物理约束，建立如下的约束控制分配模型：

$$
\min_{\boldsymbol{u}(t)} J_3 = \|\boldsymbol{u}(t)-\boldsymbol{u}_{\mathrm{r}}(t)\|_{W_1}^2+\eta\|\boldsymbol{v}(t)-\boldsymbol{v}_{\mathrm{d}}(t)\|_{W_2}^2 \tag{6.40}
$$

$$
\text{s.t. } \boldsymbol{v}(t)=\boldsymbol{B}(\boldsymbol{\varpi})\boldsymbol{u}(t),\boldsymbol{u}(t)\in\boldsymbol{\Omega}_{\delta} \tag{6.41}
$$

式中：$\boldsymbol{W}_1\in\mathbf{R}^{m\times m}$和 $\boldsymbol{W}_2\in\mathbf{R}^{p\times p}$为非奇异对称加权矩阵；$\eta>0$ 为松弛因子。

**定理 6.6**　混合优化目标(6.40)等价于

$$
J_{3\mathrm{s}} = \|\boldsymbol{u}(t)-\boldsymbol{u}_0(t)\|_{W}^2 \tag{6.42}
$$

其中：

$$
\begin{cases}
\boldsymbol{W}(\boldsymbol{\varpi})=\boldsymbol{W}_1+\eta\boldsymbol{B}^{\mathrm{T}}(\boldsymbol{\varpi})\boldsymbol{W}_2\boldsymbol{B}(\boldsymbol{\varpi}) \\
\boldsymbol{u}_0(t,)=\boldsymbol{W}^{-1}(\boldsymbol{\varpi})\boldsymbol{W}_1\boldsymbol{u}_{\mathrm{r}}(t)+\eta\boldsymbol{W}^{-1}(\boldsymbol{\varpi})\boldsymbol{B}^{\mathrm{T}}(\boldsymbol{\varpi})\boldsymbol{W}_2\boldsymbol{v}_{\mathrm{d}}(t)
\end{cases} \tag{6.43}
$$

**证明**：将优化目标 $J_3$ 展开：

$$
J_3=(\boldsymbol{u}(t)-\boldsymbol{u}_{\mathrm{r}}(t))^{\mathrm{T}}\boldsymbol{W}_1(\boldsymbol{u}(t)-\boldsymbol{u}_{\mathrm{r}}(t))+\eta(\boldsymbol{B}(\boldsymbol{\varpi})\boldsymbol{u}(t)-\boldsymbol{v}_{\mathrm{d}}(t))^{\mathrm{T}}\boldsymbol{W}_2(\boldsymbol{B}(\boldsymbol{\varpi})\boldsymbol{u}(t)-\boldsymbol{v}_{\mathrm{d}}(t))
$$

由 $\boldsymbol{W}_2$ 对称可知

$$
\boldsymbol{u}^{\mathrm{T}}(t)\boldsymbol{B}^{\mathrm{T}}(\boldsymbol{\varpi})\boldsymbol{W}_2\boldsymbol{v}_{\mathrm{d}}(t)=\boldsymbol{v}_{\mathrm{d}}^{\mathrm{T}}(t)\boldsymbol{W}_2\boldsymbol{B}(\boldsymbol{\varpi})\boldsymbol{u}(t)
$$

因此 $J_3$ 可转化为

$$
\begin{aligned}
J_{3\mathrm{s}} =\ & \boldsymbol{u}^{\mathrm{T}}(t)(\boldsymbol{W}_1+\eta\boldsymbol{B}^{\mathrm{T}}(\boldsymbol{\varpi})\boldsymbol{W}_2\boldsymbol{B}(\boldsymbol{\varpi}))\boldsymbol{u}(t)+\boldsymbol{u}_{\mathrm{r}}^{\mathrm{T}}(t)\boldsymbol{W}_1\boldsymbol{u}_{\mathrm{r}}(t)+ \\
& \eta\boldsymbol{v}_{\mathrm{d}}^{\mathrm{T}}(t)\boldsymbol{W}_2\boldsymbol{v}_{\mathrm{d}}(t)-2\boldsymbol{u}^{\mathrm{T}}(t)(\boldsymbol{W}_1\boldsymbol{u}_{\mathrm{r}}(t)+\eta\boldsymbol{B}^{\mathrm{T}}(\boldsymbol{\varpi})\boldsymbol{W}_2\boldsymbol{v}_{\mathrm{d}}(t))
\end{aligned}
$$

同时，优化目标 $J_{3\mathrm{s}}$可展开为

$$
J_{3\mathrm{s}}=\boldsymbol{u}^{\mathrm{T}}(t)\boldsymbol{W}(\boldsymbol{\varpi})\boldsymbol{u}(t)+\boldsymbol{u}_0^{\mathrm{T}}(t)\boldsymbol{W}(\boldsymbol{\varpi})\boldsymbol{u}_0(t)-2\boldsymbol{u}^{\mathrm{T}}(t)\boldsymbol{W}(\boldsymbol{\varpi})\boldsymbol{u}_0(t)
$$

根据式(6.43)可知 $J_3$ 与 $J_{3\mathrm{s}}$仅相差常数项。证毕。

**定理 6.7**　定义 $\boldsymbol{e}_i$ 为单位阵 $\boldsymbol{I}\in\mathbf{R}^m$ 的第 $i$ 列，对于约束控制分配问题式(6.40)、式(6.41)，总是存在 $\gamma_3>0$ 满足

$$\begin{aligned}&\min_{\boldsymbol{u}(k)}\gamma_3\\&\text{s. t. }\begin{bmatrix}\gamma_3 & *\\ \boldsymbol{u}(k)-\boldsymbol{u}_0(k) & \boldsymbol{W}^{-1}(\varpi)\end{bmatrix}>0\\&\boldsymbol{e}_i^{\mathrm{T}}\boldsymbol{u}(k)-\boldsymbol{e}_i^{\mathrm{T}}\underline{\boldsymbol{\delta}}(k)>0, i=1,2,\cdots,m\\&\boldsymbol{e}_j^{\mathrm{T}}\overline{\boldsymbol{\delta}}(k)-\boldsymbol{e}_j^{\mathrm{T}}\boldsymbol{u}(k)>0, j=1,2,\cdots,m\end{aligned}\tag{6.44}$$

**证明**:总是存在 $\gamma_3>0$,使得

$$J_{3s}<\gamma_3\Leftrightarrow(\boldsymbol{u}(t)-\boldsymbol{u}_0(t))^{\mathrm{T}}\boldsymbol{W}(\varpi)(\boldsymbol{u}(t)-\boldsymbol{u}_0(t))<\gamma_3$$

结合引理 6.1 和定理 6.6 的结论可知式(6.44)成立。证毕。

### 6.3.4 仿真验证

1. 仿真模型

以第 6.2.4 节的多操纵面飞机为对象,对执行器不确定的鲁棒预测动态控制分配方案进行仿真验证。选择虚拟控制量$\boldsymbol{v}^{\mathrm{T}}=[\dot{q},\dot{q},\dot{r}]$分别表示滚转、俯仰和偏航角加速度,控制量 $\boldsymbol{\delta}^{\mathrm{T}}=[\delta_{\mathrm{c}},\delta_{\mathrm{le}},\delta_{\mathrm{re}},\delta_{\mathrm{r}}]$分别表示飞机的鸭翼、左升降副翼、右升降副翼和方向舵。考虑 $\delta_{\mathrm{c}}$ 和 $\delta_{\mathrm{r}}$ 的执行器模型为一阶形式,即

$$T_{\mathrm{s}}\dot{\delta}_i(t)=-\delta_i(t)+u_i(t), i=\mathrm{c},\mathrm{r}.$$

而 $\delta_{\mathrm{le}}$和 $\delta_{\mathrm{re}}$的执行器为二阶模型:

$$\dot{\boldsymbol{x}}_{\mathrm{act,c}}(t)=\begin{bmatrix}0 & 1\\ -\omega_{\mathrm{n}}^2 & -2\xi\omega_{\mathrm{n}}\end{bmatrix}\boldsymbol{x}_{\mathrm{act,c}}(t)+\begin{bmatrix}0\\ \omega_{\mathrm{n}}^2\end{bmatrix}u_i(t),$$

$$\delta_i(t)=[1\quad 0]\boldsymbol{x}_{\mathrm{act,c}}(t), i=\mathrm{le},\mathrm{re}$$

其中:$\boldsymbol{x}_{\mathrm{act,c}}^{\mathrm{T}}=[\delta_i\quad \dot{\delta}_i]$,$\omega_{\mathrm{n}}=20$。假设模型中的其他参数存在摄动:$\xi\in[0.69,0.73]$,$T_{\mathrm{s}}\in[1/25,1/15]$。设计以下三种控制方案进行对比仿真。

(1) 鲁棒预测动态控制分配(RPDCA)方案:选择 $\boldsymbol{R}_{\tilde{u}}=10^{-5}\boldsymbol{I}_4$,$\boldsymbol{Q}_{\tilde{x}}=\boldsymbol{I}_6$,$\boldsymbol{Q}_{\tilde{e}}=2\boldsymbol{I}_3$,按式(6.27)~式(6.30)设计多面体不确定执行器动态的参考指令,再按式(6.44)进行控制分配。

(2) 不加补偿混合控制分配(UCMCA)方案:给定期望指令 $\boldsymbol{u}_{\mathrm{s}}=0$,令 $\boldsymbol{u}(t)\in\Omega_{\delta}$,按照第 6.2.3 节设计忽略执行器动态特性的约束控制分配器进行操纵面分配。

(3) 混合动态补偿控制分配(MDCCA)方案:给定期望指令 $\boldsymbol{u}_{\mathrm{s}}=0$,分别按第 6.2.2 节和第 6.2.3 节设计执行器动态补偿控制器和约束控制分配器,其中执行器精确模型可参考第 6.2.4 节。

2. 开环仿真

为了验证鲁棒预测动态控制分配方案的有效性,首先进行开环仿真实验,以分

析算法对执行器参数存在不确定性时的分配效能和鲁棒性能。给定与第 6.2.4 节相同的三轴角加速度指令，图 6.6 所示为虚拟控制指令的动态响应过程。

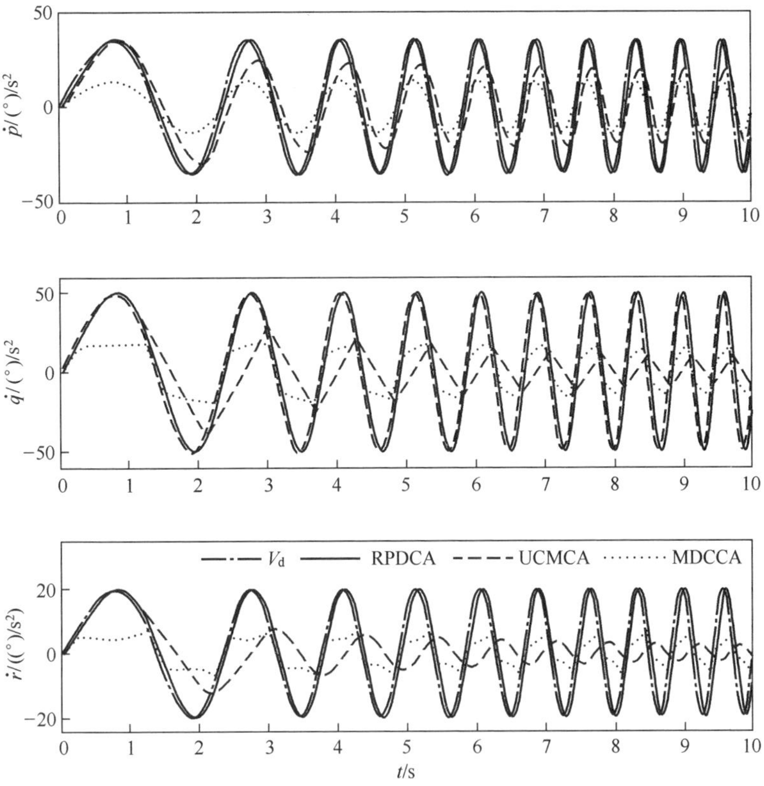


图 6.6　虚拟控制指令的响应过程

根据图 6.6 可知，由于存在多面体不确定性，执行器动态特性对 MDCCA 方案和 UCMCA 方案均有很大的影响。其中，UCMCA 方案在第 10 个周期时俯仰角加速度和偏航角加速度跟踪指令已不足期望值的 15%，控制性能明显低于 RPDCA 方案和 MDCCA 方案；MDCCA 方案采用与实际模型不匹配的补偿模型，不能快速生成与实际期望虚拟指令相匹配的补偿指令，出现了明显的指令跟踪误差。同时，UCMCA 方案和 MDCCA 方案均随着指令的变快出现了较大的滞后，且随着虚拟控制指令速率的变大这种滞后越来越明显。RPDCA 方案在慢变指令时较好地抑制了执行器动态不确定对控制分配的影响，而虚拟控制指令快变时因执行器的速率约束表现出一点滞后，但指令损失少，分配效率高。

图 6.7 所示为操纵面指令的动态响应过程。

由图 6.7 可见，操纵面指令信号随着虚拟控制指令周期性变化，而 UCMCA 方案和 MDCCA 方案的指令信号均逐渐降低。三种方案都未出现位置饱和现象，但

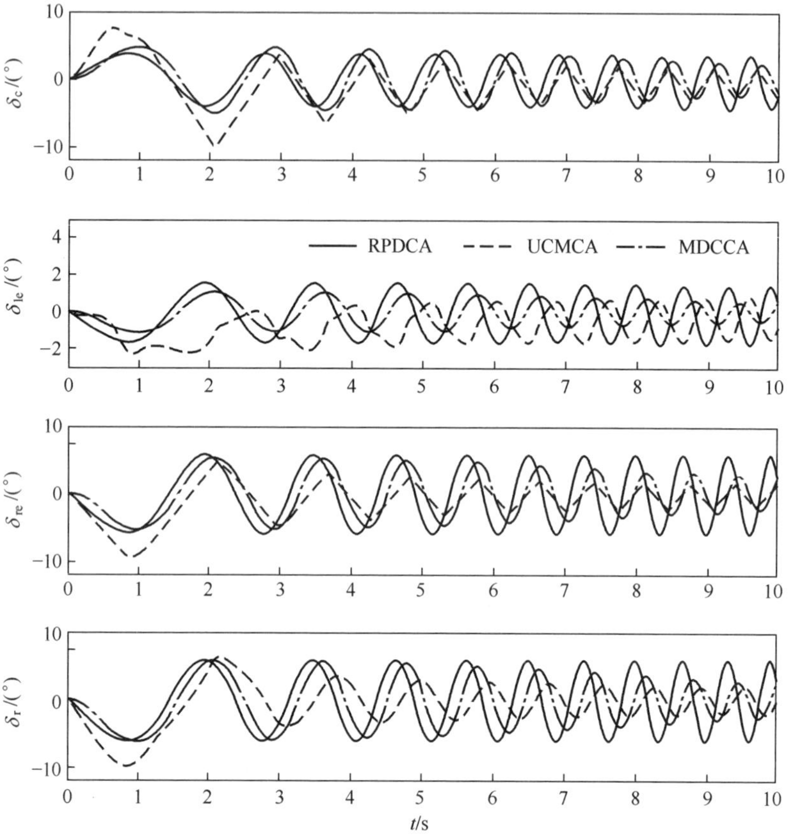


图 6.7 操纵面指令的动态响应过程

出现了不同程度的速率饱和，其中 UCMCA 方案速率饱和较为严重。三种方案均生成了较小的左升降副翼指令，但 UCMCA 方案对应的指令不规律，直接影响其余操纵面控制效能的整体发挥。

总体来看，当执行器动态存在不确定时，RPDCA 方案在开环控制上具有较好的鲁棒性，更好地发挥了操纵面的控制效能，控制性能明显地优于 UCMCA 方案和 MDCCA 方案。

3. 闭环仿真

为了考察执行器动态不确定性对多操纵面飞行控制系统闭环稳定性的影响，采用图 6.5 所示的模块化级联控制结构，按定理 6.4 设计基于虚拟控制指令的最优控制律。参考文献[21,26]的算例，选取迎角 $\alpha$、侧滑角 $\beta$、滚转角速度 $p$、俯仰角速度 $q$ 和偏航角速度 $r$ 为状态量，参考指令(REF)为 $\boldsymbol{y}_r=[\alpha,\beta,p]$，分别对 RPDCA 方案、UCMCA 方案和 MDCCA 方案进行仿真实验。

图 6.8 所示为闭环控制系统的状态响应过程，图 6.9 所示为相应的操纵面动

态响应过程。

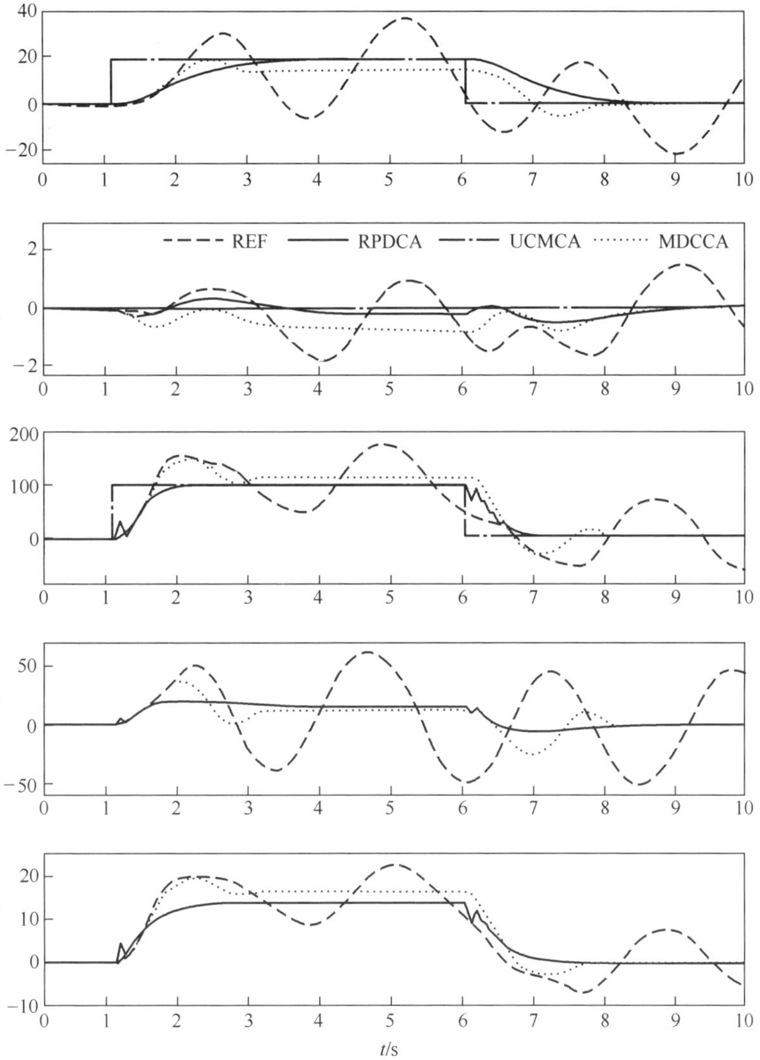


图 6.8 闭环控制系统的状态响应过程

结合图 6.8 和图 6.9 可以看出，UCMCA 方案使得飞机状态出现了明显的发散，操纵面同时发生位置饱和与速率饱和。而 MDCCA 方案在执行器模型不确定时补偿效果受到抑制，导致闭环系统响应出现了较大的超调量，在参考指令不为零时有一定的稳态误差，收敛较慢。相比之下，RPDCA 方案较好地跟踪了给定的指令，超调量和稳态误差均很小，控制效果基本没有受到执行器不确定性的影响，避免了因模型摄动导致的闭环不稳定现象，对不同特性的执行器实现了动态指令的

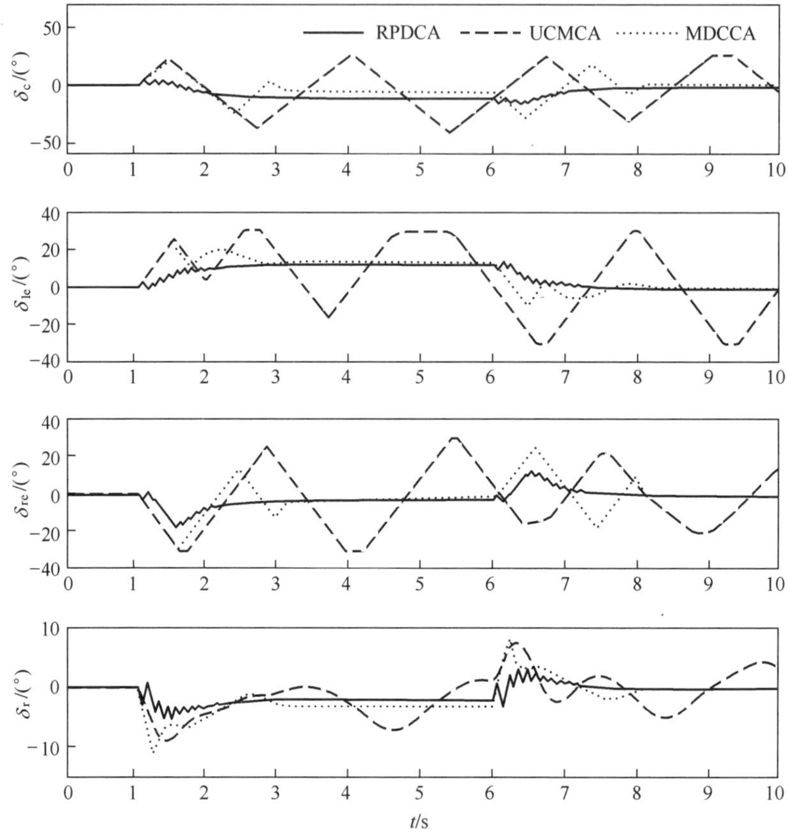


图 6.9　闭环控制系统操纵面动态响应过程

合理分配。闭环仿真表明，RPDCA 方案较 MDCCA 方案和 UCMCA 方案具有更好的鲁棒性能，能够使包含执行器多面体不确定性的级联控制系统闭环稳定。

## 6.4　交叉耦合非线性动态控制分配方法

飞行器各个操纵面之间由于紧密排布的原因，在各个操纵面不同程度偏转的过程中不可避免地存在舵效互相影响的情况，称为舵效耦合效应。特别地，对于战斗机、航天器等高速运动的多操纵面飞行器而言，这种效应更为显著。为此，针对执行器存在的物理约束及其动态特性，进行交叉耦合等非线性舵效情形下动态控制分配方法的研究。

## 6.4.1 执行器动态建模

三阶和三阶以上的执行器模型可简化为一阶和二阶系统,因此在这里分别对一阶执行器、无零点以及有一个零点的二阶执行器系统进行建模。

(1) 对于为一阶系统的执行器 $i$,可描述为

$$\frac{\delta_{\mathrm{act}}^{i}(s)}{\delta_{\mathrm{cmd}}^{i}(s)}=\frac{a_{i}}{s+a_{i}} \tag{6.45}$$

式中:$\delta_{\mathrm{cmd}}^{2}(t)$ 为执行器 $i$ 的控制输入;$\delta_{\mathrm{act}}^{i}$ 为执行器的实际输出。

进一步表示为状态空间形式:

$$\begin{cases}\dot{\delta}_{\mathrm{act}}^{i}(t)=-a_{i}\delta_{\mathrm{act}}^{i}(t)+a_{i}\delta_{\mathrm{cmd}}^{i}(t)\\ \delta_{\mathrm{cmd}}^{i}(t)=\delta_{\mathrm{cmd}}^{i}(t)\end{cases} \tag{6.46}$$

(2) 不包含零点的二阶系统的执行器 $i$ 可描述为

$$\frac{\delta_{\mathrm{act}}^{i}(s)}{\delta_{\mathrm{cmd}}^{i}(s)}=\frac{1}{s^{2}+2\zeta_{i}\omega_{n,i}s+\omega_{n,i}^{2}} \tag{6.47}$$

可表示为状态空间形式:

$$\begin{cases}\begin{bmatrix}\ddot{\delta}_{\mathrm{act}}^{i}(t)\\ \dot{\delta}_{\mathrm{act}}^{i}(t)\end{bmatrix}=\begin{bmatrix}-\omega_{n,i}^{2} & -2\zeta_{i}\omega_{n,i}\\ 0 & 1\end{bmatrix}\begin{bmatrix}\dot{\delta}_{\mathrm{act}}^{i}(t)\\ \delta_{\mathrm{act}}^{i}(t)\end{bmatrix}+\begin{bmatrix}k_{i}\\ 0\end{bmatrix}\delta_{\mathrm{cmd}}^{i}(t)\\ \delta_{\mathrm{act}}^{i}(t)=[0\quad 1]\cdot\begin{bmatrix}\dot{\delta}_{\mathrm{act}}^{i}(t)\\ \delta_{\mathrm{act}}^{i}(t)\end{bmatrix}\end{cases} \tag{6.48}$$

(3) 具有含一个零点的二阶系统的执行器 $i$ 可描述为

$$\frac{\delta_{\mathrm{act}}^{i}(s)}{\delta_{\mathrm{cmd}}^{i}(s)}=\frac{k_{i}(s+a_{i})}{s^{2}+2\zeta_{i}\omega_{n,i}s+\omega_{n,i}^{2}} \tag{6.49}$$

引入中间变量 $z_i$ 使得

$$\begin{cases}\dfrac{z_{i}(s)}{\delta_{\mathrm{cmd}}^{i}(s)}=\dfrac{k_{i}}{s^{2}+2\zeta_{i}\omega_{n,i}s+\omega_{n,i}^{2}}\\ \dfrac{\delta_{\mathrm{act}}^{i}(s)}{z_{i}(s)}=k_{i}(s+a_{i})\end{cases} \tag{6.50}$$

进而可将式(6.49)描述为状态空间形式:

$$\begin{cases}\begin{bmatrix}\ddot{z}_{i}(t)\\ \dot{z}_{i}(t)\end{bmatrix}=\begin{bmatrix}-\omega_{n,i}^{2} & -2\zeta_{i}\omega_{n,i}\\ 0 & 1\end{bmatrix}\begin{bmatrix}\dot{z}_{i}(t)\\ z_{i}(t)\end{bmatrix}+\begin{bmatrix}1\\ 0\end{bmatrix}\delta_{\mathrm{cmd}}^{i}(t)\\ \delta_{\mathrm{act}}^{i}(t)=[k_{i}\quad k_{i}a_{i}]\cdot\begin{bmatrix}\dot{z}_{i}(t)\\ z_{i}(t)\end{bmatrix}\end{cases} \tag{6.51}$$

因此结合式(6.45)~式(6.51),对于任意阶次的执行器 $i$,可描述为

$$\begin{cases}\dot{\boldsymbol{x}}^{i}_{\mathrm{act}}(t)=\boldsymbol{A}^{i}_{\mathrm{act,c}}\boldsymbol{x}^{i}_{\mathrm{act}}(t)+\boldsymbol{B}^{i}_{\mathrm{act,c}}\delta^{i}_{\mathrm{cmd}}(t)\\ \delta^{i}_{\mathrm{act}}=\boldsymbol{C}^{i}_{\mathrm{act,c}}\boldsymbol{x}^{i}_{\mathrm{act}}(t)\end{cases}\tag{6.52}$$

式中:$\boldsymbol{x}^{i}_{\mathrm{act}}(t)\in\mathbf{R}^{n_i}$为执行器状态;$\boldsymbol{A}^{i}_{\mathrm{act,c}}\in\mathbf{R}^{n_i\times n_i}$,$\boldsymbol{B}^{i}_{\mathrm{act,c}}\in\mathbf{R}^{n_i\times 1}$和$\boldsymbol{C}^{i}_{\mathrm{act,c}}\in\mathbf{R}^{1\times n_i}$分别为执行器系统矩阵、输入矩阵以及输出矩阵;$n_i$ 为第 $i$ 个执行器的阶次。

对于具有 $m$ 个执行器的多操纵面飞机,若任意执行器的动态特性线性已知且相互解耦,则系统执行器动态特性可描述为

$$\begin{cases}\dot{\boldsymbol{x}}_{\mathrm{act}}(t)=\boldsymbol{A}_{\mathrm{act,c}}\boldsymbol{x}_{\mathrm{act}}(t)+\boldsymbol{B}_{\mathrm{act,c}}\boldsymbol{\delta}_{\mathrm{cmd}}(t)\\ \boldsymbol{\delta}_{\mathrm{act}}(t)=\boldsymbol{C}_{\mathrm{act,c}}\boldsymbol{x}_{\mathrm{act}}(t)\end{cases}\tag{6.53}$$

式中:$\boldsymbol{x}_{\mathrm{act}}(t)\in\mathbf{R}^{N}$ 为执行器状态;$\boldsymbol{A}_{\mathrm{act,c}}\in\mathbf{R}^{N\times N}$,$\boldsymbol{B}_{\mathrm{act,c}}\in\mathbf{R}^{N\times m}$和 $\boldsymbol{C}_{\mathrm{act,c}}\in\mathbf{R}^{m\times N}$分别表示执行器系统矩阵、输入矩阵以及输出矩阵。且满足:

$$N=\sum_{i=1}^{m}n_i,i=1,2,\cdots,m\tag{6.54}$$

$$\begin{cases}\boldsymbol{A}_{\mathrm{act,c}}=\mathrm{diag}[\boldsymbol{A}^{1}_{\mathrm{act,c}},\cdots,\boldsymbol{A}^{m}_{\mathrm{act,c}}]\\ \boldsymbol{B}_{\mathrm{act,c}}=\mathrm{diag}[\boldsymbol{B}^{1}_{\mathrm{act,c}},\cdots,\boldsymbol{B}^{m}_{\mathrm{act,c}}]\\ \boldsymbol{C}_{\mathrm{act,c}}=\mathrm{diag}[\boldsymbol{C}^{1}_{\mathrm{act,c}},\cdots,\boldsymbol{C}^{m}_{\mathrm{act,c}}]\end{cases}\tag{6.55}$$

在实际系统中,考虑到操纵面偏转通常受到结构、载荷等方面的约束,即操纵面的偏转范围和偏转速率是受限的,须满足:

$$\begin{cases}\boldsymbol{\delta}_{\min}\leqslant\boldsymbol{\delta}_{\mathrm{act}}\leqslant\boldsymbol{\delta}_{\max}\\ \boldsymbol{\rho}_{\min}\leqslant\dot{\boldsymbol{\delta}}_{\mathrm{act}}\leqslant\boldsymbol{\rho}_{\max}\end{cases}\tag{6.56}$$

式中:$\boldsymbol{\delta}_{\min}$和$\boldsymbol{\delta}_{\max}$为操纵面偏转位置约束上下限;$\boldsymbol{\rho}_{\max}$和$\boldsymbol{\rho}_{\min}$为操纵面偏转速率约束的上下限。

为便于计算机实现,对于采样时间 $T$,执行器速率离散表现形式为

$$\dot{\boldsymbol{\delta}}(k)=\frac{\boldsymbol{\delta}(k)-\boldsymbol{\delta}(k-T)}{T}\tag{6.57}$$

则执行器在任意时刻 $k$ 的偏转速率约束可表示为

$$\boldsymbol{\delta}(k-T)+T\boldsymbol{\rho}_{\min}\leqslant\boldsymbol{\delta}(k)\leqslant\boldsymbol{\delta}(k-T)+T\boldsymbol{\rho}_{\max}\tag{6.58}$$

因此结合式(6.57)和式(6.58),可将第 $k$ 时刻的执行器动态离散模型描述为

$$\begin{cases}\boldsymbol{x}_{\mathrm{act}}(k+1)=\boldsymbol{A}_{\mathrm{act}}\boldsymbol{x}_{\mathrm{act}}(k)+\boldsymbol{B}_{\mathrm{act}}\boldsymbol{\delta}_{\mathrm{cmd}}(k)\\ \boldsymbol{\delta}_{\mathrm{act}}(k)=\boldsymbol{C}_{\mathrm{act}}\boldsymbol{x}_{\mathrm{act}}(k)\end{cases}\tag{6.59}$$

$$\begin{cases}\underline{\boldsymbol{\delta}}(k)\leqslant\boldsymbol{\delta}_{\mathrm{act}}(k)\leqslant\overline{\boldsymbol{\delta}}(k)\\ \overline{\boldsymbol{\delta}}(k)=\min(\boldsymbol{\delta}_{\max},\boldsymbol{\delta}_{\mathrm{act}}(k-1)+\boldsymbol{\rho}_{\max}T)\\ \underline{\boldsymbol{\delta}}(k)=\max(\boldsymbol{\delta}_{\min},\boldsymbol{\delta}_{\mathrm{act}}(k-1)+\boldsymbol{\rho}_{\min}T)\end{cases}\tag{6.60}$$

式中：$\boldsymbol{A}_{\text{act}} \in \mathbf{R}^{N\times N}$、$\boldsymbol{B}_{\text{act}} \in \mathbf{R}^{N\times m}$ 和 $\boldsymbol{C}_{\text{act}} \in \mathbf{R}^{m\times N}$ 分别为式(5.40)离散化后的参数矩阵；$\bar{\boldsymbol{\delta}}(k)$ 和 $\underline{\boldsymbol{\delta}}(k)$ 分别为 $k$ 时刻操纵面偏转上下限。

### 6.4.2 控制分配器设计

动态控制分配的任务是在考虑执行器动态特性的前提下，将给定的虚拟控制指令 $\boldsymbol{v}_{\text{d}}(k)$ 合理有效地分配至各个执行器。可描述为

$$\boldsymbol{v}_{\text{d}} = \boldsymbol{v}_{\text{act}}(k+1) = \boldsymbol{\tau}(\boldsymbol{\delta}_{\text{act}}(k+1)) \tag{6.61}$$

式中：$\boldsymbol{v}_{\text{act}}(k+1)$ 为 $k+1$ 时刻实际的虚拟控制指令；$\boldsymbol{\delta}_{\text{act}}(k+1)$ 为 $k+1$ 时刻操纵面执行器偏转量；$\boldsymbol{\tau}(\cdot)$ 为 $\boldsymbol{\delta}_{\text{act}} \to \boldsymbol{v}_{\text{act}}$ 的非线性映射。

选择滚转力矩系数 $C_l$、俯仰力矩系数 $C_m$ 以及偏航力矩系数 $C_m$ 为虚拟控制指令，则对于存在交叉耦合等非线性舵效情形，$\boldsymbol{\tau}(\cdot)$ 可表示为

$$\boldsymbol{v}_{\text{act}}(k) = (\boldsymbol{B}_s + \boldsymbol{Q}(\boldsymbol{\delta}_{\text{act}}(k)) + \boldsymbol{P}(\boldsymbol{\delta}_{\text{act}}(k)))\boldsymbol{\delta}_{\text{act}}(k) \tag{6.62}$$

进一步考虑操纵面执行器动态特性，结合式(6.61)，可将交叉耦非线性动态控制分配问题描述为

$$\begin{cases} \boldsymbol{v}_{\text{d}}(k) = (\boldsymbol{B}_s + \boldsymbol{Q}(\boldsymbol{\delta}_{\text{act}}(k)) + \boldsymbol{P}(\boldsymbol{\delta}_{\text{act}}(k)))\,\boldsymbol{\delta}_{\text{act}}(k+1) \\ \text{s.t. 式(6.46)} \sim \text{式(6.47)} \end{cases} \tag{6.63}$$

对于动态控制分配模型式(6.63)，选取执行器偏转量最小和虚拟控制偏差最小组成混合优化目标：

$$\begin{aligned} J = &\| \boldsymbol{W}_{\delta}(\boldsymbol{\delta}_{\text{act}}(k+1) - \boldsymbol{\delta}_{\text{r}}(k+1)) \|_2^2 + \\ &\| \boldsymbol{W}_v(\boldsymbol{v}_{\text{d}}(k) - (\boldsymbol{B}_s + \boldsymbol{Q}(\boldsymbol{\delta}_{\text{act}}(k+1)) + \boldsymbol{P}(\boldsymbol{\delta}_{\text{act}}(k+1)))\boldsymbol{\delta}_{\text{act}}(k+1)) \|_2^2 \end{aligned} \tag{6.64}$$

式中：$\boldsymbol{W}_{\delta} = \text{diag}(w_{\delta,1}, \cdots, w_{\delta,m})$，$\boldsymbol{W}_v = \text{diag}(w_{v,1}, \cdots, w_{v,n})$ 分别为操纵面和虚拟控制指令的对称正定权值矩阵。

因此结合式(6.63)和式(6.64)，可将含交叉耦合等非线性舵效情形下的动态控制分配模型描述为

$$\begin{aligned} &\min \quad J \\ &\text{s.t.} \begin{cases} \boldsymbol{x}_{\text{act}}(k+1) = \boldsymbol{A}_{\text{act}}\boldsymbol{x}_{\text{act}}(k) + \boldsymbol{B}_{\text{act}}\boldsymbol{\delta}_{\text{cmd}}(k) \\ \boldsymbol{\delta}_{\text{act}}(k) = \boldsymbol{C}_{\text{act}}\boldsymbol{x}_{\text{act}}(k) \\ \underline{\boldsymbol{\delta}}_{\text{act}}(k) \leqslant \boldsymbol{\delta}_{\text{act}}(k) \leqslant \bar{\boldsymbol{\delta}}_{\text{act}}(k) \\ \bar{\boldsymbol{\delta}}_{\text{act}}(k) = \min(\boldsymbol{\delta}_{\max}, \boldsymbol{\delta}_{\text{act}}(k-1) + \boldsymbol{\rho}_{\max}T) \\ \underline{\boldsymbol{\delta}}(k) = \max(\boldsymbol{\delta}_{\min}, \boldsymbol{\delta}_{\text{act}}(k-1) + \boldsymbol{\rho}_{\min}T) \end{cases} \end{aligned} \tag{6.65}$$

考虑到混合优化目标中存在的不可分离的交叉耦合与高阶非线性项，考虑采用序列二次规划方法进行控制分配指令的求解。

特别地，若不考虑执行器动态特性，此时有 $\boldsymbol{\delta}_{\text{act}} = \boldsymbol{\delta}_{\text{cmd}}$，则式(6.65)可转化为

$$\min \quad J$$

$$\text{s.t.}\begin{cases}\underline{\boldsymbol{\delta}}(k)\leqslant\boldsymbol{\delta}(k)\leqslant\bar{\boldsymbol{\delta}}(k)\\ \bar{\boldsymbol{\delta}}(k)=\min(\boldsymbol{\delta}_{\max},\boldsymbol{\delta}(k-1)+\boldsymbol{\rho}_{\max}T)\\ \underline{\boldsymbol{\delta}}(k)=\max(\boldsymbol{\delta}_{\min},\boldsymbol{\delta}(k-1)-\boldsymbol{\rho}_{\min}T)\end{cases} \tag{6.66}$$

其中：$\boldsymbol{\delta}=\boldsymbol{\delta}_{\text{act}}$且

$$J=\|\boldsymbol{W}_{\delta}(\boldsymbol{\delta}(k)-\boldsymbol{\delta}_{\text{r}}(k))\|_2^2+\|\boldsymbol{W}_v(\boldsymbol{v}_{\text{d}}(k)-(\boldsymbol{B}_s+\boldsymbol{Q}(\boldsymbol{\delta}(k))+\boldsymbol{P}(\boldsymbol{\delta}(k)))\boldsymbol{\delta}(k))\|_2^2 \tag{6.67}$$

若不考虑操纵面舵效存在的交叉耦合非线性和高阶非线性项，则线性动态控制分配模型可表示为

$$\min \quad J=\|\boldsymbol{W}_{\delta}(\boldsymbol{\delta}_{\text{act}}(k+1)-\boldsymbol{\delta}_{\text{r}}(k+1))\|_2^2+\|\boldsymbol{W}_v(\boldsymbol{v}_{\text{d}}(k)-\boldsymbol{B}\boldsymbol{\delta}_{\text{act}}(k+1))\|_2^2 \tag{6.58a}$$

$$\text{s.t.}\begin{cases}\boldsymbol{x}_{\text{act}}(k+1)=\boldsymbol{A}_{\text{act}}\boldsymbol{x}_{\text{act}}(k)+\boldsymbol{B}_{\text{act}}\boldsymbol{\delta}_{\text{cmd}}(k)\\ \boldsymbol{\delta}_{\text{act}}(k)=\boldsymbol{C}_{\text{act}}\boldsymbol{x}_{\text{act}}(k)\\ \underline{\boldsymbol{\delta}}_{\text{act}}(k)\leqslant\boldsymbol{\delta}_{\text{act}}(k)\leqslant\bar{\boldsymbol{\delta}}_{\text{act}}(k)\\ \bar{\boldsymbol{\delta}}_{\text{act}}(k)=\min(\boldsymbol{\delta}_{\max},\boldsymbol{\delta}_{\text{act}}(k-1)+\boldsymbol{\rho}_{\max}T)\\ \underline{\boldsymbol{\delta}}(k)=\max(\boldsymbol{\delta}_{\min},\boldsymbol{\delta}_{\text{act}}(k-1)+\boldsymbol{\rho}_{\min}T)\end{cases} \tag{6.58b}$$

式中：$\boldsymbol{B}\in\mathbf{R}^m$ 为线性控制效率矩阵。

针对线性动态控制分配模型式(6.68)，可将其描述为

$$\begin{cases}\min \quad J=\|\boldsymbol{A}\boldsymbol{\delta}_{\text{act}}(k+1)-\boldsymbol{b}\|_2^2\\ \text{s.t.} \quad 式(6.55\text{b})\end{cases} \tag{6.69}$$

其中：

$$\boldsymbol{A}=\begin{bmatrix}\boldsymbol{W}_{\delta}\\ -\boldsymbol{W}_v\boldsymbol{B}\end{bmatrix},\boldsymbol{b}=\begin{bmatrix}\boldsymbol{W}_{\delta}\boldsymbol{\delta}_{\text{r}}(k+1)\\ -\boldsymbol{W}_v\boldsymbol{v}_{\text{d}}(k)\end{bmatrix} \tag{6.70}$$

进一步采用二次规划算法进行求解。或者将模型式(6.69)转化为如下线性矩阵不等式形式，继而采用线性矩阵不等式优化方法进行动态控制分配指令求解。

$$\min_{\boldsymbol{\delta}_{\text{cmd}}(k)} \quad \lambda$$

$$\text{s.t.}\begin{cases}\begin{bmatrix}\lambda & * & *\\ \boldsymbol{W}_v(\boldsymbol{B}\boldsymbol{\delta}_{\text{act}}(k)-\boldsymbol{v}_{\text{d}}(k)) & \boldsymbol{I} & *\\ \boldsymbol{W}_{\delta}\boldsymbol{\delta}_{\text{act}}(k) & 0 & \boldsymbol{I}\end{bmatrix}>0\\ \lambda>0\\ e_i\boldsymbol{\delta}_{\text{act}}(k+1)-e_i\underline{\boldsymbol{\delta}}_{\text{act}}(k+1)>0,i=1,2,\cdots,m\\ e_j\bar{\boldsymbol{\delta}}_{\text{act}}(k+1)-e_j\boldsymbol{\delta}_{\text{act}}(k+1)>0,j=1,2,\cdots,m\\ \boldsymbol{x}_{\text{act}}(k+1)=\boldsymbol{A}_{\text{act}}\boldsymbol{x}_{\text{act}}(k)+\boldsymbol{B}_{\text{act}}\boldsymbol{\delta}_{\text{cmd}}(k)\\ \boldsymbol{\delta}_{\text{act}}(k)=\boldsymbol{C}_{\text{act}}\boldsymbol{x}_{\text{act}}(k)\end{cases} \tag{6.71}$$

### 6.4.3 仿真及分析

以包含操纵面交叉耦合等非线性舵效的 FW-D 构型为例进行对比仿真。FW-D 构型如图 6.10 所示。

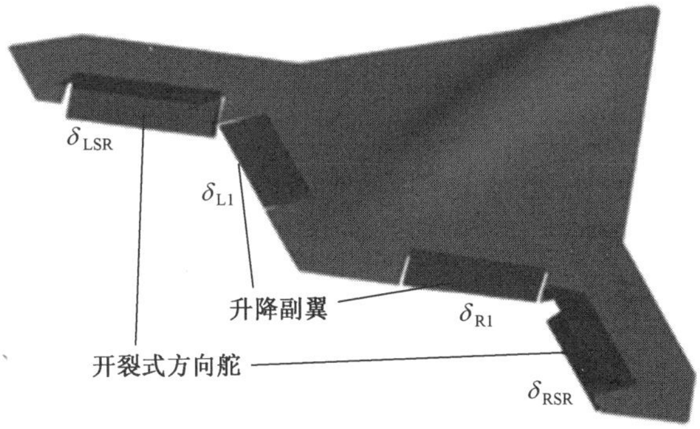


图 6.10 FW-C/D 操纵面布局示意图

各操纵面偏转速率上限设为 100°/s,下限设为-100°/s。各操纵面执行器传递函数为

$$\frac{\delta_{act,c}^{L1}(s)}{\delta_{cmd,c}^{L1}(s)}=\frac{18}{s+18},\frac{\delta^{R1}(s)}{\delta_{cmd,c}^{R1}(s)}=\frac{18}{s+18}$$

$$\frac{\delta_{act,c}^{LSR\_U}(s)}{\delta_{act,c}^{LSR\_U}(s)}=\frac{400}{s^2+28.28s+400},\frac{\delta_{act,c}^{RSR\_U}(s)}{\delta_{act,c}^{RSR\_D}(s)}=\frac{400}{s^2+28.28s+400}$$

$$\frac{\delta^{LSR\_D}(s)}{\delta_{cmd,c}^{LSR\_U}(s)}=\frac{20(s+20)}{s^2+28.28s+400},\frac{\delta_{act,c}^{RSR\_D}(s)}{\delta_{cmd,c}^{RSR\_D}(s)}=\frac{20(s+20)}{s^2+28.28s+400}$$

式中:上标 L1 和 R1 分别代表左、右升降副翼;上标 LSR_U 和 RSR_U 分别代表左、右侧开裂式方向舵的上翼面单独偏转;上标 LSR_D 和 RSR_D 分别代表左、右侧开裂式方向舵的下翼面单独偏转;下标 cmd,c 表示执行器的控制输入;下标 act,c 表示执行器的实际输出。

设定采样周期 $T=0.02$s,由式(6.32)~式(6.47)可知,各执行器离散状态空间模型参数为

$$\boldsymbol{A}_{act}^{L1}=\boldsymbol{A}_{act}^{R1}=0.6977,\boldsymbol{B}_{act}^{L1}=\boldsymbol{B}_{act}^{R1}=0.06718,\boldsymbol{C}_{act}^{L1}=\boldsymbol{C}_{act}^{R1}=4.5$$

$$\boldsymbol{A}_{act}^{LSR\_U}=\boldsymbol{A}_{act}^{RSR\_U}=\begin{bmatrix}0.5134 & -0.3718\\ 0.238 & 0.934\end{bmatrix},\boldsymbol{B}_{act}^{LSR\_U}=\boldsymbol{B}_{act}^{RSR\_U}=\begin{bmatrix}0.05949\\ 0.01056\end{bmatrix}$$

$$\boldsymbol{C}_{act}^{LSR\_U}=\boldsymbol{C}_{act}^{RSR\_U}=[0\quad 6.25]$$

$$\boldsymbol{A}_{act}^{LSR\_D}=\boldsymbol{A}_{act}^{RSR\_D}=\begin{bmatrix}0.5134 & -0.3718\\ 0.238 & 0.934\end{bmatrix},\boldsymbol{B}_{act}^{LSR\_U}=\boldsymbol{B}_{act}^{RSR\_U}=\begin{bmatrix}0.119\\ 0.02111\end{bmatrix}$$

$$C_{\text{act}}^{\text{LSR\_D}} = C_{\text{act}}^{\text{RSR\_D}} = [2.5 \quad 3.125]$$

给定变化频率随时间加快的虚拟控制指令：

$$\boldsymbol{v}_{\text{d}}(t) = \begin{bmatrix} 0.02\sin(0.15\pi t^2 + \pi t) \\ 0.02\sin(0.15\pi t^2 + \pi t) \\ 0.002\sin(0.15\pi t^2 + \pi t) \end{bmatrix}$$

对以下三种控制分配方案进行对比仿真：

(1) N-DCA 方案。综合考虑操纵面交叉耦合等非线性舵效和执行器动态特性，采用序列二次规划方法求解控制分配模型式(6.52)。

(2) N-CA 方案。考虑操纵面交叉耦合等非线性舵效，忽略执行器动态特性，采用序列二次规划方法求解控制分配模型式(6.53)。

(3) L-DCA 方案。不考虑操纵面交叉耦合等非线性舵效，考虑执行器动态特性，采用 LMI 方法求解控制分配模型式(6.58)。

图 6.7 所示为上述三种控制分配方案产生的虚拟控制指令动态曲线。

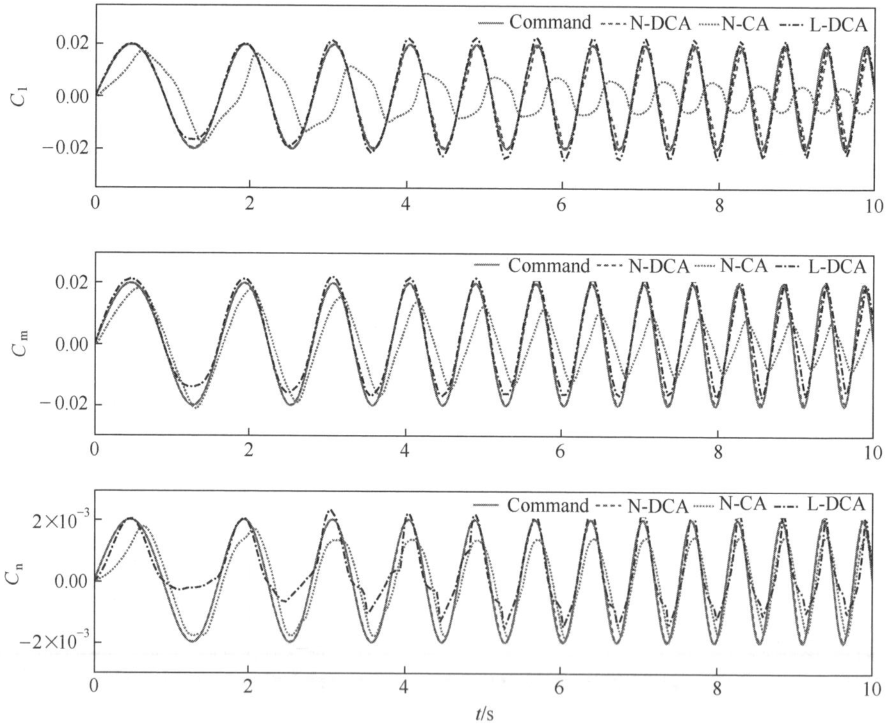


图 6.11　虚拟控制指令动态曲线

由图 6.11 可以看出，对于给定的频率随时间加快的虚拟控制指令，由于执行器动态特性的存在，N-CA 方案在仿真开始阶段就出现了较大的跟踪误差，表现为明显的幅值衰减和时间延迟现象，且随着虚拟控制指令变化频率加快，该现象越来越明显。而考虑了执行器动态的 N-DCA 方案则表现出更好的性能,滚转虚拟控制指令在前 5s、俯仰虚拟控制指令在前 8s 以及偏航虚拟控制指令在仿真时间内均未出现明显的跟踪误差。在后期,N-DCA 方案表现出了一定的虚拟控制偏差,但要远远小于 N-CA 方案。

在动态控制分配器指令补偿的作用下,未考虑交叉耦合等舵效非线性的 L-DCA 方案未表现出明显的延时,但是所生成的偏航通道虚拟控制指令要远小于期望值,在滚转和俯仰通道同样表现出了较大的偏差。总的来说,与 N-CA 方案和 L-DCA 方案相比,N-DCA 方案能够综合考虑操纵面交叉耦合等舵效非线性和执行器动态特性,较为理想地实现虚拟控制指令的跟踪。

图 6.12 所示为三种控制分配方案生成的操纵面偏转动态曲线。

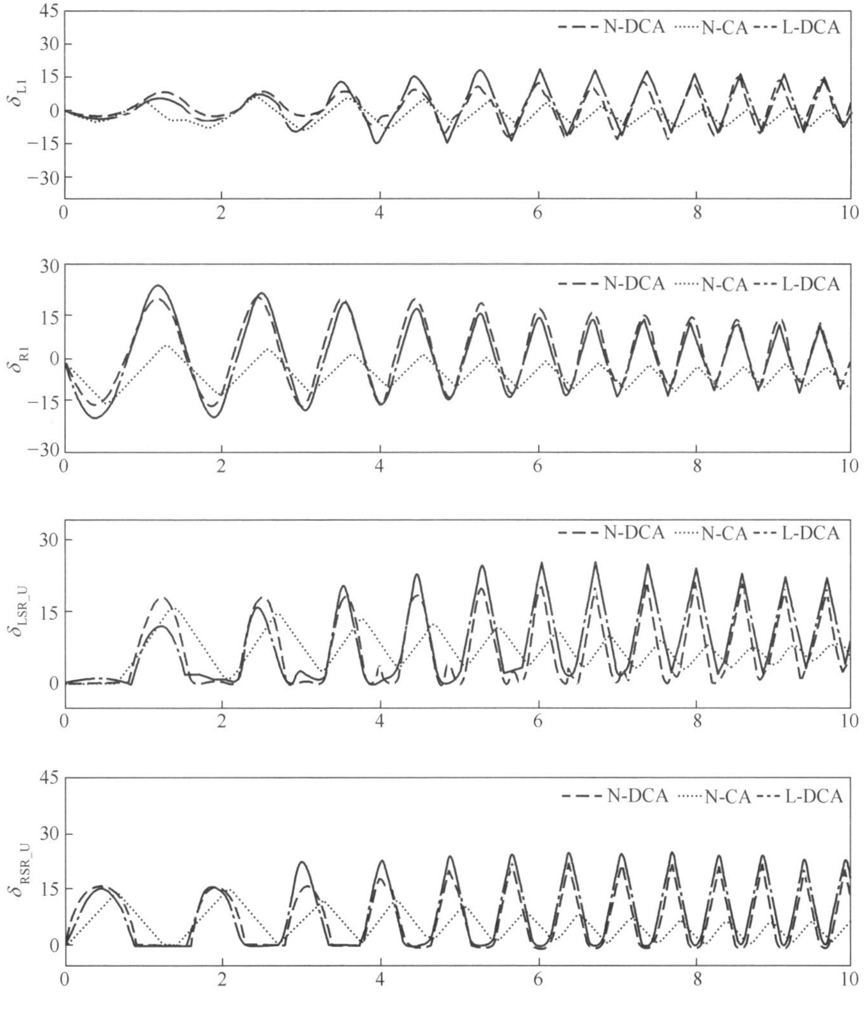

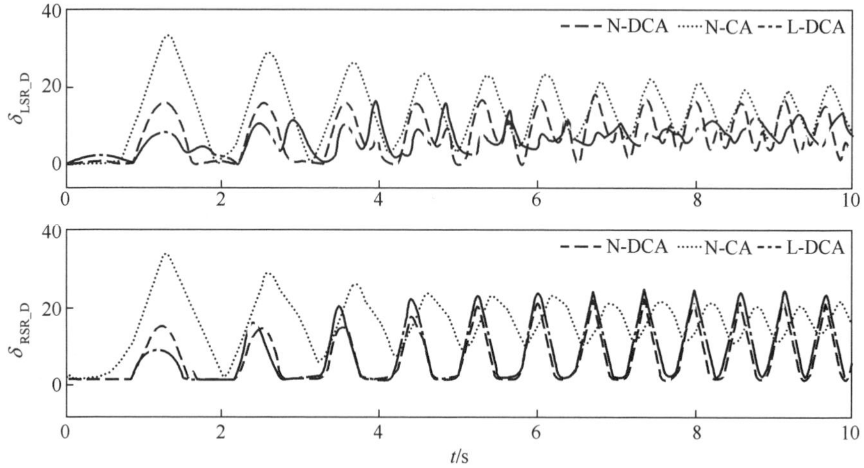


图 6.12　操纵面偏转动态曲线

由图 6.12 可知，在仿真后期，N-DCA 方案中操纵面 $\delta_{L1}$ 和 $\delta_{R1}$ 偏转速率达到饱和且幅值有所衰减，这是仿真后期 N-DCA 方案虚拟控制偏差产生的主要原因。N-CA 方案中操纵面 $\delta_{LSR\_D}$ 和 $\delta_{RSR\_D}$ 在仿真前期偏转幅值较大，但是由于 N-CA 方案没有考虑执行器的动态特性，无法对指令进行有效补偿，其操纵面偏转幅值不断衰减，进而导致了其虚拟控制指令表现出明显的幅值衰减和时间延迟。

L-DCA 方案操纵面偏转与 N-DCA 方案趋势基本一致，且随着虚拟控制指令呈周期性变化。但是二者操纵面偏转幅值有所区别，这主要是由于 L-DCA 方案未考虑操纵面交叉耦合等非线性舵效所导致的。

总的来说，所提出的 N-DCA 方案能够综合考虑操纵面交叉耦合等非线性舵效和执行器动态特性，协调所有操纵面更好地实现了虚拟控制指令的有效分配。

## 6.5　小结

本章针对包含执行器动力学特性的动态控制分配问题，分别从执行器模型精确已知和模型存在多面体不确定两个方面展开了较为深入的研究。

(1) 针对三种典型的执行器低阶模型，分别结合增益补偿的思想设计了执行器动态补偿控制律，以保证在下一个采样周期实现对虚拟控制指令的伺服跟踪。再考虑执行器的物理约束建立了控制分配器优化模型，采用实时性较好的有效集算法进行求解，给出了具体的解算步骤。通过与执行器动态补偿的控制方案进行对比，结果表明在执行器动态不可忽略时考虑执行器动态进行控制分配器设计是有必要的，验证了方案的有效性。

（2）引入鲁棒预测控制理论提出了一种不需精确已知执行器模型的动态控制分配策略，采用变量变换的思想将无限时域“Min－Max”鲁棒预测控制优化问题转化为线性矩阵不等式凸优化问题，并使不确定执行器状态增量与虚拟控制误差两个反馈通道相互解耦，降低了鲁棒模型预测控制器的保守性。基于线性矩阵不等式设计了带鲁棒预测动态控制指令的约束控制分配器，在满足执行器位置约束和速率约束的前提下兼顾不确定执行器的动态特性，完成对虚拟控制指令的有效分配。最后与精确依赖执行器模型的控制分配方案进行了对比仿真，结果表明了该方案的有效性。

（3）针对执行器存在物理约束及其动态特性，考虑操纵面之间的交叉耦合等非线性舵效情形，基于优化理论，提出了一种动态优化控制分配方法。分别对一阶执行器、无零点以及有一个零点的二阶执行器系统进行建模，并形成执行器动态离散模型；针对多操纵面飞机，建立执行器动态特性线性已知且相互解耦的系统动态方程。进一步考虑交叉耦合效应等非线性舵效情形，建立了动态控制分配模型，并采用二次规划方法对其进行求解，通过将其转化为 LMIs 以便于计算。仿真结果验证了所提方法的有效性。

## 参考文献


[1] 柳扬．多操纵面战斗机飞行控制系统设计研究[J].计算机测量与控制，2008，16(3)：360-362.

[2] Oppenheimer M，Doman D B. A method for compensation of interactions between second-order actuators and control allocators[C]. 2005 IEEE conference on Aerospace，2005：1-8.

[3] 马建军．过驱动系统控制分配理论及其应用[D].长沙：国防科技大学，2009.

[4] Härkegård Ola. Dynamic control allocation using constrained quadratic programming[J]. Journal of Guidance，Control，and Dynamics，2004，27(6)：1028-1034.

[5] 柳扬，安锦文．多操纵面战斗机动态控制分配策略研究[J]. 计算机仿真，2008，25(5)：33-36.

[6] Kishore W C，Sen S，Ray G，et al. Dynamic control allocation for tracking time-varying control demand[J]. Journal of Guidance，Control，and Dynamics，2008，31(4)：1150-1157.

[7] Hammad Ahmad，Trevor M. Young，Daniel Toal，et al. Control allocation with actuator dynamics for aircraft flight controls[C]. 7th AIAA Aviation Technology，Integration and Operations Conference，Northern Ireland，2007：1-14.

[8] Yu Luo，Andrea Serrani，David B. Doman. Dynamic control allocation with asymptotic tracking of time-varying control input commands[C]. American Control Conference，2005：2098-2103.

[9] Luo Y，Serrani A，Yurkovich S，et al. Model-predictive dynamic control allocation scheme for reentry vehicles[J]. Journal of Guidance，Control，and Dynamics，2007，30(1)：100-113.

[10] Luo Y，Doman D B. Model predictive dynamic control allocation with actuator dynamics[C]. American Control Conference，2004：1695-1700.

[11] Vermillion C, Sun J, Butts K. Model predictive control allocation for overactuated systems stability and performance[C]. IEEE Conference on Decision and Control, 2007: 1251-1256.
[12] Hallouzi R, Verhaegen M. Reconfigurable fault tolerant control of a Boeing747 using subspace predictive control[C]. AIAA Guidance, Navigation and Control Conference and Exhibit, Hilton Head, South Carolina, August 2007: 1-18.
[13] Hallouzi R, Verhaegen M. Fault-tolerant subspace predictive control applied to a Boeing 747 mode[J]. Journal of Guidance, Control, and Dynamics, 2008, 31(4): 873-883.
[14] 马建军, 郑志强, 胡德文. 包含执行器动力学的子空间预测动态控制分配方法[J]. 自动化学报, 2010, 36(1): 130-138.
[15] Kothare M V, Balakrishnan V, Morari M. Robust constrained model predictive control using linear matrix inequalities[J]. Automatica, 1996, 32(10): 1361-1379.
[16] Feng L, Sui D, Hovd M. On further optimizing prediction dynamics for robust model predictive control[C]. American Control Conference, 2008: 3572-3576.
[17] 李德伟, 席裕庚. 有界扰动高效鲁棒预测控制器设计[J]. 控制理论与应用, 2009, 26(5): 535-539.
[18] 丁宝苍, 杨　鹏. 基于标称性能指标的离线鲁棒预测控制器综合[J]. 自动化学报, 2006, 32(2): 304-310.
[19] Fend L, Wang J, Poh E, et al. Multi-objective robust model predictive control: trajectory tracking problem through LMI formulation[C]. American Control Conference, 2007: 5589-5594.
[20] Oppenheimer M, Doman D B. A method for compensation of interactions between second-order actuators and control allocators [C]. IEEE conference on Aerospace, 2005: 1-8.
[21] Härkegård Ola. Backstepping and control allocation with applications to flight control [D]. Linköping University, 2003.
[22] Härkegård Ola. Efficient active set algorithms for solving constrained least squares problems in aircraft control allocation[C]. IEEE Conference on Decision and Control, 2002: 1295-1300.
[23] Michael W. Oppenheimer, Doman D B. Control allocation for overactuated systems[C]. 14th Mediterranean Conference on Control and Automation, Ancona, 2006: 1-6.
[24] Marc Bodson, Susan A. Frost. Control allocation with load balancing[C]. AIAA Guidance, Navigation, and Control Conference, Chicago, 2009: 1-13.
[25] 鲁道夫·布罗克豪斯. 飞行控制[M]. 金长江, 译.北京: 国防工业出版社, 1999.
[26] Härkegård Ola, Glad S. T. Resolving actuator redundancy-optimal control vs control allocation [J]. Automatica, 2005, 41: 137-144.
[27] Boyd S, Ghaoui L, Feron E, et al. Linear matrix inequalities in system and control theory[M]. Philadelphia: SIAM Studies in Applied Mathematics, 1994.
[28] 俞立. 鲁棒控制—线性矩阵不等式方法[M]. 北京: 清华大学出版社, 2002.
[29] 褚健, 俞立, 苏宏业. 鲁棒控制理论及应用[M]. 浙江: 浙江大学出版社, 2005.
[30] 陈勇, 董新民, 薛建平, 等. 执行器不确定系统鲁棒预测动态控制分配策略[J].控制理论与应用, 2012, 29(4): 447-456.
[31] 易坚, 董新民, 陈勇, 等. 多操纵面飞机交叉耦合鲁棒控制分配策略[J]. 控制与决策, 2017, 32(1): 171-175.
[32] 易坚, 陈勇, 董新民, 等. 多操纵面交叉耦合的 SQP 控制分配策略[J]. 系统工程与电子技术, 2016, 38(11): 2617-2623.

# 第7章 含未知输入的多操纵面飞机自适应神经网络控制分配

## 7.1 引言

目前,多操纵面飞机控制分配方法已取得较大进展,主要有直接分配法[1]、广义逆法[2]和串接链法[3]等。这些方法均取得了很好的操纵面分配效果,但忽略了执行器的动态特性和非线性因素,即认为舵面指令偏转角与实际偏转角是相等的[4]。为此,文献[5]将执行器建模为一阶动态系统,采用模型预测控制理论实现了多操纵面动态控制分配;文献[6]利用李亚谱诺夫原理设计了基于优化的非线性动态分配方法,保证了级联控制分配系统闭环稳定性;文献[7]提出了一种在线辨识执行器模型的动态控制分配方法。除此之外,多操纵面飞机的执行器更多地表现出饱和、死区、齿隙和迟滞等非线性特性[8],不可避免地将减弱闭环系统的稳定性,甚至导致系统闭环不稳定[9]。因此,在执行器含死区或齿隙等非线性的情形下对多操纵面飞机进行飞行控制指令设计具有十分重要的现实意义与应用价值。

本章考虑执行器带死区或齿隙输入非线性的多操纵面飞机跟踪控制问题,提出了一种鲁棒自适应神经网络控制方法。在建立含死区或齿隙特征的输入非线性模型的基础上,结合控制分配方程设计了多操纵面飞机的虚拟控制指令,并引入神经网络和鲁棒补偿项来实现其闭环稳定控制,有效地避免了非线性不确定项及外界干扰对系统的影响。最后结合 ICE101 无尾飞机验证了方法的有效性。

## 7.2 执行器带死区或齿隙非线性的控制分配建模

### 7.2.1 控制分配问题建模

多操纵面飞机级联飞控系统的结构图如图 7.1 所示。与常规飞控系统不同，图 7.1 中引入了控制分配模块来实现操纵面的指令分配。可见，多操纵面飞行控制律的设计已被分成两步：一是在外环设计虚拟控制指令；二是设计控制分配器，再经舵机执行机构实现对多操纵面飞机的控制。

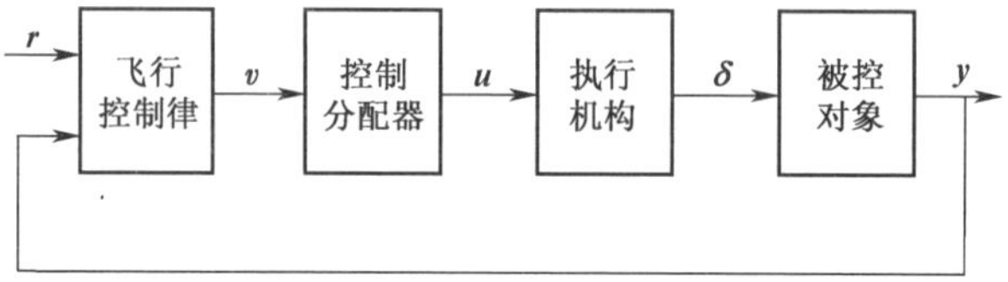


图 7.1 级联飞控系统结构图

飞机的动态模型通常可描述为

$$\begin{cases}\dot{\boldsymbol{x}}(t)=\boldsymbol{f}(\boldsymbol{x}(t),\boldsymbol{\delta}(t))\\ \boldsymbol{\delta}(t)=\boldsymbol{f}_d(\boldsymbol{u}(t))\end{cases} \tag{7.1}$$

式中：$\boldsymbol{x}\in\mathbf{R}^n$ 为系统的状态；$\boldsymbol{f}(\cdot)$ 为飞机的非线性动态特性；$\boldsymbol{f}_\delta(\cdot)$ 为执行器的非线性；$\boldsymbol{u}=[u_1,u_2,\cdots,u_m]\in\mathbf{R}^m$ 为舵面指令偏转角；$\boldsymbol{\delta}=[\delta_1,\delta_2,\cdots,\delta_m]\in\mathbf{R}^m$ 为执行器实际驱动舵面的偏转角。

在小扰动条件下，飞机方程(7.1)可以表示为扰动量的线性方程。值得注意的是，线性化过程中忽略了高阶项，导致飞机模型无法准确描述系统的不确定和非线性，具有一定的保守性。因此，保留在线性化过程中产生的系统状态量的非线性不确定项将更为合理[10]。因此，将模型(7.1)线性化后的动力学模型描述为[11]

$$\dot{\boldsymbol{x}}=\boldsymbol{A}\boldsymbol{x}+\boldsymbol{f}_\Delta(\boldsymbol{x})+\boldsymbol{B}_\delta\boldsymbol{\delta}+\boldsymbol{B}_\delta\boldsymbol{d}(\boldsymbol{x},\boldsymbol{\delta},t) \tag{7.2}$$

式中：$\boldsymbol{A}\in\mathbf{R}^{n\times n}$ 为系统矩阵；$\boldsymbol{B}_\delta\in\mathbf{R}^{n\times m}$ 为控制输入矩阵；连续函数 $\boldsymbol{f}_\Delta(\boldsymbol{x})$ 为线性化过程中产生的未知非线性不确定项；$\boldsymbol{d}(\boldsymbol{x},\boldsymbol{\delta},\boldsymbol{t})$ 为满足匹配条件的外界干扰或线性化误差。

**假设 7.1** 式(7.2)中的$(\boldsymbol{A},\boldsymbol{B}_\delta)$是可控的，且存在未知正数 $d^*$ 使得

$$\|\boldsymbol{d}(\boldsymbol{x},\boldsymbol{\delta},t)\|\leqslant d^*$$

恒成立。

对多操纵面飞机而言，通常选择三轴偏转角加速度为虚拟控制指令，实现对操

纵面指令的控制分配,对应的控制分配方程为

$$\boldsymbol{v}=\boldsymbol{B}\boldsymbol{u} \tag{7.3}$$

$$\boldsymbol{B}_{\delta}=\boldsymbol{B}_{v}\boldsymbol{B} \tag{7.4}$$

式中:$\boldsymbol{v}\in\mathbf{R}^{n}$ 为虚拟指令矢量;$\boldsymbol{B}\in\mathbf{R}^{n\times m}$ 为控制效率矩阵,且 $\mathrm{rank}(\boldsymbol{B})=n<m$;$\boldsymbol{B}_{v}\in\mathbf{R}^{n\times n}$ 为虚拟控制输入矩阵。

### 7.2.2 执行器非线性建模

在多操纵面飞机的飞控设计中,常假设舵面指令偏转角与舵面实际偏转角是相等的[4],即

$$\boldsymbol{\delta}=\boldsymbol{u} \tag{7.5}$$

从而式(7.2)转化为

$$\dot{\boldsymbol{x}}=\boldsymbol{A}\boldsymbol{x}+\boldsymbol{B}_{v}\boldsymbol{v}+\boldsymbol{f}_{\Delta}(\boldsymbol{x})+\boldsymbol{B}_{\delta}\boldsymbol{d}(\boldsymbol{x},\boldsymbol{\delta},t) \tag{7.6}$$

然而,由于实际驱动操纵舵面偏转的舵机执行机构包含机械链接和液压传动装置,必然导致舵机中存在死区、齿隙或迟滞等现象。此时执行机构非线性将不可忽略,即 $\boldsymbol{\delta}\neq\boldsymbol{u}$,式(7.6)是不成立的。

本章针对实际舵机存在的死区或齿隙非线性,建立执行机构非线性传动模型为

$$\boldsymbol{\delta}=\boldsymbol{\varphi}\boldsymbol{u}+\boldsymbol{\varepsilon}_{\delta}(\boldsymbol{u}) \tag{7.7}$$

式中:$\boldsymbol{\varphi}=\mathrm{diag}\{\varphi_1,\varphi_2,\cdots,\varphi_m\}$,$\varphi_i>0$ 是已知的常数;$\boldsymbol{\varepsilon}_{\delta}(\boldsymbol{u})=[\varepsilon_{\delta1}(\boldsymbol{u}),\varepsilon_{\delta2}(\boldsymbol{u}),\cdots,\varepsilon_{\delta m}(\boldsymbol{u})]^{\mathrm{T}}$ 为未知建模误差,$\boldsymbol{\varepsilon}_{\delta}(\boldsymbol{u})\in\mathbf{R}^{m}$。不难看出,只需令式(7.7)中的 $\boldsymbol{\varphi}=\boldsymbol{I}$,$\boldsymbol{\varepsilon}_{\delta}(\boldsymbol{u})=\mathbf{0}$ 则得到式(7.5)。因此,执行机构线性模型(7.5)是非线性模型(7.7)的一种特殊情况。

本章的控制目标是:考虑执行器含有式(7.7)的非线性特征,设计一种虚拟控制指令 $\boldsymbol{v}$,使得系统输出 $\boldsymbol{y}$ 能跟踪期望的状态 $\boldsymbol{r}$,其中 $\boldsymbol{y}=\boldsymbol{C}\boldsymbol{x}$,$\boldsymbol{C}\in\mathbf{R}^{n\times n_x}$ 为系统输出矩阵。

**假设 7.2** 模型(7.7)中的未知建模误差 $\boldsymbol{\varepsilon}_{\delta}(\boldsymbol{u})$ 是有界的,即存在一个未知常数 $\varepsilon_{\delta}^{*}>0$ 使得 $\|\boldsymbol{\varepsilon}_{\delta}(\boldsymbol{u})\|\leqslant\varepsilon_{\delta}^{*}$ 恒成立。

执行机构非线性模型(7.7)等价于

$$\delta_i=\varphi_i u_i+\varepsilon_{\delta i}(\boldsymbol{u}) \tag{7.8}$$

模型(7.8)既可代表死区非线性,又可描述齿隙非线性特征。详细分析如下:

1. 死区非线性特征

当执行器非线性特征为死区时,其数学模型可描述为

$$\delta_i=\begin{cases}\varphi_i(u_i-b_{i,r}),u_i\geqslant b_{i,r}\\0, \quad -b_{i,l}<u_i<b_{i,r}\\\varphi_i(u_i+b_{i,l}),u_i\leqslant -b_{i,l}\end{cases} \tag{7.9}$$

式中：$\varphi_i$ 为死区坡度；$b_{i,l}>0$ 和 $b_{i,r}>0$ 为死区发生的起始点和终止点。若令式(7.8)中：

$$\varepsilon_{\delta i}(\boldsymbol{u})=\begin{cases}-\varphi_i b_{i,r},u_i\geqslant b_{i,r}\\-\varphi_i u_i,\ -b_{i,l}<u_i<b_{i,r}\\\varphi_i b_{i,l},u_i\leqslant -b_{i,l}\end{cases}\tag{7.10}$$

不难发现死区模型(7.9)与模型(7.8)是一致的。此外，由式(7.10)知

$$\|\boldsymbol{\varepsilon}_{\delta}(\boldsymbol{u})\|\leqslant\left(\sum_{i=1}^{m}(\max\{\varphi_i\}\cdot\max\{|b_{i,r}|,|b_{i,l}|\}^2)\right)^{\frac{1}{2}}$$

即建模误差 $\boldsymbol{\varepsilon}_{\delta}$ 有界，这说明死区非线性特征可用模型(7.8)表示且符合假设 7.2。

2. 齿隙非线性特征

当执行器非线性特征为齿隙时，其数学模型可描述为

$$\delta_i=\begin{cases}\varphi_i(u_i-B_{i,r}),\dot{u}_i>0\text{ 且 }\delta_i=\varphi_i(u_i-B_{i,r})\\\varphi_i(u_i-B_{i,l}),\dot{u}_i<0\text{ 且 }\delta_i=\varphi_i(u_i-B_{i,l})\\\delta_i(t_-),\text{其他}\end{cases}\tag{7.11}$$

式中：$\varphi_i>0$ 为齿隙坡度；$B_{i,r}>0$ 和 $B_{i,l}<0$ 为相关位置。令式(7.8)中：

$$\varepsilon_{\delta i}(\boldsymbol{u})=\begin{cases}-\varphi_i B_{i,r},\dot{u}_i>0\text{ 且 }\delta_i=\varphi_i(u_i-B_{i,r})\\-\varphi_i B_{i,r},\dot{u}_i<0\text{ 且 }\delta_i=\varphi_i(u_i-B_{i,l})\\\delta_i(t_-)-\varphi_i u_i,\text{其他}\end{cases}\tag{7.12}$$

不难发现齿隙模型(7.11)与模型(7.8)也是一致的。同样，由式(7.12)可得

$$\|\boldsymbol{\varepsilon}_{\delta}(\boldsymbol{u})\|\leqslant\left(\sum_{i=1}^{m}(\varphi_i\cdot\max\{|B_{i,r}|,|B_{i,l}|\})^2\right)^{\frac{1}{2}}$$

即建模误差 $\boldsymbol{\varepsilon}_{\delta}(\boldsymbol{u})$ 有界。这说明齿隙非线性特征可用模型(7.8)表示且符合假设 7.2。

### 7.2.3 含执行器死区或齿隙非线性的控制分配方程

通常多操纵面飞机针对虚拟控制指令 $\boldsymbol{v}$ 进行控制律设计，然后通过控制分配器将 $\boldsymbol{v}$ 解算为 $\boldsymbol{u}$，并实现控制分配方程式(7.3)所固定的对应关系。为将飞机期望的虚拟控制指令合理地分配到各操纵面上，工程上一般可求解如下优化控制分配模型

$$\begin{aligned}&\min\|\boldsymbol{Wu}\|\\&\text{s.t. }\boldsymbol{Bu}=\boldsymbol{v}\end{aligned}\tag{7.13}$$

式中：$\boldsymbol{W}\in\mathbf{R}^{m\times m}$ 为对角正定权值矩阵。通过改变 $\boldsymbol{W}$ 可以调整各个操纵面的出舵量，实现舵面效率使用均衡。通过最小二乘法可求解模型(7.13)的最优控制律为

$$u = W^{-2}B^{T}(BW^{-2}B^{T})^{-1}v \tag{7.14}$$

将式(7.7)代入式(7.2),飞机模型变为

$$\dot{x} = Ax + f_{\Delta}(x) + B_{\delta}(\varphi u + \varepsilon_{\delta}) + B_{\delta}d(x,\delta,t) \tag{7.15}$$

将式(7.4)和(7.14)代入式(7.15)有

$$\begin{aligned}\dot{x} =& Ax+B_{v}(B\varphi W^{-2}B^{T}(BW^{-2}B^{T})^{-1}v+B\varepsilon_{\delta})\\&+f_{\Delta}(x)+B_{v}Bd(x,\delta,t)\end{aligned} \tag{7.16}$$

值得注意的是,当执行机构中不存在死区故障或齿隙非线性时,则式(7.16)中的 $\varphi=I,\varepsilon_{\delta}=0$,此时有

$$\dot{x} = Ax+B_{v}v+f_{\Delta}(x)+B_{\delta}d(x,\delta,t) \tag{7.17}$$

不难发现式(7.17)是常规的控制分配问题,且它是式(7.16)的一个特定情况。在死区、齿隙非线性存在的情形下,由于实际舵面偏转 $\delta$ 与期望的舵面偏转指令 $u$ 不相等,仍采用式(7.17)设计虚拟控制指令 $v$ 必然导致控制误差,甚至不稳定。

## 7.3 多操纵面飞机虚拟控制指令设计与稳定性分析

设计多操纵面飞机的虚拟控制指令 $v$ 是能够实现飞机稳定飞行和轨迹跟踪的关键。本节将基于建立的飞机模型(7.16),考虑执行器的死区或齿隙非线性,采用神经网络设计能克服执行器非线性并实现稳定跟踪的自适应虚拟控制指令。

### 7.3.1 自适应神经网络虚拟控制指令设计

首先考察含有执行器非线性特性的模型(7.16)中系统矩阵的可控性。令

$$B_0 = B\varphi W^{-2}B^{T}(BW^{-2}B^{T})^{-1} \tag{7.18}$$

$$B_1 = B_{v}B_0 \tag{7.19}$$

为对上述系统进行可控性分析,给出了以下定理。

**定理 7.1** 模型(7.16)中的系统矩阵 $A$ 和 $B_1$ 是稳定的,即($A,B_1$)是可控的。

**证明**:由假设 7.1 知,多操纵面飞机的系统矩阵($A,B_1$)是可控的,因此有

$$\text{rank}[B_{\delta} \vdots AB_{\delta} \vdots A^2B_{\delta} \vdots \cdots \vdots A^{n_x-1}B_{\delta}] = n_x \tag{7.20}$$

令 $S_{\delta},S_{v} \in R^{n_x \times n_x}$ 为

$$S_{\delta} = [B_{\delta} \vdots AB_{\delta} \vdots A^2B_{\delta} \vdots \cdots \vdots A^{n_x-1}B_{\delta}]$$

$$S_{v} = [B_{v} \vdots AB_{v} \vdots A^2B_{v} \vdots \cdots \vdots A^{n_x-1}B_{v}]$$

结合式(7.4)和式(7.20),可得

$$n = \text{rank}S_{\delta} = \text{rank}(S_{v}B) \leqslant \text{rank}S_{v} \leqslant n \tag{7.21}$$

因此 $\text{rank}S_{v} = n$。

由式(7.18)以及 $\varphi$ 是正定对角矩阵可知 $B_0$ 是可逆矩阵,令矩阵 $S_1 \in R^{n\times n}$ 为

$$S_1 = [B_1 \vdots AB_1 \vdots A^2B_1 \vdots \cdots \vdots A^{n_x-1}B_1]$$

则有

$$\begin{aligned}\operatorname{rank}S_1 &= \operatorname{rank}[B_1 \vdots AB_1 \vdots A^2B_1 \vdots \cdots \vdots A^{n_x-1}B_1] \\ &= \operatorname{rank}[B_vB_0 \vdots AB_vB_0 \vdots A^2B_vB_0 \vdots \cdots \vdots A^{n_x-1}B_vB_0] \\ &= \operatorname{rank}([B_v \vdots AB_v \vdots A^2B_v \vdots \cdots \vdots A^{n_x-1}B_v]B_0) \\ &= \operatorname{rank}(S_vB_0) = \operatorname{rank}S_v = n\end{aligned}$$

所以 $(A,B_1)$ 是可控的。证毕。

由定理 7.1 知,对于任意给定的正数 $k_1$ 和正定矩阵 $Q$ ,存在正定矩阵 $P$ 使得如下形式的 Riccati 方程成立

$$A^{\mathrm{T}}P + PA - k_1PB_1B_1^{\mathrm{T}}P + Q = 0 \tag{7.22}$$

成立。因此 $A - k_1B_1B_1^{\mathrm{T}}P$ 是霍尔维茨(Hurwitz)矩阵。

令参考状态 $x_r$ 为

$$x_r = (k_1B_1B_1^{\mathrm{T}}P - A)^{-1}B_1G_0^{-1}r \tag{7.23}$$

$$G_0 = C(k_1B_1B_1^{\mathrm{T}}P - A)^{-1}B_1 \tag{7.24}$$

式中:$G_0$ 通常都假定是可逆的,否则将无法设计出使 $y$ 趋向期望状态的控制器。由式(7.23)和式(7.24)知

$$Cx_r = r \tag{7.25}$$

$$k_1B_1B_1^{\mathrm{T}}Px_r - Ax_r = B_1G_0^{-1}r \tag{7.26}$$

定义 $e_r = x - x_r$ ,不难发现,若 $e_r$ 随时间趋于 $\mathbf{0}$,那么系统输出 $y$ 就趋于 $r$ 。因此,只要设计虚拟指令 $v$ 使得 $e_r$ 随时间趋于 $\mathbf{0}$ 就能实现精确的跟踪控制。由式(7.16)可知, $e_r$ 关于时间的导数为

$$\dot{e}_r = \dot{x} = Ax + B_1v + f_\Delta(x) + B_v\Delta \tag{7.27}$$

式中:$\Delta = B\varepsilon_\delta + Bd(x,\delta,t)$ 为干扰项。

**假设 7.3** 存在一个理想的控制指令 $v^*$ 使得误差动态系统(7.27)稳定,即 $v^*$ 使得式(7.27)中的 $\dot{e}_r$ 最后稳定于 $\mathbf{0}$,那么有

$$Ax + f_\Delta(x) + B_v\Delta + B_1v^* = A_ce$$

式中:$A_c$ 为霍尔维茨矩阵。上式可以改写为

$$Ax + f_\Delta(x) + B_v\Delta + B_1v^* - A_ce = 0 \tag{7.28}$$

如果 $v^*$ 不存在,说明没有虚拟控制律指令 $v$ 能使飞机跟踪期望的状态轨迹,那么设计 $v$ 就没有意义。实际多操纵面飞控系统肯定存在可控的理想控制指令 $v^*$ 。

根据式(7.28),可将理想的虚拟控制指令构建为线性项 $v_L^*$ 、非线性项 $v_N^*$ 和鲁棒项 $v_\Delta^*$ ,即

$$\boldsymbol{v}^* = \boldsymbol{v}_L^* - \boldsymbol{v}_N^* + \boldsymbol{v}_\Delta^* \tag{7.29}$$

使得

$$\begin{aligned} &\boldsymbol{Ax} - \boldsymbol{A}_c\boldsymbol{e} + \boldsymbol{B}_1\boldsymbol{v}_L^* = \boldsymbol{0} \\ &\boldsymbol{f}_\Delta(\boldsymbol{x}) - \boldsymbol{B}_1\boldsymbol{v}_N^* = \boldsymbol{0} \\ &\boldsymbol{B}_v\boldsymbol{\Delta} + \boldsymbol{B}_1\boldsymbol{v}_\Delta^* = \boldsymbol{0} \end{aligned} \tag{7.30}$$

则式(7.28)严格成立。

同样地,根据式(7.29)可以设计鲁棒自适应神经网络虚拟控制律为

$$\boldsymbol{v} = \boldsymbol{v}_L - \boldsymbol{v}_N + \boldsymbol{v}_\Delta \tag{7.31}$$

其中

$$\boldsymbol{v}_L = \boldsymbol{G}_0^{-1}\boldsymbol{r} - k_1\boldsymbol{B}_1^{\mathrm{T}}\boldsymbol{Px} \tag{7.32}$$

$$\boldsymbol{v}_\Delta = -k_2\mathrm{sgn}(\boldsymbol{\eta}(\boldsymbol{e}_r)) \tag{7.33}$$

$$\boldsymbol{\eta}(\boldsymbol{e}_r) = \boldsymbol{B}_1^{\mathrm{T}}\boldsymbol{P}\boldsymbol{e}_r \tag{7.34}$$

式中:$k_1$ 和 $k_2$ 为正的设计参数;sgn( · )为符号函数。由于 $\boldsymbol{v}_N$ 的作用主要是抵消未知非线性项 $\boldsymbol{f}_\Delta(\boldsymbol{x})$ 的影响,因此我们采用 RBF 神经网络对 $\boldsymbol{v}_N^*$ 进行逼近。令

$$\boldsymbol{v}_N^* = \boldsymbol{\Theta}^{*\mathrm{T}}\boldsymbol{\psi}(\boldsymbol{x}) + \boldsymbol{\varepsilon} \tag{7.35}$$

式中: $\boldsymbol{\Theta}^* \in \boldsymbol{R}^{l\times n}$ 为神经网络的权值矩阵; $\boldsymbol{\psi}(\boldsymbol{x}) \in \boldsymbol{R}^l$ 为径向基函数矢量;逼近误差矢量 $\boldsymbol{\varepsilon} = [\varepsilon_1,\varepsilon_2,\cdots,\varepsilon_n]^{\mathrm{T}}$ 满足 $|\varepsilon_i| \leqslant \varepsilon_i^*$ ,$\varepsilon_i^*$ 为未知常数。令

$$\boldsymbol{v}_N = \hat{\boldsymbol{\Theta}}^{\mathrm{T}}\boldsymbol{\psi}(\boldsymbol{x}) \tag{7.36}$$

式中: $\hat{\boldsymbol{\Theta}} \in \boldsymbol{R}^{l\times n}$ 是神经网络权值矩阵 $\boldsymbol{\Theta}^*$ 的估计值,权值估计矩阵 $\hat{\boldsymbol{\Theta}}$ 的自适应更新律为

$$\dot{\hat{\boldsymbol{\Theta}}} = \boldsymbol{\Gamma}\boldsymbol{\psi}(\boldsymbol{x})\boldsymbol{\eta}^{\mathrm{T}}(\boldsymbol{e}_r) \tag{7.37}$$

式中:对角阵 $\boldsymbol{\Gamma} \in \boldsymbol{R}^{l\times l}$ 为自适应增益矩阵。定义权值矩阵的估计值与真实值之间的差值矩阵为 $\tilde{\boldsymbol{\Theta}} = \boldsymbol{\Theta}^* - \hat{\boldsymbol{\Theta}}$ 。

### 7.3.2 闭环稳定性分析

针对设计的鲁棒自适应神经网络虚拟控制律,下面证明多操纵面飞机闭环级联系统的稳定性。

**定理 7.2** 考虑执行器含有死区或齿隙非线性的多操纵面飞机方程(7.2),在假设 7.1~假设 7.3 的条件下,如果采用虚拟指令控制律式(7.31),那么有

$$\lim_{t\to\infty}\boldsymbol{e}_r(t) = \boldsymbol{0}$$

成立,且闭环级联系统所有信号是稳定的。

**证明** 结合式(7.31)和式(7.32),可将式(7.27)转化为

$$\dot{\boldsymbol{e}}_r = \boldsymbol{A}\boldsymbol{x} + \boldsymbol{B}_1(\boldsymbol{G}_0^{-1}\boldsymbol{r} - k_1\boldsymbol{B}_1^{\mathrm{T}}\boldsymbol{P}\boldsymbol{x} - \boldsymbol{v}_N + \boldsymbol{v}_\Delta) + \boldsymbol{f}_\Delta(\boldsymbol{x}) + \boldsymbol{B}_v\boldsymbol{\Delta} \tag{7.38}$$

根据式(7.26)可进一步得到

$$\begin{aligned}\dot{\boldsymbol{e}}_r &= \boldsymbol{A}\boldsymbol{x} + k_1\boldsymbol{B}_1\boldsymbol{B}_1^{\mathrm{T}}\boldsymbol{P}\boldsymbol{x}_r - \boldsymbol{A}\boldsymbol{x}_r - k_1\boldsymbol{B}_1\boldsymbol{B}_1^{\mathrm{T}}\boldsymbol{P}\boldsymbol{x} + \boldsymbol{B}_1(-\boldsymbol{v}_N + \boldsymbol{v}_\Delta) + \boldsymbol{f}_\Delta(\boldsymbol{x}) + \boldsymbol{B}_v\boldsymbol{\Delta} \\ &= \boldsymbol{A}\boldsymbol{e}_r - k_1\boldsymbol{B}_1\boldsymbol{B}_1^{\mathrm{T}}\boldsymbol{P}\boldsymbol{e}_r + \boldsymbol{B}_1(-\boldsymbol{v}_N + \boldsymbol{v}_\Delta) + \boldsymbol{f}_\Delta(\boldsymbol{x}) + \boldsymbol{B}_v\boldsymbol{\Delta}\end{aligned} \tag{7.39}$$

考察如下的李雅普诺夫函数

$$V = \frac{1}{2}\boldsymbol{e}_r^{\mathrm{T}}\boldsymbol{P}\boldsymbol{e}_r + \frac{1}{2}\mathrm{tr}\{\widetilde{\boldsymbol{\Theta}}^{\mathrm{T}}\boldsymbol{\Gamma}^{-1}\widetilde{\boldsymbol{\Theta}}\} \tag{7.40}$$

对 $V$ 沿着式(7.39)求导,得到

$$\begin{aligned}\dot{V} = &\frac{1}{2}\boldsymbol{e}_r^{\mathrm{T}}(\boldsymbol{A}^{\mathrm{T}}\boldsymbol{P} + \boldsymbol{P}\boldsymbol{A})\boldsymbol{e}_r - k_1\boldsymbol{e}_r^{\mathrm{T}}\boldsymbol{P}\boldsymbol{B}_1\boldsymbol{B}_1^{\mathrm{T}}\boldsymbol{P}\boldsymbol{e}_r + \boldsymbol{\eta}^{\mathrm{T}}(\boldsymbol{e}_r)(-\boldsymbol{v}_N + \boldsymbol{v}_\Delta) + \boldsymbol{e}_r^{\mathrm{T}}\boldsymbol{P}(\boldsymbol{f}_\Delta(\boldsymbol{x}) \\ &+ \boldsymbol{B}_v\boldsymbol{\Delta}) - \mathrm{tr}\{\widetilde{\boldsymbol{\Theta}}^{\mathrm{T}}\boldsymbol{\Gamma}^{-1}\dot{\hat{\boldsymbol{\Theta}}}\}\end{aligned} \tag{7.41}$$

由于

$$\boldsymbol{e}_r^{\mathrm{T}}\boldsymbol{P}\boldsymbol{B}_1\boldsymbol{B}_1^{\mathrm{T}}\boldsymbol{P}\boldsymbol{e}_r \geqslant 0 \tag{7.42}$$

结合式(7.22)与式(7.42)可得

$$\begin{aligned}&\frac{1}{2}\boldsymbol{e}_r^{\mathrm{T}}(\boldsymbol{A}^{\mathrm{T}}\boldsymbol{P} + \boldsymbol{P}\boldsymbol{A})\boldsymbol{e}_r - k_1\boldsymbol{e}_r^{\mathrm{T}}\boldsymbol{P}\boldsymbol{B}_1\boldsymbol{B}_1^{\mathrm{T}}\boldsymbol{P}\boldsymbol{e}_r \\ &\leqslant \frac{1}{2}\boldsymbol{e}_r^{\mathrm{T}}(\boldsymbol{A}^{\mathrm{T}}\boldsymbol{P} + \boldsymbol{P}\boldsymbol{A} - k_1\boldsymbol{P}\boldsymbol{B}_1\boldsymbol{B}_1^{\mathrm{T}}\boldsymbol{P})\boldsymbol{e}_r \\ &\leqslant \frac{1}{2}\boldsymbol{e}_r^{\mathrm{T}}\boldsymbol{Q}\boldsymbol{e}_r\end{aligned} \tag{7.43}$$

将式(7.43)代入式(7.41)有

$$\dot{V} \leqslant \frac{1}{2}\boldsymbol{e}_r^{\mathrm{T}}\boldsymbol{Q}\boldsymbol{e}_r + \boldsymbol{\eta}^{\mathrm{T}}(\boldsymbol{e}_r)(-\boldsymbol{v}_N + \boldsymbol{v}_\Delta) + \boldsymbol{e}_r^{\mathrm{T}}\boldsymbol{P}\boldsymbol{f}_\Delta(\boldsymbol{x}) + \boldsymbol{e}_r^{\mathrm{T}}\boldsymbol{P}\boldsymbol{B}_v\boldsymbol{\Delta} - \mathrm{tr}\{\widetilde{\boldsymbol{\Theta}}^{\mathrm{T}}\boldsymbol{\Gamma}^{-1}\dot{\hat{\boldsymbol{\Theta}}}\} \tag{7.44}$$

注意到等式 $\boldsymbol{e}_r^{\mathrm{T}}\boldsymbol{P}\boldsymbol{B}_v\boldsymbol{\Delta} = \boldsymbol{\eta}^{\mathrm{T}}(\boldsymbol{e}_r)\boldsymbol{B}_0^{-1}\boldsymbol{\Delta}$ 和 $\boldsymbol{\eta}^{\mathrm{T}}(\boldsymbol{e}_r)\boldsymbol{v}_N^* = \boldsymbol{e}_r^{\mathrm{T}}\boldsymbol{P}\boldsymbol{B}_1\boldsymbol{v}_N^*$ ,因此有

$$\begin{aligned}\dot{V} \leqslant &-\frac{1}{2}\boldsymbol{e}_r^{\mathrm{T}}\boldsymbol{Q}\boldsymbol{e}_r + \boldsymbol{\eta}^{\mathrm{T}}(\boldsymbol{e}_r)(-\boldsymbol{v}_N + \boldsymbol{v}_\Delta) + \boldsymbol{\eta}^{\mathrm{T}}(\boldsymbol{e}_r)\boldsymbol{v}_N^* - \boldsymbol{e}_r^{\mathrm{T}}\boldsymbol{P}\boldsymbol{B}_1\boldsymbol{v}_N^* \\ &+ \boldsymbol{e}_r^{\mathrm{T}}\boldsymbol{P}\boldsymbol{f}_\Delta(\boldsymbol{x}) + \boldsymbol{\eta}^{\mathrm{T}}(\boldsymbol{e}_r)\boldsymbol{B}_0^{-1}\boldsymbol{\Delta} - \mathrm{tr}\{\widetilde{\boldsymbol{\Theta}}^{\mathrm{T}}\boldsymbol{\Gamma}^{-1}\dot{\hat{\boldsymbol{\Theta}}}\} \\ \leqslant &\frac{1}{2}\boldsymbol{e}_r^{\mathrm{T}}\boldsymbol{Q}\boldsymbol{e}_r + \boldsymbol{\eta}^{\mathrm{T}}(\boldsymbol{e}_r)(\boldsymbol{v}_N^* - \boldsymbol{v}_N + \boldsymbol{v}_\Delta + \boldsymbol{B}_0^{-1}\boldsymbol{\Delta}) \\ &+ \boldsymbol{e}_r^{\mathrm{T}}\boldsymbol{P}(\boldsymbol{f}_\Delta(\boldsymbol{x}) - \boldsymbol{B}_1\boldsymbol{v}_N^*) - \mathrm{tr}\{\widetilde{\boldsymbol{\Theta}}^{\mathrm{T}}\boldsymbol{\Gamma}^{-1}\dot{\hat{\boldsymbol{\Theta}}}\}\end{aligned} \tag{7.45}$$

将式(7.30)中的第二个式子和式(7.37)代入式(7.45)得

$$\dot{V} \leqslant -\frac{1}{2}\boldsymbol{e}_r^{\mathrm{T}}\boldsymbol{Q}\boldsymbol{e}_r - \mathrm{tr}\{\widetilde{\boldsymbol{\Theta}}^{\mathrm{T}}\boldsymbol{\psi}(\boldsymbol{x})\boldsymbol{\eta}^{\mathrm{T}}(\boldsymbol{e}_r)\} + \boldsymbol{\eta}^{\mathrm{T}}(\boldsymbol{e}_r)(\boldsymbol{v}_N^* - \boldsymbol{v}_N + \boldsymbol{v}_\Delta + \boldsymbol{B}_0^{-1}\boldsymbol{\Delta}) \tag{7.46}$$

结合式(7.33)、式(7.35)和式(7.36)可得

$$\begin{aligned}\dot{V} \leqslant & -\frac{1}{2}\boldsymbol{e}_r^{\mathrm{T}}\boldsymbol{Q}\boldsymbol{e}_r - \mathrm{tr}\{\widetilde{\boldsymbol{\Theta}}^{\mathrm{T}}\boldsymbol{\psi}(\boldsymbol{x})\boldsymbol{\eta}^{\mathrm{T}}(\boldsymbol{e}_r)\} + \boldsymbol{\eta}^{\mathrm{T}}(\boldsymbol{e}_r)(\widetilde{\boldsymbol{\Theta}}^{\mathrm{T}}\boldsymbol{\Psi}(\boldsymbol{x} + \varepsilon) \\ & + \boldsymbol{\eta}^{\mathrm{T}}(\boldsymbol{e}_r)(\boldsymbol{B}_0^{-1}\boldsymbol{\Delta} - k_2\mathrm{sgn}(\boldsymbol{\eta}(\boldsymbol{e}_r)))\end{aligned} \tag{7.47}$$

由于

$$\mathrm{tr}\{\widetilde{\boldsymbol{\Theta}}^{\mathrm{T}}\boldsymbol{\psi}(\boldsymbol{x})\boldsymbol{\eta}^{\mathrm{T}}(\boldsymbol{e}_r)\} = \boldsymbol{\eta}^{\mathrm{T}}(\boldsymbol{e}_r)\widetilde{\boldsymbol{\Theta}}^{\mathrm{T}}\boldsymbol{\psi}(\boldsymbol{x}) \tag{7.48}$$

因此有

$$\dot{V} \leqslant -\frac{1}{2}\boldsymbol{e}_r^{\mathrm{T}}\boldsymbol{Q}\boldsymbol{e}_r + \boldsymbol{\eta}^{\mathrm{T}}(\boldsymbol{e}_r)(\varepsilon - k_2\mathrm{sgn}(\boldsymbol{\eta}(\boldsymbol{e}_r)) + \boldsymbol{B}_0^{-1}\boldsymbol{\Delta}) \tag{7.49}$$

注意到 $\boldsymbol{d}(\boldsymbol{x},\boldsymbol{\delta},t)$、$\boldsymbol{\varepsilon}_\delta$ 和 $\boldsymbol{\varepsilon}$ 都是有界的,因此 $\|\boldsymbol{B}_0^{-1}\boldsymbol{\Delta}\|$ 和 $\|\varepsilon\|$ 也是有界的。令 $\|\boldsymbol{B}_0^{-1}\boldsymbol{\Delta}\| \leqslant b_0$, $\|\boldsymbol{\varepsilon}\| \leqslant \varepsilon^*$ ,其中 $b_0$ 和 $\varepsilon^*$ 是未知正数。则有

$$\dot{V} \leqslant -\frac{1}{2}\boldsymbol{e}_r^{\mathrm{T}}\boldsymbol{Q}\boldsymbol{e}_r + (\varepsilon^* + b_0 - k_2)\sum_{i=1}^{m}\left|(\boldsymbol{e}_r^{\mathrm{T}}\boldsymbol{P}\boldsymbol{B}_1)_i\right| \tag{7.50}$$

选择设计参数 $k_2$ 满足 $k_2 \geqslant \varepsilon^* + b_0$,则有

$$\dot{V} \leqslant -\frac{1}{2}\boldsymbol{e}_r^{\mathrm{T}}\boldsymbol{Q}\boldsymbol{e}_r$$

由瑞利不等式知 $-\boldsymbol{e}_r^{\mathrm{T}}\boldsymbol{Q}\boldsymbol{e}_r \leqslant -\lambda_{\min}(\boldsymbol{Q})\|\boldsymbol{e}_r\|^2$ 恒成立,于是有

$$\dot{V} \leqslant -\frac{1}{2}\lambda_{\min}(\boldsymbol{Q})\|\boldsymbol{e}_r\|^2 \tag{7.51}$$

将式(7.51)两边对时间积分,可得

$$\lambda_{\min}(\boldsymbol{Q}\int_{t_0}^{t}\boldsymbol{e}_r^{\mathrm{T}}(\tau)\boldsymbol{e}_r(\tau)\mathrm{d}\tau \leqslant 2(V(t_0) - V(t))$$

进一步可得

$$\lim_{t\to\infty}\lambda_{\min}(\boldsymbol{Q})\int_{t_0}^{t}\boldsymbol{e}_r^{\mathrm{T}}(\tau)\boldsymbol{e}_r(\tau)\mathrm{d}\tau \leqslant 2V(t_0) \tag{7.52}$$

根据 Barbalat 引理可知 $\lim_{t\to\infty}\boldsymbol{e}_r(t) = 0$。因此 $\|\widetilde{\boldsymbol{\Theta}}\|$ 收敛,进一步可知所有信号都是稳定收敛的。证毕。

通常,为防止出现抖振现象,可用双曲正切函数 $\tanh(\boldsymbol{\eta}(\boldsymbol{e}_r)/v)$ 代替式(7.33)中的符号函数 $\mathrm{sgn}(\boldsymbol{\eta}(\boldsymbol{e}_r))$ ,其中 $v$ 为设计参数。

由定理 7.2 可知,所设计的鲁棒自适应神经网络虚拟控制律式(7.31)可适用于执行器死区或齿隙非线性,并能够消除外界干扰和系统误差,使闭环级联系统所有信号稳定。

## 7.4 仿真及分析

为验证所提出的鲁棒自适应神经网络控制方法的有效性,以 ICE101 无尾飞机为例,考虑执行器带死区或齿隙非线性进行对比仿真。该飞机的运动方程可描述为[12]

$$\dot{\boldsymbol{x}} = \boldsymbol{A}\boldsymbol{x} + \boldsymbol{B}_\delta\boldsymbol{\delta} + \boldsymbol{f}_\Delta(\boldsymbol{x}) + \boldsymbol{B}_\delta\boldsymbol{d}(\boldsymbol{x},\delta,t) \tag{7.53}$$

式中:$\boldsymbol{x} = [\alpha,\beta,p,q,r]^{\mathrm{T}}$,分别表示迎角、侧滑角、滚转角速率、俯仰角速率和偏航角速率。选取左、右副翼,俯仰襟翼和左、右全动翼尖 5 个舵面 $\boldsymbol{\delta} = [\delta_{\mathrm{el}},\delta_{\mathrm{er}},\delta_{\mathrm{pflap}},\delta_{\mathrm{amtl}},\delta_{\mathrm{amtr}}]^{\mathrm{T}}$,操纵面的位置约束和速率约束分别为

$$[-30,\ -30,\ -30,0,0]^{\mathrm{T}} \leqslant 57.3\cdot\delta \leqslant [30,30,30,60,60]^{\mathrm{T}}$$

$$-[150,150,50,150,150]^{\mathrm{T}} \leqslant 57.3\cdot\dot{\delta} \leqslant [150,150,50,150,150]^{\mathrm{T}}$$

进行仿真验证,系统矩阵为

$$\boldsymbol{A} = \begin{bmatrix} -0.6344 & 0.0027 & 0 & 0.9871 & 0 \\ 0 & -0.0038 & 0.1540 & 0 & -0.9876 \\ 0 & -8.2125 & -0.7849 & 0 & 0.1171 \\ -0.5971 & 0 & 0 & -0.5099 & 0 \\ 0 & -0.8887 & -0.0299 & 0 & -0.0156 \end{bmatrix}$$

$$\boldsymbol{B}_\delta = \begin{bmatrix} -0.0459 & -0.0459 & -0.0395 & -0.0133 & -0.0133 \\ -0.0047 & 0.0047 & 0 & 0.0031 & -0.0031 \\ 3.7830 & -3.7830 & 0 & 1.8255 & -1.8255 \\ -2.5114 & -2.5115 & -1.9042 & -0.9494 & -0.9494 \\ 0.0453 & -0.0453 & 0 & -0.2081 & 0.2081 \end{bmatrix}$$

### 7.4.1 执行器含死区非线性的控制性能分析

为考察执行器死区非线性对多操纵面飞机的控制性能影响,采用常规控制分配方法对多操纵面飞机式(7.53)进行控制。假设在 7~13s 对飞机施加 5°的迎角指令。如图 7.2 所示,线 a 为迎角指令曲线,无执行器死区、无干扰项 $\boldsymbol{d}(\boldsymbol{x},\boldsymbol{\delta},t)$ 和不确定项 $\boldsymbol{f}_\Delta(\boldsymbol{x})$ 时所得到的迎角曲线如线 b 所示。

首先考察死区对多操纵面飞机控制性能的影响,死区模型为

$$\delta_i = \begin{cases} 1.2(u_i - 0.035), & u_i \geqslant 0.035 \\ 0, & -0.035 < u_i < 0.035 \\ 1.2(u_i + 0.035), & u_i \leqslant -0.035 \end{cases} \tag{7.54}$$

式中:$\delta_i$ 和 $u_i$ 的单位为弧度,分别对应 $\boldsymbol{\delta}$ 的第 $i$ 个舵面。线 c 为相应的仿真结果,

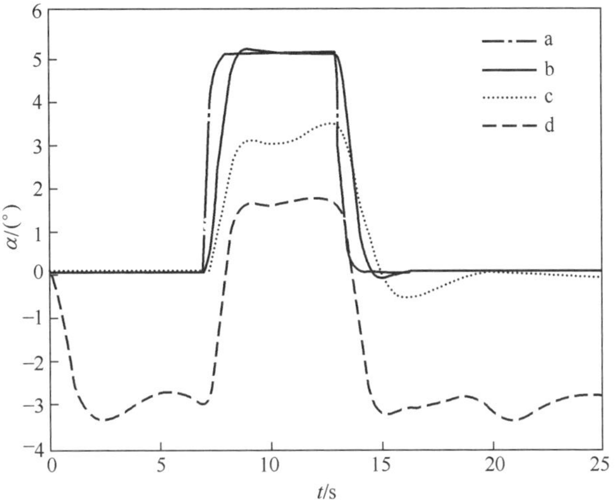

图 7.2 死区、干扰和不确定的控制性能对比曲线

对比线 c 与线 b 可知,死区的出现使得控制性能大大降低,无法跟踪迎角指令。

再考察存在死区的情形,同时增加干扰项与不确定项对多操纵面飞机控制性能的影响,选择模型为

$$\boldsymbol{d}(\boldsymbol{x},\boldsymbol{\delta},t) = 0.01 \cdot [0.5\sin t, \cos\alpha, \sin^2 t, \cos^2 t, 0]^{\mathrm{T}}$$

$$\boldsymbol{f}_{\Delta}(\boldsymbol{x}) = -0.1[0, \sin^2\beta, \sin\alpha\cos p, \cos^2 q, \sin^2(qr)]^{\mathrm{T}}$$

所得的仿真结果如线 d 所示。可见,此时系统的控制性能严重下降,极可能造成闭环系统不稳定。

## 7.4.2 含死区或齿隙的多操纵面飞机自适应跟踪控制仿真

为验证所设计的多操纵面飞机控制方法在克服执行器非线性、干扰和不确定性方面的有效性,与文献[6]的常规控制分配方法进行对比研究。

类似文献[6],参考指令 $\boldsymbol{r} = [\alpha, \beta, p]^{\mathrm{T}}$ 可设置为:在 $t = 7 \sim 13$s 时对飞机施加 5°的迎角指令;在 $t = 6 \sim 16$s 时对飞机施加 10°/s 的滚转角指令;侧滑角指令始终为 0。

选取高斯函数作为 RBF 神经网络的基函数,设置 RBF 网络参数为:节点数 $l$ = 64,网络中心 $\mu_i (i = 1, 2, \cdots, 5)$ 均匀分布在 $[-4,4]\times[-4,4]\times[-4,4]\times[-4,4]\times[-4,4]$;宽度 $\zeta_i$ 均为 2。神经网络权值初值 $\hat{\boldsymbol{\Theta}}(0)$ 设为 0。设计控制器参数值为 $k_1 = 2.5, k_2 = 3.5, \upsilon = 0.25$。自适应增益矩阵 $\boldsymbol{\Gamma} = 4\boldsymbol{I}$ 。取矩阵 $\boldsymbol{Q} = \mathrm{diag}\{20, 10, 10, 1, 10\}$ ,权值矩阵 $\boldsymbol{W} = 3\boldsymbol{I}$ 。采用含不确定项、干扰项以及死区模型的鲁棒自适应神经网络虚拟控制律(7.31)进行仿真,得到的飞行状态及操纵面偏转动态曲线分别如图 7.3 和图 7.4 所示。由图 7.3 可知,采用所设计的鲁棒自适应神经网络虚

拟控制律能保证迎角 $\alpha$、侧滑角 $\beta$ 以及滚转角速率 $p$ 很好地克服执行器死区、非线性不确定性以及外界干扰对多操纵面飞机控制性能的影响,具有非常好的鲁棒性。而文献[6]的常规方法对参考指令信号存在较大的跟踪误差。由图 7.4 可知,在参考指令为零的状态下,左侧全动翼尖无法回到平衡位置,不利于稳态飞行。可见,本书方法在执行器带带死区非线性时的跟踪控制效果明显优于文献[6]的常规方法。

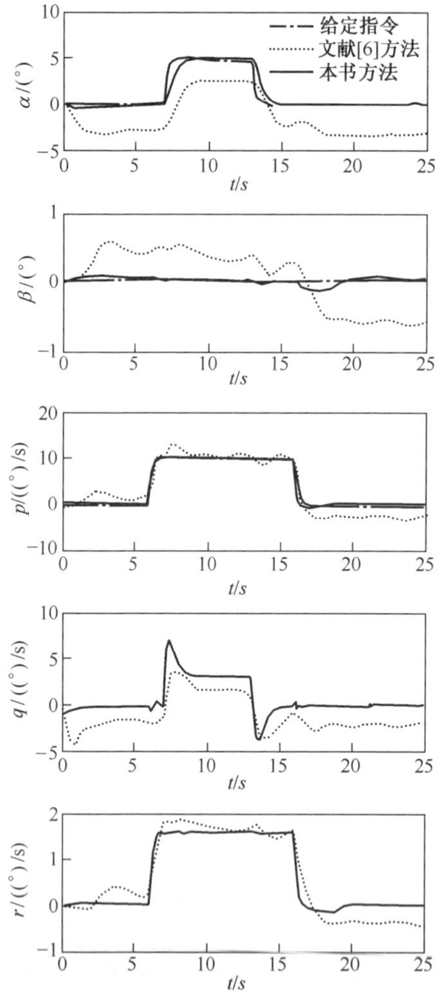


图 7.3　执行器带死区时的飞机状态曲线

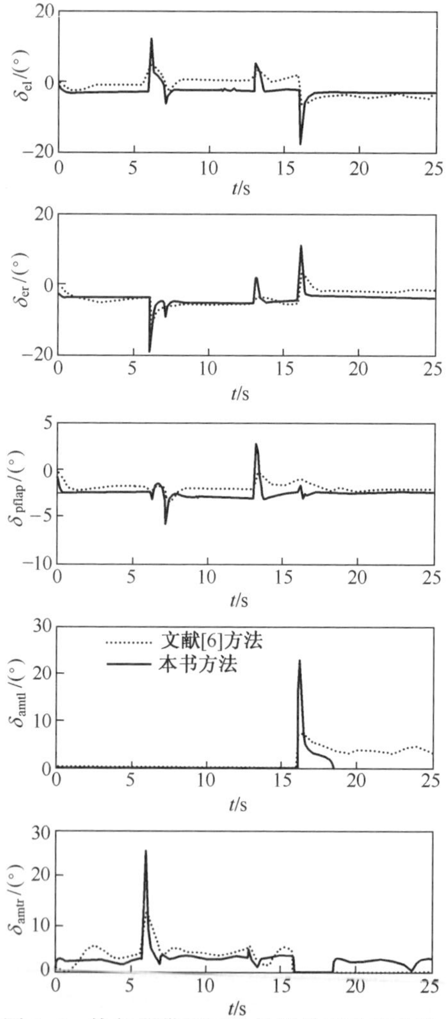


图 7.4　执行器带死区时的操纵面动态曲线

为进一步验证方法对执行器含齿隙非线性的有效性,保持所有仿真参数不变,设置齿隙非线性模型参数为 $\varphi_i = 1.2, B_{i,r} = -1/57.3, B_{i,l} = -1/57.3, i = 1, 2, \cdots, 5$。图 7.5 和图 7.6 分别为相应的飞行状态及操纵面偏转动态曲线。可以看出,在执行器带齿隙非线性时,可以得到与执行器带死区非线性时几乎相同的跟踪控制效果,具有很好的鲁棒性。

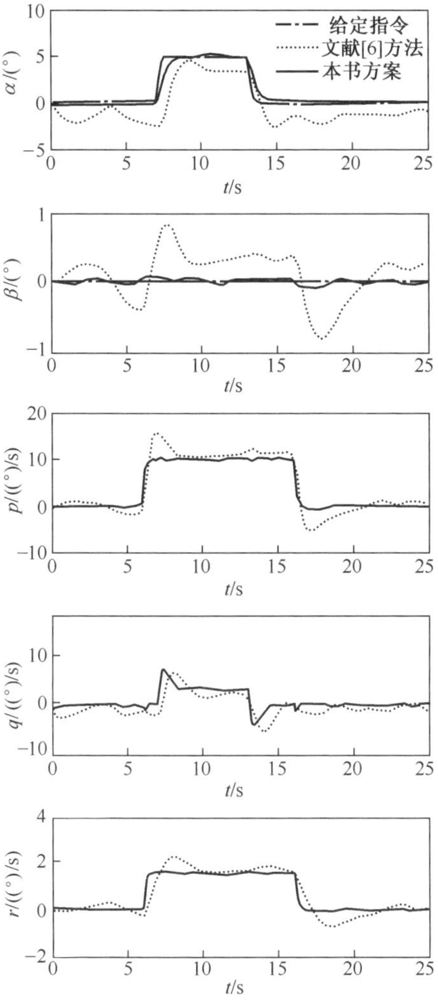

图 7.5 执行器带齿隙时的飞机状态曲线

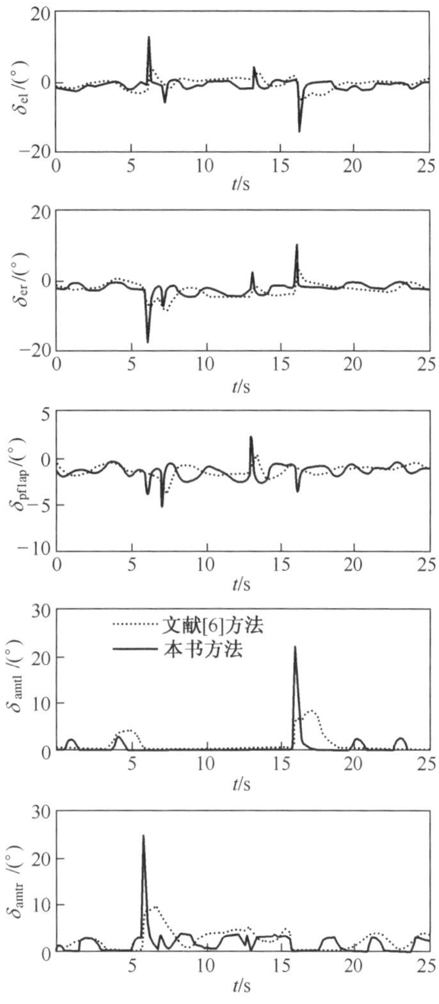

图 7.6 执行器带齿隙时的操纵面动态曲线

## 7.5 小结

本章研究了含执行器非线性的多操纵面飞机飞行控制问题,基于控制分配提出了一种鲁棒自适应神经网络跟踪控制方法。该方案的主要特点有:①在多操纵面飞机执行机构中含有死区或齿隙非线性时,该方法都是可用的;②采用神经网络消除了飞机方程中的非匹配不确定非线性的影响;③引入鲁棒自适应补偿项,消除了外界干扰和神经网络逼近误差的影响;④采用李雅普诺夫稳定性理论证明了闭环系统的稳定性。在ICE101多操纵面飞机上的仿真表明,该方法能够有效地跟踪参考控制指令,具有很好的鲁棒性。

## 参考文献


[1] Durhan W C. Constrained control allocation[J]. Journal of Guidance, Control, and Dynamics, 1993, 16(4): 717-725.

[2] Raney D L, Montgomery R C, Green L L. Flight control using distributed shape-change effector arrays[C]. AIAA Structures, Structural Dynamics and Materials Conference and Exhibit, 2000: 1-12.

[3] Buffington J M, Enns D F. Lyapunov stability analysis of daisy chain control allocation [J]. Journal of Guidance, Control, and Dynamics, 1996, 19(6): 1226-1230.

[4] Tjnnas J, Johansen T A. Adaptive control allocation[J]. Automatica, 2008, 44(11): 2754-2765.

[5] Luo Y, Serrani A. Model predictive dynamic control allocation scheme[J]. Journal of Guidance, Control, and Dynamics, 2007, 30(1): 100-113.

[6] Harkegard O, Torkel G S. Resolving actuator redundancy-optimal control vs. control allocation [J]. Automatica, 2005, 41(1): 137-144.

[7] 马建军, 郑志强, 胡德文. 包含执行器动力学的子空间预测动态控制分配方法[J]. 自动化学报, 2010, 36(1): 130-138.

[8] Liu Z C, Dong X M, Xue J P, et al. Adaptive neural control for a class of time-delay systems in the presence of backlash or dead-zone non-linearity[J]. IET Control Theory and Applications, 2014, 11(8): 1009-1022.

[9] 李恒, 张友安, 孙富. 多操纵面飞机全局集合稳定非线性自适应动态控制分配[J]. 控制与决策, 2013, 28(3): 379-390.

[10] Buffingtom J, Sparks A. Comparison of dynamic inversion and LPV tailless flight control law designs[C]. Proceedings of American Control Conference, USA, 1998: 1145-1149.

[11] Mackunis W, Patre P M, Kaiser M K. Asymptotic tracking for aircraft via robust and adaptive dynamic inversion methods[J]. IEEE Transactions on Control systems technology, 2010, 18(6): 1448-1456.

[12] Buffington J M. Tailless aircraft control allocation[C]. AIAA Guidance, Navigation, and Control Conference and Exhibit, 1997: 737-747.

[13] Xu S, Lam J. Improved delay-dependent stability criteria for time-delay systems[J]. IEEE Transactions on Automatic Control, 2005, 50(3): 384-387.

[14] 刘棕成, 陈勇, 董新民, 等. 含执行器非线性的多操纵面飞机自适应跟踪控制[J]. 系统工程与电子技术, 2017, 39(2): 383-390.

[15] Zhi J H, Chen Y, Dong X M, et al. Robust adaptive FTC allocation method for over-actuated systems with uncertainties and unknown actuator nonlinearity[J]. IET Control Theory and Applications, 2018, 12(2): 273-281.
[16] Liu Z C, Dong X M, Xue J P. Adaptive neural control for a class of time-delay systems in the presence of backlash or dead-zone nonlinearity [J]. IET Control Theory and Applications, 8 (11): 1009-1022, 2014.

# 第8章 基于自适应补偿观测器的多操纵面损伤故障诊断

## 8.1 引言

目前,由于故障诊断实时性与准确性较差的问题,使得大多数容错控制研究人员绕开故障诊断而直接进行被动容错控制,这严重制约了主动容错控制的发展[1]。同样对于飞行控制来说,缺少快速有效的舵面故障诊断方法,是制约飞机主动容错控制发展的关键因素。由于涉及整个闭环飞行控制系统,操纵面的损伤故障又是其中的热难点问题[2]。虽然目前没有公开文献明确地指出故障诊断时间多短才能满足重构控制要求,但可以推断应该在0.7倍的飞机短周期以内[3],这对快速性提出了极大的挑战。

考虑到实时性问题,当前舵面故障诊断以基于模型方法为主,有参数辨识、滤波器和观测器等方法。参数辨识方法一般是对飞机的相关操纵导数进行在线辨识,得到舵面的故障信息。Girish Chowdhary 等[3,4]将递推最小二乘(RLS)方法转化到频域,利用频域最小二乘(FTR)对噪声的自适应性提高精度,在没有先验知识的情况下可以在2s之内估计出操纵导数,该方法被广泛应用于各个领域[5];文献[6,7]都是利用RLS高效实时的优点,在其基础上进行具体应用的创新,以提高辨识精度,诊断在5s之内,在大量离散计算前提下可达到0.5s。虽然参数辨识方法速度较快,但却需要大量的离线信息;许多不同类型的卡尔曼滤波(KF)被用于舵面故障诊断[8],KF结合多模型自适应(MMEA)的方法取得较好成效,能在0.7s之内确定故障并1.1s内进行故障隔离,但计算量大仍是该方法的主要问题;文献[9]极大地减少了一般MMEA方法所需要的滤波器个数,并采用主动监督的方法将隔离时间由9s减小到1~5s之内,但牺牲了损伤类故障检测的性能。基于观测器的方法使残差矢量解耦在早期得到较好应用[10-11],诊断时间较短,但对相似舵面较多的多操纵面飞机来说检测效果不佳;随着控制理论的发展,许多观测器方法被应用于故障诊断方面,但是都倾向于考虑建模误差等不确定性或非线性,而线性观测器方法本身实现不了增广状态的瞬时动态估计问题却仍未解决。

由此可见,实现快速精确的舵面损伤故障诊断仍是个难题。本章着眼于研究提高多操纵面飞机舵面故障诊断快速性及准确性方法。主要包括四部分内容:

(1) 针对舵面状态的快速准确跟踪问题,提出了一种自适应补偿观测器方法。该方法基于“足够简单的方法才能满足飞机实时故障诊断”的思想[3-4],利用增广状态量直接估计舵面偏转,采用自适应补偿方法,解决了增广观测器舵面动态估计精度低、不能满足快速故障检测与隔离需要的缺陷。

(2) 针对舵面损伤的故障检测准确性问题,提出了一种新的自适应阈值方法,利用可观的状态误差实现阈值自适应调整,在系统无故障且状态变化快时能降低虚警率,在系统故障后且状态平稳时能降低漏警率,解决了漏警和虚警此消彼长的矛盾问题。

(3) 针对舵面损伤的故障隔离快速性问题,研究了实时性好的限定记忆最小二乘方法,结合故障告警结果重置初值,解决了其不能准确估计平稳状态下突变参数的不足。

(4) 设计了在不同舵面损伤状态下的快速故障诊断方案,验证了所提方法的快速性和准确性。

## 8.2 问题描述

### 8.2.1 舵面损伤快速诊断问题

飞机的线性方程一般表示为

$$\begin{cases}\dot{\boldsymbol{x}}(t)=\boldsymbol{A}\boldsymbol{x}(t)+\boldsymbol{B}\boldsymbol{\delta}(t)\\ \boldsymbol{y}(t)=\boldsymbol{C}\boldsymbol{x}(t)\end{cases} \tag{8.1}$$

式中:$\boldsymbol{A}\in\mathbf{R}^{n\times n}$,$\boldsymbol{B}\in\mathbf{R}^{n\times m}$,$\boldsymbol{C}\in\mathbf{R}^{n\times n}$;$\boldsymbol{y}(t)$ 为系统可观测部分状态;$\boldsymbol{\delta}(t)$ 为舵面实际偏转角度。

快速故障诊断包含快速故障检测、快速故障校验、快速故障隔离。为了提高故障诊断速度,一个简单是思想“足够简单的方法才能满足飞机实时故障诊断”,因此,许多学者尝试采用常用成熟且简便的方法以满足快速性要求。对于系统式(8.1)舵面损伤故障的快速诊断,参数辨识是一种常用且速度较快的方法,通过对飞机的相关气动参数进行在线辨识,与数据库中飞机风洞数据或以往飞行先验数据的参数进行比较,进行故障检测。对于故障隔离,这种方法需要飞机飞行中在线携带两套以上数据,一套为飞机无故障时气动系数随参数变化的数据,另一套为飞机在某舵面损伤100%故障情况,通过插值得到其他损伤情况下的参数,从而与辨识的参数对比进行损伤估计。可以看出,这种舵面损伤的快速故障诊断方法是以大量离线数据和准确的故障气动参数为基础,且损伤程度都是通过气动数据间接估计而来,费时费力。

另一种简单成熟的方法是通过观测器估计状态,从生成的残差中将故障信息与噪声干扰等解耦进行故障检测,在舵面偏角未知时,这种方法往往需要增广系统,将舵面偏转增广到状态中,采用增广观测器进行舵面偏转估计。但是,增广观测器本身仍有一些关键问题未解决,即对增广状态矢量的瞬时突变动态变化估计性能差,甚至不能跟踪这种动态变化,如图8.1所示。

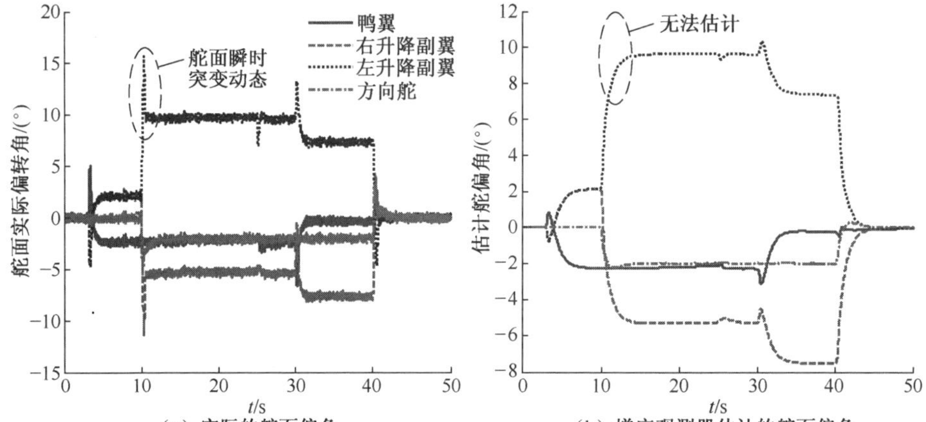

(a) 实际的舵面偏角　　(b) 增广观测器估计的舵面偏角

图8.1　(见彩图)舵面瞬时动态变化及增广观测器估计

由图8.1可以看出,在增广状态矢量稳定时,增广观测器静态估计较好,但如舵面这种动态响应非常迅速的系统,其作为增广状态矢量发生快速改变时,增广观测器几乎完全跟踪不上这种变化。

采用观测器进行故障诊断,一个重要且显然的事实是,对系统动态响应的高精度估计与跟踪是快速故障隔离的前提。因此,如何设计一种新的增广观测器使其不仅稳态误差小,且能快速精确估计状态动态响应,以满足快速故障诊断要求是需要解决的首要问题。

## 8.2.2　故障检测阈值选择问题

精确的状态估计是快速故障诊断的基础,而合适的故障阈值则是快速准确故障检测前提。许多故障检测采用固定阈值的方法,众所周知,固定阈值存在一个不可调和的矛盾:如果阈值选择过大,则虚警率降低而漏警率提高;如果阈值选择过小,则漏警率降低而虚警率提高。一种阈值可以随着输入或状态改变而调整的自适应阈值思想受到广泛关注,对于不同的系统,自适应阈值的设计方法不同,合适的自适应阈值才能保证快速故障检测,并降低虚警率和漏警率,因此如何设计自适应阈值以满足快速准确故障检测是需要解决的又一关键问题。

### 8.2.3 突变参数的辨识问题

采用成熟简便的方法进行故障隔离是满足快速和实时性要求的重要手段。许多学者采用一种多模型的方法进行故障隔离,这种方法需要不同故障状态下的故障或滤波器模型进行似然匹配,计算量一般较大。例如,如果飞机包含 $n$ 个舵面,每个舵面有 $m$ 种故障情况,则需要 $n\times(m+1)$ 个故障或滤波器模型。即使一些学者采用各种降低模型个数的方法,往往也是以牺牲相关性能为代价。

一种故障隔离思想是构造故障模型,采用简便且实时性强的最小二乘对参数进行辨识的方法,如下所示:

无故障时,控制指令 $\boldsymbol{u}(t)$ 和舵面实际偏转角度 $\boldsymbol{\delta}(t)$ 关系为

$$\boldsymbol{\delta}(t)=\boldsymbol{f}(\boldsymbol{\delta})\boldsymbol{u}(t) \tag{8.2}$$

式中:$\boldsymbol{f}(\boldsymbol{\delta})$ 为作动器传递函数,当第 $i$ 舵面个发生故障时,控制指令 $\boldsymbol{u}(t)$ 和舵面实际偏转角度 $\boldsymbol{\delta}(t)$ 关系可由下式表示:

$$\delta_i(t)=f(\delta_i)[a_iu_i(t)+b_i] \tag{8.3}$$

式中:$a_i$ 和 $b_i$ 为需要辨识的参数且 $a_i\in[0,1]$,$b_i\in[\delta_{\min},\delta_{\max}]$,其与故障的关系如表 8.1 所列。

表 8.1 参数及故障类型

| 舵面故障类型 | $a_i$ | $b_i$ |
|---|---|---|
| 无故障 | $a_i=100\%$ | $b_i=0°$ |
| 损伤 | $0\leqslant a_i<100°$ | $b_i=0°$ |
| 卡死 | $a_i=0$ | $b_i=N°$,$N$ 为常值 |
| 松浮 | $a_i=0$ | $b_i\approx V°$,$V$ 为姿态角 |

因此,只要得到 $a_i$ 和 $b_i$ 的值,即可获知舵面故障类型,这样就把故障隔离转化为含约束的时变参数辨识问题。

当前对于时变参数的最小二乘辨识方法,一般都是针对慢时变参数设计的,如带遗忘的最小二乘、限定记忆最小二乘方法等,但是对于舵面故障而言,参数 $a_i$ 和 $b_i$ 是一种突变的参数,采用慢时变参数辨识方法会在稳定后调整很久才能跟踪这种突变状态,这远远达不到快速故障隔离要求,因此如何设计一种新的最小二乘参数辨识使其实现突变参数的快速辨识是需要解决的又一问题。

### 8.2.4 问题的解决方案

对于以上问题,考虑快速性和准确性要求,提出了一种自适应补偿观测器方法

以实现高精度估计舵面动态偏转,并设计新的自适应阈值实现快速故障检测,采用重置初值的限定记忆最小二乘方法实现了突变参数的快速辨识,整体故障诊断结构如图 8.2 所示。

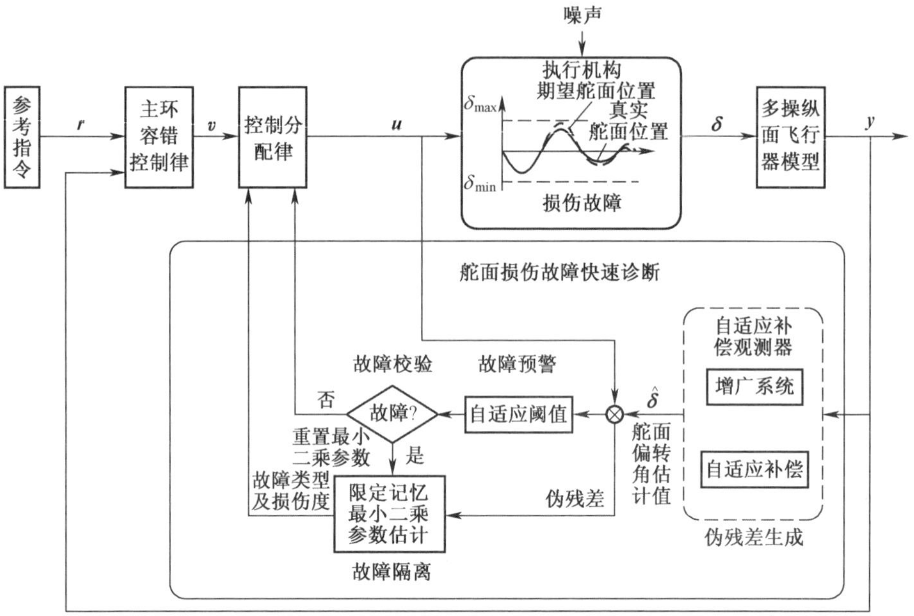

图 8.2　舵面损伤故障快速诊断结构图

图 8.2 中,$\boldsymbol{r}$ 是系统参考输入信号;$\boldsymbol{v}$是主环容错控制律生成的虚拟控制信号;$\boldsymbol{u}$ 是控制输出;$\boldsymbol{\delta}$ 是舵面真实偏转量;$\boldsymbol{y}$ 是系统输出信号;$\hat{\boldsymbol{\delta}}$ 是舵面估计偏转量。自适应补偿观测器由增广观测器和自适应补偿环节共同组成,实现舵面偏转估计和自适应阈值实现故障预警功能;限定记忆最小二乘根据故障校验结果进行初值重置,实现对舵面损伤程度估计进行故障隔离;所有故障诊断结果实时传送给容错控制分配律实现舵面故障后的稳定控制。

## 8.3　自适应补偿观测器设计

### 8.3.1　增广观测器

在执行器故障情况下,系统输入控制量 $\boldsymbol{\delta}(t)$ 未知,自适应补偿观测器的思想是:将控制输入 $\boldsymbol{\delta}(t)$ 增广到状态中,如果估计输出 $\hat{\boldsymbol{y}}$ 跟随输出 $\boldsymbol{y}(t)$ ,利用成熟的状态观测器方法,可在估计出状态 $\hat{\boldsymbol{x}}$ 的同时,估计出系统实际输入值 $\hat{\boldsymbol{\delta}}(t)$ 。

首先,给出增广状态量如下:

$$X = [x^{\mathrm{T}} \quad \boldsymbol{\delta}^{\mathrm{T}}]^{\mathrm{T}} \tag{8.4}$$

所以,系统方程式(8.1)变为

$$\begin{aligned} \dot{X} &= \bar{A}X(t) + \bar{B}\dot{\boldsymbol{\delta}}(t) \\ y &= \bar{C}X(t) \end{aligned} \tag{8.5}$$

其中,$\bar{A} = \begin{bmatrix} A & B \\ 0_{m\times n} & 0_{m\times m} \end{bmatrix}$,$\bar{B} = \begin{bmatrix} 0_{n\times m} \\ I_{m\times m} \end{bmatrix}$,$\bar{C} = \begin{bmatrix} C^{\mathrm{T}} \\ 0_{m\times m} \end{bmatrix}^{\mathrm{T}}$,$\dot{\delta}(t)$ 是 $\boldsymbol{\delta}(t)$ 的一阶导数。

观测器的增广状态量定义为

$$\hat{X} = [\hat{x}^{\mathrm{T}} \quad \hat{\boldsymbol{\delta}}^{\mathrm{T}}]^{\mathrm{T}} \tag{8.6}$$

式中:“^”表示估计值。得到观测器的系统方程为

$$\begin{aligned} \dot{\hat{X}} &= \bar{A}\hat{X} + L\bar{C}(X - \hat{X}) \\ \hat{y} &= \bar{C}\hat{X} \end{aligned} \tag{8.7}$$

式中:$L \in \boldsymbol{R}^{(n+m)\times r}$ 为观测器的增益。将期望的状态与估计值的差作为观测误差 $e$,即:

$$e = X - \hat{X} \tag{8.8}$$

由式(8.6)~式(8.8)可得到观测误差的动态值为

$$\dot{e} = (\bar{A} - L\bar{C})e + \bar{B}\dot{\boldsymbol{\delta}} \tag{8.9}$$

假设 ($\bar{A}$,$\bar{C}$ 可观,则可通过双线性二次调节器理论求得观测器的增益 $L$ 如下:

$$L = P_0\bar{C}^{\mathrm{T}}R_0^{-1} \tag{8.10}$$

式中:$P_0$ 为稳态的黎卡提微分方程的解

$$0 = \bar{A}P_0 + P_0\bar{A}^{\mathrm{T}} + Q_0 - P_0\bar{C}^{\mathrm{T}}R_0^{-1}\bar{C}P_0 \tag{8.11}$$

式中:$Q_0$ 为半正定加权矩阵;$R_0$ 为正定加权矩阵。当 $\dot{\boldsymbol{\delta}}$ 趋于 0 时,估计误差也逐渐趋于 0。

### 8.3.2 自适应动态补偿

虽然可以通过增广观测器的方法进行系统输入估计,但对于舵面等快速响应系统仍存在以下问题:

(1) 增广观测器本质上仍以系统状态误差为基础,往往状态估计精度高,而控制输入估计精度较低。

(2) 增广观测器不能跟踪快速变化的舵面动态响应。

由式(8.9)可知,误差的动态值由 $(\bar{A} - L\bar{C})$ 和 $\dot{\boldsymbol{\delta}}$ 共同确定,当执行器运动时,

$\dot{\boldsymbol{\delta}} \neq 0$,此时会存在较大的估计误差。

以上问题的存在会严重影响到故障判定准确度和故障隔离精度,如何提高输入估计的准确度是自适应补偿观测器能否应用的关键,本书采用一种自适应动态补偿方法来解决这一问题,原系统方程为

$$\dot{\boldsymbol{x}}(t) = \boldsymbol{A}\boldsymbol{x}(t) + \boldsymbol{B}\boldsymbol{\delta}(t)$$

估计方程可以写为

$$\dot{\hat{\boldsymbol{x}}}(t) = \boldsymbol{A}\hat{\boldsymbol{x}}(t) + \boldsymbol{B}\hat{\boldsymbol{\delta}}(t)$$

由执行机构一阶惯性环节动力学模型

$$\dot{\boldsymbol{\delta}} = \boldsymbol{B}_{\omega}(\boldsymbol{u} - \boldsymbol{\delta}) \tag{8.12}$$

式中:$\boldsymbol{B}_{\omega} \in \boldsymbol{R}^{m\times m}$ 表示与执行器工作频率相关的传递增益,用舵面偏转估计值代替实际值,令 $\widetilde{\boldsymbol{\delta}} = \boldsymbol{u} - \hat{\boldsymbol{\delta}}$ 代表估计伪残差,则式(8.12)变为

$$\dot{\boldsymbol{\delta}} = \boldsymbol{B}_{\omega}\widetilde{\boldsymbol{\delta}} \tag{8.13}$$

令 $\widetilde{\boldsymbol{x}} = \boldsymbol{x} - \hat{\boldsymbol{x}}$,则

$$\boldsymbol{B}(\boldsymbol{\delta} - \hat{\boldsymbol{\delta}}) = \dot{\widetilde{\boldsymbol{x}}} - \boldsymbol{A}\widetilde{\boldsymbol{x}}$$

只考虑舵面动态变化,$\boldsymbol{u} - \hat{\boldsymbol{\delta}} \approx \boldsymbol{\delta} - \hat{\boldsymbol{\delta}}$,则

$$\dot{\boldsymbol{\delta}} = \boldsymbol{B}_{\omega}\widetilde{\boldsymbol{\delta}} \approx \boldsymbol{B}_{\omega}\boldsymbol{B}^{\dagger}(\dot{\widetilde{\boldsymbol{x}}} - \boldsymbol{A}\widetilde{\boldsymbol{x}}) \tag{8.14}$$

式中:$\boldsymbol{B}^{\dagger} = \boldsymbol{B}^{\mathrm{T}}(\boldsymbol{B}\boldsymbol{B}^{\mathrm{T}})^{-1}$ 为 $\boldsymbol{B}$ 的伪逆,假设在第 $0 \to t_0$ 时刻,舵面发生变化,则舵面动态变化值为

$$\begin{aligned}
\Delta\boldsymbol{\delta} &= \int_0^{t_0} \dot{\boldsymbol{\delta}}\,\mathrm{d}\tau \\
&\approx \int_0^{t_0} \boldsymbol{B}_{\omega}\boldsymbol{B}^{\dagger}(\dot{\widetilde{\boldsymbol{x}}} - \boldsymbol{A}\widetilde{\boldsymbol{x}})\,\mathrm{d}\tau \\
&= \boldsymbol{B}_{\omega}\boldsymbol{B}^{\dagger}\widetilde{\boldsymbol{x}} - \int_0^{t_0} \boldsymbol{B}_{\omega}\boldsymbol{B}^{\dagger}\boldsymbol{A}\widetilde{\boldsymbol{x}}\,\mathrm{d}\tau
\end{aligned} \tag{8.15}$$

由中值定理可知:

$$\int_0^{t_0} \boldsymbol{B}_{\omega}\boldsymbol{B}^{\dagger}\boldsymbol{A}\widetilde{\boldsymbol{x}}\,\mathrm{d}\tau = \boldsymbol{B}_{\omega}\boldsymbol{B}^{\dagger}\boldsymbol{A}\widetilde{\boldsymbol{x}}(\xi)\cdot t_0, \xi \in [0, t_0]$$

由于舵面瞬时突变响应速度很快所以 $t_0$ 较小,因此忽略较小项 $\int_0^{t_0} \boldsymbol{B}_{\omega}\boldsymbol{B}^{\dagger}\boldsymbol{A}\widetilde{\boldsymbol{x}}\,\mathrm{d}\tau$,则可以设计补偿舵面快速动态变化的自适应补偿方程为

$$\Delta\boldsymbol{\delta} = \boldsymbol{K}\boldsymbol{B}^{\dagger}\widetilde{\boldsymbol{x}} \tag{8.16}$$

式中:$\boldsymbol{K} = \mathrm{diag}\{k_1 \quad k_2 \quad \cdots \quad k_m\}$,$k_i > 0$ 为补偿增益,根据估计误差 $\widetilde{\boldsymbol{x}}$ 和增广观测

器伪残差大小确定。其思想是：对于增广观测器来说，控制输入估计误差本质上是由状态估计不准确引起的，因此考虑把可观的状态估计误差转化为输入估计误差，并补偿到输入估计中；同时，由于状态估计本身的快速性，从而使补偿后的输入估计也能快速跟踪舵面响应。观测方程变为

$$\begin{aligned}\dot{\hat{\boldsymbol{X}}} &= \overline{\boldsymbol{A}}\hat{\boldsymbol{X}} + \boldsymbol{L}\overline{\boldsymbol{C}}(\boldsymbol{X} - \hat{\boldsymbol{X}}) + \overline{\boldsymbol{B}}\Delta\dot{\boldsymbol{\delta}}(t) \\ \hat{\boldsymbol{y}} &= \overline{\boldsymbol{C}}\hat{\boldsymbol{X}}\end{aligned} \tag{8.17}$$

观测误差的动态值变为

$$\dot{\overline{\boldsymbol{e}}} = (\overline{\boldsymbol{A}} - \boldsymbol{L}\overline{\boldsymbol{C}})\overline{\boldsymbol{e}} + \overline{\boldsymbol{B}}(\dot{\boldsymbol{\delta}} - \Delta\dot{\boldsymbol{\delta}}) \tag{8.18}$$

式中：$\overline{\boldsymbol{e}}$ 为新的观测误差。可以看出，虽然改进后的式(8.18)不能完全消除执行器运动时估计误差，但却实现了动态快速跟踪，极大地提高了控制输入估计精度。当 $\dot{\boldsymbol{\delta}} \to \boldsymbol{0}$ 时，$\widetilde{\boldsymbol{x}} \to \boldsymbol{0}$，则 $\Delta\boldsymbol{\delta} \to \boldsymbol{0}$，$\overline{\boldsymbol{e}} \to \boldsymbol{0}$。

由增广状态估计 $\hat{\boldsymbol{X}}$ 可以得出舵面估计 $\hat{\boldsymbol{\delta}}$，从而得出伪残差为

$$\boldsymbol{r}(t) = \boldsymbol{u}(t) - \hat{\boldsymbol{\delta}}(t) \tag{8.19}$$

式中：$\boldsymbol{u}(t)$ 为控制指令，因实际舵面偏转残差未知，故 $\boldsymbol{r}(t)$ 是伪舵面残差。

## 8.4 自适应阈值故障检测

### 8.4.1 自适应阈值设计

为了在保证故障检测实时性的同时，提高准确性，减少虚警和漏警，采用故障预警和故障校验环节进行故障检测。

当舵面快速响应导致飞行状态变化时，会产生较大估计误差，固定的阈值并不能达到令人满意的效果。自 Clark 提出自适应阈值思想以来，获得自适应阈值的方法层出不穷，针对自适应补偿观测器的特点，本书提出了一种新的自适应阈值方法。

假设系统噪声 $\boldsymbol{w}$ 有界，且满足

$$\|\boldsymbol{w}\| \leqslant N \tag{8.20}$$

式中：$N \in \boldsymbol{R}$。则生成的自适应阈值 $T$ 为

$$T = \|\boldsymbol{G}\boldsymbol{B}^{\dagger}\widetilde{\boldsymbol{x}}\| + \|\boldsymbol{N}\| \tag{8.21}$$

$\boldsymbol{G}$ 为阈值固定增益，决定了系统变化时阈值大小，当伪残差 $\|\boldsymbol{r}(t)\| < T$ 时，无故障，$\|\boldsymbol{r}(t)\| \geqslant T$ 时，拟出现故障，进行故障预警。

## 8.4.2 自适应阈值性能分析

由式(8.21)可知,自适应阈值由自适应部分 $\|\boldsymbol{GB}^{\dagger}\tilde{\boldsymbol{x}}\|$ 和固定部分 $\|\boldsymbol{N}\|$ 共同组成,其降低虚警和漏警原理如图8.3所示,由于伪残差 $\boldsymbol{r}(t)$ 主要与舵面估计 $\hat{\boldsymbol{\delta}}$ 有关,分为以下几种情况:

(1) 在系统无故障且系统平稳状态 $t_1$ 时,可得 $\dot{\boldsymbol{\delta}}\rightarrow\boldsymbol{0},\tilde{\boldsymbol{x}}\rightarrow\boldsymbol{0}$,伪残差 $\boldsymbol{r}(t)\rightarrow 0$,则阈值 $T$ 只与 $\|\boldsymbol{N}\|$ 有关,对于虚警和漏警无影响。

(2) 在系统无故障且系统状态变化 $t_2$ 时,$\hat{\boldsymbol{\delta}}$ 估计偏差会较大,则状态误差 $\tilde{\boldsymbol{x}}$ 必然较大,阈值 $T$ 受 $\|\boldsymbol{GB}^{\dagger}\tilde{\boldsymbol{x}}\|$ 和 $\|\boldsymbol{N}\|$ 共同影响,由于自适应部分存在增加了阈值,则降低了虚警率。

(3) 在系统故障初期状态变化较大 $t_3$ 时,虽然 $\|\boldsymbol{GB}^{\dagger}\tilde{\boldsymbol{x}}\|$ 会引起变化,但由于 $\|\boldsymbol{N}\|$ 较小,对于虚警和漏警影响未定。

(4) 在系统故障后状态平稳 $t_4$ 时,由于 $\|\boldsymbol{N}\|$ 较小,降低了漏警率。

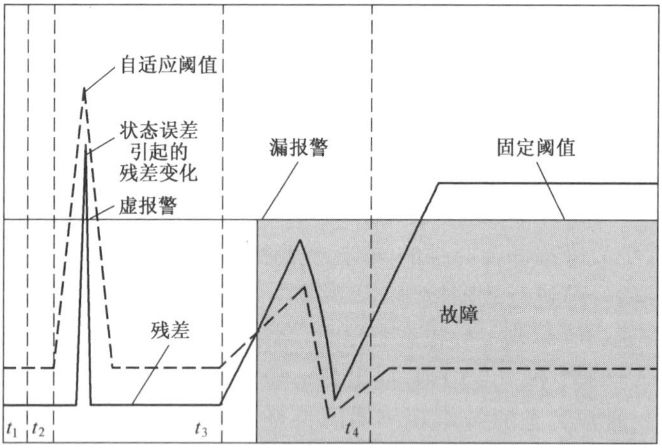


图8.3 自适应阈值原理图

为了降低虚警,需要进行故障校验以判断是否真正地发生故障,常用的故障检验方法有二元假设概率统计、时序概率比统计等,本书采用一种简单的故障校验方法:如果连续 $n$ 步发出故障预警,表示已确定出现故障,否则无故障或故障消失。$n$ 的选取会影响故障校验时间及准确性,为了检验准确,需要 $n$ 较长,而过多的检测时间会影响实时性,因此 $n$ 的选择可由双边检验规则等方法结合实际对象确定。

## 8.5 限定记忆最小二乘故障隔离

### 8.5.1 舵面突发故障特性

考虑到舵面故障方程式(8.3)自身的特点:①故障的产生具有突发性。即舵面故障为突发故障,故障时间不可预测,表现为故障前,辨识参数 $a_i$ 和 $b_i$ 固定,当发生故障后,参数发生突变;②故障具有唯一性。即发生故障后,故障损伤程度或者卡死位置不变,使得参数 $a_i$ 和 $b_i$ 不变或者 $a_i=0, b_i$ 等于姿态角。特点①导致一个问题,当无故障时辨识参数不变,估计算法的精确度高,增益阵将趋于极小值,即使采用一般慢时变的参数估计方法,如带遗忘因子的递推最小二乘,限定记忆最小二乘和自适应卡尔曼滤波等,也会丧失对突发参数变化的估计能力[13];特点②则有个优点,即在故障时刻前和故障时刻后,参数 $a_i$ 和 $b_i$ 基本不变,因此只需要解决参数突变问题,即对其进行快速辨识,就能在故障发生后快速进行故障隔离。

### 8.5.2 突变参数的快速辨识

这里将采用限定记忆最小二乘算法,并利用故障检测结果重置参数的方法解决参数突变问题。

令目标函数为

$$J_i = \sum_{j=1}^{m} (\boldsymbol{Y}_i - \hat{\boldsymbol{Y}}_i)^2 \tag{8.22}$$

$$\text{s.t. } \boldsymbol{\theta}_{i\lim} = \begin{bmatrix} 0 \\ \boldsymbol{\theta}_{i\max} \end{bmatrix}, \begin{bmatrix} 0 \\ \boldsymbol{\theta}_{i\min} \end{bmatrix}, \begin{bmatrix} 1 \\ 0 \end{bmatrix}$$

将式(8.22)转化为适合辨识的回归方程为

$$\boldsymbol{Y}_i = \boldsymbol{\Psi}_i \boldsymbol{\theta}_i + \boldsymbol{v}_i \tag{8.23}$$

式中:$\boldsymbol{\theta}_i = [a_i, b_i]$ 为待辨识参数。

对于式(8.23),使用限定记忆递推最小二乘算法对参数 $\boldsymbol{\theta}_i$ 进行估计,并采用故障检测结果重置初始值的方法解决参数突变问题,其算法步骤如下。

步骤 1　由故障检测结果定义 flag,当无故障时 flag=0,否则 flag=1,同时定义 fcz,当 flag 从 0 突变为 1 时 fcz=1,否则 fcz=0;

步骤 2　给定初始值 $\hat{\boldsymbol{\theta}}_i(0)$ 和 $\boldsymbol{P}_i(0)$,并选定限定记忆长度为 $N$,由前 $N$ 组数据按照递推最小二乘方法计算出 $\hat{\boldsymbol{\theta}}_i^N(N)$ 和 $\boldsymbol{P}_i(N)$,作为限定记忆最小二乘初值;

步骤3　当获得一组新数据后，利用递推最小二乘方法计算出 $\hat{\boldsymbol{\theta}}_i^{N+1}(N+1)$ 和 $\boldsymbol{P}_i(N+1)$；

步骤4　由以下公式计算出限定记忆最小二乘估计值 $\hat{\boldsymbol{\theta}}_i^N(N+1)$

$$\boldsymbol{L}_i^*(N)=\boldsymbol{P}_i(N+1)\boldsymbol{\Psi}_i(n)[\boldsymbol{I}-\boldsymbol{\Psi}_i^{\mathrm{T}}(n)\boldsymbol{P}_i(N+1)\boldsymbol{\Psi}_i(n)] \tag{8.24}$$

$$\hat{\boldsymbol{\theta}}_i^N(N+1)=\hat{\boldsymbol{\theta}}_i^{N+1}(N+1)-\boldsymbol{L}_i^*(N)[\boldsymbol{y}_i(n)-\boldsymbol{\Psi}_i^{\mathrm{T}}(n)\hat{\boldsymbol{\theta}}_i^{N+1}(N+1)] \tag{8.25}$$

步骤5　判断如果 fcz=1，则返回步骤2重置初值，如果 fcz=0，返回步骤4。

这样就解决了突发时变和慢时变参数的辨识问题，从而可以根据估计参数 $\hat{a}_i$ 和 $\hat{b}_i$ 的值判断出故障类型及损伤程度。

## 8.6　仿真及分析

采用某多操纵面飞机为研究对象[14]，在高度 $H=3000\mathrm{m}$、马赫数 $Ma=0.22$ 的飞行状态下，飞机的线性化模型为

$$\boldsymbol{A}=\begin{bmatrix} -0.5432 & 0.0137 & 0 & 0.9778 & 0 \\ 0 & -0.1179 & 0.2215 & 0 & -0.9661 \\ 0 & -10.5128 & -0.9967 & 0 & 0.6176 \\ 2.6221 & -0.0030 & 0 & -0.5057 & 0 \\ 0 & 0.7075 & -0.0939 & 0 & -0.2127 \end{bmatrix}$$

$$\boldsymbol{B}=\begin{bmatrix} 0.0069 & -0.0866 & -0.0866 & 0.0004 \\ 0 & 0.0119 & -0.0119 & 0.0287 \\ \hline 0 & -4.2423 & 4.2423 & 1.4871 \\ 1.6532 & -1.2735 & -1.2735 & 0.0024 \\ 0 & -0.2805 & 0.2805 & -0.8823 \end{bmatrix}$$

作动器为一阶模型 $\boldsymbol{f}(\delta_i)=20/(s+20)$，其位置约束和速率约束分别为

$$\boldsymbol{\delta}_{p\max}=[25\quad 30\quad 30\quad 30]^{\mathrm{T}}$$

$$\boldsymbol{\delta}_{p\min}=-[55\quad 30\quad 30\quad 30]^{\mathrm{T}}$$

$$\boldsymbol{\delta}_{R\max}=-\boldsymbol{\delta}_{R\min}=[50\quad 50\quad 50\quad 50]^{\mathrm{T}}$$

选取4组舵面控制量 $\boldsymbol{u}=[u_c,u_{re},u_{le},u_r]^{\mathrm{T}}$，分别表示鸭翼、右升降副翼、左升降副翼、方向舵的偏角；状态变量 $\boldsymbol{x}=[\alpha,\beta,p,q,r]^{\mathrm{T}}$，分别表示迎角、侧滑角、滚转角速率、俯仰角速率和偏航角速率；参考指令选择为 $\boldsymbol{r}(t)=[\alpha,\beta,p]$。

假设在3~30s对飞机施加6°的迎角指令，在10~40s施加100(°)/s的滚转角速率指令，侧滑角参考指令始终为0°，当15s时出现鸭翼40%损伤故障，25s出现

左升降副翼 40%损伤故障,仿真步长为 0.01s,作动器上白噪声方差为 0.025(°)$^2$。闭环系统状态响应过程如图 8.4 所示。

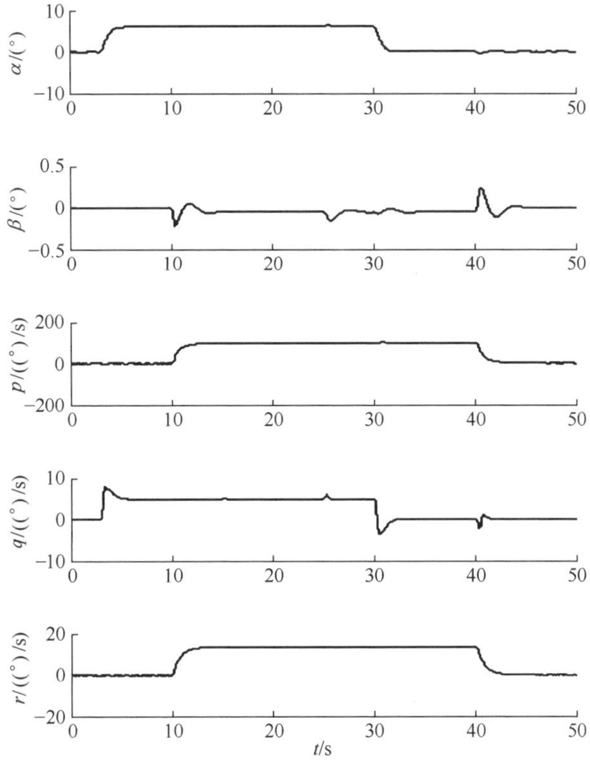

图 8.4　闭环系统状态响应图

由图 8.4 可知,由于容错控制律的存在,使飞行状态跟踪上指令信号,从而保证系统稳定,操纵面控制指令及观测器估计值如图 8.5 所示。

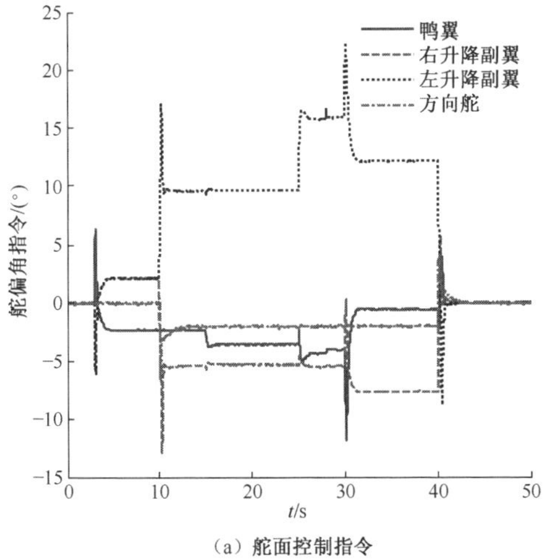

(a) 舵面控制指令

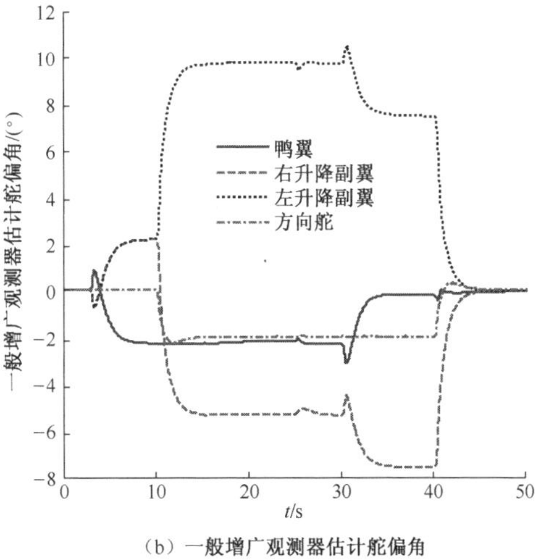

(b) 一般增广观测器估计舵偏角

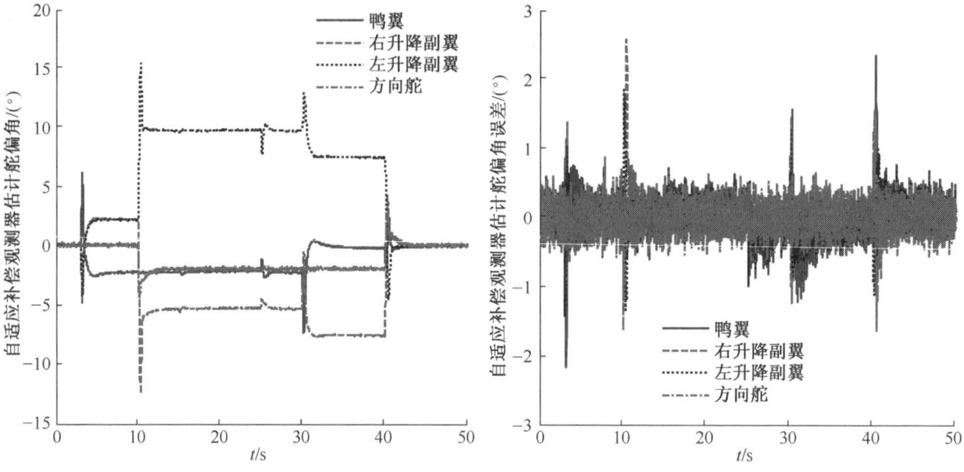


（c）自适应补偿观测器估计舵偏角　　（d）自适应补偿观测器估计值与实际舵面偏转误差

图 8.5　（见彩图）操纵面控制指令及观测器估计

由图 8.5(a)和图 8.5(b)可知,一般增广观测器在舵面稳定时估计精度较好,但当舵面快速变化时,跟踪速度慢,误差很大;由图 8.5(b)和图 8.5(c)比对可知,采用自适应动态补偿后的自适应补偿观测器,即可以快速跟踪舵面变化,又保持了稳态精度;由图 8.5(d)自适应补偿观测器与实际舵面偏转误差可知,自适应补偿观测器观测稳态误差在 1°以内,动态误差 3°以内,精度较高。采用自适应阈值思想,由图 8.5(a)和图 8.5(c)可得舵面故障伪残差如图 8.6 所示。

由图 8.6 可以看出,当状态稳定时,阈值为噪声界限,这里 $\|\boldsymbol{N}\|=0.5$;当系统状态改变时,伪残差较大,如果采用固定阈值则在状态变化时必然造成虚警,而自适应阈值则可以随着状态误差变化而改变,从而降低了虚警率;同时可以看出,在状态突变时,即使是自适应阈值也并不能完全消除虚警,需要进一步检验。故障预警及校验如图 8.7 所示。

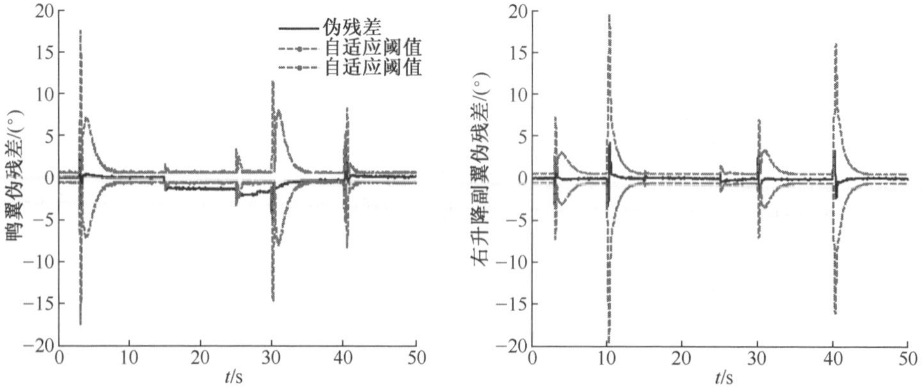


（a）鸭翼　　（b）左升降副翼

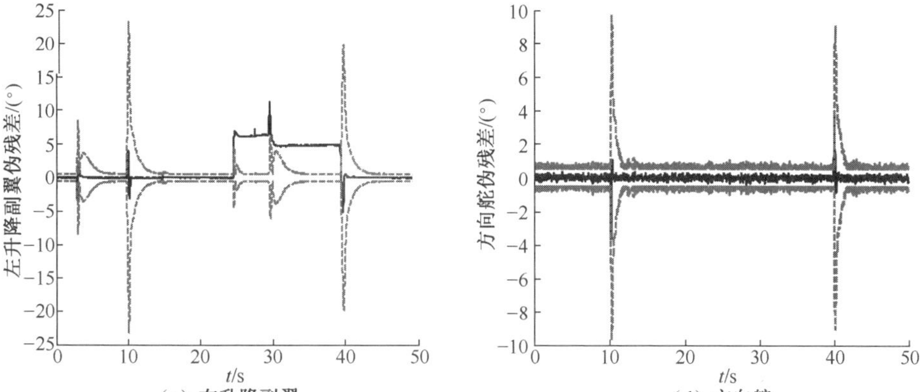


（c）右升降副翼　　（d）方向舵

图 8.6 （见彩图）自适应阈值及伪残差

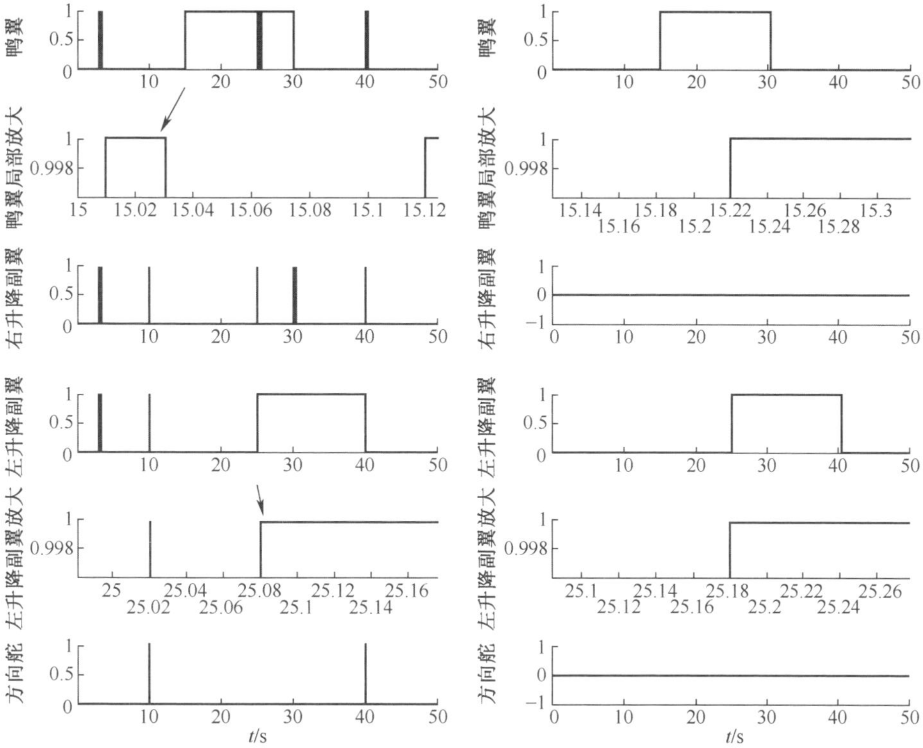


（a）故障预警　　（b）故障校验

图 8.7 故障预警及校验

图 8.7 中，分为“0”正常和“1”故障两个状态，由图 8.7(a)的鸭翼及左升降副

翼局部放大图可以看出，当发生故障时，分别经过 10ms 和 20ms 即发出故障预警信号，但该信号持续时间较短，并且系统状态变化较大时会出现虚警；图 8.7(b)中，$n=10$，经过故障校验后，完全消除了虚警，最终系统分别在故障发生后的 0.22s 及 0.18s 确定了鸭翼及左升降副翼故障，故障检测时间快。

下面进行故障隔离，将舵面实际偏转角度 $\delta_i(t)$ 用估计值 $\hat{\delta}_i(t)$ 代替，则式(8.13)变为

$$\hat{\delta}_i(t)=\frac{20}{s+20}[a_i u_i(t)+b_i] \tag{8.26}$$

其离散形式写为

$$\hat{\delta}_i(k)=0.1813a_i(k)u_i(k-1)+0.1813b_i(k-1)+0.8187\hat{\delta}_i(k-1) \tag{8.27}$$

将式(8.27)转化为适合辨识的回归方程为 $\boldsymbol{Y}_i=\boldsymbol{\Psi}_i\boldsymbol{\theta}_i+\boldsymbol{v}_i$，其中，$\boldsymbol{Y}_i=\hat{\boldsymbol{\delta}}(k)-0.8187\hat{\boldsymbol{\delta}}(k-1)$，$\boldsymbol{\Psi}_i=[0.1813u(k),0.1813]$，分别在第 15.22s 和 20.18s 发出故障告警时进行初值重置，采用限定记忆最小二乘得到辨识参数如图 8.8 所示。

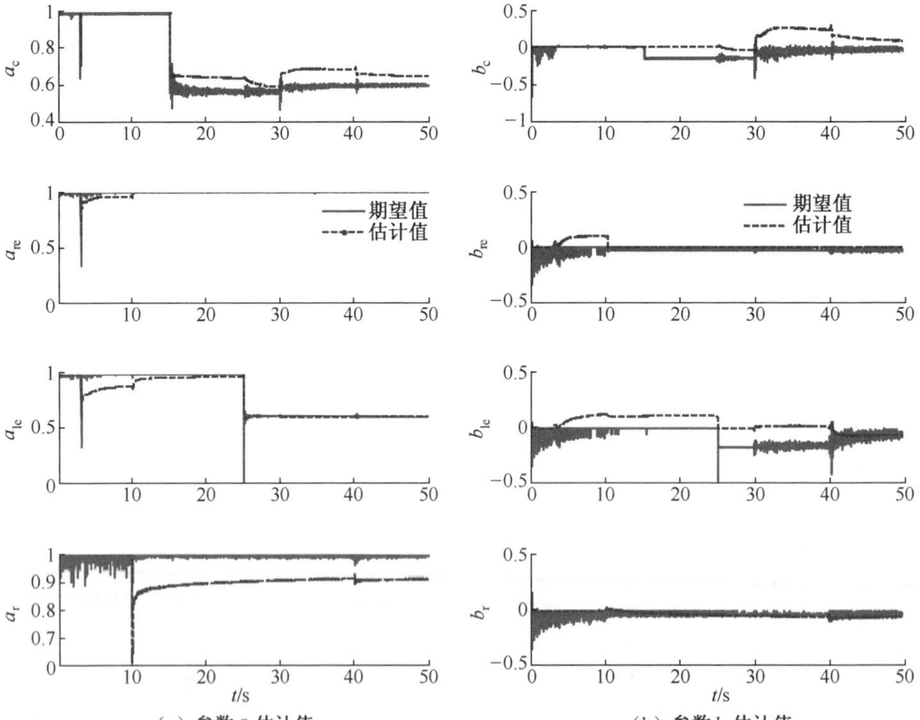

(a) 参数 $a_i$ 估计值　　(b) 参数 $b_i$ 估计值

图 8.8　参数估计值

图 8.8 分别给出了四个舵面的参数估计结果,其中期望值采用真实舵面和指令舵面信号数据辨识得出,估计值由图 8.8 自适应观测器估计的舵偏角与指令舵面信号得出,可以看出当收到故障告警后,重置初值后的限定记忆最小二乘能在 0.2s 以内快速辨识出参数,辨识速度快。左升降副翼的估计值为 0.6,代表残余 60%效能,精度高;鸭翼估计最大有 7%的偏差,这在容错控制可接受的范围之内[15]。需要指出的是,只要没有对应舵面的故障告警,估计值就没有意义,对控制器直接返回参数 $a_i = 1, b_i = 0$。

## 8.7 小结

本章提出了一种多操纵面飞机舵面损伤的快速故障检测及隔离方法,得出以下结论:

(1) 自适应补偿观测器方法可直接估计飞机舵面偏转,自适应补偿方法极大地提高了观测器对舵面快速动态变化的跟踪能力,实现了对舵面偏转的精确估计。

(2) 所设计的自适应阈值降低了漏警率和虚警率,实现了故障快速预警。

(3) 通过故障检测结果对限定记忆最小二乘重置初值,解决了平稳状态下的突变参数估计问题,实现了舵面故障类型及程度的快速故障估计与隔离。

(4) 本章所设计的残差生成、故障检测与故障隔离方案可以实现舵面损伤故障的快速诊断,提出的自适应补偿舵面动态方法为快速精确故障诊断领域提供了新思路。

## 参考文献


[1] 陈复扬, 姜斌. 飞机直接自修复控制[M]. 北京: 国防工业出版社, 2014.

[2] 陈宗基, 张汝麟, 张平, 等. 飞行器控制面临的机遇与挑战[J]. 自动化学报, 2013, 39(6): 703-710.

[3] Chowdhary Girish V, DeBusk Wesley M, Johnson Eric N. Johnson. Real-time system identification of a small multi-engine aircraft with structural damage[J]. AIAA Journal of Gudiance, Control, and Dynamics, 2006, 29(3): 635-642.

[4] Eugene A. Morelli. Real-time parameter estimation in the frequency domain[J]. Journal of Guidance, Control, and Dynamics, 2000: 812-818.

[5] 唐炜, 乔倩, 史忠科. 频域最小二乘辨识方法的参数约束条件选取[J]. 航空学报, 2012, 33(12): 2253-2260.

[6] 黄成涛, 王立新. 多操纵面飞翼构型飞机舵面故障在线诊断方法[J]. 航空学报, 2011, 32(1): 58-66.

[7] 苏浩秦，宋述杰，邓建华．适用于飞机舵面损伤情况下的一种在线辨识算法研究[J]．西北工业大学学报，2005，23(3)：316-320.
[8] Matthew C. Ruschmann, Eva Wu N. Actuator fault diagnosis using two-stage extended kalman filters[C]. AIAA Guidance, Navigation, and Control Conference, 2010, AIAA-7703.
[9] Guillaume J J. Ducard. 容错飞行控制与导航系统-小型无人机实用方法[M]．陈自力，谢志刚，译．北京：国防工业出版社，2012.
[10] 胡寿松，郭伟．歼击机结构故障的检测与自修复控制律重构[J]．航空学报，1998，19(6)：674-677.
[11] 张平，陈宗基．用于检测操纵面损伤的故障检测滤波器[J]．航空学报，1999，20(4)：371-373.
[12] Eugene A. Morelli. Real-time parameter estimation in the frequency domain[C]. Journal of guidance, control, and dynamics, 2000：812-818.
[13] 周东华，叶银忠．现代故障诊断与容错控制[M]．北京：清华大学出版社，2000.
[14] Forssell L, Nilsson U. ADMIRE the aero-data model in a research environment version 4.0, model description[R]. FOI-R-1624-SE, Swedish Defence Agency, Sweden, 2005：25-34.
[15] Bošković J D, Raman K. Mehra. Control allocation in overactuated aircraft under position and rate limiting[C]. Proceeding of the American Control Conference, 2002：791-796.
[16] 王发威，董新民，陈勇，等．多操纵面飞机舵面损伤的快速故障诊断[J]．航空学报，2015，36(7)：2350-2360.

# 第 9 章 执行机构效能降低故障的鲁棒自适应故障估计

## 9.1 引言

本章主要针对一类含执行器效能降低故障的多操纵面飞机,提出两种鲁棒自适应故障诊断方法。首先通过数学变换,将故障后系统转化为故障参数仿射系统;继而引入一组系统状态变量和响应函数的滤波变量,基于此直接构建故障估计的辅助误差信息;进而,基于梯度下降和滑模控制技术设计了鲁棒自适应故障估计器,利用李雅普诺夫稳定性定理和有限时间收敛定理证明了所提估计器的稳定性和鲁棒性。最终,通过 ADMIRE 飞机仿真验证了所提方法的有效性。主要内容包括:

(1) 通过并行学习技术,放宽了参数估计中的持续激励条件。

(2) 引入系统状态和输入输出函数的滤波变量,构建故障诊断误差信息,以消除外部扰动对故障估计结果的影响,增强故障估计的鲁棒性。

(3) 基于有限时间稳定理论,给出了收敛时间上界。

## 9.2 问题描述

考虑一类含执行机构效能降低故障的连续线性时不变多操纵面飞机:

$$\dot{\boldsymbol{x}}(t) = \boldsymbol{A}\boldsymbol{x}(t) + \boldsymbol{B}_\delta\boldsymbol{\delta}(t) - \boldsymbol{B}_\delta\boldsymbol{K}\boldsymbol{\delta}(t) + \boldsymbol{d}(t) \tag{9.1}$$

式中: $A \in \mathbf{R}^{n\times n}$ 为系统矩阵; $\boldsymbol{B}_\delta \in \mathbf{R}^{n\times m}$ 为控制输入矩阵; $\boldsymbol{\delta}(t) \in \mathbf{R}^m$ 为执行机构的输入矢量; $\boldsymbol{d}(\boldsymbol{x},\boldsymbol{\delta},t)$ 为外部有界扰动。损失的效能矩阵定义如下:

$$\boldsymbol{K} = \mathrm{diag}\{k_1, k_2, \cdots, k_m\} \tag{9.2}$$

式中: $k_i$ 为表征执行机构效能的标量,且满足 $0 \leqslant k_i \leqslant 1$。不同的 $k_i$ 值可表征不同的执行机构故障状态。$k_i = 0$ 表示执行机构完好无损,相反地,$k_i = 1$ 表示执行机构完全失效。而当 $0<k_i<1$ 时,执行机构效能有所降低,且 $k_i$ 的值越大,则执行机构故障越严重。

为简化表达,令

$$\boldsymbol{D} = \boldsymbol{I} - \boldsymbol{K} \tag{9.3}$$

式中:$\boldsymbol{D}$ 为对称的半正定矩阵。从而系统描述可转化为

$$\dot{\boldsymbol{x}}(t) = \boldsymbol{A}\boldsymbol{x}(t) + \boldsymbol{B}_\delta \boldsymbol{D}\boldsymbol{\delta}(t) + \boldsymbol{d}(t) \tag{9.4}$$

**假设 9.1** 系统 $(\boldsymbol{A}, \boldsymbol{B}_\delta)$ 是可控的,且外部扰动未知但有界,即存在未知正标量 $d^*$ 使得

$$\| \boldsymbol{d}(t) \| \leqslant d^* \tag{9.5}$$

**假设 9.2** 系统状态 $\boldsymbol{x}(t)$ 和控制输入 $\boldsymbol{\delta}(t)$ 均可量测,且存在有界控制量 $\boldsymbol{\delta}(t)$ ,使其能与所设计故障估计器共同工作以完成既定控制目标。

**注 9.1** 假设 9.1 和假设 9.2 均是一般常用假设,且可通过合理选择有界控制律保证上述假设成立。

为便于阅读,下文中将所涉及函数均视为时间 $t$ 的函数。

## 9.3 并行学习故障估计器

### 9.3.1 估计器设计

为设计估计器以对故障情形下的过驱动系统效能矩阵参数进行估计,在不考虑外部有界扰动的情形下,将系统式(9.4)转化为下列故障参数仿射形式:

$$\dot{\boldsymbol{x}}(t) = \boldsymbol{A}\boldsymbol{x}(t) + \boldsymbol{\Phi}^{\mathrm{T}}(t)\boldsymbol{\lambda} \tag{9.6}$$

式中:$\boldsymbol{\Phi}^{\mathrm{T}}(t) = \boldsymbol{B}_\delta \mathrm{diag}\{\boldsymbol{\delta}(t)\}$ ,$\boldsymbol{\lambda} = \mathrm{vec}\{\boldsymbol{D}\}$ 。diag{ · }是将矢量{ · }中的元素对角化为对角对称矩阵。vec{ · }是提取{ · }中的对角元素并将其转化为列矢量。

基于上述转化,引入下列滤波变量:

$$\begin{cases} k\dot{\boldsymbol{x}}(t) + \boldsymbol{x}_{\mathrm{f}}(t) = \boldsymbol{x}(t), \boldsymbol{x}_{\mathrm{f}}(0) = \boldsymbol{0} \\ k\dot{\boldsymbol{f}}_f(t) + \boldsymbol{f}_{\mathrm{f}}(t) = \boldsymbol{A}\boldsymbol{x}(t), \boldsymbol{f}_{\mathrm{f}}(0) = \boldsymbol{0} \\ k\dot{\boldsymbol{g}}_f(t) + \boldsymbol{g}_{\mathrm{f}}(t) = \boldsymbol{\Phi}^{\mathrm{T}}(t), \boldsymbol{g}_{\mathrm{f}}(0) = \boldsymbol{0} \end{cases} \tag{9.7}$$

式中:$k > 0$ 是待设计的滤波器参数。继而,根据式(9.6)和式(9.7)可得

$$\dot{\boldsymbol{x}}_f(t) = \frac{\boldsymbol{x}(t) - \boldsymbol{x}_{\mathrm{f}}(t)}{k}, \frac{\boldsymbol{x}(t) - \boldsymbol{x}_{\mathrm{f}}(t)}{k} - \boldsymbol{f}_{\mathrm{f}}(t) = \boldsymbol{g}_{\mathrm{f}}(t)\boldsymbol{\lambda} \tag{9.8}$$

根据式(9.7)中的滤波变量,采用并行学习技术,以放宽故障参数估计收敛的持续激励条件,而引入数据筛选算法[1]得到历史数据,从而进一步提高激励水平(下文给出其定义),提升算法收敛速率,尽快恢复控制系统故障情形下的容许控制性能。为此,定义滤波后的辅助回归矩阵 $\boldsymbol{G}_{\mathrm{cl}}(t) \in \boldsymbol{R}^{m\times m}$ 和辅助矢量 $\boldsymbol{F}_{\mathrm{cl}}(t) \in \boldsymbol{R}^{m}$ 为

$$
\begin{cases}
\dot{\boldsymbol{G}}_{\mathrm{cl}}(t) = -l\boldsymbol{G}_{\mathrm{cl}}(t) + \boldsymbol{g}_{\mathrm{f}}^{\mathrm{T}}(t)\boldsymbol{g}_{\mathrm{f}}(t) + \boldsymbol{G}_{\mathrm{s}} \\
\dot{\boldsymbol{F}}_{\mathrm{cl}}(t) = -l\boldsymbol{F}_{\mathrm{cl}}(t) + \boldsymbol{g}_{\mathrm{f}}^{\mathrm{T}}(t)\left[\dfrac{\boldsymbol{x}(t) - \boldsymbol{x}_{\mathrm{f}}(t)}{k} - \boldsymbol{f}_{\mathrm{f}}(t)\right] + \boldsymbol{F}_{\mathrm{s}} \\
\boldsymbol{G}_{\mathrm{s}} = \sum_{i=1}^{q}\boldsymbol{g}_{\mathrm{f}}^{\mathrm{T}}(t_i)\boldsymbol{g}_{\mathrm{f}}(t_i) \\
\boldsymbol{F}_{\mathrm{s}} = \sum_{i=1}^{q}\boldsymbol{g}_{\mathrm{f}}^{\mathrm{T}}(t_i)\left[\dfrac{\boldsymbol{x}(t_i) - \boldsymbol{x}_{\mathrm{f}}(t_i)}{k} - \boldsymbol{f}_{\mathrm{f}}(t_i)\right] \\
\boldsymbol{G}_{\mathrm{cl}}(0) = \boldsymbol{0}, \boldsymbol{F}_{\mathrm{cl}}(0) = \boldsymbol{0}
\end{cases}
\tag{9.9}
$$

式中:$l>0$ 为待设计参数,该参数表征了所设计辅助矩阵初始状态的衰减特性,$l$ 越大,则初始参数状态衰减越快,从而避免了回归矩阵和矢量的无限增长。由式(9.9)和定积分知识可知:

$$
\begin{cases}
\boldsymbol{G}_{\mathrm{cl}}(t) = \int_0^t \mathrm{e}^{-l(t-r)}\left[\boldsymbol{g}_{\mathrm{f}}^{\mathrm{T}}(r)\boldsymbol{g}_{\mathrm{f}}(r) + \boldsymbol{G}_{\mathrm{s}}\right]\mathrm{d}r \\
\boldsymbol{F}_{\mathrm{cl}}(t) = \int_0^t \mathrm{e}^{-l(t-r)}\left\{\boldsymbol{g}_{\mathrm{f}}^{\mathrm{T}}(r)\left[\dfrac{\boldsymbol{x}(r) - \boldsymbol{x}_{\mathrm{f}}(r)}{k}\boldsymbol{f}_{\mathrm{f}}(r)\right] + \boldsymbol{F}_{\mathrm{s}}\right\}\mathrm{d}r
\end{cases}
\tag{9.10}
$$

式中:$\boldsymbol{G}_{\mathrm{cl}}(t)$ 和 $\boldsymbol{F}_{\mathrm{cl}}(t)$ 为经并行学习(Concurrent Learning)得到的回归矩阵和矢量表达式。式中 $\boldsymbol{g}_{\mathrm{f}}(t_i)$、$\boldsymbol{x}(t_i)$、$\boldsymbol{x}_{\mathrm{f}}(t_i)$ 和 $\boldsymbol{f}_{\mathrm{f}}(t_i)$ 均是时刻 $t_i$ 处记录的数据点。$q$ 是记录数据的内存容量。

**注 9.2** 较之现有文献[2],本书通过并行学习技术,放宽了保证参数自适应更新最终收敛的持续激励条件,同时避免了设计复杂的外部激励信号及其移除机制,大大节省了人力、物力。因此,所提方法更便于工程应用。

在设计未知效能估计器之前,对并行学习中所筛选数据的条件说明如下。

**条件 9.1** 存在一个时间区间,使得数据存储库中的线性无关数据数量不少于 $\boldsymbol{\Phi}^{\mathrm{T}}(t)$ 的列数。即,若令 $\boldsymbol{H} = [\boldsymbol{g}_{\mathrm{f}}(t_1), \boldsymbol{g}_{\mathrm{f}}(t_2), \cdots, \boldsymbol{g}_{\mathrm{f}}(t_q)]$,则有 $\mathrm{rank}(\boldsymbol{H}) = m$。

该条件要求所筛选的存储数据包含了足够多不同的元素,可形成一个基底或可线性化表达其余回归矩阵,从而可合理有效地放宽其他文献中对于回归矩阵的持续激励条件。而根据文献[3],该条件无须要求特定激励信号,系统仅需在有限跨度的时间内正常运行即可达到。换言之,当且仅当满足条件 9.1,所有未知效能参数才能被同时激励,从而保证其收敛至真实值。具体分析见下列引理。

**引理 9.1** 当系统回归矢量 $\boldsymbol{\Phi}^{\mathrm{T}}(t)$ 的滤波变量 $\boldsymbol{g}_{\mathrm{f}}(t)$ 满足条件 9.1 时,可保证

并行学习所得回归矩阵 $\boldsymbol{G}_{\mathrm{cl}}(t)$ 的正定性。

**证明** 根据文献[3]可知,当存在足够长的 $T>0$,条件 9.1 易满足。此时,式(9.10)中 $\sum_{i=1}^{q}\boldsymbol{g}_{\mathrm{f}}^{\mathrm{T}}(t_i)\boldsymbol{g}_{\mathrm{f}}(t_i)$ 的正定性得以保证。因 $\boldsymbol{g}_{\mathrm{f}}(t)$ 是连续变化的,则 $\boldsymbol{g}_{\mathrm{f}}^{\mathrm{T}}(t)\boldsymbol{g}_{\mathrm{f}}(t)+\sum_{i=1}^{q}\boldsymbol{g}_{\mathrm{f}}^{\mathrm{T}}(t_i)\boldsymbol{g}_{\mathrm{f}}(t_i)$ 也为正定。因此,

$$
\begin{aligned}
\boldsymbol{G}_{\mathrm{cl}}(t) &= \int_0^t \mathrm{e}^{-l(t-r)}\left[\boldsymbol{g}_{\mathrm{f}}^{\mathrm{T}}(r)\boldsymbol{g}_{\mathrm{f}}(r)+\sum_{i=1}^{q}\boldsymbol{g}_{\mathrm{f}}^{\mathrm{T}}(t_i)\boldsymbol{g}_{\mathrm{f}}(t_i)\right]\mathrm{d}r \\
&= \int_{t-T}^{t} \mathrm{e}^{-lT}\left[\boldsymbol{g}_{\mathrm{f}}^{\mathrm{T}}(r)\boldsymbol{g}_{\mathrm{f}}(r)+\sum_{i=1}^{q}\boldsymbol{g}_{\mathrm{f}}^{\mathrm{T}}(t_i)\boldsymbol{g}_{\mathrm{f}}(t_i)\right]\mathrm{d}r \\
&> \mathrm{e}^{-lT}\varepsilon T\boldsymbol{I}
\end{aligned}
\tag{9.11}
$$

式中:$\chi_{\min}(\boldsymbol{g}_{\mathrm{f}}^{\mathrm{T}}(r)\boldsymbol{g}_{\mathrm{f}}(r)+\sum_{i=1}^{q}\boldsymbol{g}_{\mathrm{f}}^{\mathrm{T}}(t_i)\boldsymbol{g}_{\mathrm{f}}(t_i))\geqslant\varepsilon>0$,$\chi_{\min}(\cdot)$ 表征对应矩阵$(\cdot)$的最小特征值。推知,$\chi_{\min}(\boldsymbol{G}_{\mathrm{cl}}(t))>\chi_{\min}(\mathrm{e}^{-lT}\varepsilon T\boldsymbol{I})>0$ 成立。此时,$\boldsymbol{g}_{\mathrm{f}}(t)$ 不需要满足特定的持续激励条件[4]。从而根据低通滤波器的最小相位特性可知,$\boldsymbol{\Phi}^{\mathrm{T}}(t)$ 的持续激励条件得以放宽为对历史数据 $\boldsymbol{H}$ 的秩条件。

为进行故障估计,需要故障估计的误差信息。为此,根据式(9.8)和式(9.10),设计了如下辅助误差矢量:

$$
\boldsymbol{E}(t)=\boldsymbol{G}_{\mathrm{cl}}(t)\hat{\boldsymbol{\lambda}}(t)-\boldsymbol{F}_{\mathrm{cl}}(t)=-\boldsymbol{G}_{\mathrm{cl}}(t)\tilde{\boldsymbol{\lambda}}(t) \tag{9.12}
$$

式中:$\tilde{\boldsymbol{\lambda}}(t)=\boldsymbol{\lambda}-\hat{\boldsymbol{\lambda}}(t)$ 是故障估计误差矢量。

至此,根据梯度下降规则,可设计故障估计器为下列形式:

$$
\dot{\hat{\boldsymbol{\lambda}}}(t)=-\boldsymbol{\Gamma}\boldsymbol{E}(t) \tag{9.13}
$$

式中:$\boldsymbol{\Gamma}=\boldsymbol{\Gamma}^{\mathrm{T}}>0$,$\boldsymbol{\Gamma}\in\boldsymbol{R}^{m\times m}$ 是待设计参数之一,表征故障估计的更新速率。可见,上述故障估计器直接由故障估计误差直接进行驱动故障估计过程,这与常规状态跟踪误差驱动的间接方式截然不同,突出了所设计方法的优势所在。

在此基础上,为增强故障估计器的时效,提升其收敛特性,拓展其应用范围,引入滑模项,以期继承滑模控制的有限时间收敛特性。设计了第二种故障估计器,其形式为

$$
\dot{\hat{\boldsymbol{\lambda}}}(t)=-\boldsymbol{\Gamma}\boldsymbol{G}_{\mathrm{cl}}^{\mathrm{T}}(t)\boldsymbol{E}(t)/\|\boldsymbol{E}(t)\| \tag{9.14}
$$

式中:$\|\cdot\|$ 表征对应矢量或矩阵的欧式范数。

为规避参数估计误差 $\boldsymbol{E}(t)$ 的模 $\|\boldsymbol{E}(t)\|$ 为 0 而导致式(9.14)所设计故障估计律奇异的问题,将其修正为以下带切换逻辑的形式:

$$
\dot{\hat{\boldsymbol{\lambda}}}(t)=\begin{cases}-\boldsymbol{\Gamma}\boldsymbol{G}_{\mathrm{cl}}^{\mathrm{T}}(t)\boldsymbol{E}(t)/\|\boldsymbol{E}(t)\|, & \text{其他} \\ \boldsymbol{0}, & \|\boldsymbol{E}(t)\|=0\end{cases} \tag{9.15}
$$

## 9.3.2 稳定性分析

为保证所设计故障估计器能有效估计故障后系统的未知效能,利用以下定理

对其稳定性(即收敛性)进行分析。

**定理 9.1** 过驱动系统式(9.6)在满足假设 9.1、假设 9.2 以及条件 9.1 的情况下,故障估计器式(9.13)可保证估计误差 $\tilde{\boldsymbol{\lambda}}$ 的全局一致指数收敛。

**证明** 选取李雅普诺夫备选函数为

$$V_1(\tilde{\boldsymbol{\lambda}}) = \frac{1}{2}\tilde{\boldsymbol{\lambda}}^{\mathrm{T}}\boldsymbol{\Gamma}^{-1}\tilde{\boldsymbol{\lambda}} \tag{9.16}$$

可知, $V_1(\tilde{\boldsymbol{\lambda}})$ 是正定的,且有 $V_1(0)= 0, V_1(\tilde{\boldsymbol{\theta}}) > 0, \forall \tilde{\boldsymbol{\theta}} \neq \boldsymbol{0}, \chi_{\min}(\boldsymbol{\Gamma}^{-1}) \| \tilde{\boldsymbol{\lambda}} \|^2 \leqslant V_1(\tilde{\boldsymbol{\lambda}}) \leqslant \chi_{\max}(\boldsymbol{\Gamma}^{-1}) \| \tilde{\boldsymbol{\lambda}} \|^2$,其中 $\chi_{\max}(\cdot)$ 表征对应矩阵 $(\cdot)$ 的最大特征值。

据此可得, $V_1$ 值沿式(9.13)对时间求导可得

$$\dot{V}_1(\tilde{\boldsymbol{\lambda}}) = \tilde{\boldsymbol{\lambda}}^{\mathrm{T}}\boldsymbol{\Gamma}^{-1}\dot{\tilde{\boldsymbol{\lambda}}} = \tilde{\boldsymbol{\lambda}}^{\mathrm{T}}\boldsymbol{E} = - \tilde{\boldsymbol{\lambda}}^{\mathrm{T}}\boldsymbol{G}_{\mathrm{cl}}\tilde{\boldsymbol{\lambda}} \leqslant - \alpha_1 V_1 \tag{9.17}$$

式中: $\alpha_1 = 2\sigma/\lambda_{\max}(\boldsymbol{\Gamma}^{-1})$ 。存在有 $\chi_{\min}(\boldsymbol{G}_{\mathrm{cl}}) \geqslant \sigma > 0$, $\sigma$ 是一个未知常数,表征回归矩阵的激励水平。根据式(9.17),结合李雅普诺夫稳定性定理可知,所提故障估计器可保证故障估计误差 $\tilde{\boldsymbol{\lambda}}$ 的一致指数收敛。进一步分析可知,因 $V_1(\tilde{\boldsymbol{\lambda}})$ 是径向无界的,则上述结论是全局成立的。证毕。

为进一步分析故障估计器式(9.14)的收敛性能,引入以下定理。

**定理 9.2** 过驱动系统式(9.6)在满足假设 9.1、假设 9.2 以及条件 9.1 的情况下,故障估计器式(9.14)可保证估计误差 $\tilde{\boldsymbol{\lambda}}$ 的全局有限时间收敛。

**证明** 选取李雅普诺夫备选函数为

$$V_2(\tilde{\boldsymbol{\lambda}}) = \frac{1}{2}\tilde{\boldsymbol{\lambda}}^{\mathrm{T}}\boldsymbol{\Gamma}^{-1}\tilde{\boldsymbol{\lambda}} \tag{9.18}$$

由于李雅普诺夫备选函数 $V_2$ 的正定性与 $V_1$ 相似,故而此处省略。则 $V_2$ 值沿式(9.14)对时间的导数为

$$\dot{V}_2(\tilde{\boldsymbol{\lambda}}) = \tilde{\boldsymbol{\lambda}}^{\mathrm{T}}\boldsymbol{\Gamma}^{-1}\dot{\tilde{\boldsymbol{\lambda}}} = \tilde{\boldsymbol{\lambda}}^{\mathrm{T}}\boldsymbol{G}_{\mathrm{cl}}^{\mathrm{T}}\boldsymbol{E}/ \| \boldsymbol{E} \| \tag{9.19}$$

将故障估计误差信息式(9.12)代入式(9.19),可得

$$\dot{V}_2(\tilde{\boldsymbol{\lambda}}) = - \tilde{\boldsymbol{\lambda}}^{\mathrm{T}}\boldsymbol{G}_{\mathrm{cl}}^{\mathrm{T}}\boldsymbol{G}_{\mathrm{cl}}^{\mathrm{T}}\tilde{\boldsymbol{\lambda}}/ \| \boldsymbol{G}_{\mathrm{cl}}\tilde{\boldsymbol{\lambda}} \| \tag{9.20}$$

根据柯西-施瓦茨(Cauchy-Schwartz)不等式[5],可知:

$$\dot{V}_2(\tilde{\boldsymbol{\lambda}}) \leqslant - \| \boldsymbol{G}_{\mathrm{cl}}\tilde{\boldsymbol{\lambda}} \| \leqslant - \| \boldsymbol{G}_{\mathrm{cl}} \| \ \| \tilde{\boldsymbol{\lambda}} \| \leqslant - \alpha_2 \sqrt{V_2} \tag{9.21}$$

式中: $\alpha_2 = \sigma\sqrt{2/\lambda_{\max}(\boldsymbol{\Gamma}^{-1})}$ 。有限到达时间内存在

$$t_{r2} \leqslant (V_2(0))^{1-a}/\omega(1 - a) \tag{9.22}$$

式中: $\omega = \alpha_2, a = 1/2$, ,换言之, $t_{r2} \leqslant \| \tilde{\boldsymbol{\lambda}}(0) \| \lambda_{\max}(\boldsymbol{\Gamma}^{-1})/\sigma$ 。因此,故障估计

误差矢量 $\widetilde{\boldsymbol{\lambda}}$ 的有限时间收敛特性得证,且经理论推导得到了有限时间收敛的时间上界。同时,由于 $V_2$ 是径向无界的,则所得结论为全局成立的。证毕。

**注 9.3** 根据式(9.17)和式(9.22)可知,可通过合理增大回归矩阵的最小特征值和增大学习速率矩阵来提升所设计故障估计器的更新速度。

## 9.3.3 鲁棒性分析

实际系统不可避免地受到外部扰动、内部参数漂移等不确定的影响,针对未知外部有界扰动,本小节对所提故障估计器的鲁棒性进行理论推导和证明。

考虑了未知外部有界扰动,将系统式(9.4)转化为下列故障参数仿射形式:

$$\dot{\boldsymbol{x}}(t)=\dot{\boldsymbol{x}}(t)=\boldsymbol{A}\boldsymbol{x}(t)+\boldsymbol{\Phi}^{\mathrm{T}}(t)\boldsymbol{\lambda}+\boldsymbol{d}(t) \tag{9.23}$$

为进行收敛性分析,引入下列滤波矢量:

$$k\dot{\boldsymbol{d}}_{\mathrm{f}}(t)+\boldsymbol{d}_{\mathrm{f}}(t)=\boldsymbol{d}(t),\boldsymbol{d}_{\mathrm{f}}(0)=\boldsymbol{0} \tag{9.24}$$

结合式(9.8)、式(9.23)和式(9.24),可得

$$\frac{\boldsymbol{x}(t)-\boldsymbol{x}_{\mathrm{f}}(t)}{k}\boldsymbol{f}_{\mathrm{f}}(t)=\boldsymbol{g}_{\mathrm{f}}(t)\boldsymbol{\lambda}+\boldsymbol{d}_{\mathrm{f}}(t) \tag{9.25}$$

根据回归矩阵/矢量定义式(9.10),故障估计辅助误差定义式(9.12)和式(9.25),可得考虑扰动的估计误差为

$$\boldsymbol{E}_{\mathrm{d}}(t)=\boldsymbol{F}_{\mathrm{cl}}(t)-\boldsymbol{G}_{\mathrm{cl}}(t)\hat{\boldsymbol{\lambda}}(t)=\boldsymbol{G}_{\mathrm{cl}}(t)\widetilde{\boldsymbol{\lambda}}(t)+\xi(t) \tag{9.26}$$

式中:$\|\boldsymbol{\xi}(t)\|\leqslant\xi^{*},\xi^{*}\in R^{+},\xi(t)=\int_{0}^{t}\mathrm{e}^{-l(t-r)}\{\boldsymbol{g}_{\mathrm{f}}^{\mathrm{T}}(r)\boldsymbol{d}_{\mathrm{f}}(r)+\sum_{i=1}^{p}\boldsymbol{g}_{\mathrm{f}}^{\mathrm{T}}(t_i)\boldsymbol{d}_{\mathrm{f}}(t_i)\}\mathrm{d}r$。

**定理 9.3** 过驱动系统式(9.6)在满足假设 9.1、假设 9.2 以及条件 9.1 的情况下,考虑了未知外部有界扰动,故障估计器式(9.13)可保证估计误差 $\widetilde{\boldsymbol{\lambda}}$ 的全局一致最终有界。

**证明** 选取李雅普诺夫备选函数为

$$V_3(\widetilde{\boldsymbol{\lambda}})=\frac{1}{2}\widetilde{\boldsymbol{\lambda}}^{\mathrm{T}}\boldsymbol{\Gamma}^{-1}\widetilde{\boldsymbol{\lambda}} \tag{9.27}$$

类似 $V_1$、$V_2$、$V_3$ 的正定性得以保证。在考虑扰动的估计误差式(9.26)条件下,对 $V_3$ 沿故障估计器式(9.13)求取时间 $t$ 的导数可得

$$\dot{V}_3(\widetilde{\lambda})=\widetilde{\lambda}^{\mathrm{T}}\boldsymbol{\Gamma}^{-1}\dot{\widetilde{\lambda}}=\widetilde{\lambda}^{\mathrm{T}}\boldsymbol{E}=-\widetilde{\lambda}^{\mathrm{T}}\boldsymbol{G}_{\mathrm{cl}}\widetilde{\lambda}+\widetilde{\lambda}^{\mathrm{T}}\xi\leqslant-\|\widetilde{\lambda}\|(\alpha_3\sqrt{V_3}-\varepsilon_3) \tag{9.28}$$

式中:$\alpha_3=\sqrt{2/\lambda_{\max}(\boldsymbol{\Gamma}^{-1})}$,$\varepsilon_3$ 是未知正常数。根据一致最终有界的定义可知,在考虑未知外部有界扰动后,故障估计误差 $\widetilde{\boldsymbol{\lambda}}$ 将一致最终收敛于紧集 $\Omega_3=\{\widetilde{\boldsymbol{\lambda}}\mid$

$V_3(\widetilde{\boldsymbol{\lambda}}) \leqslant (\varepsilon_3/\alpha_3)^2\}$ 。且因 $V_3$ 是径向无界的,则上述结论全局成立。证毕。

为讨论故障估计器式(9.14)的鲁棒性,采用以下定理来说明。

**定理 9.4** 过驱动系统式(9.6)在满足假设 9.1、假设 9.2 以及条件 9.1 的情况下,考虑了未知外部有界扰动,故障估计器式(9.14)可保证估计误差 $\widetilde{\lambda}$ 在有限时间内收敛于紧集 $\lim\limits_{t\to\infty}\boldsymbol{G}_{cl}\widetilde{\boldsymbol{\lambda}} = \boldsymbol{\xi}$ ,且全局成立。

**证明** 根据受扰后的误差式(9.26)可知:

$$\boldsymbol{G}_{cl}^{-1}\boldsymbol{E}_d = -\widetilde{\boldsymbol{\theta}} + \boldsymbol{G}_{cl}^{-1}\boldsymbol{\xi} \tag{9.29}$$

式(9.29)两端对时间 $t$ 求导,则有

$$\frac{d\boldsymbol{G}_{cl}^{-1}\boldsymbol{E}_d}{dt} = -\dot{\widetilde{\boldsymbol{\theta}}} + \frac{d\boldsymbol{G}_{cl}^{-1}}{dt}\boldsymbol{\xi} + \boldsymbol{G}_{cl}^{-1}\dot{\boldsymbol{\xi}} = \dot{\hat{\boldsymbol{\theta}}} + \boldsymbol{\xi}' \tag{9.30}$$

式中: $\boldsymbol{\xi}' = \dfrac{d\boldsymbol{G}_{cl}^{-1}}{dt}\boldsymbol{\xi} + \boldsymbol{G}_{cl}^{-1}\dot{\boldsymbol{\xi}}$ 。

引入李雅普诺夫备选函数:

$$V_4(\widetilde{\lambda}) = \frac{1}{2}\boldsymbol{E}_d^T\boldsymbol{G}_{cl}^{-1}\boldsymbol{G}_{cl}^{-1}\boldsymbol{E}_d \tag{9.31}$$

可知, $V_4(\mathbf{0}) = 0, V_4(\widetilde{\lambda}) > 0, \forall\widetilde{\boldsymbol{\lambda}} \neq \mathbf{0}, \chi_{\min}(\boldsymbol{G}_{cl}^{-1}\boldsymbol{G}_{cl}^{-1})\|\boldsymbol{E}_d\|^2 \leqslant V_4(\widetilde{\boldsymbol{\lambda}}) \leqslant \chi_{\max}(\boldsymbol{G}_{cl}^{-1}\boldsymbol{G}_{cl}^{-1})\|\boldsymbol{E}_d\|^2$, ,因而 $V_4(\widetilde{\boldsymbol{\lambda}})$ 是正定的。在考虑扰动的估计误差式(9.26)条件下,对 $V_4$ 沿故障估计器式(9.14)求取时间 $t$ 的导数,并将故障估计器式(9.14)代入,结合式(9.31),可得

$$\begin{aligned}\dot{V}_4(\widetilde{\lambda}) &= \boldsymbol{E}_d^T\boldsymbol{G}_{cl}^{-1}\frac{d(\boldsymbol{G}_{cl}^{-1}\boldsymbol{E}_d)}{dt}\\ &= \boldsymbol{E}_d^T\boldsymbol{G}_{cl}^{-1}\boldsymbol{\Gamma}\boldsymbol{G}_{cl}^T\boldsymbol{E}_d/\|\boldsymbol{E}_d\| + \boldsymbol{E}_d^T\boldsymbol{G}_{cl}^{-1}\boldsymbol{\xi}'\end{aligned} \tag{9.32}$$

根据 Cauchy-Schwartz 不等式,可得

$$\dot{V}_3(\widetilde{\lambda}) \leqslant -(\lambda_{\min}(\boldsymbol{\Gamma}^{-1}) - \|\boldsymbol{G}_{cl}^{-1}\boldsymbol{\xi}'\|)\|\boldsymbol{E}_d\| \leqslant -\alpha_4\sqrt{V_4} \tag{9.33}$$

式中: $\alpha_4 = -(\lambda_{\min}(\boldsymbol{\Gamma}^{-1}) - \|\boldsymbol{G}_{cl}^{-1}\boldsymbol{\xi}'\|)\sqrt{2/\chi_{\max}^2(\boldsymbol{G}_{cl}^{-1})}$ 。因此, $\boldsymbol{E}_d$ 可在有限时间 $t_{r4} \leqslant 2\sqrt{V_4(0)}/\alpha_4$ 内收敛。继而根据式(9.26)和回归矩阵 $\boldsymbol{G}_{cl}$ 的有界性可知,故障估计误差矢量 $\widetilde{\boldsymbol{\lambda}}$ 可在有限时间内收敛至紧集 $\lim\limits_{t\to\infty}\boldsymbol{G}_{cl}\widetilde{\boldsymbol{\theta}} = \boldsymbol{\xi}$ 。又因 $\dot{V}_4(\widetilde{\boldsymbol{\lambda}})$ 是径向无界的,故上述所得结论是全局成立的。证毕。

**注 9.4** $\boldsymbol{E}(t)$ 有界性。根据假设 9.2 和参数仿射式(9.6)可知,控制输入 $\boldsymbol{\delta}(t)$ 有界方可保证线性映射关系下 $\boldsymbol{\Phi}^T(t)$ 的有界性,进一步根据辅助滤波变量定义式(9.7)可知, $\boldsymbol{g}_{cl}(t)$ 是有界的。继而由回归矩阵定义式(9.9)可知, $\boldsymbol{G}_{cl}(t)$ 是有界的。因此,当故障估计误差矢量 $\widetilde{\boldsymbol{\lambda}}$ 收敛时,由辅助误差矢量定义式(9.12)、

式(9.26)可知，$\boldsymbol{E}(t)$ 是有界的。

## 9.4 仿真及分析

对为验证所提故障估计方法的有效性，采用文献[6]中的ADMIRE飞机进行仿真实验。该飞机模型是由瑞典国防研究所利用具备差动鸭翼的小型单发单座战斗机的风洞数据开发的一款飞行仿真数据平台，在先进飞行控制算法验证方面，特别是控制分配方法验证中，提供了良好平台支撑。该型飞机的执行机构配置如图9.1所示。控制器设计采用状态反馈结合含执行器约束的二次规划控制分配方法产生执行机构控制指令。

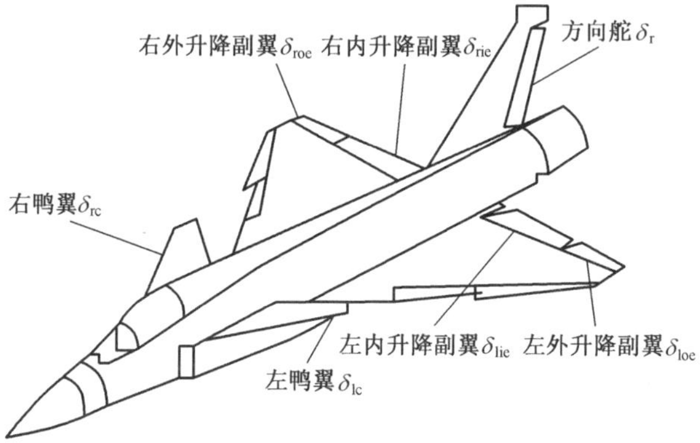


图9.1 ADMIRE飞机操纵面配置

选取系统可控状态为 $\boldsymbol{x} = [\alpha\ \beta\ p\ q\ r]^{\mathrm{T}}$，系统输出为 $\boldsymbol{y} = [\alpha\ \beta\ p]^{\mathrm{T}}$，$\alpha$、$\beta$、$p$、$q$、$r$ 分别为飞机的迎角、侧滑角、滚转角速率、俯仰角速率和偏航角速率。操纵面(即执行机构)为 $\boldsymbol{\delta} = [\delta_c\quad \delta_{re}\quad \delta_{le}\quad \delta_r]^{\mathrm{T}}$，分别为鸭翼、右副翼、左副翼和方向舵。操纵面的物理约束如表9.1所列。

表9.1 操纵面的物理约束

| 操纵面 | 最小偏转量/(°) | 最大偏转量/(°) | 角速率/((°)/s) |
|---|---|---|---|
| 鸭翼 | -55 | 25 | ±50 |
| 副翼 | -25 | 25 | ±50 |
| 方向舵 | -30 | 30 | ±50 |

在3000m高度和马赫数0.22飞行条件下，飞机的线性模型为

$$
\boldsymbol{A}=\begin{bmatrix} -0.5432 & 0.0137 & 0 & 0.9778 & 0 \\ 0 & -0.1179 & 0.2215 & 0 & -0.9661 \\ 0 & -10.5128 & -0.9967 & 0 & 0.6176 \\ 2.6221 & -0.0030 & 0 & -0.5057 & 0 \\ 0 & 0.7075 & -0.0939 & 0 & -0.2127 \end{bmatrix},
$$

$$
\boldsymbol{B}_{\delta}=\begin{bmatrix} 0.0069 & -0.0866 & -0.0866 & 0.0004 \\ 0 & 0.0119 & -0.0119 & 0.0287 \\ 0 & -4.2423 & 4.2423 & 1.4871 \\ 1.6532 & -1.2735 & -1.2735 & 0.0024 \\ 0 & -0.2805 & 0.2805 & -0.8823 \end{bmatrix}
$$

为验证方法在无故障、单个故障以及并发故障情形下的有效性，设计了无扰动和含扰动两种仿真情形，其故障模态中包含了上述两种故障情形。具体地，故障注入描述为

$$
\begin{cases} \boldsymbol{D}=\mathrm{diag}\{1,1,1,1\},0\leqslant t<1 \\ \boldsymbol{D}=\mathrm{diag}\{1,0.5,1,1\},0\leqslant t<10 \\ \boldsymbol{D}=\mathrm{diag}\{1,0.5,1,0.5\},10\leqslant t<20 \end{cases}
$$

即仿真时间 1s 时，右副翼效能降低 50%，此为单个执行机构故障；仿真时间 10s 时，在上述故障基础上，方向舵又发生故障，效能降低 50%，此为并发执行机构故障。仿真时间共计 20s。为得到有界控制量，仿真中采用约束二次规划的控制分配方法以合理有效地处理执行机构物理约束。

为便于理解，将图中所涉及图注统一说明如下。‘Real’表示待估计执行机构效能的真实值，‘Ref’为参考指令信号，‘Normal’为无故障情形下的仿真结果，‘RACL’为第一种故障估计方法的仿真结果，‘RAFTCL’为第二种故障估计方法的仿真结果。

由图 9.2 观察可知，所提方法对于单个故障和并发故障均有良好的故障估计性能，参数收敛速度快且误差小。进一步观察可知，RAFTCL 的收敛性能较之 RACL 方法更佳。图 9.3 给出了其原因，其中采用回归矩阵的最小奇异值表征激励水平。较之 RACL，RAFTCL 方法的激励水平更高，激励水平越高，则说明故障估计直接辅助误差的协方差矩阵越大，从而待估计参数更新的驱动力更大，使得故障估计收敛更快。

图 9.4 和图 9.5 分别给出了无故障情形和故障情形下飞机的指令跟踪和执行机构控制输入。观察图 9.4 可知，在给定控制指令的情况下，基于所提方法的精确故障诊断结果，飞控系统能够实现与无故障情形基本一致的控制效果，有效地说明了精确故障估计对于飞控系统精准容错控制的重要性。图 9.5 中所产生控制输入信号均在表 9.1 所列的物理约束范围内，说明所提故障估计方法得到的结果未出现参数突变，致使飞控系统产生错误甚至大幅操纵面偏转的情形，保证了飞机的飞行平稳和安全。

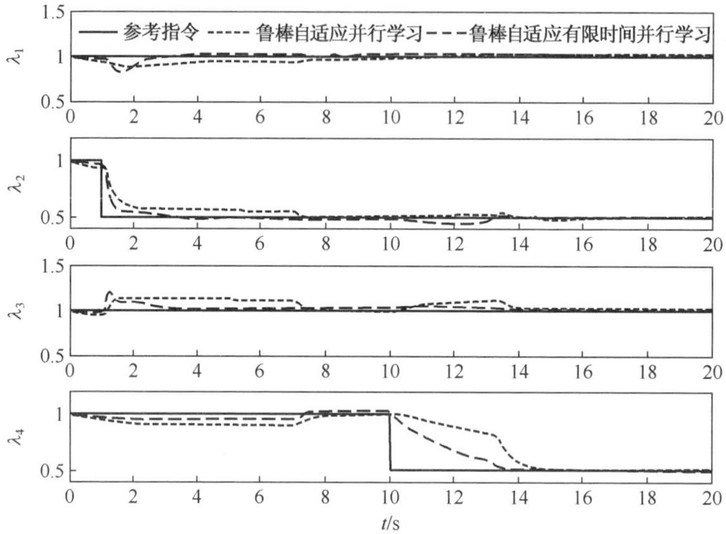


图 9.2　故障估计

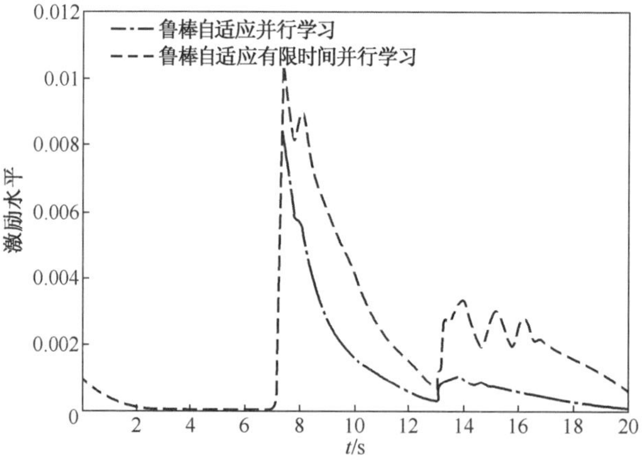


图 9.3　激励水平

进一步验证所提故障估计方法的鲁棒性，飞机运动方程中考虑了未知外部有界扰动，所得仿真结果如图 9.6～图 9.9。观察图 9.6 可知，考虑了外部扰动之后，尽管所估计结果有所振荡，但仍能有效收敛于真实值的邻域内，表现了所提方法的强鲁棒性。需要说明的是，在 1s 和 10s 时刻 $u_2$ 和 $u_4$ 分别发生故障后，较之 RACL，RAFTCL 收敛速率较快（黑色虚线更快地接近真实值），这在 $\lambda_4$ 中表现更为显著。但由于快速性和鲁棒性是两个不可调和的矛盾，这使得 RAFTCL 方法的震荡现象更为明显（RAFTCL 方法在 12～13s 区间所得 $\lambda_2$ 和 $\lambda_4$ 的估计误差较大）。

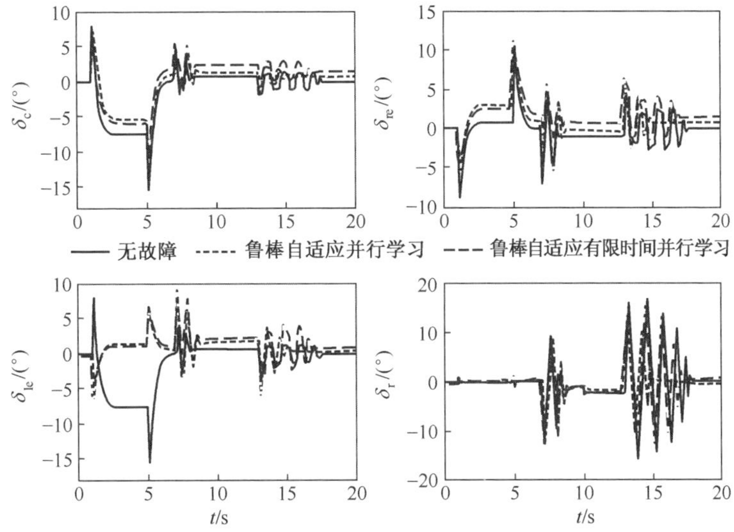


图 9.4 （见彩图）三轴控制指令跟踪

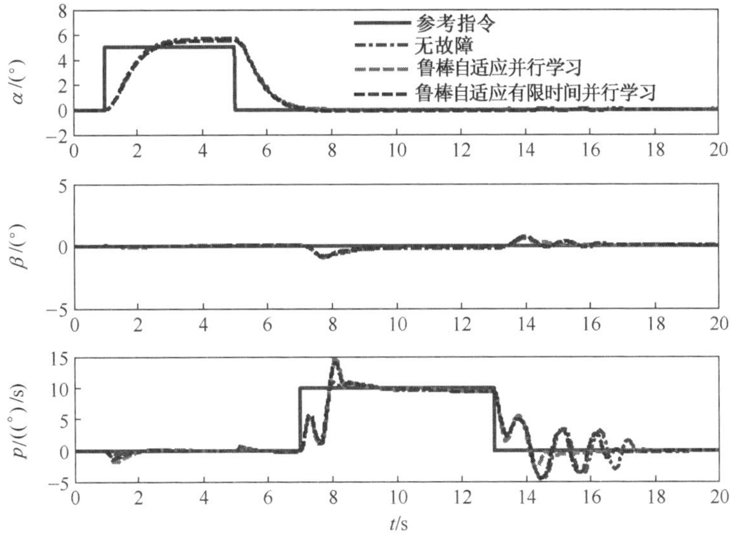


图 9.5 （见彩图）飞机执行机构输入

对比图 9.3和图 9.7 的激励水平可知，扰动虽对估计的准确度不利，但却为系统提供了更多的激励能量，有助于待估计效能的尽快收敛。

图 9.8 进一步验证了所提估计方法的鲁棒性，即在有界控制输入（图 9.9 中控

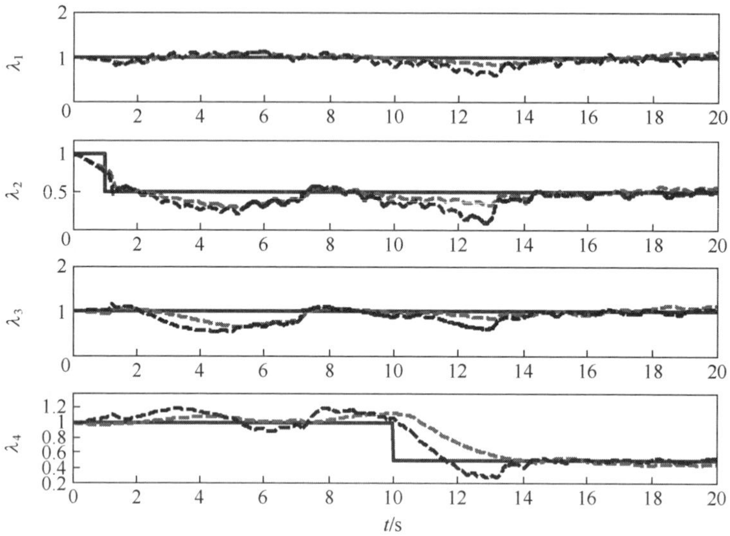


图 9.6　含扰动的故障估计

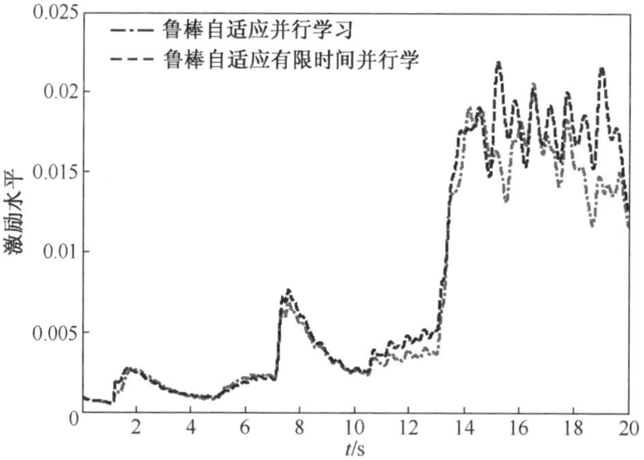


图 9.7　含扰动的激励水平

制量均在其物理约束范围内)条件下,该方法能够保证故障后系统既定的控制目标。

为进一步对仿真结果进行定量化分析,分别针对无扰动和含扰动情形,给出了虚拟指令跟踪误差和效能估计误差绝对值(误差幅值)在统计学意义下的最小值、最大值和均值,详见表 9.2 和表 9.3。

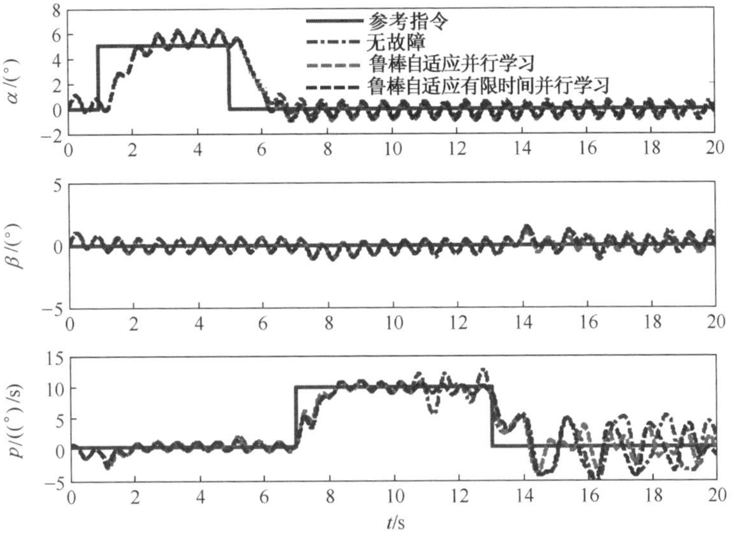


图 9.8　含扰动的三轴控制指令跟踪

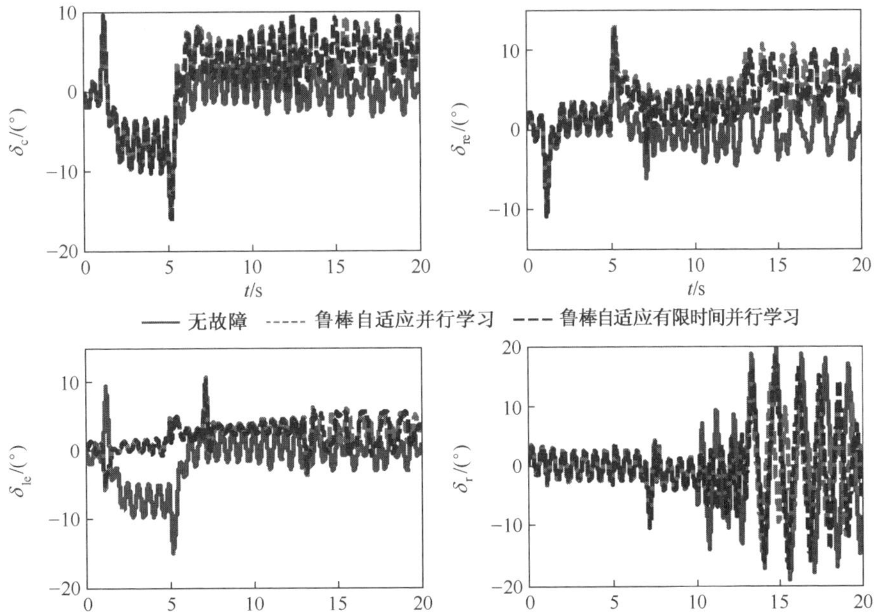


图 9.9　(见彩图)含扰动的飞机执行机构输入

表 9.2　无扰动情形下的仿真数据分析

| 项目 | 变量 | 最小值 | | | 最大值 | | | 均值 | | |
|---|---|---|---|---|---|---|---|---|---|---|
| | | Nominal | RACL | RAFTCL | Nominal | RACL | RAFTCL | Nominal | RACL | RAFTCL |
| $e$ | $\alpha$ | 0 | 0 | 0 | 5.6507 | 5.5143 | 5.5451 | 0.6281 | 0.6208 | 0.6587 |
| | $\beta$ | 0 | 0 | 0 | 0.8727 | 0.9944 | 0.9663 | 0.1567 | 0.1294 | 0.1416 |
| | $p$ | 0 | 0 | 0 | 10.0583 | 10.064 | 10.057 | 1.1979 | 0.944 | 1.1663 |
| $\tilde{\boldsymbol{\lambda}}$ | $\lambda_1$ | — | 0 | 0 | — | 0.1181 | 0.181 | — | 0.0376 | 0.0078 |
| | $\lambda_2$ | — | 0 | 0 | — | 0.4387 | 0.4684 | — | 0.0318 | 0.0126 |
| | $\lambda_3$ | — | 0 | 0 | — | 0.1278 | 0.0217 | — | 0.0054 | 0.0094 |
| | $\lambda_4$ | — | 0 | 0 | — | 0.4984 | 0.4999 | — | 0.0995 | 0.0503 |

表 9.3　含扰动情形下的仿真数据分析

| 项目 | 变量 | 最小值 | | | 最大值 | | | 均值 | | |
|---|---|---|---|---|---|---|---|---|---|---|
| | | Nominal | RACL | RAFTCL | Nominal | RACL | RAFTCL | Nominal | RACL | RAFTCL |
| $e$ | $\alpha$ | 0 | 0 | 0 | 5.5764 | 5.4698 | 5.5415 | 0.6549 | 0.6707 | 0.6656 |
| | $\beta$ | 0 | 0 | 0 | 1.4741 | 1.0701 | 1.3954 | 0.447 | 0.3769 | 0.4198 |
| | $p$ | 0 | 0 | 0 | 9.9005 | 9.6513 | 9.6444 | 2.2989 | 1.3858 | 2.0101 |
| $\tilde{\boldsymbol{\lambda}}$ | $\lambda_1$ | — | 0 | 0 | — | 0.1819 | 0.4146 | — | 0.0645 | 0.0919 |
| | $\lambda_2$ | — | 0 | 0 | — | 0.3036 | 0.4199 | — | 0.0625 | 0.0822 |
| | $\lambda_3$ | — | 0 | 0 | — | 0.3638 | 0.4635 | — | 0.0946 | 0.1221 |
| | $\lambda_4$ | — | 0 | 0 | — | 0.6596 | 0.5655 | — | 0.3231 | 0.0634 |
| 注：表 9.2 和表 9.3 中，“$\boldsymbol{e}$”表征系统响应值与期望指令值之差，“-”表征无效项 | | | | | | | | | | |

观察表 9.2 可知，在无扰动情形中，对比虚拟指令跟踪误差可知，RAFTCL 方法较之 RACL 方法所得迎角 $\alpha$ 跟踪误差最大值有所增大，在侧滑角 $\beta$ 和俯仰角速率 $p$ 方向表现相近。RAFTCL 方法的虚拟指令跟踪误差均值总体上大于 RACL 方法，其原因在于 RAFTCL 方法所得效能估计误差各个系数的最大值均大于 RACL 方法，这使得飞机飞控系统所生成的控制指令与期望指令偏差增大，导致虚拟指令跟踪误差偏大。对比效能估计误差可知，较之 RACL 方法，RAFTCL 方法所得估计误差均值较小，这说明 RAFTCL 方法较快地收敛到了真实值。此外，将上述两种方法的数据结果与 Nominal 情形对比，虚拟跟踪误差的最大值和均值均有所降低，说明所提方法在一定程度上提升了系统控制性能。

观察表 9.3 可知，考虑外部有界扰动后，RAFTCL 方法性能有所下降，表现在：虚拟指令跟踪误差的最大值和均值总体上大于 RACL 方法所得结果。其原因在于，RAFTCL 方法所得效能估计误差的最大值和均值均大于 RACL 方法所得结果。这进一步验证了仿真结果的有效性。

## 9.5 小结

本章针对过驱动系统的执行机构效能降低故障估计问题,基于故障估计误差信息,提出了两种鲁棒自适应故障估计方法。这两种方法都能实现对故障的快速、准确估计,并对未知外部有界扰动具有一定鲁棒性。采用并行学习技术,放宽了一般参数估计方法中对回归矩阵的持续激励条件,使得所提方法更便于实际应用。采用滑模技术实现了故障参数的有限时间收敛,并设计了基于最大奇异值的历史数据筛选算法,进一步加快了算法收敛速率。

综合文中理论分析和仿真结果可得到以下几点结论:

(1) 所提方法可高效估计执行器效能降低故障系数。

(2) 通过并行学习技术,有效放宽了自适应故障估计过程中持续激励条件。

(3) 所提方法对于外部有界扰动具有良好的鲁棒性。

由于执行机构加性故障和乘性故障的可相互转化性,本书方法也适用于含执行机构加性故障的非线性系统、方形系统等一类故障参数可仿射化系统,具有较大的理论研究价值和应用前景。

## 参考文献


[1] Chowdhary G V, Johnson E N. A singular value maximizing data recording algorithm for concurrent learning[C]. Proceedings of the 2011 American Control Conference, San Francisco, CA, USA, 2011: 3547-3552.

[2] Casavola A, Garone E. Fault-tolerant adaptive control allocation schemes for overactuated systems [J]. International Journal of Robust and Adaptive Control, 2010, 20(17): 1958-1980.

[3] Chowdhary G V. Concurrent learning for convergence in adaptive control without persistency of excitation[D]. Atlanta, USA: Aerospace Eng., Georgia Tech., 2010.

[4] Sastry S, Bodson M. Adaptive control: stability, convergence, and robustness[M]. New Jersey: Prentice Hall, 1989.

[5] Khalil H K. Nonlinear systems[M]. New Jersey: Prentice Hall, 2001.

[6] Khelassi A, Weber P, Theilliol D. Reconfigurable control design for over-actuated systems based on reliability indicators[C]. 2010 Conference on Control and Fault Tolerant Systems. Nice, France: IEEE, 2010: 365-370.

[7] Härkegård O, Glad T. Resolving actuator redundancy—optimal control vs. control allocation[J]. Automatica, 2005, 41(1): 137-144.

[8] 王发威, 董新民, 陈勇, 等. 多操纵面飞机舵面损伤的快速故障诊断[J]. 航空学报,

2015, 36(7): 2350-2360.

[9] Zhi J H, Dong X M, Chen Y, et al. Robust adaptive finite time parameter estimation with relaxed persistence of excitation[C]. Proceedings of the 2017 Asian Control Conference, Gold Coast, Australia: IEEE, 2017: 2715-2719.

# 第10章 含物理约束和故障重构不匹配的自适应控制分配

## 10.1 概述

考虑到广义逆法具有结构简单、实时快速、易于实现等特点,设计之初就针对舵面故障的紧急重构控制,是理论研究最早、工程应用最成熟,并且在 F-15 验证机上被证明实际可行的控制分配方法[1,2],本章将采用伪逆法进行实时的控制分配策略研究。然而伪逆法最主要的缺陷是无法考虑舵面位置约束、速率约束等因素影响,因此如何利用伪逆法优点并弥补其缺陷是需要解决的首要问题。

同时就其他学者的控制分配研究来看,通常假设故障诊断系统是完美的,即故障诊断能运行无限快、完全无误差的诊断出故障程度。这在实际故障诊断中是不可能的。故障重构不匹配会造成控制分配重构误差,受舵面的物理约束等因素影响,该误差对控制分配结果产生何种影响是需要研究的实际问题。

本章研究舵面存在物理约束、故障重构不匹配时的飞控系统控制分配方法。主要内容分为五部分:

(1) 针对执行器位置和速率饱和问题,引入控制指令限制模块,从根源上防止操纵面的控制输入饱和并遏制瞬态信号干扰,对于该模块限制后的非饱和指令与饱和指令差造成的控制不稳定,提出了一种基于自适应权值的加权伪逆法,降低了指令饱和对系统的影响。

(2) 针对含舵面故障且故障重构不匹配时的控制分配问题,研究了基于效率矩阵的故障表达形式,设计了一种基于故障效率矩阵的动态权值控制分配方法,其权值矩阵可以根据舵面损伤故障估计值动态调整控制分配律,从而直接补偿气动力损失,降低了故障对系统稳定的影响,分析了故障重构不匹配对控制分配的影响。

(3) 将自适应权值和动态权值相结合,提出了针对故障和舵面物理约束的动态自适应控制分配律方法。推导并证明了所设计的方法在舵面指令饱和情况下的稳定性。给出了该控制律不同于一般伪逆法的特性,指出如果不考虑舵面约束和故障,则所设计的控制分配方法等同于一般伪逆法。分析了在故障重构不匹配时控制分配律的变化趋势,为容错控制打下基础。

(4) 在舵面存在物理约束时进行仿真验证,分别在无故障速率饱和、有故障速率饱和、无冗余控制效能位置饱和、有冗余控制效能位置饱和四种情况下对自适应加权矩阵调节进行分析,验证了所提方法对舵面物理约束的有效性。

(5) 在无故障、故障重构匹配、不匹配情况下,采用未消除稳定误差的外环控制律,将所设计的控制分配方法与一般伪逆法进行对比仿真,以验证所提方法在故障时的分配性能。

## 10.2 问题描述

### 10.2.1 舵面物理约束问题

控制分配是指以最小控制代价为评价标准,将控制律生成的虚拟控制指令优化分配到真实的控制舵面上,实现对飞机飞行状态的有效控制。但在实际飞行控制系统中,执行器并不是可以处于任意位置,且响应速度也不是无限快,存在着较强的物理约束,如图 10.1 所示。

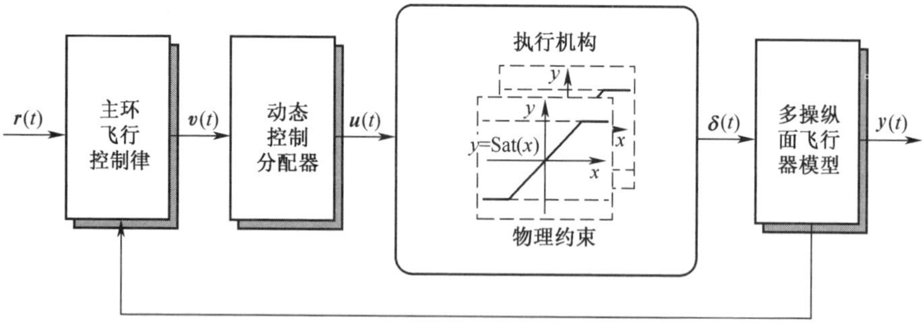


图 10.1 包含执行器物理约束级联控制结构

如果在设计控制律时,不考虑执行器的物理约束,则会导致执行器不能跟踪控制指令,最终影响系统稳定。对于控制分配来说,在以某性能指标将虚拟控制指令优化分配到真实的控制操纵面时,更需要考虑舵面偏转的位置约束和速率约束的影响。

下面采用计算简单、易于实现、工程实用性强的广义逆法来进行控制分配,其数学模型可描述为

$$\min_{\boldsymbol{u}(t)} J = \|\boldsymbol{u}(t)\|_2^2$$
$$\text{s.t.} \quad \boldsymbol{v}_\text{d}(t) = \boldsymbol{B}\boldsymbol{u}(t)$$

对应的最优解为$\boldsymbol{u}(t)= \boldsymbol{B}^{\dagger}\boldsymbol{v}_\text{d}(t)$。其中$\boldsymbol{B}^{\dagger} = \boldsymbol{B}^\text{T}(\boldsymbol{B}\boldsymbol{B}^\text{T})^{-1}$表示矩阵$\boldsymbol{B}$的Moore-Penrose逆。

从上式可以看出,广义逆法并不包含舵物理约束条件,因此如何在考虑舵面物理约束限制下,利用实时性好、成熟的广义逆法是本章需要的关键问题。

### 10.2.2 重构故障不匹配问题

图10.1所示的典型控制分配系统结构同样没有考虑故障状态下的控制分配问题,而多操纵面飞机设计的主要目的之一就是可以在故障状态下重构控制组合,达到更高的飞行可靠性和安全性。

因此,如何根据故障检测结果,研究影响控制分配过程的故障描述方法,以及故障状态下控制分配算法的改进是重点研究内容。

关于故障状态下的控制分配问题,当前文献都假设故障诊断系统是完美的,即故障诊断运行无限快,能瞬间完全精确地诊断出故障程度。而实际情况是,所有的故障诊断系统都会存在误差诊断,即使故障检测很准确,故障隔离也可能出现误差,如图10.2和图10.3所示。

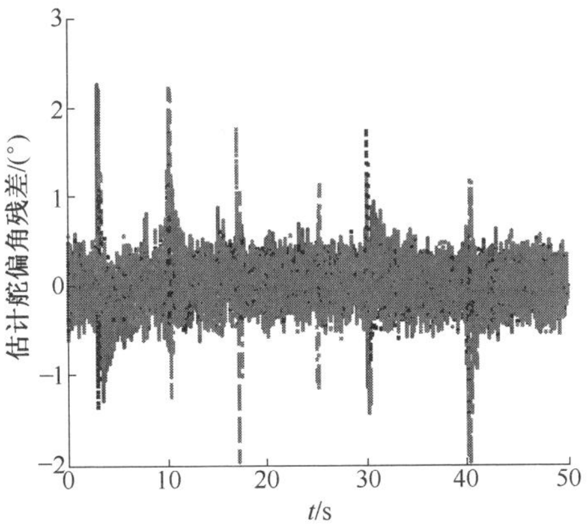


图10.2 (见彩图)估计值与真值残差

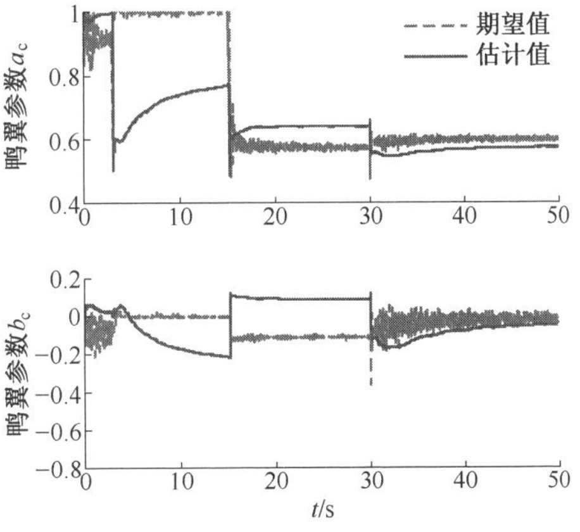


图10.3 (见彩图)故障损伤估计

由图10.2可以看出,即使在噪声影响下,舵面的实际偏转值与估计值残差很小,舵面估计精度很高。而如图10.3所示,在图10.2估计精度情况下,其故障损伤估计也存在大约4%的误差,这说明即使比较精确故障重构也会产生故障估计误差。虽然不同的故障隔离方法结果也不同,但误差总会存在,只是精度准确性问题。

不妨将考虑 FDD 诊断结果存在诊断误差，导致根据故障隔离结果进行的重构故障不匹配问题，研究存在重构不匹配情况下控制分配的描述过程，及其对控制分配结果的影响。

### 10.2.3 解决方案

针对问题 1 和问题 2，设计了基于动态自适应权值的控制分配解决方案，该控制分配方案主要由自适应律模块、动态自适应加权矩阵模块、控制分配权值矩阵模块和指令限制模块组成，如图 10.4 所示。

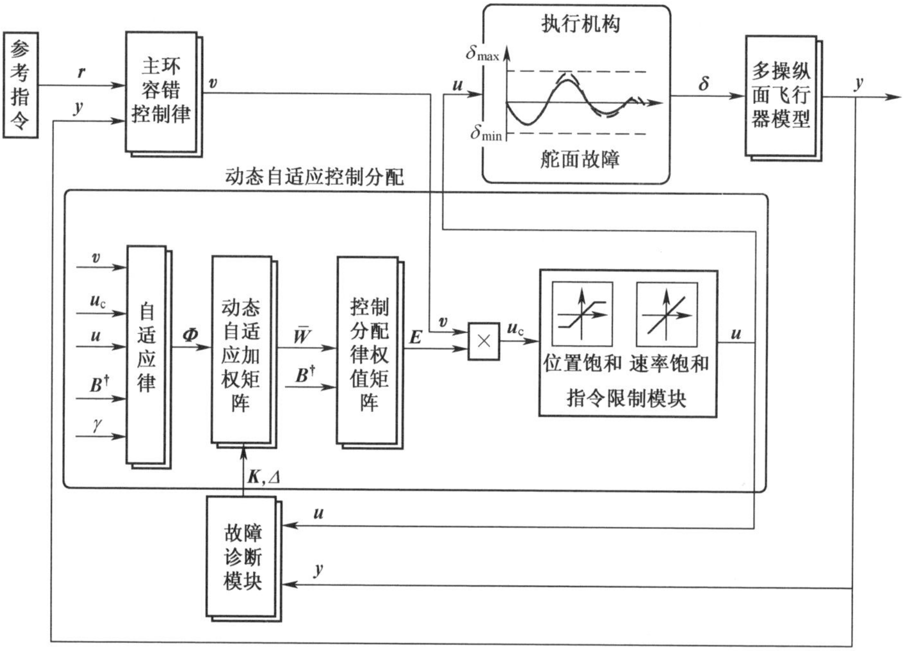


图 10.4 动态自适应控制分配方案

图 10.4 中，$\boldsymbol{r}$ 是系统参考输入信号；$\boldsymbol{y}$ 是系统输出信号；$\boldsymbol{v}$ 是容错控制律输出的虚拟控制信号；$\boldsymbol{B}^{\dagger}$是定义的伪逆；$\boldsymbol{u}$ 是经过位置和速率饱和限制后控制输入信号；$\boldsymbol{u}_{\mathrm{c}}$ 是容错控制律和控制分配律解算出的执行器控制信号；$\overline{\boldsymbol{W}}$ 是解算信号；$\gamma$ 是给定的常值；$\dot{\boldsymbol{\Phi}}$ 是自适应律；$\boldsymbol{K}^*$ 是真实故障损伤矩阵；$\boldsymbol{K}$ 是 FDD 检测出故障损伤矩阵；$\delta$ 是舵面真实偏转量；$\boldsymbol{\Delta}$ 是故障重构不匹配度；$\boldsymbol{E}$ 是控制分配律权值矩阵。

图 10.4 中，容错控制律是主环飞行控制律，生成控制分配所需要的虚拟控制律，并实现故障重构时的鲁棒控制；故障诊断完成对故障及损伤的检测，控制分配

律根据故障检测结果分配舵面权值；指令限制模块防止控制指令饱和，以满足舵面物理约束；自适应律可以逐步减小因执行器饱和造成的控制命令差 $\boldsymbol{e}_u$；动态权值通过对其他冗余舵面的调节，实现舵面故障时气动力损失的补偿。

## 10.3 考虑舵面物理约束情形

### 10.3.1 自适应控制分配律设计

系统状态空间模型为

$$\dot{\boldsymbol{x}}(t) = \boldsymbol{A}\boldsymbol{x}(t) + \boldsymbol{B}\boldsymbol{u}(\mathrm{t}) \tag{10.1}$$

式中：$\boldsymbol{A} \in \mathbf{R}^{n\times n}$，$\boldsymbol{B} \in \mathbf{R}^{n\times m}$。

虚拟控制律 $\boldsymbol{v}(t)$ 被定义为

$$\boldsymbol{v}(t) := \boldsymbol{B}\boldsymbol{u}(t) \tag{10.2}$$

则可以由控制分配律及容错控制律计算得到 $\boldsymbol{u}(t)$，即

$$\boldsymbol{u}(t) = \boldsymbol{B}^{\dagger}\boldsymbol{v}(t) \tag{10.3}$$

式中：$\boldsymbol{B}^{\dagger} := \boldsymbol{W}\boldsymbol{B}^{\mathrm{T}}(\boldsymbol{B}\boldsymbol{W}\boldsymbol{B}^{\mathrm{T}})^{-1}$ 为 $\boldsymbol{B}$ 的加权 Moore-Penrose 逆，$\boldsymbol{W}$ 为 $\boldsymbol{B}^{\dagger}$的加权矩阵。

对于一般伪逆法，在设计容错控制律使得 $\boldsymbol{v}(t)$ 已知的情况下，求出伪逆 $\boldsymbol{B}^{\dagger}$，即可得出执行器控制信号 $\boldsymbol{u}(\mathrm{t})$。但是，式(10.3)并未考虑执行器存在物理约束，即位置和速率饱和情况，也未考虑故障或故障诊断存在误差时对系统造成的影响。针对执行器物理约束情况，本书应用文献[3,4]的思想提出一种加权伪逆控制分配方法，选择权值矩阵为

$$\boldsymbol{E} := [\boldsymbol{I} - (\boldsymbol{I} - \boldsymbol{B}^{\dagger}\boldsymbol{B})\overline{\boldsymbol{W}}]\boldsymbol{B}^{\dagger} \tag{10.4}$$

式中：$\overline{\boldsymbol{W}}$ 为 $\boldsymbol{E}$ 的加权矩阵，明显地存在 $\boldsymbol{B}\boldsymbol{E}=\boldsymbol{I}$，即在不考虑执行器物理约束的情况下，该控制分配律能够完全实现外环期望的虚拟控制指令。相应地，执行器控制信号可表示为

$$\boldsymbol{u}(t) = \boldsymbol{E}\boldsymbol{v}(t) \tag{10.5}$$

当考虑执行器饱和时，令 $\boldsymbol{u}_{\mathrm{c}}$ 为容错控制律和控制分配律解算出的执行器饱和控制信号，则式(10.5)可变为

$$\boldsymbol{u}_{\mathrm{c}}(t) = [\boldsymbol{I} - (\boldsymbol{I} - \boldsymbol{B}^{\dagger}\boldsymbol{B})\overline{\boldsymbol{W}}]\boldsymbol{B}^{\dagger}\boldsymbol{v}(t) \tag{10.6}$$

令 $\boldsymbol{\Omega} = \mathrm{diag}(\boldsymbol{B}^{\dagger}\boldsymbol{v})$，$\boldsymbol{\Phi} = [\overline{W}_{11} \quad \overline{W}_{22} \quad \cdots \quad \overline{W}_{mm}]^{\mathrm{T}}$，式(10.6)可写为

$$\boldsymbol{u}_{\mathrm{c}}(t) = \boldsymbol{B}^{\dagger}\boldsymbol{v}(t) - (\boldsymbol{I} - \boldsymbol{B}^{\dagger}\boldsymbol{B})\boldsymbol{\Omega}\boldsymbol{\Phi} \tag{10.7}$$

由式(10.4)和式(10.7)可以看出，在 $\boldsymbol{v}(t)$ 已知的情况下，当剩余舵面还具备冗余控制效能时，可以通过调整 $\overline{\boldsymbol{W}}$ 使得 $\boldsymbol{u}_{\mathrm{c}}$ 不饱和，并且只有在执行器饱和时 $\overline{\boldsymbol{W}}$

才能自适应调整，设 $\boldsymbol{u}$ 是经过位置和速率饱和限制后控制输入信号，则

$$\boldsymbol{u}(t)=\boldsymbol{B}^{\dagger}\boldsymbol{v}(t)-(\boldsymbol{I}-\boldsymbol{B}^{\dagger}\boldsymbol{B})\boldsymbol{\Omega}\boldsymbol{\Phi}^{*} \tag{10.8}$$

式中：$\boldsymbol{\Phi}^{*}=[\overline{W}_{11}^{*}\quad \overline{W}_{22}^{*}\quad \cdots \quad \overline{W}_{\mathrm{mm}}^{*}]^{\mathrm{T}}$，代表饱和约束后的未知常值矩阵，令

$$\boldsymbol{\psi}=\boldsymbol{\Phi}^{*}-\boldsymbol{\Phi}=[\overline{W}_{11}^{*}-\overline{W}_{11}\quad \overline{W}_{22}^{*}-\overline{W}_{22}\quad \cdots \quad \overline{W}_{mm}^{*}-\overline{W}_{mm}]^{\mathrm{T}}$$

则

$$\boldsymbol{e}_{\mathrm{u}}(t)=\boldsymbol{u}_{\mathrm{c}}(t)=\boldsymbol{u}(t)=(\boldsymbol{I}-\boldsymbol{B}^{\dagger}\boldsymbol{B})\boldsymbol{\Omega}\boldsymbol{\psi} \tag{10.9}$$

对于饱和约束时的控制分配问题，可转化为设计 $\overline{\boldsymbol{W}}$ 使得饱和指令趋于非饱和指令问题，令加权矩阵 $\overline{\boldsymbol{W}}$ 为

$$\overline{\boldsymbol{W}}:=\mathrm{diag}(\boldsymbol{\Phi}) \tag{10.10}$$

采用文献[3,4]的自适应 $\boldsymbol{\Phi}$ 选择方法，即令

$$\begin{cases}\boldsymbol{\Phi}_{t=0}=\boldsymbol{I}\\ \dot{\boldsymbol{\Phi}}=\mathrm{Proj}_{\boldsymbol{\Phi}>0}\{-\gamma\boldsymbol{\Omega}^{\mathrm{T}}(\boldsymbol{I}-\boldsymbol{B}^{\dagger}\boldsymbol{B})\boldsymbol{e}_{\mathbf{u}}\}\end{cases} \tag{10.11}$$

式中：$\mathrm{Proj}_{\boldsymbol{\Phi}>0}$ 为投影函数，定义如下：

**定义 10.1** 如果 $\boldsymbol{\Phi}^{*}$ 属于集合 $\Theta:=\{\boldsymbol{\Phi}^{*}:\|\boldsymbol{\Phi}^{*}\|\leqslant\|\boldsymbol{\Phi}_{0}^{*}\|\}$，$\boldsymbol{\Phi}_{0}^{*}$ 为已知正的常值矩阵。令 $\boldsymbol{\mu}=-\gamma\boldsymbol{\Omega}^{\mathrm{T}}(\boldsymbol{I}-\boldsymbol{B}^{\dagger}\boldsymbol{B})\boldsymbol{e}_{\mathrm{u}}$，标准利普希茨(Lipschitz)连续投影函数为

$$\dot{\boldsymbol{\Phi}}=\mathrm{Proj}(\boldsymbol{\mu},\boldsymbol{\Phi})$$

$$=\begin{cases}\boldsymbol{\mu}, & \boldsymbol{p}_{l}(\boldsymbol{\Phi})\leqslant 0\\ \left(\boldsymbol{I}-\dfrac{\boldsymbol{p}_{l}(\boldsymbol{\Phi})\nabla\boldsymbol{p}_{l}(\boldsymbol{\Phi})\nabla\boldsymbol{p}_{l}^{\mathrm{T}}(\boldsymbol{\Phi})}{\nabla\boldsymbol{p}_{l}^{\mathrm{T}}(\boldsymbol{\Phi})\nabla\boldsymbol{p}_{l}(\boldsymbol{\Phi}}\right)\boldsymbol{\mu} & \text{其他}\\ \boldsymbol{\mu}, & \boldsymbol{p}_{l}(\boldsymbol{\Phi})\geqslant 0,\nabla\boldsymbol{p}_{l}^{\mathrm{T}}(\boldsymbol{\Phi})\boldsymbol{\mu}\leqslant 0\end{cases} \tag{10.12}$$

式中

$$\boldsymbol{p}_{l}(\boldsymbol{\Phi})=\frac{\boldsymbol{\Phi}^{\mathrm{T}}\boldsymbol{\Phi}-(\boldsymbol{\Phi}_{0}^{*})^{2}}{\varepsilon^{2}+2\varepsilon\|\boldsymbol{\Phi}_{0}^{*}\|} \tag{10.13}$$

$\varepsilon$ 是任意正常数，$\nabla$是梯度，则式(10.13)有如下性质[5]：

(1) $\|\boldsymbol{\Phi}(t)\|\leqslant\|\boldsymbol{\Phi}_{0}^{*}\|+\varepsilon\quad\forall t\geqslant 0$。

(2) $\psi^{\mathrm{T}}\mathrm{Proj}_{\boldsymbol{\Phi}>0}(\boldsymbol{\mu},\boldsymbol{\Phi})\geqslant\boldsymbol{\psi}^{\mathrm{T}}\boldsymbol{\mu}$。

(3) $\|\mathrm{Proj}_{\boldsymbol{\Phi}>0}(\boldsymbol{\mu},\boldsymbol{\Phi})\|\leqslant\|\boldsymbol{\mu}\|$。

(4) $\mathrm{Proj}_{\boldsymbol{\Phi}>0}(\boldsymbol{\mu},\boldsymbol{\Phi})$ 是利普希茨连续的。

### 10.3.2 物理约束控制分配律稳定性分析

下面将分析控制分配律在执行器物理约束下的控制律的稳定性。

**定理 10.1** 对于系统式(10.1),在执行器出现位置或速率饱和下,综合式(10.4)、式(10.5)、式(10.10)和式(10.11),可设计控制分配律:

$$\boldsymbol{u}(t)=[\boldsymbol{I}-(\boldsymbol{I}-\boldsymbol{B}^{\dagger}\boldsymbol{B})\cdot(\mathrm{diag}(\boldsymbol{\Phi}))]\boldsymbol{B}^{\dagger}\boldsymbol{v}(t) \tag{10.14}$$

实现操纵面权值的自适应调整。存在控制冗余的情况下,若存在 $\gamma<0$,则设计的控制分配律能够调整饱和舵面至非饱和,且满足 $\lim_{t\to\infty}\boldsymbol{e}_u(t)=0$。

**证明** 选取李雅普诺夫函数为

$$\boldsymbol{V}=-\frac{\boldsymbol{\psi}^{\mathrm{T}}\boldsymbol{\psi}}{2\gamma}$$

则

$$\dot{\boldsymbol{V}}=-\frac{\boldsymbol{\psi}^{\mathrm{T}}\boldsymbol{\psi}+\boldsymbol{\psi}^{\mathrm{T}}\dot{\boldsymbol{\psi}}}{2\gamma}$$

因为

$$\boldsymbol{e}_{\mathrm{u}}(t)=(\boldsymbol{I}-\boldsymbol{B}^{\dagger}\boldsymbol{B})\boldsymbol{\Omega}\boldsymbol{\psi}$$

$$\boldsymbol{B}^{\dagger}:=\overline{\boldsymbol{W}}\boldsymbol{B}^{\mathrm{T}}(\boldsymbol{B}\overline{\boldsymbol{W}}\boldsymbol{B}^{\mathrm{T}})^{-1},\overline{\boldsymbol{W}}=\mathrm{dian}(\boldsymbol{\Phi})$$

故

$$\begin{aligned}(\boldsymbol{B}^{\dagger}\boldsymbol{B})^{\mathrm{T}}&=(\overline{\boldsymbol{W}}\boldsymbol{B}^{\mathrm{T}}(\boldsymbol{B}\overline{\boldsymbol{W}}\boldsymbol{B}^{\mathrm{T}})^{-1}\boldsymbol{B})^{\mathrm{T}}\\&=(\boldsymbol{B}^{\mathrm{T}}(\boldsymbol{B}\overline{\boldsymbol{W}}\boldsymbol{B}^{\mathrm{T}})^{-1}\boldsymbol{B}\overline{\boldsymbol{W}})\\&=(\overline{\boldsymbol{W}}\boldsymbol{B}^{\mathrm{T}}(\boldsymbol{B}\overline{\boldsymbol{W}}\boldsymbol{B}^{\mathrm{T}})^{-1}\boldsymbol{B})\\&=\boldsymbol{B}^{\dagger}\boldsymbol{B}\end{aligned}$$

则

$$\begin{aligned}\boldsymbol{e}_{\mathrm{u}}^{\mathrm{T}}(t)&=((\boldsymbol{I}-\boldsymbol{B}^{\dagger}\boldsymbol{B})\boldsymbol{\Omega}\boldsymbol{\psi})^{\mathrm{T}}\\&=\boldsymbol{\psi}^{\mathrm{T}}\boldsymbol{\Omega}^{\mathrm{T}}(\boldsymbol{I}-\boldsymbol{B}^{\dagger}\boldsymbol{B})^{\mathrm{T}}\\&=\boldsymbol{\psi}^{\mathrm{T}}\boldsymbol{\Omega}^{\mathrm{T}}(\boldsymbol{I}-\boldsymbol{B}^{\dagger}\boldsymbol{B})\end{aligned}$$

又因为

$$\dot{\boldsymbol{\psi}}=-\dot{\boldsymbol{\Phi}}$$

则

$$\begin{aligned}\boldsymbol{\psi}^{\mathrm{T}}\dot{\boldsymbol{\psi}}&=-\boldsymbol{\psi}^{\mathrm{T}}\dot{\boldsymbol{\Phi}}\\&=-\boldsymbol{\psi}^{\mathrm{T}}\mathrm{Proj}_{\boldsymbol{\Phi}>0}\{-\gamma\boldsymbol{\Omega}^{\mathrm{T}}(\boldsymbol{I}-\boldsymbol{B}^{\dagger}\boldsymbol{B})\boldsymbol{e}_{\mathbf{u}}\}\\&\leqslant\boldsymbol{\psi}^{\mathrm{T}}\gamma\boldsymbol{\Omega}^{\mathrm{T}}(\boldsymbol{I}-\boldsymbol{B}^{\dagger}\boldsymbol{B})\boldsymbol{e}_{\mathbf{u}}\\&=\gamma\boldsymbol{\psi}^{\mathrm{T}}\boldsymbol{\Omega}^{\mathrm{T}}(\boldsymbol{I}-\boldsymbol{B}^{\dagger}\boldsymbol{B})\boldsymbol{e}_{\mathbf{u}}\\&=\gamma\boldsymbol{e}_{\mathrm{u}}^{\mathrm{T}}\boldsymbol{e}_{\mathbf{u}}\end{aligned}$$

且

$$
\begin{aligned}
\dot{\boldsymbol{\psi}}^{\mathrm{T}}\boldsymbol{\psi} &= -\dot{\boldsymbol{\Phi}}^{\mathrm{T}}\boldsymbol{\psi} \\
&= -\left(\mathrm{Proj}_{\boldsymbol{\Phi}>0}\{-\gamma\boldsymbol{\Omega}^{\mathrm{T}}(\boldsymbol{I}-\boldsymbol{B}^{\dagger}\boldsymbol{B})\boldsymbol{e}_{\mathbf{u}}\}\right)^{\mathrm{T}}\boldsymbol{\psi} \\
&\leqslant \left(\{-\gamma\boldsymbol{\Omega}^{\mathrm{T}}(\boldsymbol{I}-\boldsymbol{B}^{\dagger}\boldsymbol{B})\boldsymbol{e}_{\mathbf{u}}\}\right)^{\mathrm{T}}\boldsymbol{\psi} \\
&= \gamma\boldsymbol{e}_{\mathrm{m}}^{\mathrm{T}}(\boldsymbol{I}-\boldsymbol{B}^{\dagger}\boldsymbol{B})\boldsymbol{\Omega}\boldsymbol{\psi} \\
&= \gamma\boldsymbol{e}_{\mathrm{u}}^{\mathrm{T}}\boldsymbol{e}_{\mathbf{u}}
\end{aligned}
$$

故

$$
\begin{aligned}
\dot{V} &= -\frac{\dot{\boldsymbol{\psi}}^{\mathrm{T}}\boldsymbol{\psi}+\boldsymbol{\psi}^{\mathrm{T}}\dot{\boldsymbol{\psi}}}{2\gamma} \\
&\leqslant \frac{-2\gamma\boldsymbol{e}_{\mathrm{u}}^{\mathrm{T}}\boldsymbol{e}_{\mathbf{u}}}{2\gamma} \\
&= -\boldsymbol{e}_{\mathrm{u}}^{\mathrm{T}}\boldsymbol{e}_{\mathbf{u}} \\
&\leqslant 0
\end{aligned}
$$

从而当 $\gamma<0$ 时，$\lim_{t\to\infty}\boldsymbol{\psi}(t)=0$，且 $\lim_{t\to\infty}\boldsymbol{e}_{\mathrm{u}}(t)=0$。证毕。

### 10.3.3 仿真及分析

多操纵面飞机方程同第 8 章。对于针对执行器物理约束所设计的控制分配律，本节将在有冗余控制效能位置饱和、无冗余控制效能位置饱和情况，无故障速率饱和及有故障速率饱和四种情况下进行仿真分析。

假设在 3～30s 对飞机施加 6°的迎角指令，在 15～19s 施加 40°的侧滑角指令，其他参考指令始终为 0°，为了产生速率饱和，在第 15s 时加入鸭翼 40%损伤故障，当 25s 时出现左升降副翼 40%损伤故障，并在第 28s 给出 40°的左升降副翼瞬时干扰信号，仿真步长为 0.01s，作动器上白噪声方差为 0.025(°)$^2$。闭环系统状态响应过程如图 10.5 所示。

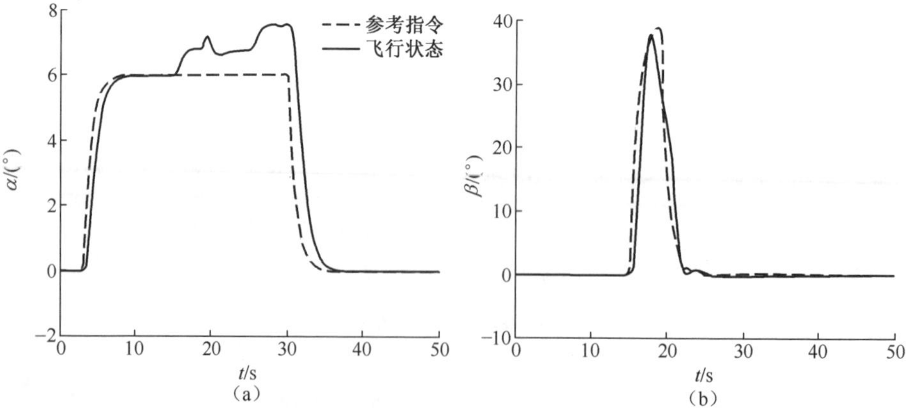

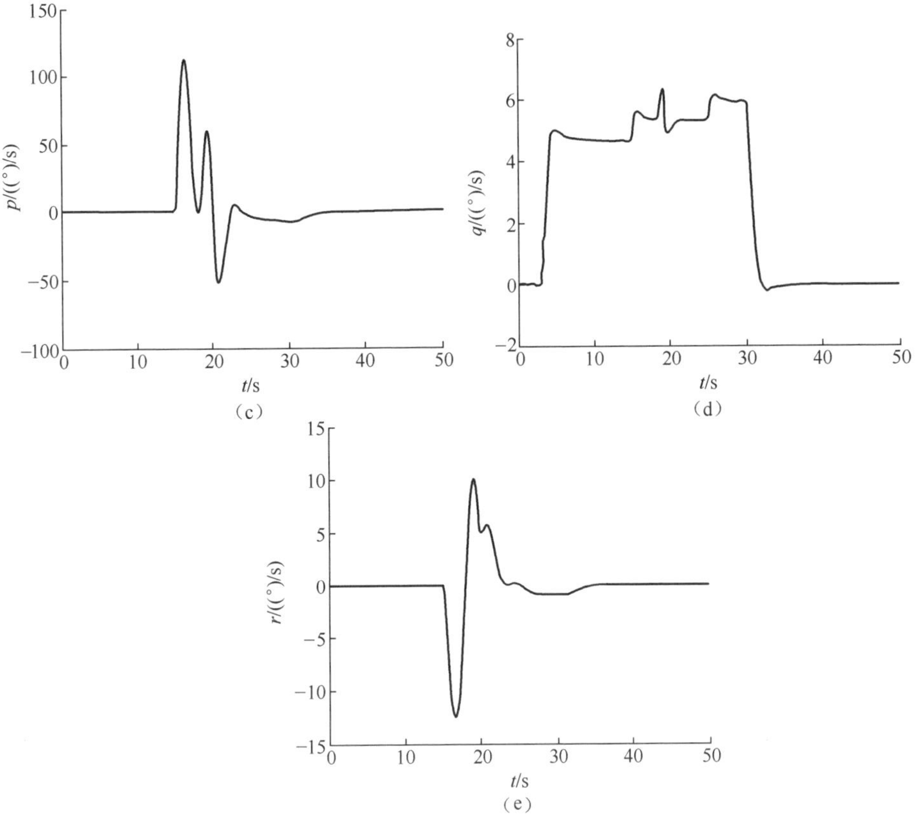


图 10.5　闭环系统状态响应图

针对图 10.5 闭环系统状态响应，下面将给出其舵面控制信号，根据饱和及故障冗余情况的不同，分为四种情况讨论。

1. 有冗余控制效能位置饱和情况

当其他舵面有冗余控制效能，出现位置饱和时，控制分配律的自适应权值调整如图 10.6 所示。

图 10.6 中，由于在第 15s 加入 40°的侧滑角指令，使得左升降副翼发生正偏转，且在第 18s 达到 30°的位置饱和如图 10.6(a)所示；此时通过式(10.11)所设计的自适应律，左升降副翼控制分配权值在第 18s 的时候开始逐渐降低，当第 19.1s 左升降副翼小于位置饱和后，权值为 0.897 不再发生变化如图 10.6(c)所示；当左升降副翼位置饱和时，在剩余舵面如图 10.6(d)所示未达到饱和位置有冗余控制效能情况下，图 10.6(e)中右升降副翼的权值第 18s 的时候开始由 1 逐渐增加至 1.082，图 10.6(f)中鸭翼的权值第 18s 的时候开始由 0.6 逐渐增加至 0.621，从而补偿了左升降副翼位置饱和造成的气动力损失。

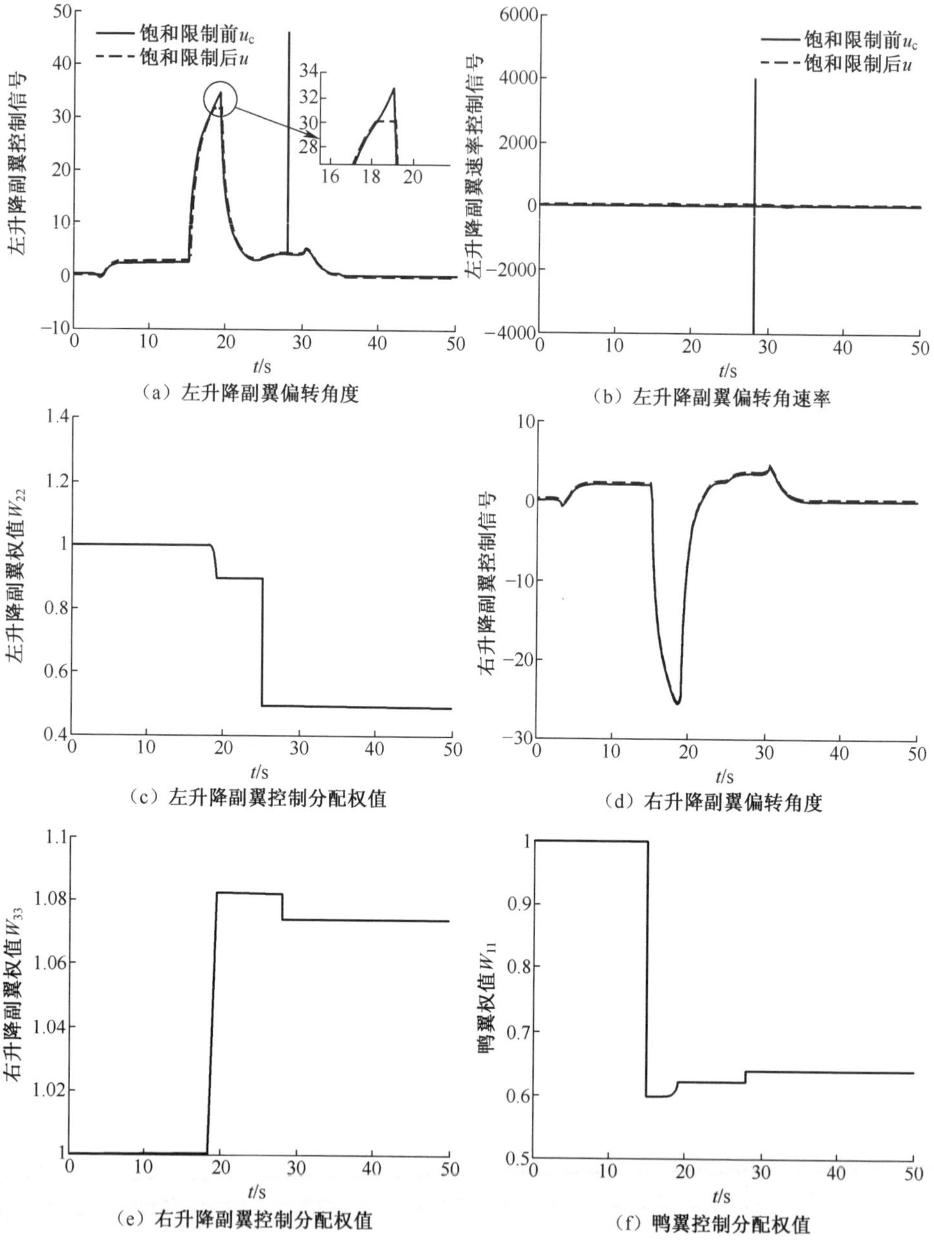


图 10.6　有冗余控制效能位置饱和图

2. 无冗余控制效能位置饱和情况

当其他舵面无冗余控制效能，出现位置饱和时，控制分配律的自适应权值调整如图 10.7 所示。

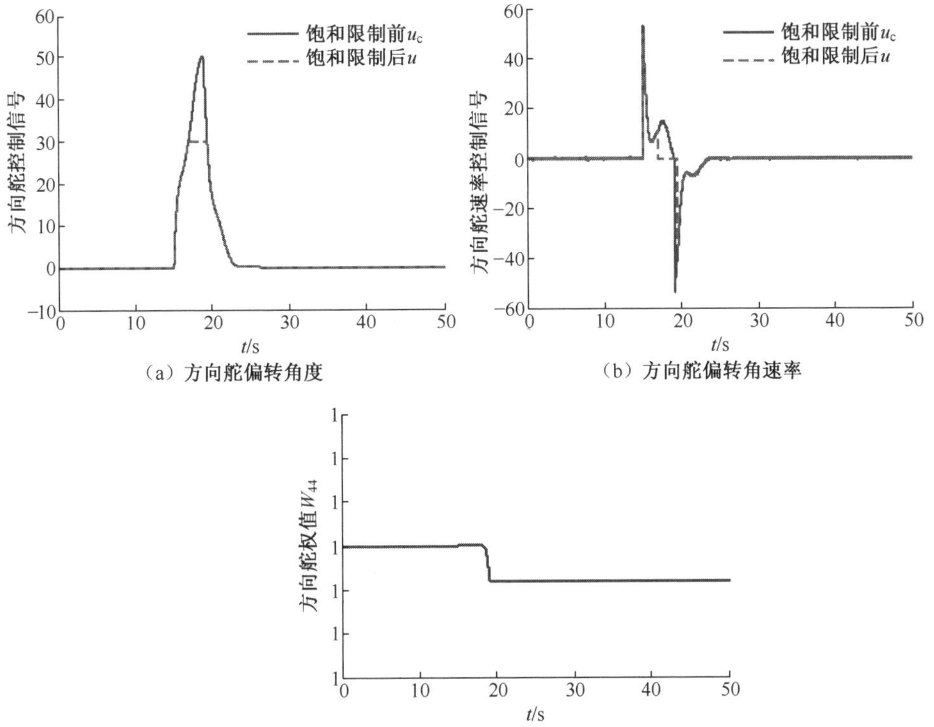


（a）方向舵偏转角度

（b）方向舵偏转角速率

（c）方向舵控制分配权值

图 10.7　无冗余控制效能位置饱和图

图 10.7 中，由于在第 15s 加入 40°的侧滑角指令，使得方向舵发生正偏转，且在第 17s 达到 30°的位置饱和如图 10.7(a)所示；此时方向舵有降低其控制分配权值的趋势，但是由于其他舵面无冗余控制效能，故即使方向舵达到位置饱和，其权值也基本未发生变化如图 10.7(c)所示。

3. 无故障速率饱和情况

在仿真中，4 个舵面的控制信号都出现不同程度的速率饱和情况，这里以右升降副翼为例进行无故障时速率饱和分析，控制分配律的自适应权值调整如图 10.8 所示。

图 10.8 中，由于在第 15s 加入 40°的侧滑角指令，使得右升降副翼发生负偏转，右升降副翼未出现位置饱和如图 10.8(a)所示，但在第 15s 出现瞬时的速率饱和如图 10.8(b)所示，此时通过式(10.11)所设计的自适应律，右升降副翼控制分配权值在第 18s 瞬时增加到 1.00004 如图 10.8(c)所示，因为速率饱和为瞬时信号，所以权值的调整也非常小，且并不是如图 10.6 和图 10.7 一样是逐渐变化的过程，可以看出本书所设计的自适应控制分配律具有非常灵敏的调整性能。

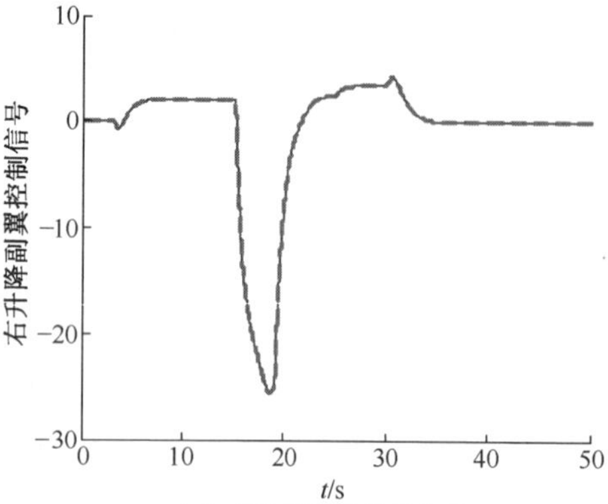


（a）右升降副翼偏转角度

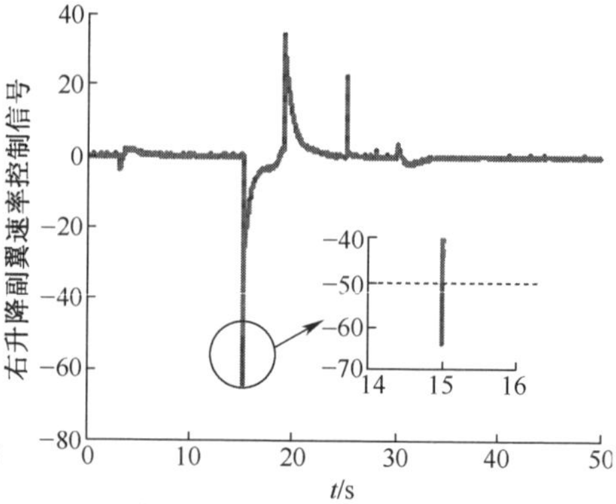


（b）右升降副翼偏转角速率

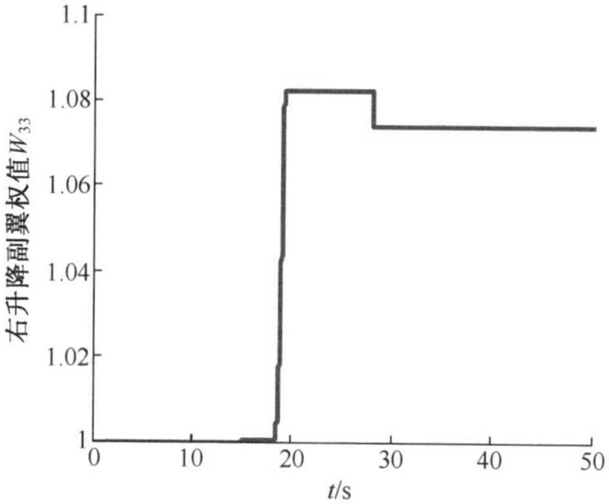


（c）右升降副翼控制分配权值

图 10.8 （见彩图）无故障速率饱和情况图

4. 有故障速率饱和情况

当出现故障和速率饱和时，控制分配律的自适应权值调整如图 10.9 所示。

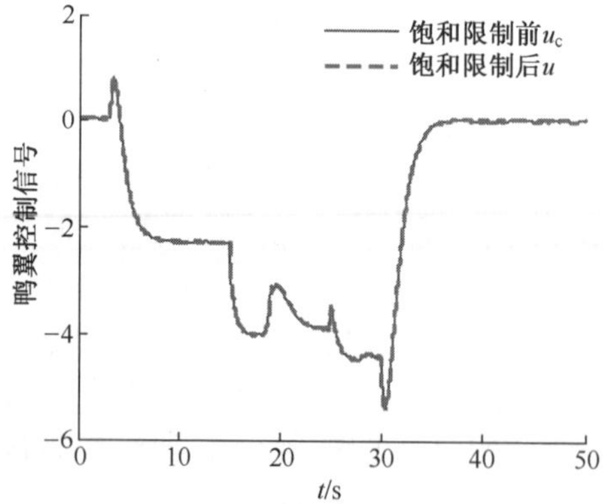


（a）鸭翼偏转角度

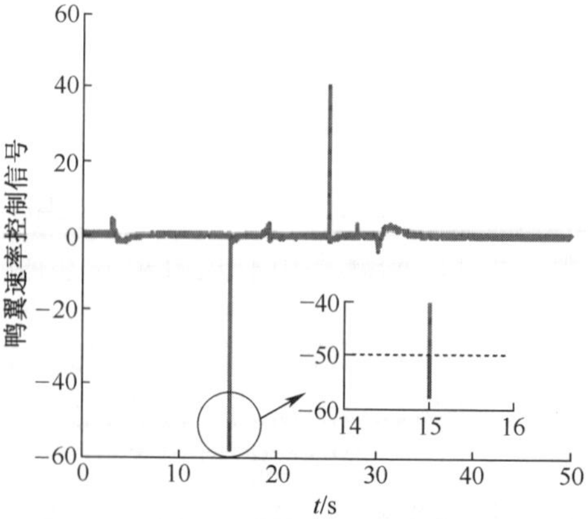


（b）鸭翼偏转角速率

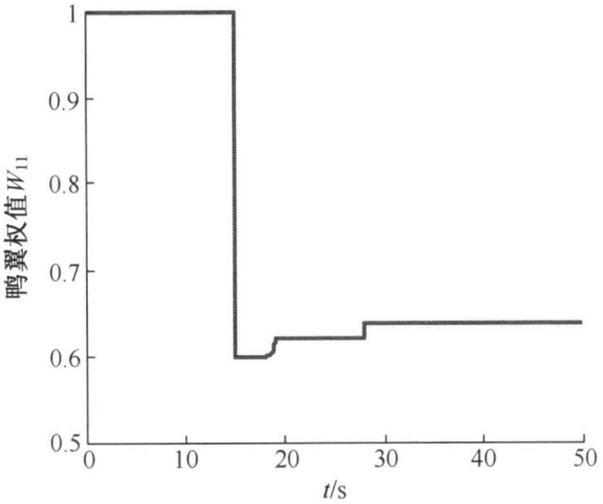

(c) 鸭翼控制分配权值

图 10.9 (见彩图)有故障速率饱和情况图

图 10.9 中,由于在第 15s 加入 40°的侧滑角指令和 40%损伤故障,使得鸭翼在第 15s 出现瞬时的速率饱和如图 10.19(b)所示;由图 10.5 闭环系统状态响应和图 10.9(c)可以看出,相对于舵面物理约束,故障对于控制分配的影响是十分显著的,因此必须研究故障下的控制分配问题。

## 10.4 考虑舵面物理约束和重构故障不匹配情形

### 10.4.1 自适应控制分配律动态权值设计

由 10.3 节可知,执行器故障对于控制分配具有显著影响,飞机执行器的故障主要分为卡死、损伤、松浮和饱和等。由第 2 章执行器故障模型可知,令 $\delta_i(t)$ 表示第 $i$ 个操纵面的实际舵偏角,$u_i(t)$ 为第 $i$ 个操纵面的输入控制量,各故障类型如下。

(1) 当操纵面 $i$ 卡死时,执行器故障模型为

$$\delta_i(t) = N_i \tag{10.15}$$

式中:$N_i$ 为常数。

(2) 当操纵面 $i$ 损伤时,执行器故障模型为

$$\delta_i(t) = f(\delta_i)(w_i^*(t)u_i(t)) \tag{10.16}$$

式中:$w_i^*(t) \in [0,1]$ 表示损伤系数,$w_i^*(t) = 1$ 表示第 $i$ 个执行器健全。

(3) 当操纵面 $i$ 松浮时,执行器故障模型为

$$\delta_i(t) = 0 \tag{10.17}$$

操纵面松浮是指操纵面与作动器断开。因此,这种故障的表现形式为操纵面

不受控制，只是随着飞机的飞行状态呈漂浮状态。

（4）当操纵面 $i$ 饱和时，执行器故障模型为

$$\delta_i(t)=\delta_{i\min}\text{，或者 }\delta_i(t)=\delta_{i\max} \tag{10.18}$$

假设任意操纵面 $i$ 卡死或松浮时对应的控制效能为 $\boldsymbol{b}_i(\boldsymbol{x})$，则其产生的虚拟控制指令为定值，类同于将 $\boldsymbol{v}_{\mathrm{d}}(t)-u_{\mathrm{s},i}(t)\boldsymbol{b}_i(\boldsymbol{x})$ 分配到剩余的损伤或健全操纵面上。为此，下面着重分析 $w_i^*(t)\in[0,1]$ 的情形。

进一步分析可知，操纵面损伤可视为执行器的控制效能有所损失，而操纵面偏转余度保持不变，即令

$$\begin{cases}\boldsymbol{CB}_{\mathrm{d}}(\boldsymbol{x})=\boldsymbol{CB}_{\mathrm{u}}(\boldsymbol{x})\boldsymbol{W}^*(t)\\ \boldsymbol{u}(t)\in\Omega,\boldsymbol{d}(t)\in\Omega\end{cases} \tag{10.19}$$

式中：$\boldsymbol{W}^*(t)\in\mathbf{R}^{m\times m_{\mathrm{d}}}$ 为故障执行器效能损失矩阵，通过扩展组合可得所有操纵面故障前后的效能转换矩阵：

$$\boldsymbol{W}^*(t)=\begin{bmatrix}w_1^*(t) & & \\ & \ddots & \\ & & w_m^*(t)\end{bmatrix} \tag{10.20}$$

假设当发生执行器损伤故障时，系统状态空间方程能够写为

$$\dot{\boldsymbol{x}}(t)=\boldsymbol{Ax}(t)+\boldsymbol{BW}^*\boldsymbol{u}(t) \tag{10.21}$$

式中：$\boldsymbol{A}\in\mathbf{R}^{n\times n}$，$\boldsymbol{B}\in\mathbf{R}^{n\times m}$，$\boldsymbol{W}^*$ 是式（10.21）执行器真实故障残余效能矩阵。

对于系统式（10.21）故障，本节采取 10.3 节设计的控制分配律权值矩阵形式 $\boldsymbol{E}$ 为

$$\boldsymbol{E}:=[\boldsymbol{I}-(\boldsymbol{I}-\boldsymbol{B}^{\dagger}\boldsymbol{B})\overline{\boldsymbol{W}}]\boldsymbol{B}^{\dagger} \tag{10.22}$$

如同执行器饱和情况，当执行器故障且剩余舵面还具备冗余控制效能时，可以通过调节加权矩阵 $\overline{\boldsymbol{W}}$，降低故障舵面的偏转，增加剩余冗余舵面的效能用以补偿执行器损伤造成的气动力损伤，一种简单的动态故障加权矩阵调节如下，即令

$$\overline{\boldsymbol{W}}(t):=\boldsymbol{W}^* \tag{10.23}$$

但是由于故障信息必须通过故障诊断才能获得，对于实际系统，故障诊断通常并不能完全准确诊断出故障信息，必然有诊断误差，从而使得故障重构存在不匹配，不考虑故障诊断所需时间，定义 $\boldsymbol{\Delta}$ 为诊断误差导致的故障重构不匹配值，有

$$\boldsymbol{W}^*(t)=(\boldsymbol{I}-\boldsymbol{\Delta})\overline{\boldsymbol{W}}(t) \tag{10.24}$$

式（10.24）的具体意义如下，令 $\boldsymbol{K}$ 代表 FDD 检测出故障损伤矩阵，有

$$\boldsymbol{K}(t):=\begin{cases}\boldsymbol{0}, & \boldsymbol{K}^*=\boldsymbol{0}\\ \boldsymbol{K}^*(t)-\widetilde{\boldsymbol{K}}^*(t), & \boldsymbol{K}^*\neq\boldsymbol{0}\end{cases} \tag{10.25}$$

式（10.25）意义为：在实际故障诊断中，当系统无故障时（$\boldsymbol{K}^*=\boldsymbol{0}$），FDD 能准

确判断无故障状态；当系统一直存在故障时($\boldsymbol{K}^* \neq \boldsymbol{0}$)，FDD 判断出系统故障，但对效能损伤值判断有误差，$\widetilde{\boldsymbol{K}}^*$ 为诊断误差。

结合式(10.10)，同时考虑舵面物理约束和重构故障不匹配情形，动态加权矩阵 $\overline{\boldsymbol{W}}$ 为

$$\overline{\boldsymbol{W}}(t) := \boldsymbol{I} - \boldsymbol{K}(t) + \mathrm{diag}(\boldsymbol{\Phi}) \tag{10.26}$$

则设计的控制分配律为

$$\boldsymbol{u}(t) = \boldsymbol{E}\boldsymbol{v}(t) \tag{10.27}$$

其中权值矩阵为

$$\boldsymbol{E} = [\boldsymbol{I} - (\boldsymbol{I} - \boldsymbol{B}^{\dagger}\boldsymbol{B}) \cdot (\boldsymbol{I} - \boldsymbol{K}(t) + \mathrm{diag}(\boldsymbol{\Phi}))]\boldsymbol{B}^{\dagger} \tag{10.28}$$

其中自适应律 $\boldsymbol{\Phi}$ 为

$$\begin{cases} \boldsymbol{\Phi}_{t=0} = \boldsymbol{I} \\ \dot{\boldsymbol{\Phi}} = \mathrm{Proj}_{\boldsymbol{\Phi}>0}\{-\gamma\boldsymbol{\Omega}^{\mathrm{T}}(\boldsymbol{I} - \boldsymbol{B}^{\dagger}\boldsymbol{B})\boldsymbol{e}_{\mathbf{u}}\} \end{cases} \tag{10.29}$$

式中：$\mathrm{Proj}_{\boldsymbol{\Phi}>0}$ 为投影函数。

### 10.4.2 控制分配权值矩阵性质分析

下面将对本章所设计的控制分配权值矩阵 $\boldsymbol{E}$ 性质进行分析。

**引理 10.1**[6-11] 存在一个有界并不依赖于 $\overline{\boldsymbol{W}}$ 的标量 $\gamma_0$，则

$$\|\boldsymbol{B}^{\dagger}\| = \|\boldsymbol{W}\boldsymbol{B}^{\mathrm{T}}(\boldsymbol{B}\boldsymbol{W}\boldsymbol{B}^{\mathrm{T}})^{-1}\| < \gamma_0 \tag{10.30}$$

对所有的 $\boldsymbol{W} = \mathrm{diag}(w_1 \cdots w_m)$，$0<w_i\leqslant 1$。

**定理 10.2** 存在一个有界并不依赖于 $\overline{\boldsymbol{W}}$ 的标量 $\lambda_1$，则

$$\|\boldsymbol{E}\| = \|[\boldsymbol{I} - (\boldsymbol{I} - \boldsymbol{B}^{\dagger}\boldsymbol{B})\overline{\boldsymbol{W}}]\boldsymbol{B}^{\dagger}\| < \lambda_1 \tag{10.31}$$

对所有的 $\overline{\boldsymbol{W}} = \mathrm{diag}[\overline{W}_{11} \quad \overline{W}_{22} \quad \cdots \quad \overline{W}_{mm}]$，$0 < \overline{W}_i \leqslant 1$。

**证明**

$$\begin{aligned} &\|[\boldsymbol{I}-(\boldsymbol{I}-\boldsymbol{B}^{\dagger}\boldsymbol{B})\overline{\boldsymbol{W}}]\boldsymbol{B}^{\dagger}\| \\ &\leqslant (\|\boldsymbol{I}\|+\|\boldsymbol{I}-\boldsymbol{B}^{\dagger}\boldsymbol{B}\|\,\|\overline{\boldsymbol{W}}\|\,\|\boldsymbol{B}^{\dagger}\| \\ &\leqslant (\|\boldsymbol{I}\|+\|\boldsymbol{I}-\boldsymbol{B}^{\dagger}\boldsymbol{B}\|)\,\|\boldsymbol{B}^{\dagger}\| \\ &\leqslant (\|\boldsymbol{I}\|+\|\boldsymbol{I}\|+\|\boldsymbol{B}^{\dagger}\boldsymbol{B}\|)\,\|\boldsymbol{B}^{\dagger}\| \leqslant (2+\|\boldsymbol{B}^{\dagger}\boldsymbol{B}\|)\,\|\boldsymbol{B}^{\dagger}\| \\ &\leqslant (2+\|\boldsymbol{B}^{\dagger}\|\,\|\boldsymbol{B}\|)\,\|\boldsymbol{B}^{\dagger}\| \leqslant (2+\|\boldsymbol{B}^{\dagger}\|)\,\|\boldsymbol{B}^{\dagger}\| \end{aligned}$$

根据引理 10.1 可知，$(2 + \|\boldsymbol{B}^{\dagger}\|)\|\boldsymbol{B}^{\dagger}\| < (2 + \gamma_0)\gamma_0$，从而

$$\|[\boldsymbol{I} - (\boldsymbol{I} - \boldsymbol{B}^{\dagger}\boldsymbol{B})\overline{\boldsymbol{W}}]\boldsymbol{B}^{\dagger}\| < (2 + \gamma_0)\gamma_0 = \lambda_1$$

证毕。

**定理 10.3** 当无故障且控制输入不饱和时，控制分配律 $\boldsymbol{E}$ 等于常用加权伪逆

$B^{\dagger}$,具有 $B^{\dagger}$的一切性质。

**证明** 当无故障且控制输入不饱和时,$\overline{W}=I$,则

$$
\begin{aligned}
E &= [I-(I-B^{\dagger}B)\overline{W}]B^{\dagger} \\
&= B^{\dagger}BB^{\dagger}=B^{\dagger}
\end{aligned}
$$

证毕。

### 10.4.3 仿真及分析

多操纵面飞机仿真方程同第 8 章。对于执行器存在故障且故障重构不匹配情况,本节将在无故障、故障诊断无误差且故障残余效能 60%和 54.6%、故障诊断有 9%误差且故障残余效能 60%和 54.6%、一般伪逆法 60%故障损伤残余效能四种情况下进行对比仿真。

假设在 1~6s 对飞机施加 8°的迎角指令,在 3~8s 施加 100°/s 的滚转角速率指令,侧滑角参考指令始终为 0°。分别在操纵面健全、左鸭翼故障损伤残余效能 100%、60%和 54.6%,故障诊断无误差和误差为 9%的情形下进行仿真,并在 60%故障损伤残余效能时采用一般伪逆法 $B^{\dagger}$进行了对比,为了更好地得出故障趋势,外环控制律未采用消除稳定误差方法,其闭环系统状态响应过程如图 10.10 所示。

在图 10.10 中,随着左鸭翼损伤的增大,当外环控制未采用消除稳态误差方法时,由图 10.10(a)和图 10.10(d)可知,其稳态误差也在增加;对比无诊断误差故障损伤残余效能 54.6%和 9%诊断误差故障损伤残余效能 60%曲线可知,故障诊断误差虽然对舵面响应的影响要小,但与实际舵面损伤相比,对飞行性能的影响相同,这表明故障重构不匹配对控制分配造成的影响等同于舵面故障;对比一般加权伪逆法和动态自适应加权伪逆法可知,两者对故障的控制效果相同,但舵面偏转却有所不同。不同舵面的偏转角度如图 10.11 所示。

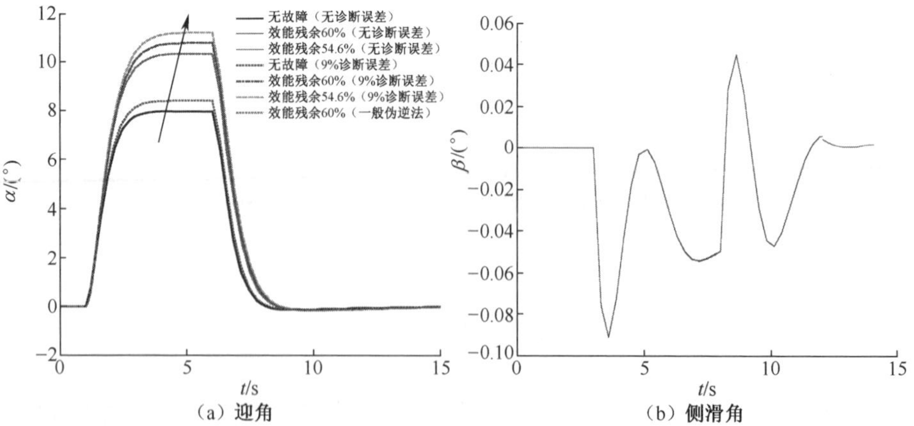

(a) 迎角　　(b) 侧滑角

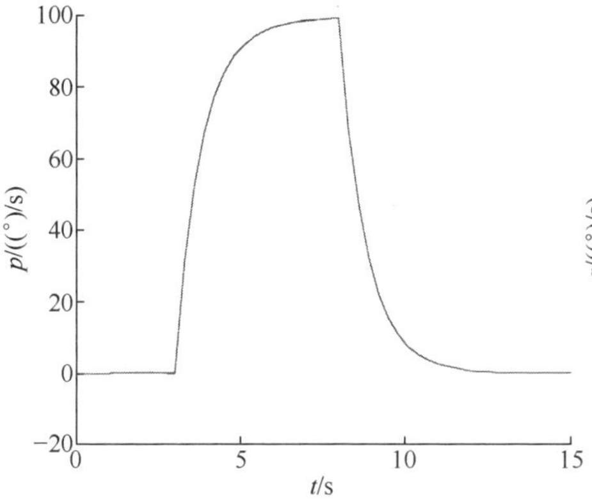

（c）滚转角速率

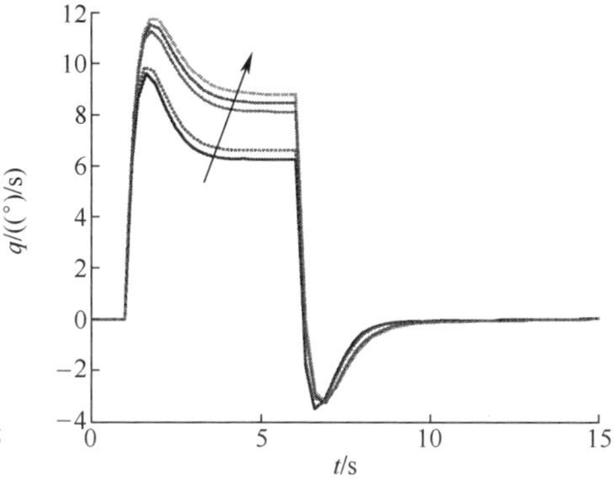

（d）俯仰角速率

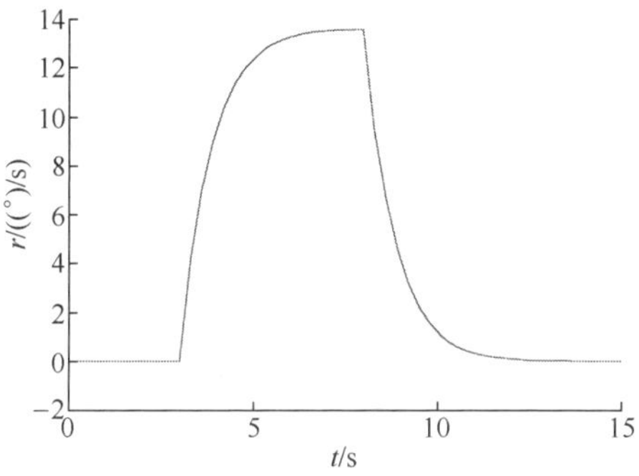

（e）偏航角速率

图 10.10 （见彩图）闭环系统状态响应图

由图 10.11(a)可知，当存在左鸭翼故障时，所设计的控制律降低了鸭翼损伤舵面的偏转角，由图 10.11(b)和图 10.11(d)可知，控制分配律重新将控制指令分配到左升降舵、右升降舵和方向舵上，通过降低右升降舵指令实现了俯仰控制，通过降低右升降舵指令和增大方向舵指令使得鸭翼故障对滚转和偏航性能无影响。

需要指出的是，对于伪逆法，其性能指标是舵面偏转量最小，因此控制分配律并未采取通过增大左升降舵指令的方法实现俯仰的保性能控制，考虑到舵面偏转量和偏转速率限制，并不能把所有故障都恢复到未出故障时的控制性能，且系统容易失控，因此降性能控制能很好保证飞机的安全性。

由图 10.11(a)鸭翼舵面响应曲线可知，本书所提出的控制分配律比一般伪逆法对于损伤舵面的利用更加“保守”，这符合尽量少利用损伤舵面的安全性思想。

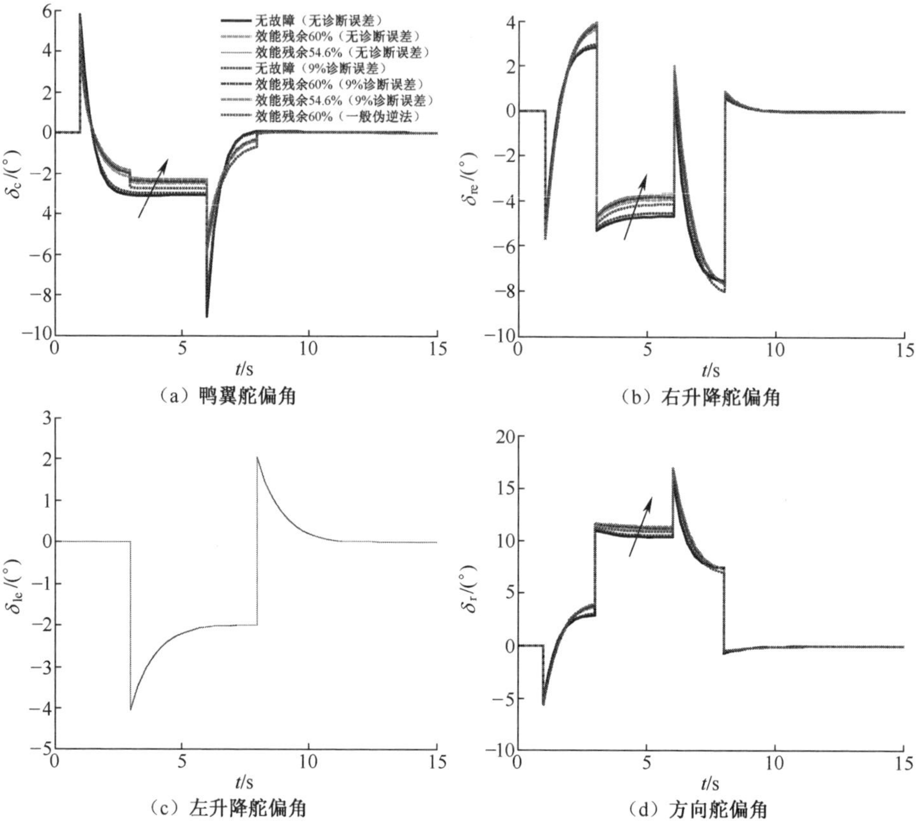


（a）鸭翼舵偏角　（b）右升降舵偏角

（c）左升降舵偏角　（d）方向舵偏角

图 10.11　(见彩图)舵面偏转角度

## 10.5　小结

本章针对舵面物理约束和重构故障不匹配问题,提出了动态自适应的控制分配方法,得出以下结论:

(1) 自适应权值能够调整饱和舵面指令至非饱和,可消除物理约束引起的系统不稳定。

(2) 动态权值可以通过调整冗余舵面补偿故障舵面造成的气动力损失,不需要改变主环控制律。

(3) 控制分配律对饱和与故障指令的调整是以其他舵面有冗余控制效能为前提的。

(4) 本章所设计的自适应控制分配律具有非常灵敏的调整性能,故障对于控制分配的影响比舵面物理约束更加显著。

(5) 故障重构不匹配对控制分配造成的影响等同于舵面故障。

(6) 当无故障且控制输入不饱和时,所设计的控制分配律权值矩阵等同于常用伪逆矩阵,具有伪逆矩阵的一切性质。

本章所提出的控制分配律比一般伪逆法对于故障舵面的利用更加"保守"。

## 参考文献


[1] Scalera Kevin R, Durham Wayne C. A Comparison of control allocation methods for the F-15 ACTIVE research aircraft utilizing real-time piloted simulations [R]. AIAA 99-4281.

[2] 唐雅娟, 晁福青. 伪逆法在自修复飞行控制中的应用研究[J]. 装备指挥技术学院学报, 2005, 16(4): 73-76.

[3] Bošković J D, Ling Bo, Prasanth R, et al. Design of control allocation algorithms for over-actuated aircraft under constraints using LMIs [C]. Proceeding of the 41st IEEE conference on Decision and Control, Las Vegas, USA, 2002: 1711-1716.

[4] Bošković J D, Raman K. Mehra. Control allocation in overactuated aircraft under position and rate limiting[C]. Proceeding of the American Control Conference, 2002: 791-796.

[5] Cai Z, Queiroz M S de, Dawson D M. A sufficiently smooth projection operator[J]. IEEE Transactions on Automatic Control, 2006, 51(1): 135-139.

[6] Alwi Halim, Edwards Christopher. Fault tolerant control using sliding modes with on-line control allocation[C]. In Proceedings of the 45th IEEE Conference on Decision & Control, CA, USA, December, 2006: 5579-5584.

[7] Alwi Halim, Edwards Christopher. Fault tolerant control of a civil aircraft using a sliding mode based scheme[C]. Proceedings of the 44th IEEE Conference on Decision and Control, and the European Control Conference, Spain, 2005: 12-15.

[8] Alwi Halim, Edwards Christopher. Fault detection and fault-tolerant control of a civil aircraft using a sliding-mode-based scheme[C]. IEEE Transactions on Control Systems Technology, 2008, 16(3): 632-637.

[9] Alwi Halim, Edwards Christopher. Sliding mode FTC with on-line control allocation [C]. Proceedings of the 45th IEEE Conference on Decision & Control Manchester Grand Hyatt Hotel San Diego, CA, USA, 2006: 13-15.

[10] Alwi Halim, Edwards Christopher, Stroosma O, et al. A simulator evaluation of a model-reference sliding mode fault tolerant controller[C]. 2009 IEEE International Conference on Control and Automation Christchurch, New Zealand, December, 2009: 9-11.

[11] Alwi Halim, Edwards Christopher. Fault tolerant control using sliding modes with on-line control allocation[J]. Automatica, 2008, 44: 1859-1866.

[12] Zhi J H, Chen Y, Dong X M, et al. Robust adaptive FTC allocation method for over-actuated systems with uncertainties and unknown actuator nonlinearity[J]. IET Control Theory and Applications, 2018, 12(2): 273-281.

# 第11章
# 多操纵面鲁棒D稳定容错控制

## 11.1 引言

本章以多操纵面飞机为例,考虑四种典型执行器故障、执行器约束以及外部有界干扰,在控制分配框架下,研究过驱动系统鲁棒保性能容错控制问题。给出过驱动系统的线性化模型,分析故障后系统的可控性,利用区域极点配置方法设计鲁棒D稳定的外环虚拟控制律,建立二次型性能指标,进一步给出动态控制分配律。基于鲁棒控制理论,推导和证明所提方法的稳定性。最终,以ADMIRE飞机为实例,对所提的容错控制方法进行仿真验证和分析。

## 11.2 问题描述

### 11.2.1 多操纵面飞机动力学模型

为解决多操纵面飞机的飞行控制问题,常采用级联飞行控制系统结构,如图11.1所示。

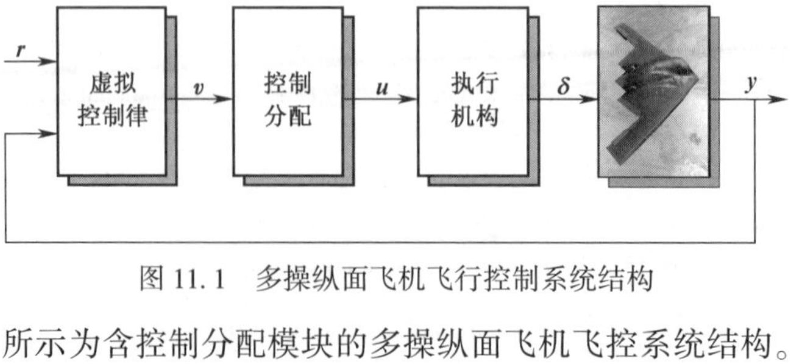


图11.1 多操纵面飞机飞行控制系统结构

图11.1所示为含控制分配模块的多操纵面飞机飞控系统结构。虚拟控制律

模块针对虚拟指令进行飞行控制律设计，控制分配则通过控制效能映射函数将期望的虚拟指令合理分配给各个执行机构，以实现对飞机状态的有效控制。

考虑多操纵面飞机的仿射非线性模型为[1]

$$\begin{cases}\dot{\boldsymbol{x}}(t)=\boldsymbol{f}(x)+\boldsymbol{g}_{\delta}(\boldsymbol{x},\boldsymbol{\delta})\boldsymbol{\delta}(t)\\ \dot{\boldsymbol{\delta}}(t)=\boldsymbol{f}_{\delta}(\boldsymbol{\delta},\boldsymbol{u})\end{cases}\tag{11.1}$$

式中：$\boldsymbol{u}(t)$、$\boldsymbol{\delta}(t)\in\mathbf{R}^m$ 分别为执行机构指令的期望值和实际值；$\boldsymbol{x}(t)\in\mathbf{R}^n$ 为系统的状态；$\boldsymbol{f}(\cdot)$ 和 $\boldsymbol{f}_{\delta}(\cdot)$ 分别为飞机和执行机构的非线性动态；$\boldsymbol{g}_{\delta}(\cdot)$ 为控制输入函数。在级联控制结构中，通常引入飞机的控制力矩或偏转角加速度作为虚拟指令 $\boldsymbol{v}(\mathrm{t})\in\mathbf{R}^n$，直接控制飞机三轴方向运动，且满足

$$\boldsymbol{v}(t)=\boldsymbol{g}_{\boldsymbol{u}}(\boldsymbol{x},\boldsymbol{u})\boldsymbol{u}(t)\tag{11.2}$$

$$\boldsymbol{g}_{\nu}(\boldsymbol{x},\boldsymbol{v})\boldsymbol{v}(t)=\boldsymbol{g}_{\delta}(\boldsymbol{x},\boldsymbol{\delta})\boldsymbol{\delta}(t)\tag{11.3}$$

式中：$\boldsymbol{g}_{\nu}(\cdot)$ 为虚拟指令输入函数；$\boldsymbol{g}_{\boldsymbol{u}}(\cdot)$ 为 $\boldsymbol{v}(t)$ 与 $\boldsymbol{u}(t)$ 之间的控制效能映射函数。

控制分配的目标是实现 $\boldsymbol{v}(t)\rightarrow\boldsymbol{u}(t)$ 的指令转化。针对主环设计的虚拟指令 $\boldsymbol{v}(t)$，伺服环在模型式(11.2)的基础上，综合考虑操纵面的控制效能和执行机构的物理约束，将虚拟控制指令分配到各个操纵面上。为便于工程应用，常采用线性化后的系统矩阵和控制效能映射函数进行控制律设计，并考虑了外部扰动，则将非线性模型式(11.1)转化为线性控制分配问题：

$$\begin{cases}\dot{\boldsymbol{x}}=\boldsymbol{A}\boldsymbol{x}+\boldsymbol{B}_{\boldsymbol{u}}\boldsymbol{u}+\boldsymbol{B}_1\boldsymbol{d}\\ \boldsymbol{y}=\boldsymbol{C}\boldsymbol{x}+\boldsymbol{D}\boldsymbol{u}\\ \boldsymbol{z}=\boldsymbol{r}-\boldsymbol{C}\boldsymbol{x}\end{cases}\tag{11.4}$$

式中：$\boldsymbol{A}\in\mathbf{R}^{n\times n}$ 为系统矩阵；$\boldsymbol{B}_{\boldsymbol{u}}\in\boldsymbol{R}^{n\times m}$ 为输入矩阵；$\boldsymbol{B}_1\in\mathbf{R}^{n\times m}$ 为外部扰动的输入矩阵；$\boldsymbol{d}\in\mathbf{R}^m$ 为外部扰动项；$\boldsymbol{C}\in\boldsymbol{R}^{q\times n}$ 为输出矩阵；$\boldsymbol{D}\in\mathbf{R}^{q\times m}$ 为传输矩阵；$\boldsymbol{y}\in\mathbf{R}^q$ 为系统输出；$\boldsymbol{r}\in\mathbf{R}^q$ 为系统参考输入；$\boldsymbol{z}\in\mathbf{R}^q$ 为参考指令跟踪误差。

系统式(11.4)的线性控制分配模型为

$$\boldsymbol{B}_{\boldsymbol{u}}=\boldsymbol{B}_{\boldsymbol{v}}\boldsymbol{B},\boldsymbol{v}=\boldsymbol{B}\boldsymbol{u},\boldsymbol{u}\in\boldsymbol{\Omega}\tag{11.5}$$

式中：$\boldsymbol{B}\in\mathbf{R}^{n\times m}$ 为行满秩控制效能矩阵；$\boldsymbol{\Omega}$ 为执行机构位置约束和速率约束构成的凸集。

### 11.2.2 含故障执行机构的动态控制分配模型

结合上述内容，将执行器故障模型以矩阵形式代入系统式(11.4)，可得执行机构故障情形下的多操纵面飞机线性模型为

$$\dot{\boldsymbol{x}}=\boldsymbol{A}\boldsymbol{x}+\boldsymbol{B}_{\boldsymbol{u}}[\boldsymbol{\Gamma}(\boldsymbol{I}-\boldsymbol{\Psi})\boldsymbol{\delta}+\boldsymbol{\Psi}\breve{\boldsymbol{\delta}}]+\boldsymbol{B}_1\boldsymbol{d}\tag{11.6}$$

实际工程应用中,一般认为执行机构带宽较大,可忽略执行机构动态,则有

$$\begin{cases}\dot{\boldsymbol{x}} = \boldsymbol{A}\boldsymbol{x} + \boldsymbol{B}_u[\boldsymbol{\Gamma}(\boldsymbol{I} - \boldsymbol{\Psi})\boldsymbol{\delta} + \boldsymbol{\Psi}\breve{\boldsymbol{\delta}}] + \boldsymbol{B}_1\boldsymbol{d} \\ \boldsymbol{B}_u = \boldsymbol{B}_v\boldsymbol{B}, \boldsymbol{v} = B[\boldsymbol{\Gamma}(\boldsymbol{I} - \boldsymbol{\Psi})\boldsymbol{\delta} + \boldsymbol{\Psi}\breve{\boldsymbol{\delta}}], \boldsymbol{u} \in \boldsymbol{\Omega}\end{cases} \tag{11.7}$$

为了确保所提容错控制方法的存在性,在下文中引入了下列的假设和引理。

**假设 11.1** 原线性系统式(11.4)是可控的,即 $(\boldsymbol{A}, \boldsymbol{B}_u)$ 的可控性矩阵行满秩。

**引理 11.1**[2] (Schur 补引理)下列线性矩阵不等式:

$$\begin{bmatrix}\boldsymbol{Q}(\boldsymbol{x}) & \boldsymbol{S}(\boldsymbol{x}) \\ \boldsymbol{S}(\boldsymbol{x})^{\mathrm{T}} & \boldsymbol{R}(\boldsymbol{x})\end{bmatrix} < \boldsymbol{0} \tag{11.8}$$

等价于

$$\boldsymbol{R}(\boldsymbol{x}) > \boldsymbol{0}, \boldsymbol{Q}(\boldsymbol{x}) - \boldsymbol{S}(\boldsymbol{x})\boldsymbol{R}(\boldsymbol{x})^{-1}\boldsymbol{S}(\boldsymbol{x})^{\mathrm{T}} > \boldsymbol{0} \tag{11.9}$$

式中:$\boldsymbol{Q}(\boldsymbol{x}) = \boldsymbol{Q}(\boldsymbol{x})^{\mathrm{T}}, \boldsymbol{R}(\boldsymbol{x}) = \boldsymbol{R}(\boldsymbol{x})^{\mathrm{T}}, \boldsymbol{S}(\boldsymbol{x})$ 取决于 $\boldsymbol{x}$。

## 11.3 鲁棒动态容错控制分配

针对多操纵面飞机的容错控制分配问题,可将飞控系统的控制律设计分以下两步实现:

(1) 基于虚拟指令 $\boldsymbol{v}_{\mathrm{d}}$ 设计主环飞行控制律,使得系统输出 $\boldsymbol{y}$ 跟踪参考输入 $\boldsymbol{r}$。

(2) 通过容错动态控制分配方法将期望虚拟指令 $\boldsymbol{v}_{\mathrm{d}}$ 合理地分配给执行机构的控制输入 $\boldsymbol{u}$,从而使得所得虚拟指令信号 $\boldsymbol{v}$ 尽可能地逼近 $\boldsymbol{v}_{\mathrm{d}}$。

由于现代多操纵面飞机的高机动性、超声速飞行、采用创新型翼型等原因,许多飞行器本体系统是不稳定的,但在系统可控的前提下,可设计有效的控制器,以达到期望的操控性能,最大限度地发挥飞行器的效能,区域极点配置是解决该问题行之有效的方法之一。

### 11.3.1 故障后系统的可控性分析

为进行控制律设计,首先需考察含执行机构故障的飞行器模型式(11.7)中系统矩阵的可控性。令

$$\boldsymbol{B}_0 = \boldsymbol{B}\boldsymbol{\Gamma}(\boldsymbol{I} - \boldsymbol{\Psi}), \boldsymbol{B}_2 = \boldsymbol{B}\boldsymbol{\Psi}, \boldsymbol{B}_{\mathrm{f}} = \boldsymbol{B}_v\boldsymbol{B}_0 + \boldsymbol{B}_v\boldsymbol{B}_2 \tag{11.10}$$

定义下列可控性矩阵为

$$\begin{aligned}\boldsymbol{C}_u &= [\boldsymbol{B}_u \vdots \boldsymbol{A}\boldsymbol{B}_u \vdots \boldsymbol{A}^2\boldsymbol{B}_u \vdots \cdots \vdots \boldsymbol{A}^{n-1}\boldsymbol{B}] \\ \boldsymbol{C}_v &= [\boldsymbol{B}_v \vdots \boldsymbol{A}\boldsymbol{B}_v \vdots \boldsymbol{A}^2\boldsymbol{B}_v \vdots \cdots \vdots \boldsymbol{A}^{n-1}\boldsymbol{B}_v] \\ \boldsymbol{C}_{\mathrm{f}} &= [\boldsymbol{B}_{\mathrm{f}} \vdots \boldsymbol{A}\boldsymbol{B}_{\mathrm{f}} \vdots \boldsymbol{A}^2\boldsymbol{B}_{\mathrm{f}} \vdots \cdots \vdots \boldsymbol{A}^{n-1}\boldsymbol{B}_{\mathrm{f}}]\end{aligned} \tag{11.11}$$

式中：$\boldsymbol{C}_u$ 对应系统式(11.7)，$\boldsymbol{C}_v$ 对应主环系统 $(\boldsymbol{A},\boldsymbol{B}_v)$，$\boldsymbol{C}_{\mathrm{f}}$ 对应故障后的系统 $(\boldsymbol{A},\boldsymbol{B}_{\mathrm{f}})$。

**定理 11.1** 在满足假设 11.1 下，并假设执行器不同时失控或完全失效，即 $\boldsymbol{\Gamma} \neq \mathbf{0}$ 和 $\boldsymbol{\Psi} \neq \mathbf{0}$，则外环虚拟控制系统 $(\boldsymbol{A},\boldsymbol{B}_v)$ 和故障系统 $(\boldsymbol{A},\boldsymbol{B}_{\mathrm{f}})$ 都是可控的。

**证明** 根据假设 11.1 可知，$\mathrm{rank}(\boldsymbol{C}_u) = n$，则有以下结论：

$$n = \mathrm{rank}(\boldsymbol{C}_u) = \mathrm{rank}(\boldsymbol{C}_v\boldsymbol{B}) \leqslant \mathrm{rank}(\boldsymbol{C}_v) \leqslant n \tag{11.12}$$

从而可得 $\mathrm{rank}(\boldsymbol{C}_v) = n$，即外环虚拟控制系统 $(\boldsymbol{A},\boldsymbol{B}_v)$ 为可控系统。而对于故障系统而言，有

$$n = \mathrm{rank}(\boldsymbol{C}_{\mathrm{f}}) = \mathrm{rank}(\boldsymbol{C}_v(\boldsymbol{B}_0 + \boldsymbol{B}_2)) \leqslant \mathrm{rank}(\boldsymbol{C}_v) \leqslant n \tag{11.13}$$

当执行机构未全部失效或全部卡死时，即 $\boldsymbol{\Gamma} \neq \mathbf{0}, \boldsymbol{\Psi} \neq \mathbf{0}$ 时，可知 $\mathrm{rank}(\boldsymbol{C}_{\mathrm{f}}) = n$，则含执行机构故障的系统 $(\boldsymbol{A},\boldsymbol{B}_{\mathrm{f}})$ 可控。证毕。

## 11.3.2 鲁棒虚拟控制律设计

在系统可控的条件下，可进行执行机构故障的飞控系统外环虚拟控制律设计。为获得期望的控制性能和克服外界扰动对系统动态的影响，引入系统式(11.7)的增广系统：

$$\begin{cases} \dot{\boldsymbol{x}} = \boldsymbol{A}_{\mathrm{a}}\boldsymbol{x} + \boldsymbol{B}_{\mathrm{a}}\bar{\boldsymbol{v}} \\ \boldsymbol{z} = \boldsymbol{C}_{\mathrm{a}}\boldsymbol{x} + \boldsymbol{D}_{\mathrm{a}}\bar{\boldsymbol{v}} \end{cases} \tag{11.14}$$

式中：状态增广后的系统矩阵为 $\boldsymbol{A}_{\mathrm{a}} = \boldsymbol{A} + \boldsymbol{B}_v\boldsymbol{K}$，输入矩阵为 $\boldsymbol{B}_{\mathrm{a}} = [\boldsymbol{B}_v \quad \boldsymbol{B}_1]$，输出矩阵为 $\boldsymbol{C}_{\mathrm{a}} = -\boldsymbol{C}$，传输矩阵为 $\boldsymbol{D}_{\mathrm{a}} = [\boldsymbol{I} \quad \mathbf{0}]$，增广状态量为 $\bar{\boldsymbol{v}} = [\bar{\boldsymbol{r}}^{\mathrm{T}} \quad \boldsymbol{w}^{\mathrm{T}}]^{\mathrm{T}}$。

**定理 11.2** 假设增广系统式(11.14)状态可测，当且仅当存在对称正定矩阵 $\boldsymbol{X}$ 满足下列不等式：

$$\begin{bmatrix} \boldsymbol{X}\boldsymbol{A}_{\mathrm{a}}^{\mathrm{T}} + \boldsymbol{A}_{\mathrm{a}}\boldsymbol{X} & * & * \\ \boldsymbol{B}_{\mathrm{a}}^{\mathrm{T}} & -\lambda\boldsymbol{I} & * \\ \boldsymbol{C}_{\mathrm{a}}\boldsymbol{X} & \boldsymbol{D}_{\mathrm{a}} & -\lambda\boldsymbol{I} \end{bmatrix} < 0 \tag{11.15}$$

式中：“ * ”表示矩阵中相应位置对称元素的转置，则存在状态反馈增益矩阵

$$\boldsymbol{v} = \boldsymbol{K}\boldsymbol{x} \tag{11.16}$$

使得增广系统式(11.14)渐近稳定，且能够保证下列鲁棒性能：

$$\| \boldsymbol{G}_{\bar{v}z}(s) \|_{\infty} = \| \boldsymbol{C}_{\mathrm{a}}(s\boldsymbol{I} - \boldsymbol{A}_{\mathrm{a}})^{-1}\boldsymbol{B}_{\mathrm{a}} + \boldsymbol{D}_{\mathrm{a}} \|_{\infty} < \lambda \tag{11.17}$$

那么，设矩阵不等式(11.14)的最优解 $(\boldsymbol{X}^{\#},\lambda^{\#})$，令 $\boldsymbol{F} = \boldsymbol{K}\boldsymbol{X}^{\#}$，则反馈增益矩阵

$$\boldsymbol{K} = \boldsymbol{F}(\boldsymbol{X}^{\#})^{-1} \tag{11.18}$$

**证明** 选取李雅普诺夫函数 $V(\boldsymbol{x}) = \boldsymbol{x}^{\mathrm{T}}\boldsymbol{X}\boldsymbol{x}$，对式(11.15)两端乘以对角矩阵 $\mathrm{diag}\{\boldsymbol{I},\lambda^{1/2}\boldsymbol{I},\lambda^{1/2}\boldsymbol{I}\}$，可得

$$\begin{bmatrix} XA_a^T + A_aX & * & * \\ B_a^T & -\lambda^2 I & * \\ C_aX & D_a & -I \end{bmatrix} < 0 \tag{11.19}$$

根据式(11.19)可知,因 $X > 0, XA_a^T + A_aX < 0$ 可保证增广系统式(11.14)渐近稳定[3]。因式(11.19)严格成立,则存在满足常数 $\xi \in (0,1)$ 使得

$$\begin{bmatrix} XA_a^T + A_aX & * & * \\ B_a^T & -\lambda^2(1-\xi)I & * \\ C_aX & D_a & -I \end{bmatrix} < 0 \tag{11.20}$$

根据引理 11.1,式(11.20)等价于下列不等式

$$L = \begin{bmatrix} XC_a^T \\ D_a^T \end{bmatrix} [C_aX \quad D_a] + \begin{bmatrix} XA_a^T + A_aX & * \\ B_a^T & -\lambda^2(1-\xi)I \end{bmatrix} < 0 \tag{11.21}$$

$\forall T>0$,可得

$$J_T = \int_0^T \| z(t) \|^2 dt - (1-\xi)\lambda^2 \int_0^T \| \bar{\boldsymbol{v}}(t) \|^2 dt \tag{11.22}$$

在零初始条件下,可得

$$\begin{aligned} J_T &= \int_0^T [z^T(t)z(t) - (1-\xi)\lambda^2 \bar{\boldsymbol{v}}^T(t)\bar{\boldsymbol{v}}(t)] dt \\ &= \int_0^T \Sigma_1 dt - V(x(T)) \\ &= \int_0^T \Sigma_2 dt - V(x(T)) \\ &= \int_0^T [x^T(t) \quad \bar{\boldsymbol{v}}^T(t)]^T L \begin{bmatrix} x(t) \\ \bar{\boldsymbol{v}}(t) \end{bmatrix} dt - V(x(T)) \end{aligned} \tag{11.23}$$

$$\Sigma_1 = z^T(t)z(t) - (1-\xi)\lambda^2 \bar{\boldsymbol{v}}^T(t)\bar{\boldsymbol{v}}(t) + \frac{d}{dt}V(x)$$

$$\Sigma_2 = z^T(t)z(t) - (1-\xi)\lambda^2 \bar{\boldsymbol{v}}^T(t)\bar{\boldsymbol{v}}(t) + 2x^T(t)X(Ax(t) + B\bar{\boldsymbol{v}}(t))$$

结合式(11.21)和式(11.23),可得

$$x^T(T)Xx(T) + \int_0^T z^T(t)z(t) dt < (1-\xi)\lambda^2 \int_0^T \bar{\boldsymbol{v}}^T(t)\bar{\boldsymbol{v}}(t) dt \tag{11.24}$$

因为 $\bar{\boldsymbol{v}} \in L_2[0,\infty)$ 且增广系统式(11.14)渐近稳定,当 $T \to \infty$ 时,对式(11.24)两端求极限,可得

$$\| z(t) \|_2^2 \leqslant (1-\xi)\lambda^2 \| \bar{\boldsymbol{v}}(t) \|_2^2 < \lambda^2 \| \boldsymbol{v}(t) \|_2^2 \tag{11.25}$$

根据有界实引理[4],式(11.25)可保证跟踪误差的鲁棒二次稳定,即 $\| G_{\bar{v}z}(s) \|_\infty < \lambda$。证毕。

### 11.3.3 鲁棒区域极点配置虚拟控制律设计

控制系统运行的稳定性是最重要的控制特性，而控制性能的可靠性是实现预设任务的关键所在。为保证和维持增广系统式(11.14)在正常和故障情形下的期望控制性能，利用区域极点配置方法来进一步提升11.3.2节所设计的状态反馈控制律性能。其主要思想是，在复平面左半平面预设系统稳定极点区域，并基于此设计控制律，以实现期望的控制性能和对突变故障容错的鲁棒性。

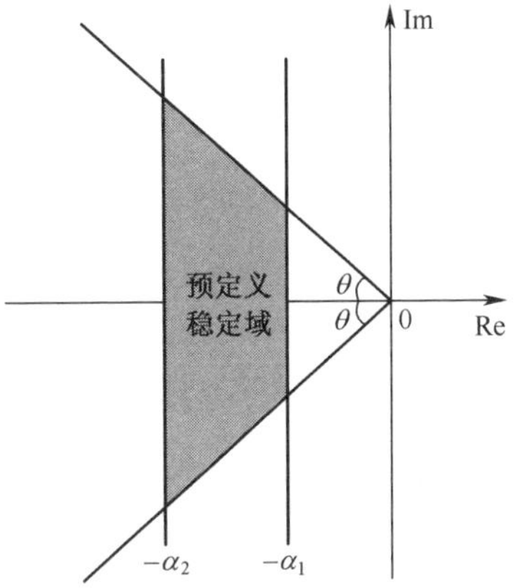

图 11.2 复平面期望极点区域

**引理 11.2**[5] 在假设11.1下，为保证预设极点位于图11.2中所设计的极点区域，以保证期望的控制性能。该设计的充要条件是，存在一个正定矩阵 $\boldsymbol{X}$，使得下列不等式成立。

$$
\begin{aligned}
&\boldsymbol{X}_{a+}+2\alpha_1\boldsymbol{X}<0\\
&\boldsymbol{X}_{a+}+2\alpha_2\boldsymbol{X}<0\\
&\begin{bmatrix}\sin(\theta)(\boldsymbol{X}_{a+}) & * \\ \cos(\theta)(\boldsymbol{X}_{a-}) & \sin(\theta)(\boldsymbol{X}_{a+})\end{bmatrix}<0\\
&\boldsymbol{X}>0\\
&\boldsymbol{X}_{a+}=\boldsymbol{X}\boldsymbol{A}_a^{\mathrm{T}}+\boldsymbol{A}_a\boldsymbol{X}\\
&\boldsymbol{X}_{a-}=\boldsymbol{X}\boldsymbol{A}_a^{\mathrm{T}}-\boldsymbol{A}_a\boldsymbol{X}
\end{aligned}
\tag{11.26}
$$

**注 11.2** 若能保证系统极点位于上述线性矩阵不等式(LMIs)所设计的区域内，则称控制系统为鲁棒D稳定。

基于上述讨论，为保证增广系统式(11.14)鲁棒D稳定，必存在 $\lambda$ 和 $\boldsymbol{X}$ 满足

$$
\begin{aligned}
&\min\quad \lambda\\
&\begin{bmatrix}\boldsymbol{X}_{a+} & * & * \\ \boldsymbol{B}_a^{\mathrm{T}} & -\lambda\boldsymbol{I} & * \\ \boldsymbol{C}_a\boldsymbol{X} & \boldsymbol{D}_a & -\lambda\boldsymbol{I}\end{bmatrix}<0\\
&\boldsymbol{X}_{a+}+2\alpha_1\boldsymbol{X}<0\\
&\boldsymbol{X}_{a+}+2\alpha_2\boldsymbol{X}<0
\end{aligned}
$$

$$\begin{bmatrix} \sin(\theta)(\boldsymbol{X}_{a+}) & * \\ \cos(\theta)(\boldsymbol{X}_{a-}) & \sin(\theta)(\boldsymbol{X}_{a+}) \end{bmatrix} < 0$$

$$\boldsymbol{X} > 0, \lambda > 0 \tag{11.27}$$

$$\boldsymbol{X}_{a+} = \boldsymbol{X}\boldsymbol{A}_a^{\mathrm{T}} + \boldsymbol{A}_a\boldsymbol{X}$$

$$\boldsymbol{X}_{a-} = \boldsymbol{X}\boldsymbol{A}_a^{\mathrm{T}} - \boldsymbol{A}_a\boldsymbol{X}$$

令 $\boldsymbol{F} - \boldsymbol{KX}$ ,则反馈增益矩阵为

$$\boldsymbol{K} = \boldsymbol{F}\boldsymbol{X}^{-1} \tag{11.28}$$

为减小或消除飞控系统的指令跟踪稳态误差,引入了前馈控制增益 $\boldsymbol{K}_{\mathrm{r}}$:

$$\boldsymbol{K}_r = [-\boldsymbol{C}_a(-\boldsymbol{A} - \boldsymbol{B}_{\boldsymbol{v}}\boldsymbol{K})\boldsymbol{B}_{\boldsymbol{v}}]^{-1} \tag{11.29}$$

### 11.3.4 鲁棒动态控制分配

在控制分配框架下,当通过式(11.27)和式(11.29)得到能够保证预设稳定域的外环虚拟控制指令,继而可通过采用动态控制分配将该虚拟控制指令分配给各个独立执行器,实现一定的控制性能。

通常考虑控制分配结果对飞行器油耗的贡献,建立性能指标函数为

$$J_1 = \boldsymbol{u}^{\mathrm{T}}\boldsymbol{W}_{\boldsymbol{u}}^2\boldsymbol{u} \tag{11.30}$$

式中: $\boldsymbol{W}_{\boldsymbol{u}} = \mathrm{diag}\{W_{u,1}, W_{u,2}, \cdots, W_{u,m}\}$ 为对称正定矩阵, $W_{u,i}$ 表示各执行机构对飞行控制量输出贡献大小的权重。

与此同时,为尽可能地减小指令不可达时的虚拟指令跟踪误差,将其引入性能指标函数,构建新的性能指标函数为

$$\begin{aligned} J = \boldsymbol{u}^{\mathrm{T}}\boldsymbol{W}_{\boldsymbol{u}}^2\boldsymbol{u} + \{\boldsymbol{v}_{\mathrm{d}} - \boldsymbol{B}[\boldsymbol{\Gamma}(\boldsymbol{I} - \boldsymbol{\Psi})\boldsymbol{u} + \boldsymbol{\Psi}\breve{\boldsymbol{u}}]\}^{\mathrm{T}}\boldsymbol{W}_{\boldsymbol{v}}^2 \cdot \\ \{\boldsymbol{v}_{\mathrm{d}} - \boldsymbol{B}[\boldsymbol{\Gamma}(\boldsymbol{I} - \boldsymbol{\Psi})\boldsymbol{u} + \boldsymbol{\Psi}\breve{\boldsymbol{u}}]\} \end{aligned} \tag{11.31}$$

为了同时使得飞控系统能耗最小和虚拟指令跟踪误差最小,可令

$$\gamma - \boldsymbol{J} > 0 \tag{11.32}$$

亦即

$$\gamma - \boldsymbol{u}^{\mathrm{T}}\boldsymbol{W}_{\boldsymbol{u}}^2\boldsymbol{u} + \{\boldsymbol{v}_d - \boldsymbol{B}[\boldsymbol{\Gamma}(\boldsymbol{I} - \boldsymbol{\Psi})\boldsymbol{u} + \boldsymbol{\Psi}\breve{\boldsymbol{u}}]\}^{\mathrm{T}}\boldsymbol{W}_{\boldsymbol{v}}^2\{\boldsymbol{v}_{\mathrm{d}} - \boldsymbol{B}[\boldsymbol{\Gamma}(\boldsymbol{I} - \boldsymbol{\Psi})\boldsymbol{u} + \boldsymbol{\Psi}\breve{\boldsymbol{u}}]\} > 0 \tag{11.33}$$

根据 Schur 补引理 11.1,可将式(11.33)转换为下列不等式:

$$\begin{bmatrix} \gamma & * & * \\ \boldsymbol{W}_{\boldsymbol{u}}\boldsymbol{u} & \boldsymbol{I} & * \\ \boldsymbol{W}_{\boldsymbol{v}}\{\boldsymbol{v}_{\mathrm{d}} - \boldsymbol{B}[\boldsymbol{\Gamma}(\boldsymbol{I} - \boldsymbol{\Psi})\boldsymbol{u} + \boldsymbol{\Psi}\breve{\boldsymbol{u}}]\} & \boldsymbol{0} & \boldsymbol{I} \end{bmatrix} > 0 \tag{11.34}$$

而执行机构的物理约束可表达为如下不等式形式：

$$\boldsymbol{e}_i\boldsymbol{u} - \boldsymbol{e}_i\underline{\boldsymbol{u}} > 0, \boldsymbol{e}_j\bar{\boldsymbol{u}} - \boldsymbol{e}_j\boldsymbol{u} > 0 (i,j = 1,2,\cdots,m) \tag{11.35}$$

式中：$\boldsymbol{e}_i$、$\boldsymbol{e}_j$ 均为与 $\boldsymbol{u}$ 维数匹配的单位矩阵中的单位矢量。

综上可知，考虑执行机构物理约束的容错控制分配问题可转化为下列线性矩阵不等式问题进行求解：

$$\min_{\boldsymbol{u}} \gamma$$

$$\text{s. t.} \begin{bmatrix} \gamma & * & * \\ \boldsymbol{W}_u\boldsymbol{u} & \boldsymbol{I} & * \\ \boldsymbol{W}_{\boldsymbol{v}}\{\boldsymbol{v}_{\mathrm{d}} - \boldsymbol{B}[\boldsymbol{\Gamma}(\boldsymbol{I} - \boldsymbol{\Psi})\boldsymbol{u} + \boldsymbol{\Psi}\breve{\boldsymbol{u}}]\} & \boldsymbol{0} & \boldsymbol{I} \end{bmatrix} > 0 \tag{11.36}$$

$$\boldsymbol{e}_i\boldsymbol{u} - \boldsymbol{e}_i\underline{\boldsymbol{u}} > 0, \boldsymbol{e}_j\bar{\boldsymbol{u}} - \boldsymbol{e}_j\boldsymbol{u} > 0 (i,j = 1,2,\cdots,m)$$

通过求解式(11.36)，即可得到考虑执行机构物理约束的故障系统控制输入量 $\boldsymbol{u}$。

为处理式(11.36)中的鲁棒优化问题，给出了以下定理。

**定理 11.3** 对于故障后过驱动系统式(11.7)的容错控制分配问题，在满足假设 11.1 的条件下，考虑了执行器约束式(2.3)和有界外部扰动，对于式(11.31)中所给出的控制性能，下列不等式存在一个最优解

$$\min_{\boldsymbol{u}} \gamma$$

$$\text{s. t.} \begin{bmatrix} \gamma & * & * \\ \boldsymbol{W}_u\boldsymbol{u} & \boldsymbol{I} & * \\ \boldsymbol{W}_{\boldsymbol{v}}\{\boldsymbol{v} - \boldsymbol{B}[\boldsymbol{\Gamma}(\boldsymbol{I} - \boldsymbol{\Psi})\boldsymbol{u} + \boldsymbol{\Psi}\breve{\boldsymbol{u}}]\} & \boldsymbol{0} & \boldsymbol{I} \end{bmatrix} > 0 \tag{11.37}$$

$$\boldsymbol{e}_i\boldsymbol{u} - \boldsymbol{e}_i\underline{\boldsymbol{\delta}} > 0, \boldsymbol{e}_j\bar{\boldsymbol{\delta}} - \boldsymbol{e}_j\boldsymbol{u} > 0 (i,j = 1,2,\cdots,m)$$

使得冗余执行器能够达到所设计的外环虚拟控制指令，进而保证系统舵偏量最少和虚拟控制指令跟踪误差最小的控制性能。

**证明** 根据引理 11.1，式(11.34)中的不等式可转化为下列矩阵不等式

$$\begin{bmatrix} \gamma & * & * \\ \boldsymbol{W}_u\boldsymbol{u} & \boldsymbol{I} & * \\ \boldsymbol{W}_{\boldsymbol{v}}\{\boldsymbol{v} - \boldsymbol{B}[\boldsymbol{\Gamma}(\boldsymbol{I} - \boldsymbol{\Psi})\boldsymbol{u} + \boldsymbol{\Psi}\breve{\boldsymbol{u}}]\} & \boldsymbol{0} & \boldsymbol{I} \end{bmatrix} > 0 \tag{11.38}$$

与此同时，考虑式(11.35)中的执行器约束，可得

$$\boldsymbol{e}_i\boldsymbol{u} - \boldsymbol{e}_i\underline{\boldsymbol{\delta}} > 0, \boldsymbol{e}_j\bar{\boldsymbol{\delta}} - \boldsymbol{e}_j\boldsymbol{u} > 0 (i,j = 1,2,\cdots,m) \tag{11.39}$$

式中：$\boldsymbol{e}_i$ 和 $\boldsymbol{e}_j$ 均为与 $\boldsymbol{u}$ 维数匹配的单位阵中的单位矢量。结合式(11.34)和式(11.35)，可知定理得证。

为对所设计虚拟控制指令和容错控制分配方法进行统一说明，给出总体控制

律设计框图,如图 11.3 所示。

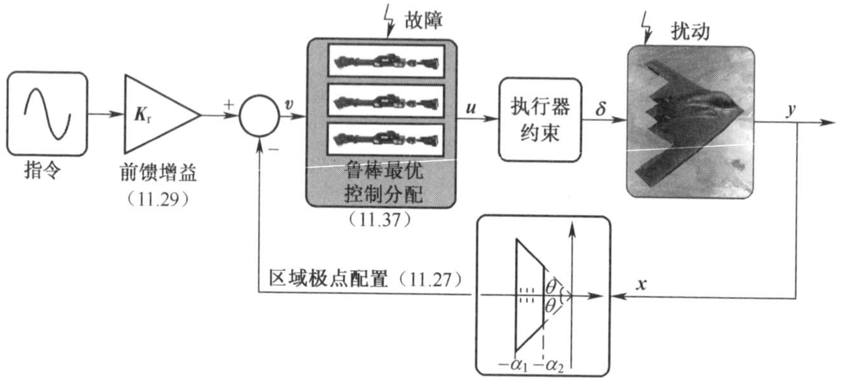


图 11.3　鲁棒控制器设计框图

## 11.4　仿真及分析

以某六自由度多操纵面战斗机[6]为对象,采用图 11.1 所示的模块化级联控制结构,验证所提出的鲁棒容错动态控制分配方法的有效性。在马赫数为 0.22、高度为 3000m 的飞行条件下,选取虚拟指令为 $\boldsymbol{v}=[\dot{q},\dot{q},\dot{r}]^{\mathrm{T}}$,$\dot{p}$、$\dot{q}$、$\dot{r}$ 分别表示滚转、俯仰和偏航角加速度。系统矩阵和输入矩阵为

$$\boldsymbol{A}=\begin{bmatrix} -0.5432 & 0.0137 & 0 & 0.9778 & 0 \\ 0 & -0.1179 & 0.2215 & 0 & -0.9661 \\ 0 & -10.5128 & -0.9967 & 0 & 0.6176 \\ 2.6221 & -0.0030 & 0 & -0.5057 & 0 \\ 0 & 0.7075 & -0.0939 & 0 & -0.2127 \end{bmatrix}$$

$$\boldsymbol{B}_u=\begin{bmatrix} 0.0035 & 0.0035 & -0.0318 & -0.0548 & -0.0548 & -0.0318 & 0.0004 \\ -0.0063 & 0.0063 & 0.0024 & 0.0095 & -0.0095 & -0.0024 & 0.0287 \\ 0.6013 & -0.6013 & -2.2849 & -1.9574 & 1.9574 & 2.2849 & 1.4871 \\ 0.8266 & 0.8266 & -0.4628 & -0.8107 & -0.8107 & -0.4628 & 0.0024 \\ -0.2615 & 0.2615 & -0.0944 & -0.1861 & -0.1861 & 0.0944 & -0.8823 \end{bmatrix}$$

对 $\boldsymbol{B}_u$ 进行分解,可得虚拟指令输入矩阵和控制效能矩阵:

$$\boldsymbol{B}_v=\begin{bmatrix} 0_{2\times 3} \\ \boldsymbol{I}_{3\times 3} \end{bmatrix},$$

$$\boldsymbol{B}=\begin{bmatrix} 0.6013 & -0.6013 & -2.2849 & -1.9574 & 1.9574 & 2.2849 & 1.4871 \\ 0.8266 & 0.8266 & -0.4628 & -0.8107 & -0.8107 & -0.4628 & 0.0024 \\ -0.2615 & 0.2615 & -0.0944 & -0.1861 & -0.1861 & 0.0944 & -0.8823 \end{bmatrix}$$

外部扰动的输入矩阵和扰动项分别为

$$B_1 = \begin{bmatrix} 0 & 0 & 0 & 0 & 0 \\ 7.817\times 10^{-4} & 0 & 0 & 0 & 0 \\ 0 & 7.613\times 10^{-3} & 0 & 0 & 0 \\ 0 & 0 & 0 & 0 & 0 \\ 0 & 0 & 0 & 0 & 0.0247 \end{bmatrix}, d = \begin{bmatrix} 1 \\ 1 \\ 0.1 \\ 0.1 \\ 0.1 \end{bmatrix}$$

该型战斗机所具有的操纵面控制量为$\boldsymbol{\delta} = [\delta_{rc} \ \delta_{lc} \ \delta_{roe} \ \delta_{rie} \ \delta_{lie} \ \delta_{loe} \ \delta_r]^T$，分别表示飞机的右左鸭翼、右外内升降副翼、左内外升降副翼和方向舵。操纵面的位置约束和速率约束分别为

$$u_{max} = [25 \quad 25 \quad 25 \quad 25 \quad 25 \quad 25 \quad 30]^T,$$

$$u_{min} = -[55 \quad 55 \quad 25 \quad 25 \quad 25 \quad 25 \quad 30]^T,$$

$$\rho_{max} = -\rho_{min} = [50 \quad 50 \quad 50 \quad 50 \quad 50 \quad 50 \quad 50]^T。$$

由于多操纵面飞机系统矩阵 $A$ 的特征值为−2.1258+0.0000i，1.0769+0.0000i，−0.3177+1.6983i 和−0.3177−1.6983i，−0.6919+0.0000i。显然，原系统不稳定，但系统仍可控。为获得期望操控性能，设定期望的极点区域为(−1，−3，45°)，则通过求解式(11.27)，可得反馈增益为

$$K = \begin{bmatrix} 2.1079 & 9.9206 & -2.0084 & 0.8367 & -0.6240 \\ -13.9146 & -0.0379 & 0.0236 & -4.5268 & 0.0504 \\ 0.2204 & 12.8225 & 1.0359 & 0.1316 & -5.2382 \end{bmatrix}$$

进而通过式(11.29)可得前馈增益矩阵：

$$K_r = \begin{bmatrix} -2.5727 & 0.6034 & 3.0066 \\ 14.0882 & -0.0235 & -0.0352 \\ -0.2935 & -14.1934 & 0.3077 \end{bmatrix}$$

仿真中所采用的参考输入信号为典型的“α roll”机动，该信号可表示如下：

$$\alpha = \begin{cases} 5, 1 \leqslant t \leqslant 4 \\ 0, t > 5 \end{cases}, \beta = 0, p = \begin{cases} 50, 7 \leqslant t \leqslant 13 \\ 0, t > 13 \end{cases}$$

为验证动态容错控制分配方法的有效性，共设置四种故障情形，分别为：

故障 1：效能损失。该情形假定在 1s 时右鸭翼效能损失 20%，且故障越来越严重，7s 时达到 40%。同时，右升降副翼在 7s 时效能损失 20%，即多个执行器发生故障。

故障 2：饱和。该情形假定右侧鸭翼在 7s 时发生饱和故障。

故障 3：卡死。为对所提方法的有效性进一步验证，该情形是较严重的故障情形，即 11.12 s 时，右外侧副翼发生卡死故障。

故障 4：松浮。该情形假设方向舵在 7s 时发生松浮故障。

针对设置的仿真实验方案，通过在同一计算机上同时对飞机正常飞行控制和

出故障后的飞行控制情形进行对比仿真,并记录仿真数据用以进行对比分析,仿真结果如图 11.4~图 11.7 所示。

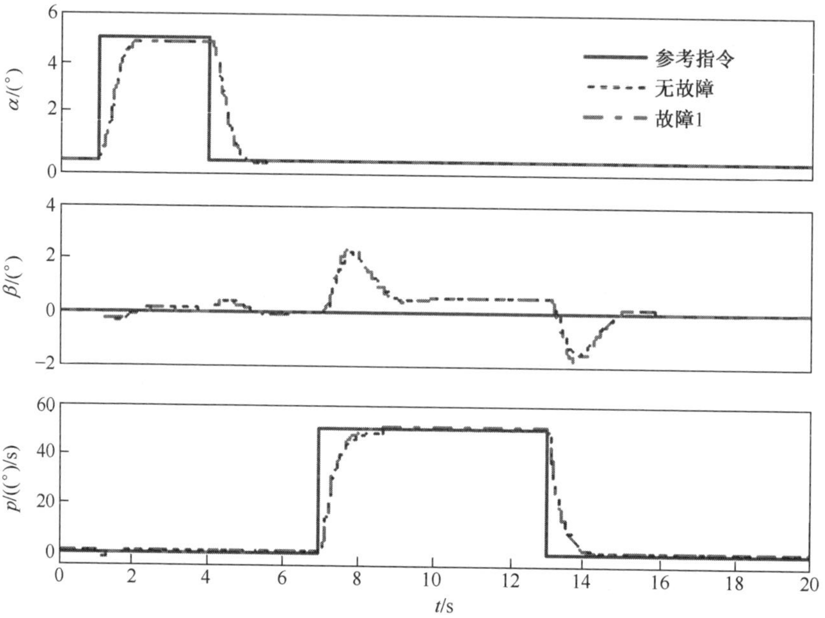


(a) 虚拟控制指令跟踪曲线

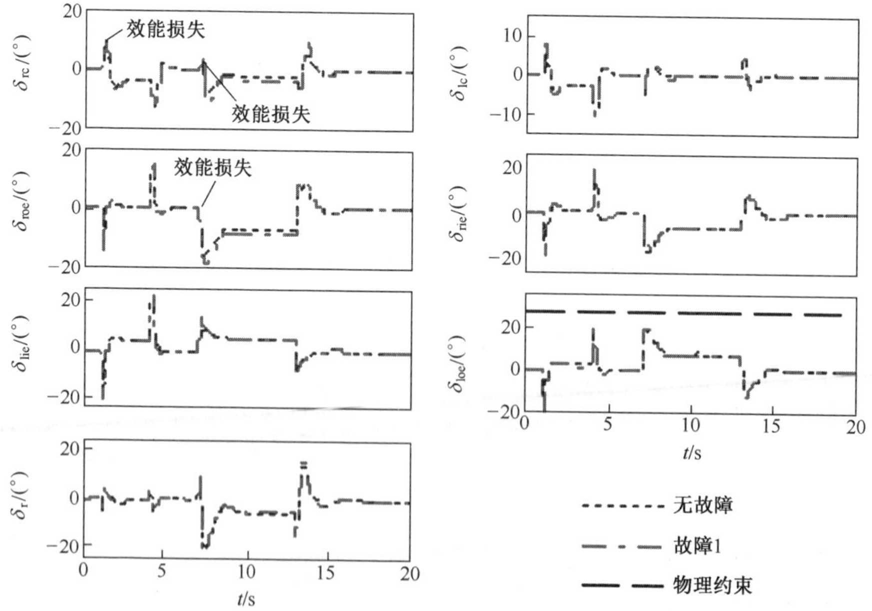


(b) 控制指令曲线

图 11.4　故障 1 情形的仿真结果

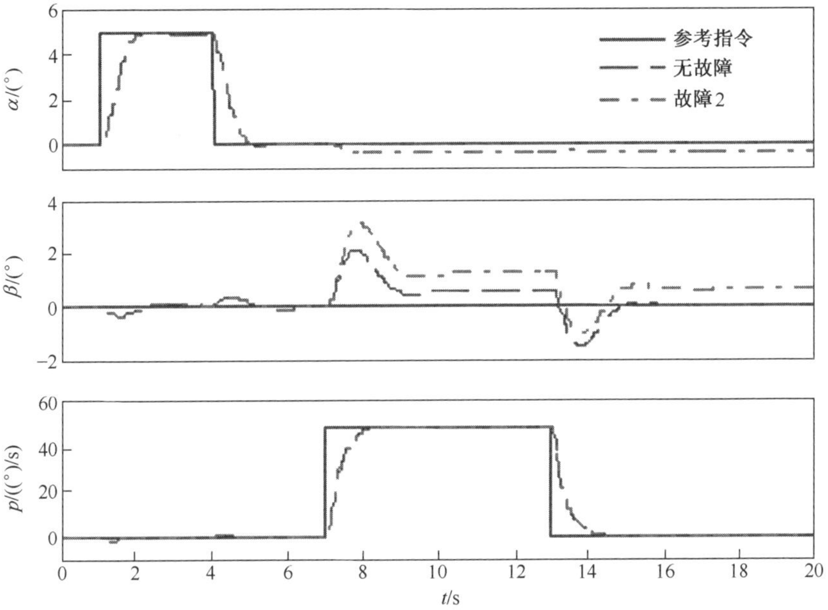


（a）虚拟控制指令跟踪曲线

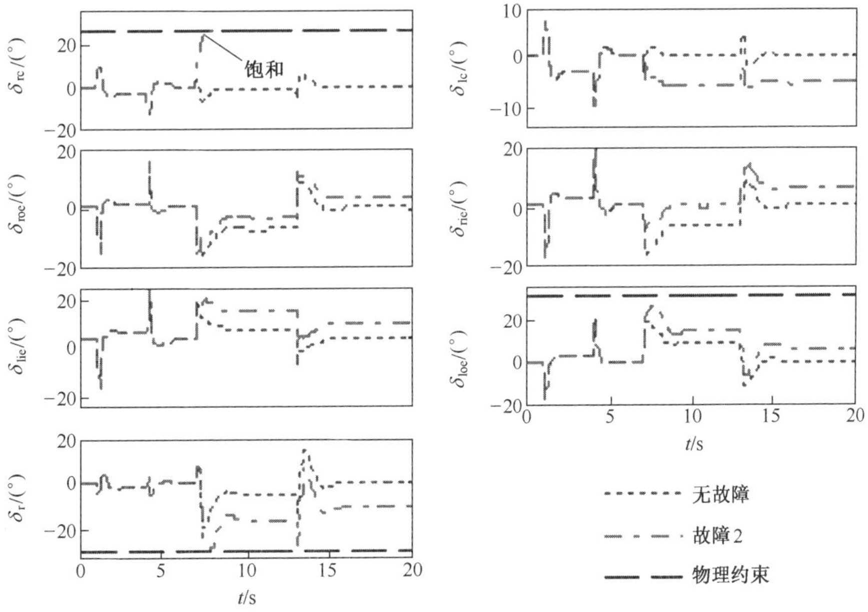


（b）控制指令曲线

图 11.5　故障 2 情形的仿真结果

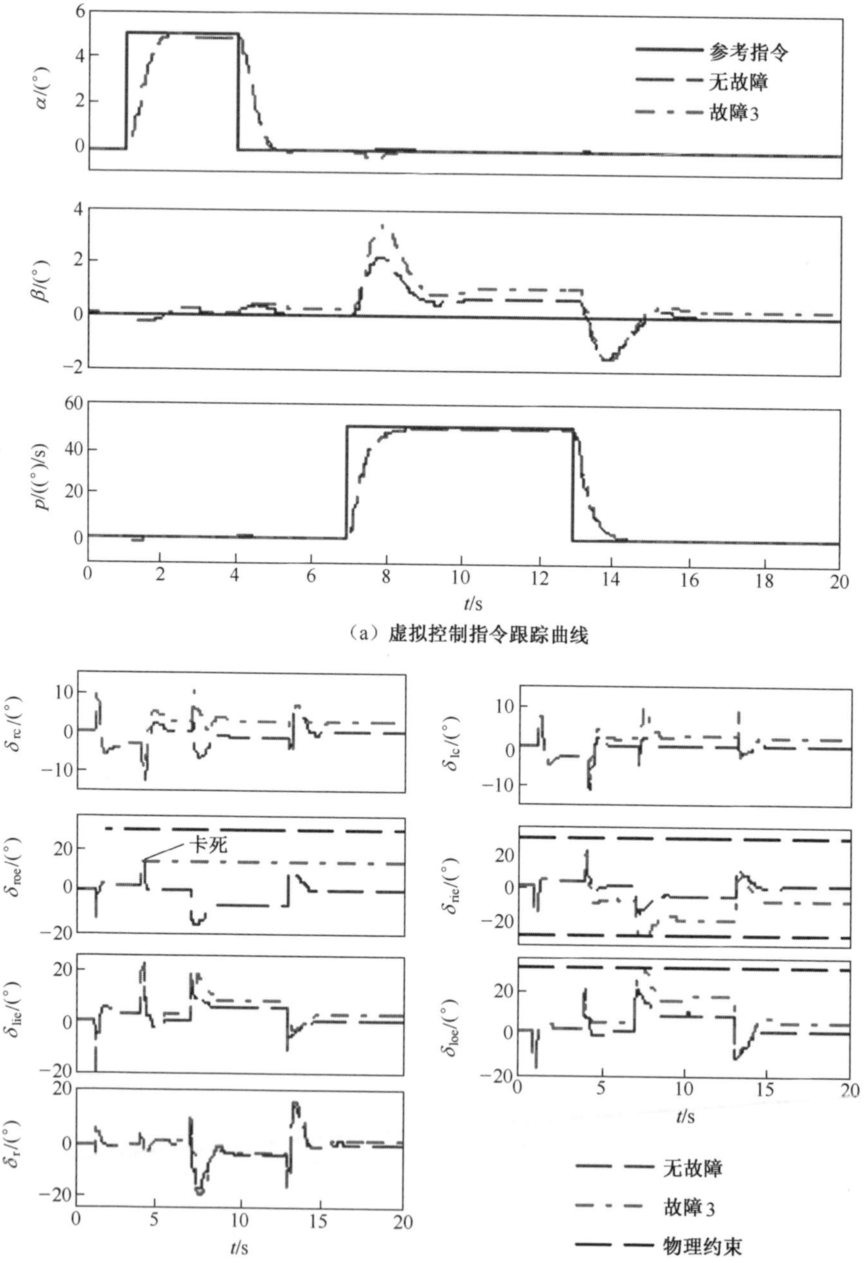


(b) 控制指令曲线

图 11.6　故障 3 情形的仿真结果

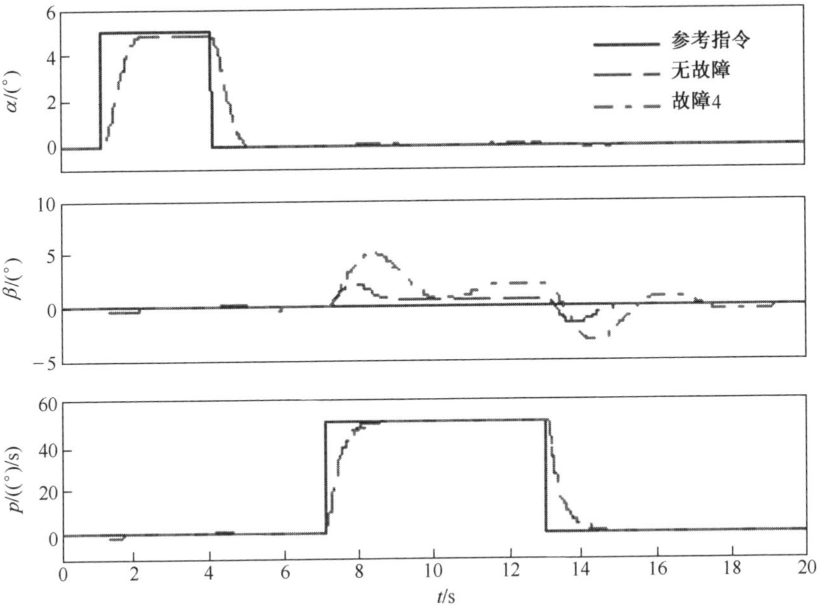


（a）虚拟控制指令跟踪曲线

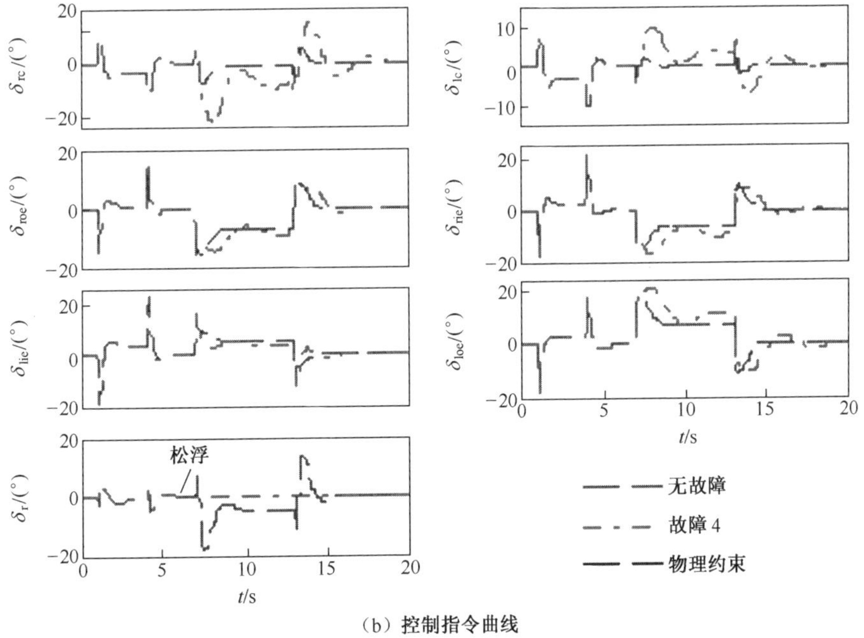


（b）控制指令曲线

图 11.7　故障 4 情形的仿真结果

观察图 11.4(a)可知,在故障 1 情形下,发生单个故障后(1s 时),对系统虚拟控制指令跟踪性能影响不大,舵偏量略有调整。但随着故障情形进一步恶化(鸭翼和副翼并发故障),较之无故障模式,侧滑角在滚转指令发生变化时存在一定跟踪误差,但仍能保持侧滑角跟踪效果基本不变;俯仰角速率指令跟踪性能在并发故障后有所下降,但很快收敛,实现与正常系统一致的控制性能,说明了所提出的方法处理操纵面故障的有效性。进一步观察图 11.4(b)可知,在右侧副翼损伤之后($t \geqslant 7$s),副翼、方向舵乃至鸭翼的出舵量均有不同程度增加。这充分说明了所提出的方法的鲁棒性,即能够在操纵面故障情形下,合理利用冗余执行机构资源,以达到期望虚拟指令,并保证执行机构的出舵量在其物理约束范围内(黑色虚线),从而实现容错控制的目的。

观察图 11.5(a)可知,在故障 2 情形下,由于右侧鸭翼发生饱和故障(舵面不再可控),当飞机发生滚转机动时,导致迎角和侧滑角跟踪存在一定稳态误差,但误差较小。这源于各个冗余操纵面控制效能的互补能力,见图 11.5(b)。为执行右滚机动任务,右侧鸭翼上偏直至达到其最大偏转位置,该故障提供了一定的正向滚转力矩,有利于飞机的右滚机动;左侧鸭翼在右滚机动和平飞时,均保持一定上偏量,以抵消右侧鸭翼上偏带来的部分过大滚转扭矩;右侧(内外)副翼在右滚机动过程中下偏量有所降低,而在右滚结束后增大上偏量以平衡机体;左侧(内外)副翼在右滚机动过程中和机动过后的下偏量均有所增大,以提供更大的正向滚转力矩,并维持机体平衡;与此同时,方向舵向左的舵偏量增大,以补偿飞机升力损失。

观察图 11.6(a)可知,在故障 3 情形下,由于右外侧副翼上偏过程中发生卡死故障(不再可控),这使得飞机侧滑角的控制效能大大损失,导致侧滑角指令跟踪误差较之无故障情形略有增加,但俯仰角和滚转角速率指令跟踪良好。观察图 11.6(b)可知,右外侧副翼上偏过程中发生卡死故障,从而产生了正的滚转力矩,这对于飞机右滚机动是有利的,但不利于飞机机体平衡。因此,在右滚机动过程中,有内侧副翼下偏甚至到达边界位置,以抵消过大的扭转力矩;左侧(内外)副翼下偏提供正向滚转力矩,较之无故障情形,舵偏量有所增大;由于左右鸭翼组合偏转已经补偿了升力和力矩损失,故而方向舵偏转量与无故障情形相似。进一步观察图 11.6(b)可知,右滚机动结束后,为保持飞机平稳飞行,各个舵面的舵偏量均较无故障情形有不同程度地增加。

观察图 11.7(a),由于方向舵发生了松浮故障,虽对飞机俯仰和滚转机动影响不大,但对飞机侧滑角指令跟踪有一定影响。进一步观察图 11.7(b)可知,由于方向舵松浮,在滚转过程中不能再提供升力补偿,左右鸭翼的舵偏量大幅提升,其他舵面的舵偏量也有不同程度增大,以对故障舵面所损失的控制系统效能进行补偿。

## 11.5 小结

本章以多操纵面飞机为对象,研究了过驱动系统的鲁棒 D 稳定动态容错控制方法。在控制分配框架下,基于鲁棒 D 稳定理论提出了一种外环反馈控制器设计方法;利用区域极点配置,进一步优化反馈增益设计,以保证控制系统性能保持在预设稳定域内;在此基础上,设计前馈增益以消除静态指令跟踪误差;考虑了执行器的物理约束,设计了综合舵偏量和虚拟指令跟踪误差的性能指标,建立了将上述外环虚拟控制指令分配给各个独立操纵面的鲁棒优化问题,并将上述问题转化为线性矩阵不等式(LMIs),利用 Matlab 的 LMI 工具箱进行求解计算。

综合文中理论分析和仿真结果可得到以下几点结论:

(1) 通过 LMI 技术可较好地解决操纵面执行机构出舵量的数值计算问题。

(2) 有效解决了单个操纵面故障和多个操纵面故障并发的容错控制问题。

(3) 有效解决了过驱动飞机操纵面四种典型故障类型(包括效能损失、饱和、卡死和松浮故障)的容错控制问题。

## 参考文献


[1] Zhi J H, Chen Y, Dong X M, et al. Antiwindup weighted pseudo-inverse control allocation method based on stealthy characteristic[C]. Proceedings of 34th Chinese Control Conference, Hangzhou, China: IEEE, 2015: 2715-2719.

[2] Boyd S, Ghaoui L E, Feron E, et al. Linear matrix inequalities in systems and control theory [M]. Society for Industrial and Applied Mathmatics:Philadelphia, 1994.

[3] Sastry S, Bodson M. Adaptive control: stability, convergence, and robustness[M]. New Jersey: Prentice Hall, 1989.

[4] John Joachim D'azzo, Constantine H. Houpis, Stuart N. Sheldon. Linear control system analysis and design with TLAB (5th edition)[M]. Boca Raton: CRC Press, 2003.

[5] Chilali M,Gahinet P. $H_\infty$ design with pole-placement constraints: an LMI approach[J]. IEEE Transactions on Automatica Control, 1996, 41(3): 358-367.

[6] Hamayun Mirza Tariq, Edwards Christopher, Alwi Halim. A fault tolerant control allocation scheme with output integral sliding modes[J]. Automatica, 2013, 49(6): 1830-1837.

# 第12章 多操纵面自适应有限时间容错控制

## 12.1 引言

本章针对考虑执行器约束的过驱动系统容错控制有效控制量求解问题，以一类非线性过驱动系统为研究对象，以控制分配思想为基础，基于有限时间稳定理论，以效能增益矩阵形式描述执行机构故障模型，在模型参考自适应控制框架下设计了一种有限时间稳定的自适应容错控制分配器，并通过李雅普诺夫稳定性分析证明该容错控制分配器能够保证过驱动系统在并发、多发执行器故障情形下的有限时间稳定。最终，将所提方法应用到某非线性过驱动飞机上，通过仿真实验来验证所提方法的有效性。

## 12.2 问题描述

考虑一类非线性过驱动系统：

$$\dot{\boldsymbol{x}}(t)=\boldsymbol{f}(\boldsymbol{x}(t))+\boldsymbol{g}(\boldsymbol{x}(t),\boldsymbol{u}(t)) \tag{12.1}$$

式中：$\boldsymbol{u}(t)\in\mathbf{R}^m$ 为控制输入；$\boldsymbol{x}(t)\in\mathbf{R}^n$ 为系统状态矢量且 $n\leqslant m$；$\boldsymbol{f}(\cdot)$、$\boldsymbol{g}(\cdot)$ 分别为系统响应函数和控制输入函数。

**假设 12.1** 假设 $\boldsymbol{f}(\cdot)$、$\boldsymbol{g}(\cdot)$ 均为二阶可微函数。

**注：**由于非线性系统各状态量之间存在耦合且各时刻的状态是连续变化的，则假设 12.1 是合理的。

当系统执行机构发生故障时，常采用效能水平描述执行机构的损坏程度[1]：

$$u_i(t)=\theta_i u_i(t),\theta_i\in[0,1],i=1,2,\cdots,m \tag{12.2}$$

式中：$\theta_i$ 为执行器 $u_i$ 对应的效能水平。当 $\theta_i=1$ 时，表示第 $i$ 个执行机构正常工作；$0<\theta<1$ 表示第 $i$ 个执行机构部分效能损失，剩余效能为 $\theta_i$；$\theta_i=0$ 时，第 $i$ 个执行机构失效，不再具备工作能力。

$$\dot{\boldsymbol{x}}(t)=\boldsymbol{f}(\boldsymbol{x}(t))+\boldsymbol{g}(\boldsymbol{x}(t),\boldsymbol{u}(t),\boldsymbol{\theta}) \tag{12.3}$$

式中：$\boldsymbol{\theta}=\mathrm{diag}\{\theta_i\}$ 为已知对角正定阵，由故障诊断单元给出该故障信息。

为实现系统期望控制性能，引入下列参考模型：

$$\dot{\boldsymbol{x}}_{\mathrm{d}}(t)=\boldsymbol{f}_{\mathrm{d}}(\boldsymbol{x}(t))+\boldsymbol{g}_{\mathrm{d}}(\boldsymbol{x}(t),\boldsymbol{r}(t)) \tag{12.4}$$

式中：$\boldsymbol{r}(t)\in\boldsymbol{R}^p$ 为参考输入信号；$\boldsymbol{f}_{\mathrm{d}}(\cdot)$ 和 $\boldsymbol{f}_{\mathrm{d}}(\cdot)$ 均为二阶可微函数。为实现期望虚拟指令跟踪，须满足：

$$\boldsymbol{g}(\boldsymbol{x}(t),\boldsymbol{u}(t),\boldsymbol{\theta})=\boldsymbol{\tau}(\boldsymbol{x}(t),\boldsymbol{r}(t)) \tag{12.5}$$

式中：$\boldsymbol{\tau}(\boldsymbol{x}(t),\boldsymbol{r}(t))\in\boldsymbol{R}^n$ 为期望虚拟指令，即

$$\boldsymbol{\tau}(\boldsymbol{x}(t),\boldsymbol{x}(t))=\boldsymbol{f}_{\mathrm{d}}(\boldsymbol{x}(t))+\boldsymbol{g}_{\mathrm{d}}(\boldsymbol{x}(t),\boldsymbol{r}(t))-\boldsymbol{f}((t)) \tag{12.6}$$

## 12.3 直接自适应非线性容错控制分配律设计

### 12.3.1 约束优化容错控制分配律设计

非线性控制分配问题即针对式(12.5)描述的非线性方程求解控制量 $\boldsymbol{u}(t)$。本章所研究对象为过驱动系统，即系统输入量维数大于系统输出量维数，从而对于同一期望虚拟指令，存在多组控制量 $\boldsymbol{u}(t)$ 的可行解[2-7]。为搜寻最优控制量，需求解特定性能指标下的优化问题。

考虑系统最小能耗，引入优化性能指标[8]：

$$J_1(\boldsymbol{u}(t),\boldsymbol{\theta})=\frac{1}{2}\boldsymbol{u}(t)^{\mathrm{T}}\boldsymbol{H}_1\boldsymbol{u}(t) \tag{12.7}$$

式中：$\boldsymbol{H}_1\geqslant 0$ 为已知对角正定权值矩阵。

同时，在控制律设计中，必须考虑执行器的物理约束：

$$\boldsymbol{\Omega}=\{\boldsymbol{u}(t)\mid\boldsymbol{\delta}_{\min}\leqslant\boldsymbol{u}(t)\leqslant\boldsymbol{\delta}_{\max}\} \tag{12.8}$$

式中：$\boldsymbol{\delta}_{\min}$ 和 $\boldsymbol{\delta}_{\max}$ 分别对应执行器位置的极小约束和极大约束。

假设虚拟指令可达，则必存在一个控制量 $\boldsymbol{u}(t)\in\boldsymbol{\Omega}$ 使得式(12.5)成立。为解决可达指令唯一解问题，将虚拟指令跟踪误差引入性能指标：

$$\begin{aligned}\boldsymbol{J}_2(\boldsymbol{x}(t),\boldsymbol{r}(t),\boldsymbol{u}(t),\boldsymbol{\theta})=\frac{1}{2}[\boldsymbol{g}(\boldsymbol{x}(t),\boldsymbol{u}(t),\boldsymbol{\theta})-\boldsymbol{\tau}(\boldsymbol{x}(t),\boldsymbol{r}(t))]^{\mathrm{T}}\cdot\\ \boldsymbol{H}_2[\boldsymbol{g}(\boldsymbol{x}(t),\boldsymbol{u}(t),\boldsymbol{\theta})-\boldsymbol{\tau}(\boldsymbol{x}(t),\boldsymbol{r}(t))]\end{aligned} \tag{12.9}$$

综合上述分析可知，非线性过驱动系统控制分配问题式(12.5)可转化为下列非线性优化问题进行求解：

$$\begin{aligned}&\min_{\boldsymbol{u}(t)}\boldsymbol{J}(\boldsymbol{x}(t),\boldsymbol{r}(t),\boldsymbol{u}(t),\boldsymbol{\theta}),\\ &\mathrm{s.t.}\ \boldsymbol{u}(t)\in\boldsymbol{\Omega}\end{aligned} \tag{12.10}$$

式中：$\boldsymbol{J}(\boldsymbol{x}(t),\boldsymbol{r}(t),\boldsymbol{u}(t),\boldsymbol{\theta})=\boldsymbol{J}_1+\boldsymbol{J}_2$。

为便于求解，采用拉格朗日法将式(12.10)所描述的约束优化问题转化为无约束优化问题，引入拉格朗日函数：

$$L(\boldsymbol{x}(t),\boldsymbol{r}(t),\boldsymbol{u}(t),\boldsymbol{\theta},\boldsymbol{\lambda}(t))=\boldsymbol{J}(\boldsymbol{x}(t),\boldsymbol{r}(t),\boldsymbol{u}(t),\boldsymbol{\theta})+\boldsymbol{\Delta}(\boldsymbol{u}(t))\boldsymbol{\lambda} \tag{12.11}$$

式中：$\boldsymbol{\lambda}(t)\in\boldsymbol{R}^m$ 均为拉格朗日乘子。定义：

$$\boldsymbol{\Delta}(\boldsymbol{u}(t))=[P(u_1(t)),P(u_2(t)),\cdots,P(u_m(t))] \tag{12.12}$$

具体地，有

$$P(u_i(t))=\min((u_i(t)-\boldsymbol{\delta}_{i,\min})^3,(\boldsymbol{\delta}_{i,\max}-u_i(t))^3,0),i=1,2,\cdots,m \tag{12.13}$$

则执行器物理约束式(12.8)可转化为

$$\boldsymbol{\Delta}(\boldsymbol{u}(t))=\boldsymbol{0} \tag{12.14}$$

式(12.10)中的局部极小值满足式(12.11)的一阶最优条件，即可得到下列最优解集合为

$$\boldsymbol{S}^*=\left\{(\boldsymbol{x}(t),\boldsymbol{r}(t),\boldsymbol{u}(t),\boldsymbol{\lambda}(t))\left|\frac{\partial L}{\partial\boldsymbol{u}(t)}=\boldsymbol{0},\frac{\partial L}{\partial\boldsymbol{\lambda}(t)}=\boldsymbol{0}\right.\right\} \tag{12.15}$$

假设存在一个最优解集 $\boldsymbol{S}^*$，结合模型参考自适应思想设计控制分配律，使得系统状态趋于最优集，结合式(12.11)和式(12.15)定义李雅普诺夫函数：

$$V_m(\boldsymbol{x}(t),\boldsymbol{r}(t),\boldsymbol{u}(t),\boldsymbol{\theta},\lambda(t))=\frac{1}{2}\left(\frac{\partial L}{\partial\boldsymbol{u}(t)}\right)^{\mathrm{T}}\frac{\partial L}{\partial\boldsymbol{u}(t)}+\frac{1}{2}\left(\frac{\partial L}{\partial\boldsymbol{\lambda}(t)}\right)^{\mathrm{T}}\frac{\partial L}{\partial\boldsymbol{\lambda}(t)} \tag{12.16}$$

由李雅普诺夫意义下的稳定理论可知[9]，若设计容错控制分配律使得 $\dot{V}_m$ 负定，则当 $t\to\infty$ 时，该控制律将驱使系统状态渐近趋于最优集 $\boldsymbol{S}^*$。为实现执行器故障情形下的快速收敛，保障非线性过驱动系统安全、稳定运行，结合有限时间控制理论，提出了一种有限时间稳定的容错控制分配方法，使控制量的解及系统状态在有限时间内收敛于最优解集。

### 12.3.2 有限时间容错控制分配律设计

为在李雅普诺夫意义下推导设计有效控制律，从有限时间收敛引理出发，推导如下内容。定义李雅普诺夫函数为

$$V(\boldsymbol{x}(t),\boldsymbol{r}(t),\boldsymbol{u}(t),\boldsymbol{\theta},\boldsymbol{\lambda}(t))=\frac{V_m(\boldsymbol{x}(t),\boldsymbol{r}(t),\boldsymbol{u}(t),\boldsymbol{\theta},\boldsymbol{\lambda}(t))}{V_{m0}} \tag{12.17}$$

式中：$V_{m0}=V_m(\boldsymbol{x}(0),\boldsymbol{r}(0),\boldsymbol{u}(0),\boldsymbol{\theta}_0,\boldsymbol{\lambda}(0))$。李雅普诺夫函数的初始值：

$$V_0 = V(\boldsymbol{x}(0), \boldsymbol{r}(0), \boldsymbol{u}(0), \boldsymbol{\theta}_0, \boldsymbol{\lambda}(0)) = 1 \tag{12.18}$$

式(12.16)的时间微分形式为

$$\dot{V}(t) \leqslant -\omega V^a(t), \forall a \in (0,1), \omega > 0 \tag{12.19}$$

从而式(12.17)的原点可在有限时间 $t_f \leqslant 1/\omega(1-a)$ 内到达最优解集合。其中，终端吸引子为 $\partial L/\partial \boldsymbol{u}(t) = \mathbf{0}, \partial L/\partial \boldsymbol{\lambda}(t) = \mathbf{0}$。

根据自适应控制理论，设计容错控制分配律以及拉格朗日乘子更新律：

$$\dot{\boldsymbol{u}}(t) = -\boldsymbol{K}_1 \boldsymbol{\alpha}(t) + \boldsymbol{\xi}_1(t) \tag{12.20}$$

$$\dot{\boldsymbol{\lambda}}(t) = -\boldsymbol{K}_2 \boldsymbol{\beta}(t) + \boldsymbol{\xi}_2(t) \tag{12.21}$$

式中：对称半正定矩阵 $\boldsymbol{K}_1 \geqslant 0$ 和 $\boldsymbol{K}_2 \geqslant 0$ 为待设计参数，$\boldsymbol{\alpha}(t), \boldsymbol{\beta}(t), \boldsymbol{\xi}_1(t), \boldsymbol{\xi}_2(t) \in \boldsymbol{R}^m$ 且满足

$$\boldsymbol{\alpha}^{\mathrm{T}}(t)\boldsymbol{\xi}_1(t) + \boldsymbol{\beta}^{\mathrm{T}}(t)\boldsymbol{\xi}_2(t) + \delta(t) + \omega \frac{V_m^a(t)}{V_{m0}^{1-a}} = 0 \tag{12.22}$$

式中：$V_m(t)$ 和 $V_{m0}$ 分别在式(12.16)和式(12.17)中定义。另有

$$\begin{aligned}\delta(t) = &\left(\frac{\partial L}{\partial \boldsymbol{u}(t)}\right)^{\mathrm{T}} \frac{\partial^2 L}{\partial \boldsymbol{x}(t)\partial \boldsymbol{u}(t)}[\boldsymbol{f}(\boldsymbol{x}(t)) + \boldsymbol{g}(\boldsymbol{x}(t), \boldsymbol{u}(t), \boldsymbol{\theta})] \\ &+ \left(\frac{\partial L}{\partial \boldsymbol{u}(t)}\right)^{\mathrm{T}} \frac{\partial^2 L}{\partial \boldsymbol{r}(t)\partial \boldsymbol{u}(t)}\dot{\boldsymbol{r}}(t)\end{aligned} \tag{12.23}$$

$\boldsymbol{\alpha}(t)$ 和 $\boldsymbol{\beta}(t)$ 具有为以下矩阵表达式：

$$\begin{bmatrix}\boldsymbol{\alpha}(t) \\ \boldsymbol{\beta}(t)\end{bmatrix} = \begin{bmatrix}\dfrac{\partial^2 L}{\partial \boldsymbol{u}^2(t)} & \dfrac{\partial^2 L}{\partial \boldsymbol{\lambda}(t)\partial \boldsymbol{u}(t)} \\ \dfrac{\partial^2 L}{\partial \boldsymbol{u}(t)\partial \boldsymbol{\lambda}(t)} & \mathbf{0}_{m\times m}\end{bmatrix}\begin{bmatrix}\dfrac{\partial L}{\partial \boldsymbol{u}(t)} \\ \dfrac{\partial L}{\partial \boldsymbol{\lambda}(t)}\end{bmatrix} \tag{12.24}$$

## 12.4 稳定性分析

本节在李雅普诺夫意义下对所设计容错控制分配律的稳定性进行推导和证明。

**定理 12.1** 考虑系统式(12.1)~式(12.6)，假设式(12.1)的 $\boldsymbol{f}(\cdot), \boldsymbol{g}(\cdot)$ 和式(12.6)的 $\boldsymbol{\tau}(\cdot)$ 均为二阶可微函数。给定 $\boldsymbol{K}_1 \geqslant 0$ 和 $\boldsymbol{K}_2 \geqslant 0$ 以及常数 $\omega > 0$ 和 $0 < a < 1$，则自适应容错控制分配律(12.20)和拉格朗日乘子更新律(12.21)可保证可行解 $(\boldsymbol{x}(t), \boldsymbol{r}(t), \boldsymbol{u}(t), \boldsymbol{\lambda}(t))$ 在有限时间 $t_f \leqslant 1/\omega(1-a)$ 内收敛于式(12.15)的最优解集 $\boldsymbol{S}^*$。

**证明** 为方便书写和阅读，下面的推导过程略去函数的自变量。对式(12.16)中的李雅普诺夫函数沿式(12.11)进行求偏导可得

$$\dot{V}_m = \left[\left(\frac{\partial L}{\partial \boldsymbol{u}}\right)^{\mathrm{T}} \frac{\partial^2 L}{\partial \boldsymbol{u}^2} + \left(\frac{\partial L}{\partial \boldsymbol{\lambda}}\right)^{\mathrm{T}} \frac{\partial^2 L}{\partial \boldsymbol{u} \partial \boldsymbol{\lambda}}\right] \dot{\boldsymbol{u}} + \left(\frac{\partial L}{\partial \boldsymbol{u}}\right)^{\mathrm{T}} \frac{\partial^2 L}{\partial \boldsymbol{\lambda} \partial \boldsymbol{u}} \dot{\boldsymbol{\lambda}} +$$
$$\left(\frac{\partial L}{\partial \boldsymbol{u}}\right)^{\mathrm{T}} \frac{\partial^2 L}{\partial \boldsymbol{r} \partial \boldsymbol{u}} \dot{\boldsymbol{r}} + \left(\frac{\partial L}{\partial \boldsymbol{u}}\right)^{\mathrm{T}} \frac{\partial^2 L}{\partial \boldsymbol{x} \partial \boldsymbol{u}} [\boldsymbol{f}(\boldsymbol{x}) + \boldsymbol{g}(\boldsymbol{x}, \boldsymbol{u}, \boldsymbol{\theta})] \tag{12.25}$$

将式(12.23)中的 $\delta(t)$ 和式(12.24)中的 $\boldsymbol{\alpha}(t)$,$\boldsymbol{\beta}(t)$ 代入式(12.25),可得

$$\dot{V}_m = \boldsymbol{\alpha}^{\mathrm{T}} \dot{\boldsymbol{u}} + \boldsymbol{\beta}^{\mathrm{T}} \dot{\boldsymbol{\lambda}} + \delta \tag{12.26}$$

将式(12.20)和式(12.21)代入式(12.26),结合式(12.22),可得

$$\dot{V}_m = -\boldsymbol{\alpha}^{\mathrm{T}} \boldsymbol{K}_1 \boldsymbol{\alpha} - \boldsymbol{\beta}^{\mathrm{T}} \boldsymbol{K}_2 \boldsymbol{\beta} - \omega \frac{V_m^a}{V_{m0}^{1-a}} \tag{12.27}$$

因 $K_i \geqslant 0(i=1,2)$,由 $V$ 定义式(12.27)可知:

$$\dot{V} \leqslant -\omega V^a \tag{12.28}$$

根据有限时间收敛引理可知[10],若式(12.28)满足 $\omega>0, 0<a<1$,则可行解 $(\boldsymbol{x}, \boldsymbol{r}, \boldsymbol{u}, \boldsymbol{\lambda})$ 必将在有限时间 $t_f \leqslant 1/\omega(1-a)$ 内趋于最优解集 $\boldsymbol{S}^*$。证毕。

为求解式(12.22)中的参数 $\boldsymbol{\xi}_i \geqslant 0(i=1,2)$,采用最小二乘法即可得到唯一解。引入以下拉格朗日函数:

$$l(\boldsymbol{\xi}_1, \boldsymbol{\xi}_2, \vartheta) = \frac{1}{2}(\boldsymbol{\xi}_1^{\mathrm{T}} \boldsymbol{\xi}_1 + \boldsymbol{\xi}_2^{\mathrm{T}} \boldsymbol{\xi}_2) + \vartheta\left(\boldsymbol{\alpha}^{\mathrm{T}} \boldsymbol{\xi}_1 + \boldsymbol{\beta}^{\mathrm{T}} \boldsymbol{\xi}_2 + \delta + \omega \frac{V_m^a}{V_{m0}^{1-a}}\right) \tag{12.29}$$

式中:$\vartheta \in R$ 为拉格朗日乘子。式(12.29)的一阶最优条件为

$$\frac{\partial l}{\partial \boldsymbol{\xi}_1} = \boldsymbol{0}, \frac{\partial l}{\partial \boldsymbol{\xi}_2} = \boldsymbol{0}, \frac{\partial l}{\partial \vartheta} = 0 \tag{12.30}$$

将条件式(12.30)表示为矩阵形式:

$$\begin{bmatrix} \boldsymbol{I}_m & \boldsymbol{0} & \boldsymbol{\alpha} \\ \boldsymbol{0} & \boldsymbol{I}_m & \boldsymbol{\beta} \\ \boldsymbol{\alpha}^{\mathrm{T}} & \boldsymbol{\beta}^{\mathrm{T}} & 0 \end{bmatrix} \begin{bmatrix} \boldsymbol{\xi}_1 \\ \boldsymbol{\xi}_2 \\ \vartheta \end{bmatrix} = \begin{bmatrix} \boldsymbol{0} \\ \boldsymbol{0} \\ -\delta - \omega \dfrac{V_m^a}{V_{m_0}^{1-a}} \end{bmatrix} \tag{12.31}$$

**注:**当且仅当 $\boldsymbol{\alpha}$、$\boldsymbol{\beta}$ 中有一个不为零时,式(12.31)有唯一解。

## 12.5 仿真及分析

### 12.5.1 仿真模型

以某非线性飞机为对象,该飞机配置 6 个操纵面,分别为右副翼 $\delta_{ar}$、左副翼

$\delta_{al}$和4个尾翼$\delta_i(i=1,2,3,4)$。因其操纵面数目大于所需控制飞机三轴姿态(系统状态)的数目,称为多操纵面飞机或过驱动飞机。对应非线性运动学方程为

$$\begin{cases}\dot{p}=-0.9107qr-4.5795p+0.0119\\ \quad -0.0753(\delta_1-\delta_3)-0.0827(\delta_2-\delta_4)-0.4648(\delta_{ar}-\delta_{al})\\ \dot{q}=0.9898pr-0.3771q-0.4415\\ \quad -0.0279(\delta_1+\delta_3)0.0271(\delta_2+\delta_4)-0.0016(\delta_{ar}+\delta_{al})\\ \dot{r}=-0.8029qp-0.1915r-0.0004\\ \quad +0.0262(\delta_1-\delta_3)-0.0238(\delta_2-\delta_4)-0.0017(\delta_{ar}-\delta_{al})\end{cases}$$

该控制对象的状态矢量为$\boldsymbol{x}=[p,q,r]^{\mathrm{T}}$,控制量为$\boldsymbol{u}=[\delta_1,\delta_2,\delta_3,\delta_4,\delta_{ar},\delta_{al}]^{\mathrm{T}}$,执行器物理约束为

$$|\delta_{ar}|\leqslant 20,\ |\delta_{al}|\leqslant 20,\ |\delta_i|\leqslant 20,i=1,2,3,4$$

为得到期望控制性能,设计如下参考模型:

$$\dot{p}=-2p+2r_p,\dot{q}=-2q+2r_q,\dot{r}=-2r$$

其中:

$$r_p=\begin{cases}0, & 0\leqslant t<3\\ 60, & 3\leqslant t<6\\ -60, & 6\leqslant t\leqslant 9\\ 0, & t\geqslant 9\end{cases},\quad r_q=\begin{cases}0, & 0\leqslant t<13\\ 60, & 13\leqslant t<17\\ 0, & t\geqslant 17\end{cases}$$

其他控制器参数设置为$\boldsymbol{H}_1=10^{-6}\boldsymbol{I}_6,\boldsymbol{H}_2=\boldsymbol{I}_3,a=0.9,\omega=3000$。系统初始状态、参数以及控制量的初始值设置为$\boldsymbol{x}(0)=[0,0,0]^{\mathrm{T}},V_{m0}=0.00032775,\boldsymbol{\lambda}(0)=\boldsymbol{0}_m,\boldsymbol{u}(0)=[-3.8,-3.8,-3.8,-3.8,0,0]^{\mathrm{T}},\boldsymbol{K}_1=\boldsymbol{K}_2=V_{m0}\boldsymbol{I}_6$。

为验证本书所提方法有效性,设置下列三种仿真情形:

(1) 执行器全部正常情形下有限时间控制分配,记为情形1。

(2) 执行器部分失效情形下有限时间控制分配(未容错),记为情形2。

(3) 执行器部分失效情形下的有限时间容错控制分配,记为情形3。

需要说明的是,仿真图中,“故障1”和“故障2”表示故障发生时刻。具体地,“故障1”情形为舵面1在第10s损失效能50%,即单个执行器故障;“故障2”情形为“故障1”基础上,右副翼第15s也失效50%,即多发、并发执行器故障。“物理约束”表征所考虑的执行器位置约束。

### 12.5.2 仿真结果及分析

将上述参数回代至式(12.11),并求解后续计算所需各项二阶偏导数,可得$\boldsymbol{\alpha}(t),\boldsymbol{\beta}(t)$。进一步求解式(12.31)得到参数$\boldsymbol{\xi}_1(t),\boldsymbol{\xi}_2(t)$。将上述参数代入式(12.20)和式(12.21),结合所给出的控制器参数,即可得到所设计的有限时间

容错控制分配对应控制量和乘子更新律。设置仿真时间 30s,仿真所得虚拟指令跟踪效果如图 12.1 所示。

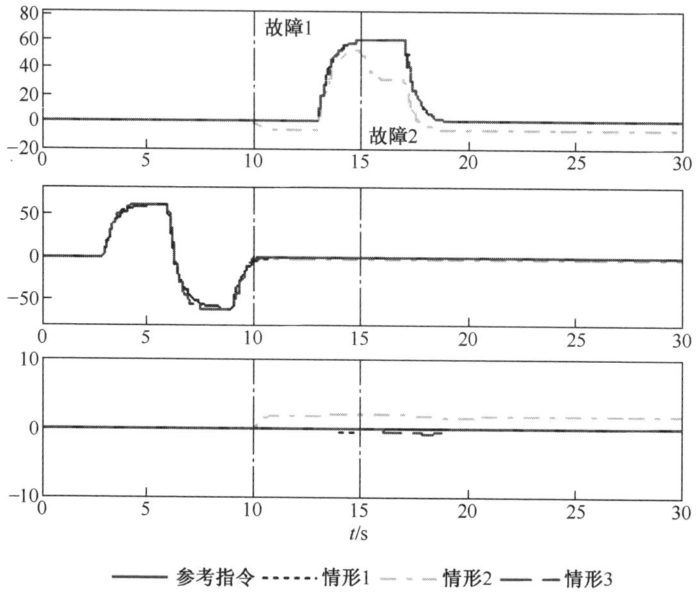


图 12.1 (见彩图)虚拟指令跟踪

分析图 12.1 可知,在无故障情形下,有限时间控制分配器能良好地跟踪虚拟指令;在发生单个执行器失效故障情形下(故障 1),原有控制分配律已然出现跟踪误差,而容错控制分配律仍能有效跟踪虚拟指令;在多发、并发故障情形下,该现象表现的更为显著,原有控制分配律存在较大跟踪稳态误差,而容错控制分配律仍保持较好跟踪效果。这说明所提方法能够有效跟踪虚拟控制指令。

分析拉格朗日乘子,观察图 12.2 可知,其在第 6s 发生变化,此时,对应操纵面($\delta_i(i=1,2,3,4)$)的出舵量发生饱和现象,如图 12.3 所示;而操纵面 $\delta_i(i=5,6)$ 自始至终未发生饱和,其对应拉格朗日乘子保持为 0 不变。这说明所设计容错控制分配律能有效处理执行器物理约束。

记录各仿真情形下所生成的控制量,如图 12.3 所示。分析可知,由于采用拉格朗日函数法,将执行器物理约束引入控制分配律设计中,从而有效保证了所生成控制量均在物理约束范围(黑色点线)内。比较三种情形的操纵面控制量曲线可知,对于故障执行器而言,在发生单个执行器失效故障情形下(故障 1),原有控制分配律所产生操纵面控制量有所减小,其原因是外环虚拟指令分配不变(这也是控制分配的优势所在),但由于其执行器效能降低,导致操纵面真实出舵量变小;而容错控制分配律所得对应控制量略有增加,从而达到期望虚拟指令,如图 12.1 所示。在多发、并发故障情形下,上述现象表现得更为显著,原有控制分配律所得

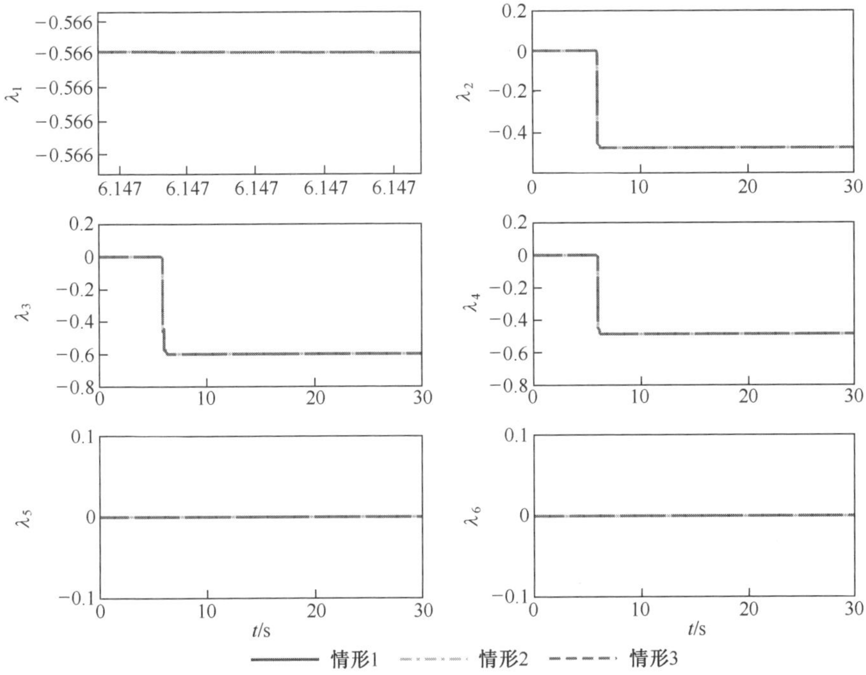


图 12.2 （见彩图）拉格朗日乘子时间曲线

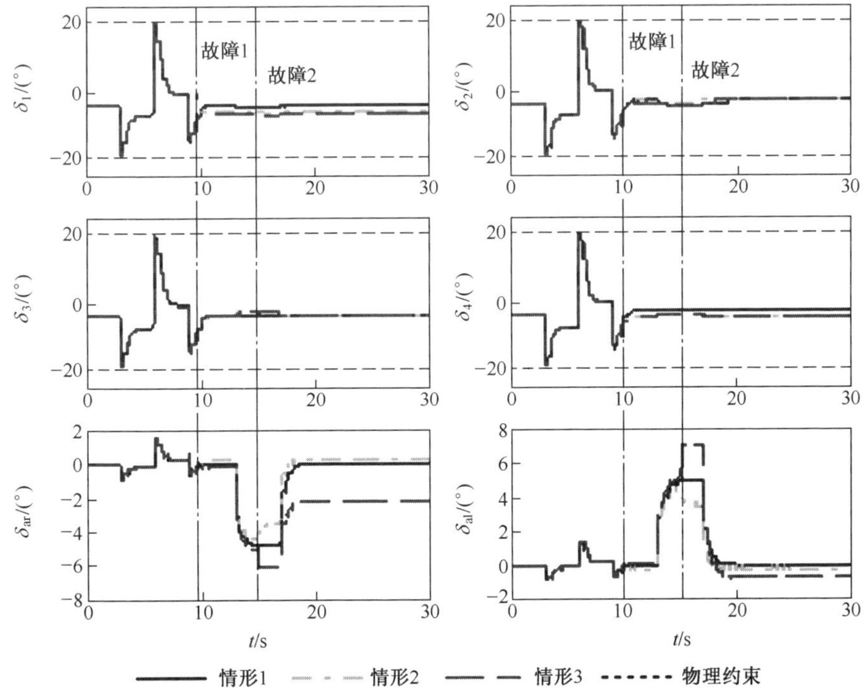


图 12.3 （见彩图）各操纵面控制量时间曲线

操纵面控制量进一步减小,而容错控制分配律则大幅提升对应操纵面及其配对操纵面的出舵量,保证虚拟指令的良好跟踪,如图 12.1 所示。这说明所提方法能够生成满足物理约束的合理控制量。

为比较各情形下所设计控制分配律的性能,得到李雅普诺夫函数 $V_m$ 的时间曲线,如图 12.4 所示。分析可知,所采用有限时间控制分配律能够很快实现系统状态趋近于最优解,即每次指令变化以及发生故障时(3s/6s/9s/10s/13s/15s/17s),$V_m$ 可在 1s 内收敛至 0。经参数计算知,所设计收敛时间为 $10^{-3}$s 量级,如图 12.4(b)所示。原有控制分配律在执行器正常(情形 1)和故障(情形 2 和情形 3)情形下的指标保持基本一致,其原因是所设计虚拟指令和控制分配模块均未发生改变。而容错控制分配律(情形 3)指标值在单个故障情形下(情形 2),未见明显变化;而在多发、并发故障情形下(情形 3),其指标值显著降低,且收敛速度略有提升,其原因在于容错控制分配律能够更快、更优地趋近于最优解,与期望控制量偏差小,变化幅度($\partial L/\partial \boldsymbol{u}$)小。这说明所提方法能够有效处理执行器故障,并保证其快速收敛和最优性能。

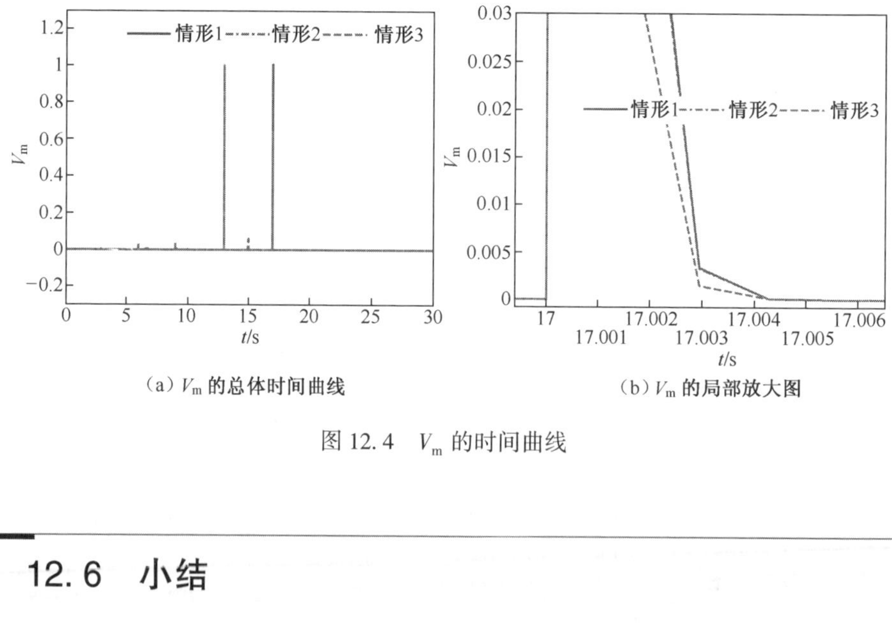


图 12.4　$V_m$ 的时间曲线

## 12.6　小结

针对一类非线性过驱动系统的容错控制问题,本章提出了一种有限时间稳定的自适应容错控制分配方法。仿真结果表明,所提方法能有效跟踪虚拟控制指令,生成满足物理约束的合理控制量,在执行器故障情形下仍能保证虚拟指令的高效跟踪。

综合理论分析和仿真结果可得到以下几点结论:

（1）所提方法能够高效处理执行器效能损失故障。

（2）有效处理了执行器的物理约束问题。

（3）实现了控制量的直接快速求解。

所提方法基于精确故障检测单元获取故障信息以实现容错控制律设计，下一步有待研究的内容主要有：①融合状态观测器/估计器技术实现故障在线诊断与容错控制分配一体化设计；②设计考虑执行器动态的容错控制分配律。

## 参考文献


[1] Bošković J D, Mehra R K. Robust fault-tolerant control design for aircraft under state-dependent disturbances[R]. AIAA, 2003-5490.

[2] Chen L J, Alwi Halim, Edwards Christopher. Integrated LPV controller/estimator scheme using sliding modes[C]. 54th IEEE Conference on Decision and Control (CDC), Osaka, Japan: IEEE, 2015: 5124-5129.

[3] Alwi Halim, Edwards Christopher, Menon Prathyush P. Sensor fault tolerant control using a robust LPV based sliding mode observer[C]. 51st IEEE Conference on Decision and Control, Maui, Hawaii, USA: IEEE, 2013: 1828-1833.

[4] Cristofaro Andrea, Polycarpou Marios M, Johansen Tor Arne. Fault diagnosis and fault-tolerant control allocation for a class of nonlinear systems with redundant inputs[C]. 54th IEEE Conference on Decision and Control (CDC), Osaka, Japan: IEEE, 2015: 5117-5123.

[5] Ríos Héctor, Kamal Shyam, Fridman Leonid M, et al. Fault tolerant control allocation via continuous integral sliding-modes: A HOSM-observer approach [J]. Automatica, 2015, 51(1): 318-325.

[6] 张爱华. 过驱动航天器执行机构姿态容错控制分配研究[D]. 哈尔滨：哈尔滨工业大学, 2014.

[7] Liu C S, Jiang B, Song X Q, et al. Fault-tolerant control allocation for over-actuated discrete-time systems[J]. Journal of the Franklin Institute, 2015, 352(6): 2297-2313.

[8] Buffington J M. Modular control law design for the innovative control effectors (ICE) tailless fighter aircraft configuration 101-3[R]. AFRL-VA-WP-TR-1999-3057, 1999: 12-17.

[9] Sastry S, Bodson M. Adaptive control: stability, convergence, and robustness[M]. New Jersey: Prentice Hall, 1989.

[10] Shtessel Yuri B, Buffington James M. Continuous sliding mode control[C]. American Control Conference, Philadelphia, PA, USA: IEEE, 1998, 562-563.

[11] 支健辉, 董新民, 陈勇, 等. 多操纵面飞机非线性有限时间容错控制分配[J]. 飞行力学, 2018.

# 附录
# 主要符号说明表

| 符　　号 | 含　　义 | 单　　位 |
|---|---|---|
| $\boldsymbol{A}$ | 系统矩阵 | — |
| $\boldsymbol{C}$ | 系统输出矩阵 | — |
| $\boldsymbol{D}$ | 系统传递矩阵 | — |
| $\boldsymbol{B}_u$ | 控制输入矩阵 | — |
| $\boldsymbol{B}_v$ | 虚拟控制输入矩阵 | — |
| $\boldsymbol{B}$ | 控制效率矩阵 | — |
| $\boldsymbol{v}$ | 虚拟控制量 | — |
| $\boldsymbol{v}_{\mathrm{d}}$ | 期望虚拟控制量 | — |
| $\boldsymbol{x}$ | 系统状态 | — |
| $\boldsymbol{y}$ | 系统输出 | — |
| $\boldsymbol{r}$ | 参考指令 | — |
| $\boldsymbol{u}$ | 控制输入量 | (°) |
| $\boldsymbol{\delta}$ | 操纵面的实际偏转指令 | (°) |
| $\boldsymbol{u}_{\min}$ | 操纵面极小位置约束 | (°) |
| $\boldsymbol{u}_{\max}$ | 操纵面极大位置约束 | (°) |
| $\boldsymbol{\rho}_{\min}$ | 操纵面极小速率约束 | (°)/s |
| $\boldsymbol{\rho}_{\max}$ | 操纵面极大速率约束 | (°)/s |
| $\boldsymbol{\Phi}_v$ | 虚拟控制可达集 | — |
| $\boldsymbol{\Omega}_u$ | 控制量可达集 | — |
| $\alpha$ | 迎角 | (°) |
| $\beta$ | 侧滑角 | (°) |
| $\phi$ | 滚转角 | (°) |

（续）

| 符　号 | 含　义 | 单　位 |
|---|---|---|
| $\theta$ | 俯仰角 | (°) |
| $\psi$ | 偏航角 | (°) |
| $p$ | 滚转角速率 | (°)/s |
| $q$ | 俯仰角速率 | (°)/s |
| $r$ | 偏航角速率 | (°)/s |
| $J(\cdot)$ | 优化目标函数 | — |
| $\boldsymbol{W}$ 或 $\boldsymbol{\Gamma}$ | 权值矩阵 | — |
| $\boldsymbol{B}^{\dagger}$ | $\boldsymbol{B}$ 矩阵的 Moore-Penrose 逆矩阵 | — |
| $\boldsymbol{e}$ | 误差矢量 | — |
| $\boldsymbol{I}$ | 单位矩阵 | — |
| $T$ | 采样时间 | (s) |
| $\mathrm{sgn}(\cdot)$ | 符号函数 | — |
| $\mathrm{diag}(\cdot)$ | 对角函数 | — |
| $\mathrm{proj}(\cdot)$ | 投影函数 | — |
| e | 自然常数 | — |
| $\boldsymbol{K}$ | 增益矩阵 | — |
| $V(\cdot)$ | 李雅普诺夫函数 | — |
| 注:“—”表示无量纲 | | |

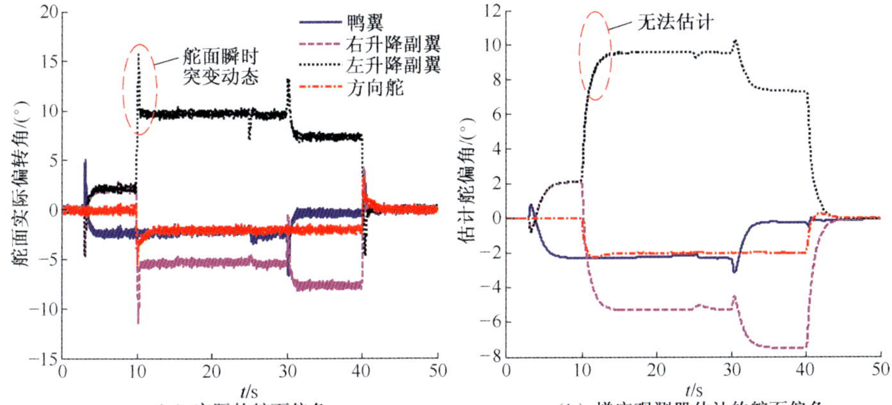


（a）实际的舵面偏角　　（b）增广观测器估计的舵面偏角

图 8.1　舵面瞬时动态变化及增广观测器估计

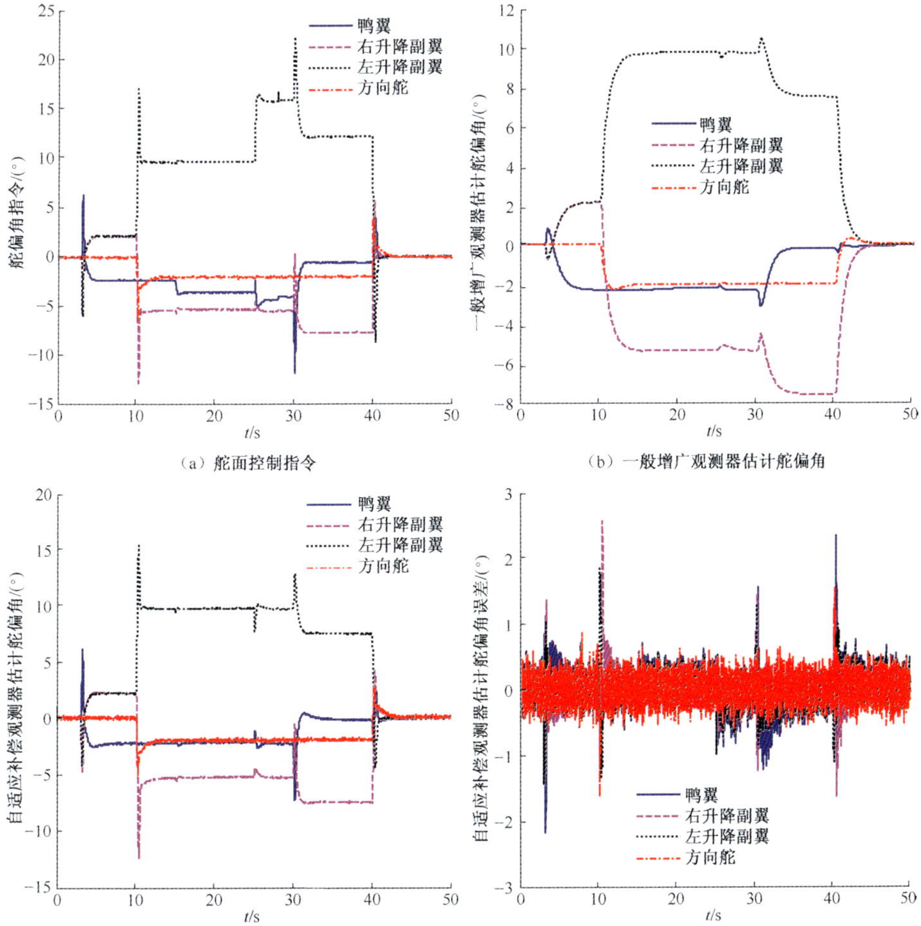


（a）舵面控制指令　　（b）一般增广观测器估计舵偏角

（c）自适应补偿观测器估计舵偏角　　（d）自适应补偿观测器估计值与实际舵面偏转误差

图 8.5　操纵面控制指令及观测器估计

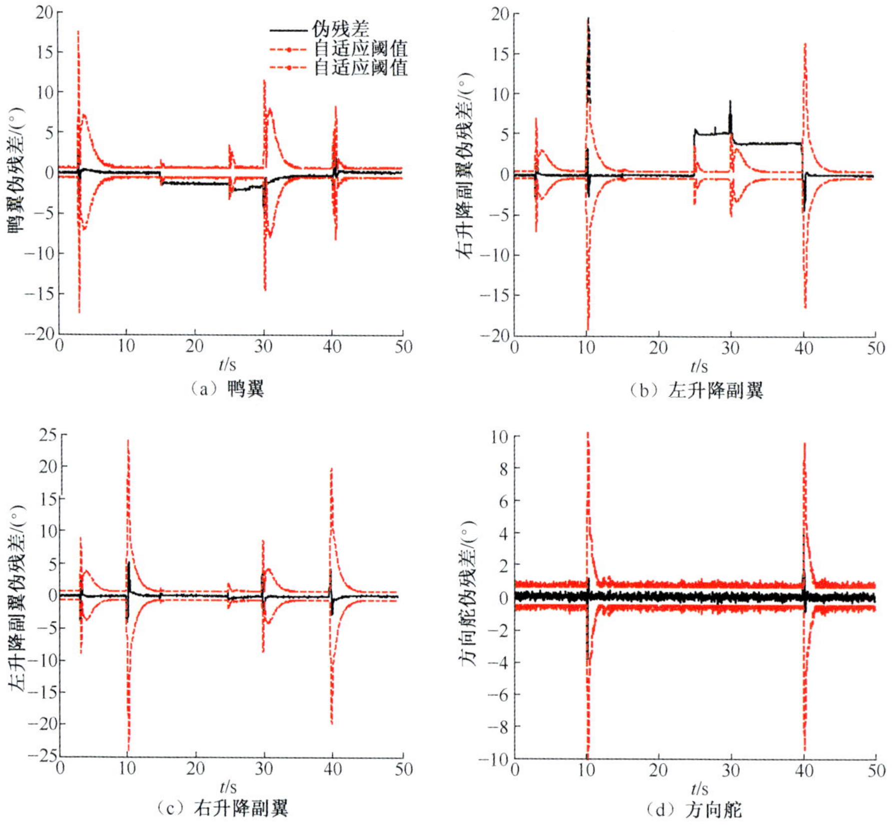

（a）鸭翼
（b）左升降副翼
（c）右升降副翼
（d）方向舵

图 8.6　自适应阈值及伪残差

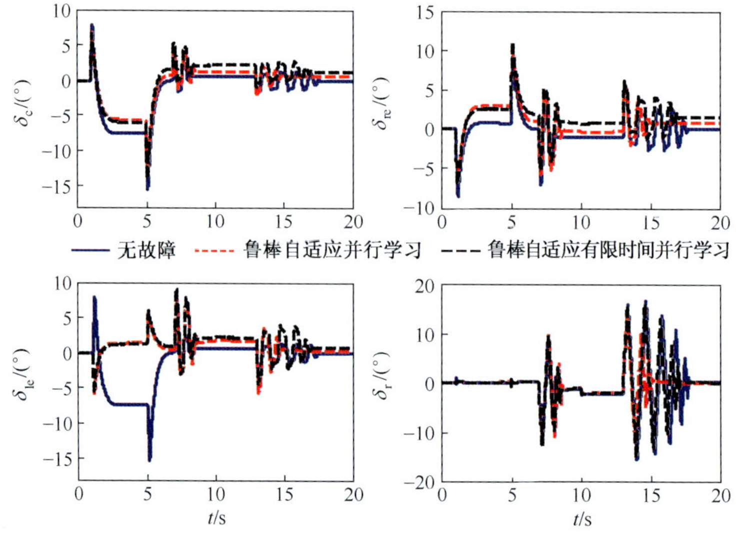


图 9.4　三轴控制指令跟踪

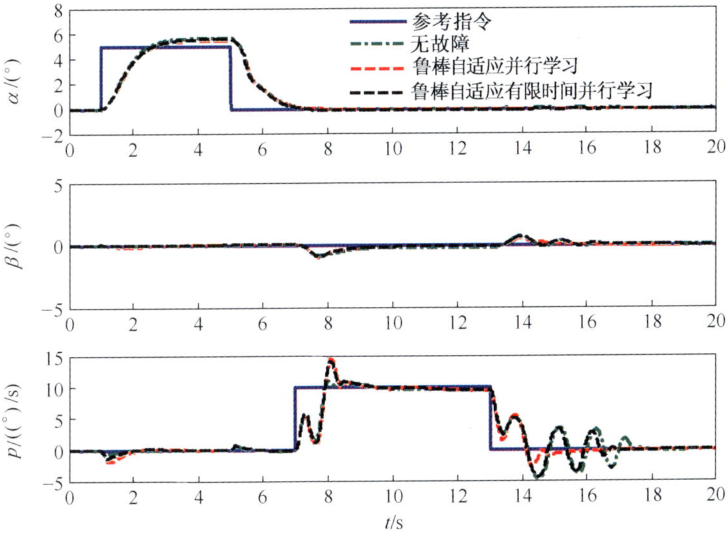


图 9.5　飞机执行机构输入

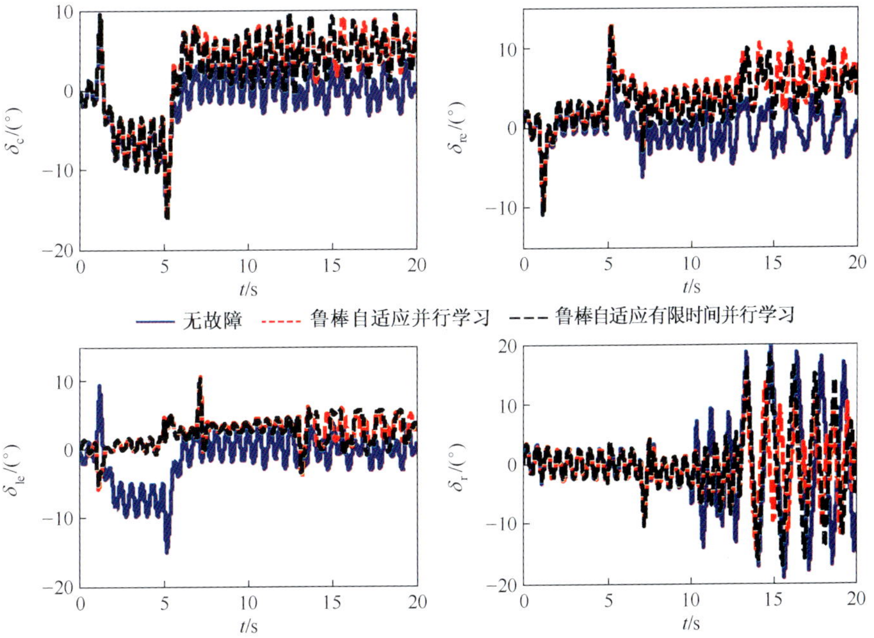


图 9.9　含扰动的飞机执行机构输入

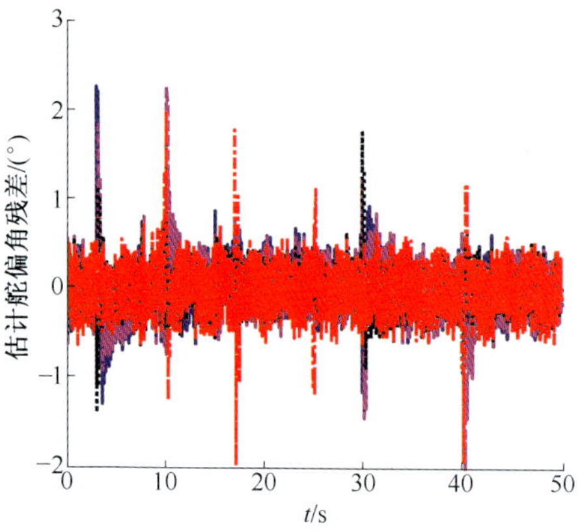


图 10.2　估计值与真值残差

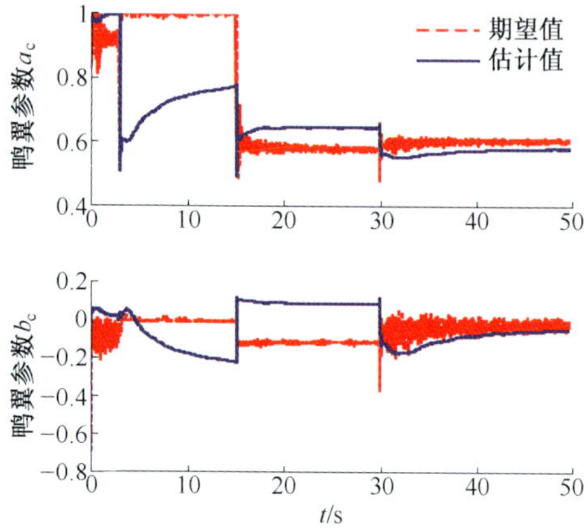


图 10.3　故障损伤估计

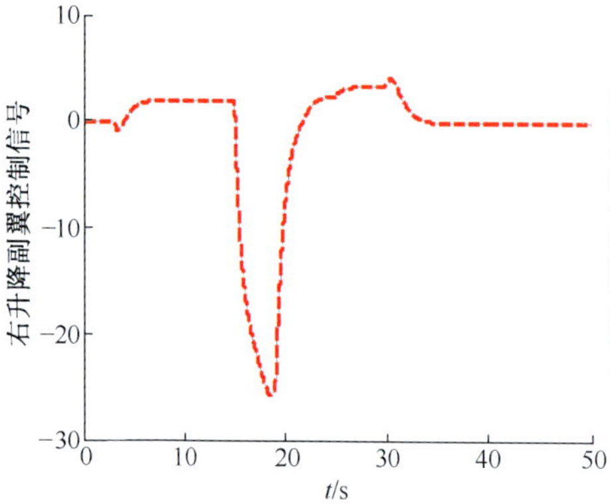


（a）右升降副翼偏转角度

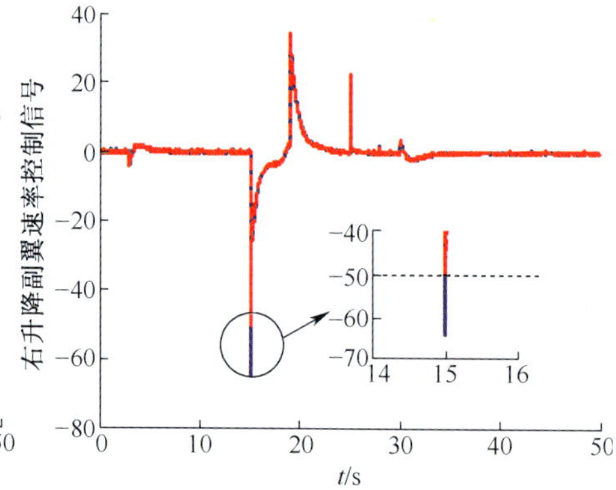


（b）右升降副翼偏转角速率

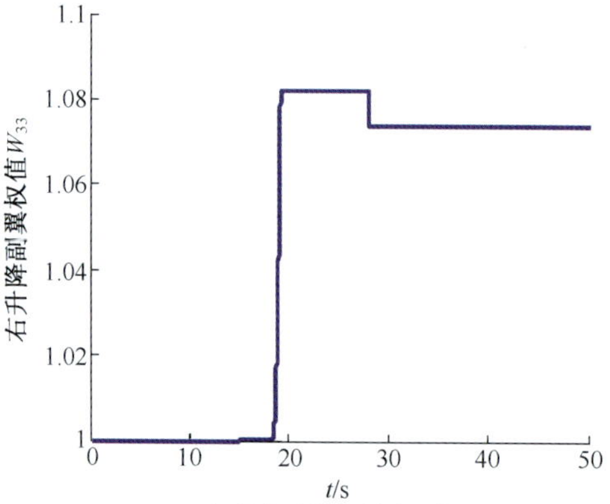


（c）右升降副翼控制分配权值

图 10.8　无故障速率饱和情况图

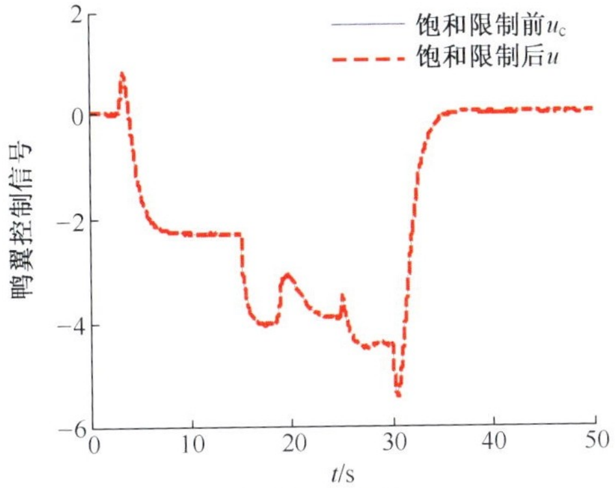


（a）鸭翼偏转角度

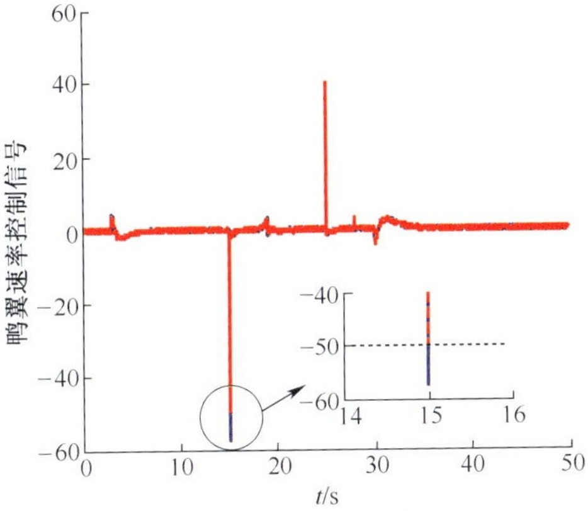


（b）鸭翼偏转角速率

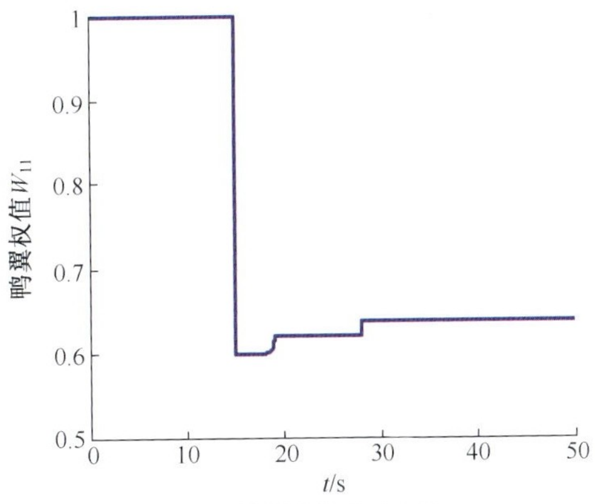


（c）鸭翼控制分配权值

图 10.9　有故障速率饱和情况图

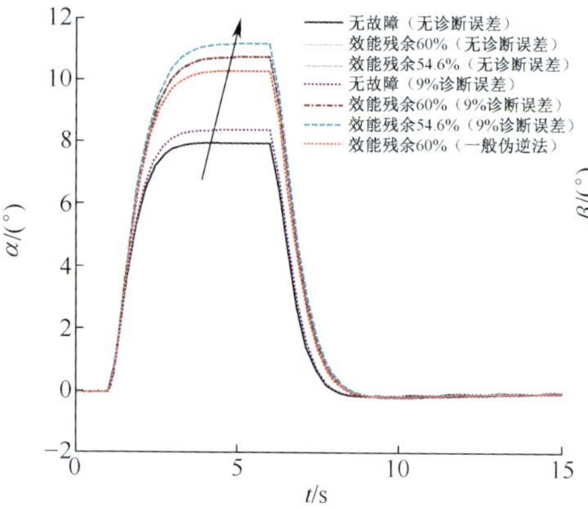


（a）迎角

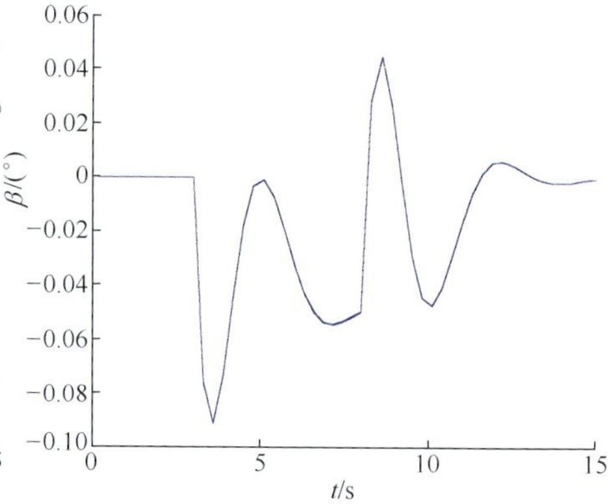


（b）侧滑角

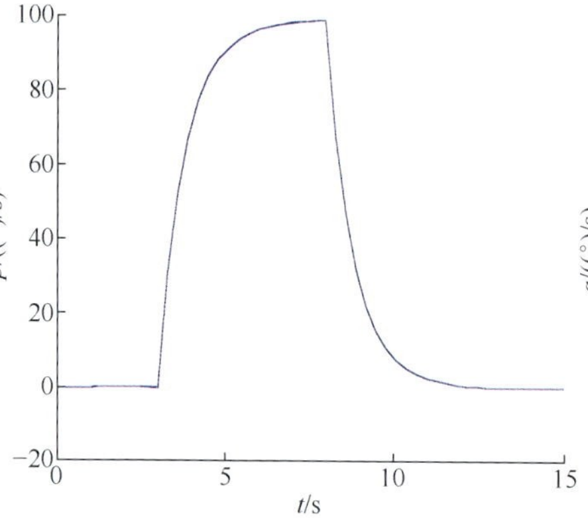


（c）滚转角速率

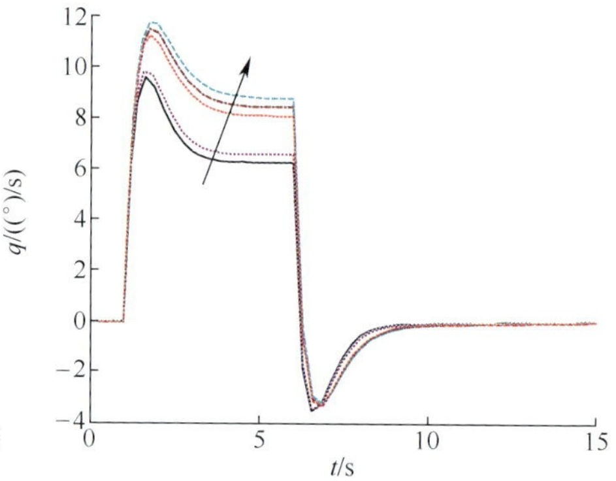


（d）俯仰角速率

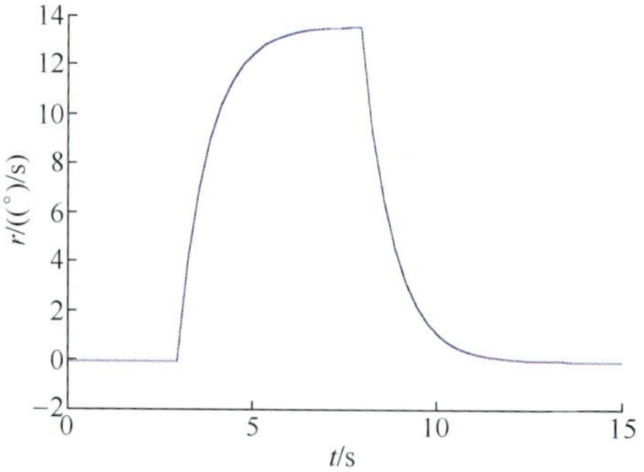


（e）偏航角速率

图 10.10　闭环系统状态响应图

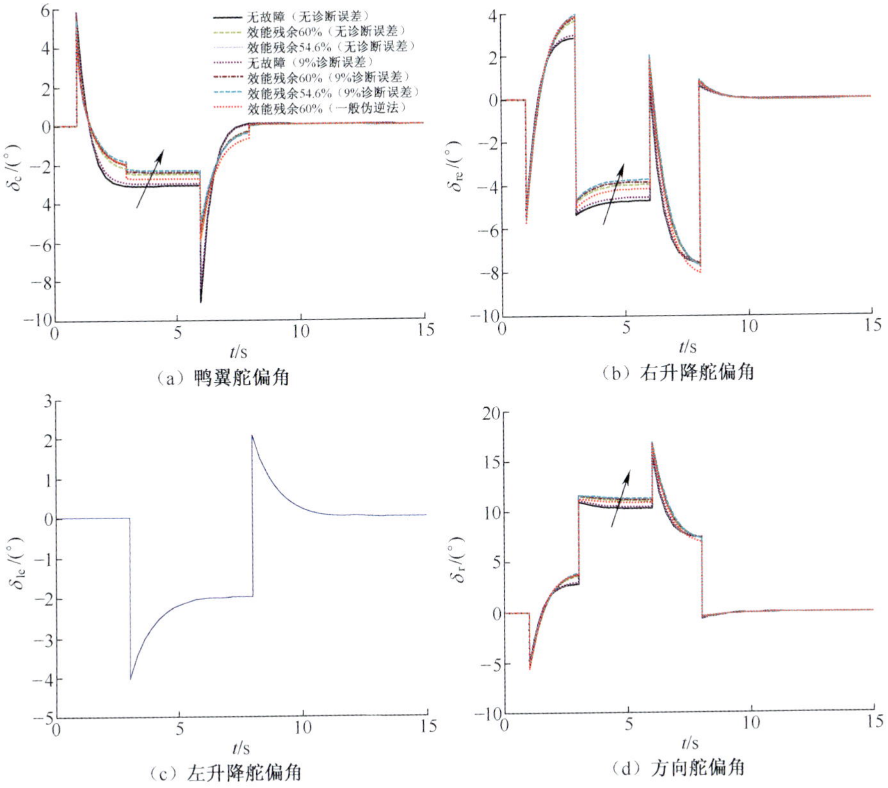


（a）鸭翼舵偏角

（b）右升降舵偏角

（c）左升降舵偏角

（d）方向舵偏角

图 10.11　舵面偏转角度

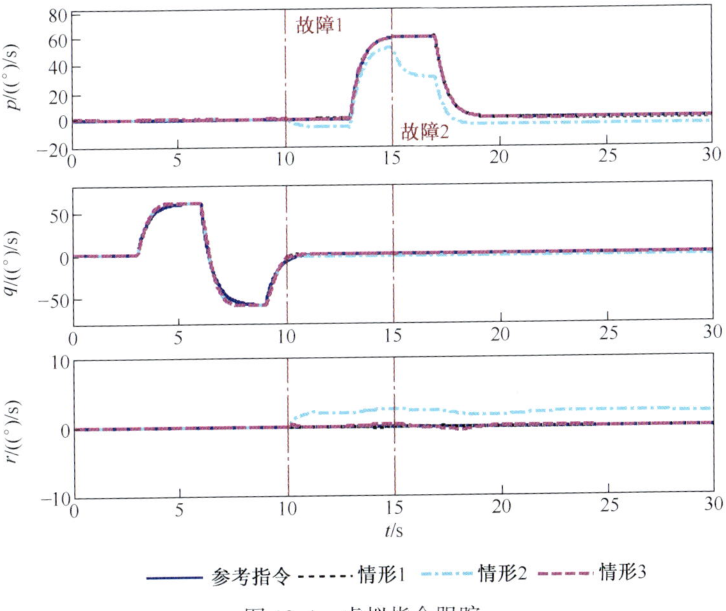


图 12.1　虚拟指令跟踪

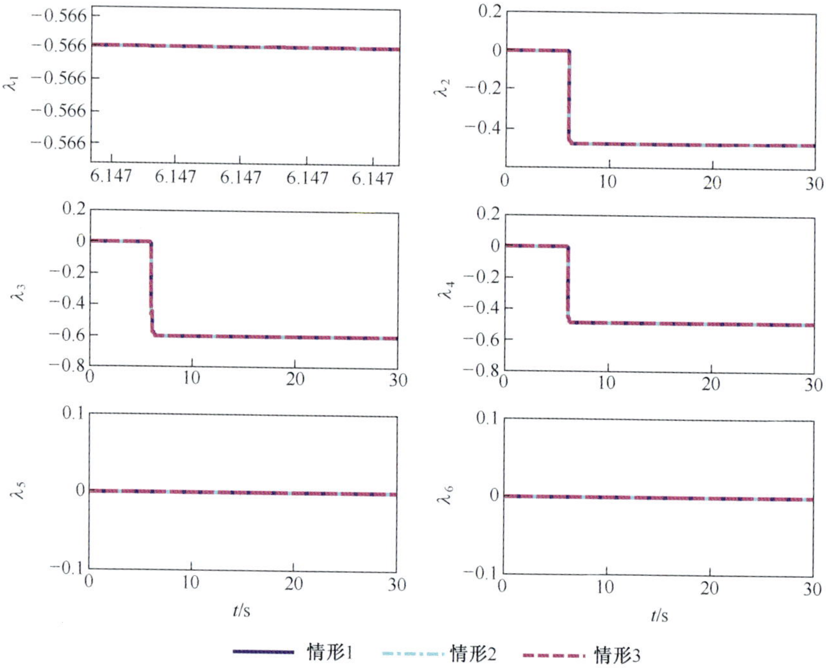

图 12.2　拉格朗日乘子时间曲线

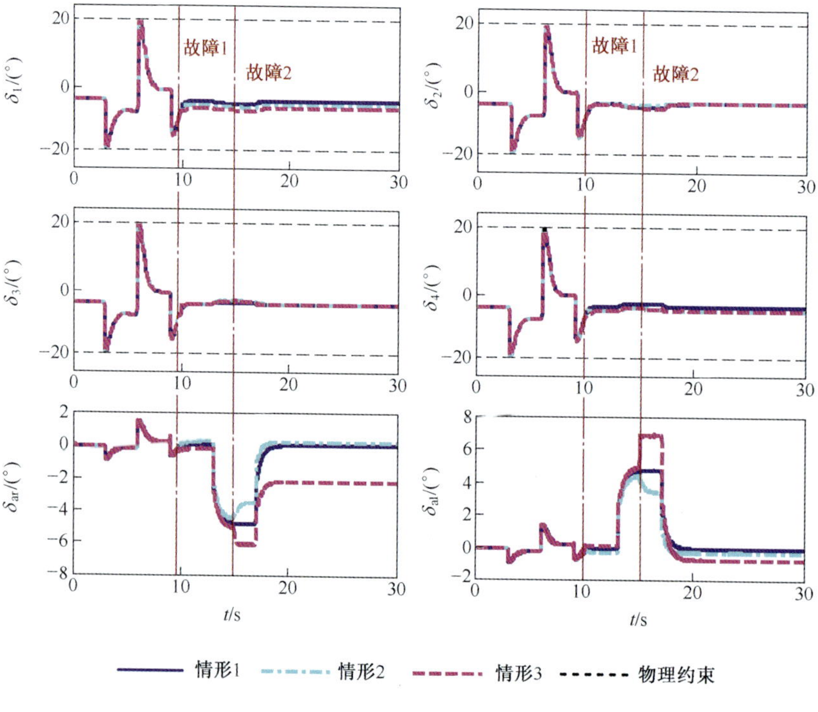

图 12.3　各操纵面控制量时间曲线